"十三五"江苏省高等学校重点教材(编号：2016-1-100)

飞行器结构力学

(第二版)

史治宇　丁锡洪　主编

U0225819

科 学 出 版 社

北 京

内 容 简 介

本书系统阐述了飞行器结构分析涉及的弹性力学、结构力学和有限元的基础理论和方法。全书分三篇,共 13 章。第一篇弹性力学基础,分 4 章,分别阐述弹性力学的基本方程、平面问题、薄板弯曲问题以及能量原理;第二篇结构力学,分 5 章,分别阐述结构简化及组成分析、静定结构的内力及弹性位移、静不定结构的内力及弹性位移、薄壁梁的弯曲和扭转以及结构的稳定;第三篇有限元基础,分 4 章,分别阐述有限单元法概述、杆系结构有限元、平面问题有限元和薄板弯曲问题有限元。

本书可供飞行器设计与工程专业、工程力学专业本科教学使用,亦可供从事飞行器结构设计和强度工作的工程技术人员参考。

图书在版编目(CIP)数据

飞行器结构力学 / 史治宇,丁锡洪主编. —2 版. —北京:科学出版社,
2018.10
　"十三五"江苏省高等学校重点教材
　ISBN 978-7-03-058991-0

Ⅰ. ①飞… Ⅱ. ①史… ②丁… Ⅲ. ①飞行器-结构力学-高等学校-教材 Ⅳ. ①V414

中国版本图书馆 CIP 数据核字(2018)第 222604 号

责任编辑:惠 雪 王宝玲 曾佳佳 / 责任校对:杨聪敏
责任印制:赵 博 / 封面设计:许 瑞

科 学 出 版 社 出版
北京东黄城根北街 16 号
邮政编码:100717
http://www.sciencep.com

北京科印技术咨询服务有限公司数码印刷分部印刷
科学出版社发行　各地新华书店经销
*
2018 年 10 月第 一 版　开本:787×1092　1/16
2025 年 1 月第八次印刷　印张:22 1/2
字数:525 000
定价:99.00 元
(如有印装质量问题,我社负责调换)

第二版前言

飞行器包括飞机、飞艇、运载火箭、导弹、各种航天器等多种类别。飞行器结构分析是研究结构的强度、变形、稳定性、振动和疲劳断裂等问题的学科，涉及空气动力学、飞行器总体设计、飞行器结构设计、航空航天材料学以及许多力学门类的专门知识，具有很强的理论基础和工程应用背景。

飞行器的研制过程一般可分为项目论证、方案设计、工程研制和定型四个阶段，这四个阶段的工作是一个多重迭代循环、螺旋式上升的过程，直到满足设计要求为止。飞行器结构是用来承受和传递载荷的，必须有足够的强度和刚度。强度是指结构承受载荷的能力；刚度是指在外载荷作用下，结构抵抗变形的能力。一个理想的飞行器结构应该是满足强度、刚度和其他设计要求下质量最轻的结构，因此，结构分析在飞行器研制过程中发挥着关键的作用。飞行器结构力学不可能涵盖飞行器结构分析的所有内容。本教材将从弹性力学、结构力学和有限元三个方面来阐述结构应力与变形的计算理论和方法，以便为飞行器设计各阶段提供适用和可靠的结构内力与变形计算方法。

全书分三篇，共 13 章。第一篇(第 1~4 章)为弹性力学基础；第二篇(第 5~9 章)为结构力学；第三篇(第 10~13 章)为有限元基础。弹性力学是结构力学和有限单元法的理论基础，结构力学是飞行器结构设计的工程基础算法，有限单元法是复杂飞行器结构计算的主要工具。本教材以弹性力学的基本方程和能量原理为理论主线贯穿全书，三篇内容相互独立又相互补充，形成了一个完整的知识体系。

本教材为"十三五"江苏省高等学校重点教材(修订)。教材由史治宇教授在《飞行器结构力学》(史治宇、丁锡洪主编，2013 年国防工业出版社出版)的基础上修订编写而成。南京航空航天大学的郭树祥副教授、周丽教授、张斌教授和古兴瑾讲师为本教材的编写提出了很好的建议和意见。本教材的出版还得到了科学出版社的大力支持。在此，编者向所有对本教材修订出版做出贡献的朋友们表示衷心的感谢！

由于编者水平有限，书中错误和不妥之处在所难免，敬请读者批评指正。

编　者

2018 年 8 月于南京航空航天大学明故宫校区

第一版前言

全书分三个部分。第一部分为弹性力学基础，着重阐述弹性力学的基本方程，平面问题、薄板弯曲问题和薄板失稳问题的理论和解法，以及能量原理；第二部分为结构力学，着重讨论静定和静不定杆系结构，特别是杆板式薄壁结构分析的基本理论和方法；第三部分为有限单元法基础，着重介绍结构分析的直接刚度法，以及基于最小势能原理的有限单元法的理论和方法。弹性力学是结构力学和有限单元法的理论基础，结构力学是结构工程计算的主要方法，有限单元法是复杂结构计算的主要工具。

本教材可供飞行器设计与工程专业、工程力学专业本科教学使用，亦可供从事飞行器结构设计和强度工作的工程技术人员参考。

本教材由史治宇教授、丁锡洪教授、顾慧芝副教授、郭树祥副教授在《结构力学》（丁锡洪主编，1991 年出版）的基础上编写而成，史治宇教授、丁锡洪教授主编。南京航空航天大学航空宇航学院的周丽教授、张斌副教授为本教材的编写提出了很好的建议和意见。本教材的出版还得到了南京航空航天大学航空宇航学院和国防工业出版社的大力支持。在此，编者向所有对本教材出版做出贡献的朋友们表示衷心的感谢！

由于编者水平所限，书中错误和不妥之处在所难免，敬请读者批评指正。

编　者

2012 年 8 月于南京航空航天大学明故宫校区

目　　录

第三篇 有限元基础

第一篇　弹性力学基础

第 1 章

基 本 方 程

1.1 引 言

1.1.1 研究内容

弹性力学是固体力学的一个分支，它是研究载荷作用下弹性体中应力和变形规律的一门学科。这里，载荷是指机械力、温度、电磁力等能导致弹性体变形的物理因素。

大家已经学过材料力学。材料力学是研究杆状弹性体在拉伸、压缩、剪切、弯曲和扭转作用下的应力和变形的一门学科。弹性力学与材料力学相比，有两个特点：其一，在研究对象上，材料力学研究的对象仅限于杆状弹性体，而弹性力学研究的对象则没有形状的限制，研究对象更广；其二，在研究方法上，弹性力学只采用一些最基本的假设，而材料力学除了采用一些基本假设外，还引进一些关于变形状态或应力分布的补充假设。例如在研究直梁弯曲时就采用了平截面假设，从而得出梁的横截面上正应力沿高度呈直线分布的规律。弹性力学研究这一问题，并不需要引进这样的假设。计算结果表明，只有当梁的高度远小于它的跨度时，以上结论才是正确的，否则，横截面上的正应力就不是按直线分布，而是按曲线分布的。也就是说，这时平截面假设就不适用了。再如在研究带孔杆件拉伸时，材料力学中假设拉应力在净面积上均匀分布，而弹性力学所得结果表明，在净面积上拉应力并不均匀分布，在孔边附近会出现应力集中。由此可见，弹性力学的研究方法更为严密，所得的结果也比材料力学精确。人们常常用它来检验材料力学对同类问题解答的精度，从而明确材料力学公式的应用范围。

弹性力学是研究弹性体应力和变形问题的一个强有力的工具，已广泛应用于航空、航天、造船、机械、土建等各个工程领域中，为各种工程结构的强度、刚度、稳定性和可靠性分析提供了坚实的理论基础。随着近代科学技术的迅猛发展，弹性力学已成为许多新兴学科的理论基础。因而，掌握一定的弹性力学基础知识，对于从事飞行器设计和进行科学研究都是十分必要的。

1.1.2 基本假设

弹性力学是在不断解决工程问题的过程中逐步发展起来的。人们在长期的科学实践中为形成严密的弹性力学理论体系，引入了如下的基本假设。

(1) **连续性**(continuous)假设——认为构成物体的材料是密实无间隙的连续介质，并在整个变形过程中保持连续性。实际上，任何物质都是由原子或分子微粒组成，都不是连续的。但是微粒的尺寸和它们之间的距离远比物体的尺寸小，从宏观上看，这一假设并不会引起显著的误差。此外，引入了连续性假设，物体中的应力、应变、位移等物理量就可以用空间点的坐标函数来定义，在变形过程中始终是空间点的坐标连续函数。可以应用高等数学中的微积分知识来处理连续函数问题。

(2) **均匀性**(homogeneous)和**各向同性**(isotropic)假设——均匀性指物体内不同点处材料的力学性质都相同，与各点的空间位置无关。各向同性指在物体内同一点处材料的力学性质在各个方向上都相同，与考察方向无关。因此，反映材料力学性质的弹性常数不随坐标和方向而改变。实际上，金属材料都可看作是均匀各向同性材料；而有些材料是不符合这一假设的，如木、竹等纤维材料以及现代复合材料，它们是各向异性的。

(3) **完全线弹性**(complete linear elasticity)假设——物体在外力作用下引起变形，在外力除去后，物体能完全恢复初始的形状和尺寸，没有任何残余变形。同时应力与应变关系是线性的，服从广义胡克定律。引入这个假设就等于限定了我们所研究的物体只限于线性弹性体。

(4) **小变形**(small deflection)假设——弹性体在外力作用下产生的变形是微小的，与弹性体的尺寸相比可以忽略不计。这样，在研究弹性体受力后的平衡状态时，可不考虑物体尺寸的变化，而应用变形前的尺寸；在研究弹性体变形时，变形的二次幂和乘积项都是高阶小量，可略去不计。这样弹性力学的微分方程就是线性的。

基于上述基本假设建立的弹性力学称为线性弹性力学。

1.1.3 基本概念

弹性力学中经常用到的基本概念有外力、应力、应变和位移。现将它们的含义分别说明如下。

(1) **外力**(external force)——作用在弹性体上的外力按其作用的方式不同，可分为体力和面力两种。

所谓体力是分布在弹性体整个体积内的力，如重力、惯性力、电磁力等。体力是矢量，其量纲为[力][长度]$^{-3}$。弹性体内任一点处的体力，可用沿 x、y、z 轴的投影 X、Y、Z 来表示。这三个量称为该点的体力分量，并规定沿坐标轴的正向为正，反之为负。

所谓面力是作用于弹性体表面上的力，如流体压力、接触力等。面力也是矢量，其量纲为[力][长度]$^{-2}$。作用在弹性体表面上任一点的面力，可用沿 x、y、z 轴的投影 $\overline{X}$、$\overline{Y}$、$\overline{Z}$ 来表示，称为该点的面力分量，并规定沿坐标轴的正向为正，反之为负。

(2) **应力**(stress)——弹性体受到载荷作用后，必将在其内部引起应力场。弹性体内任意一点 P 的应力是一个二阶张量，具有九个分量。该点的应力状态可用如图 1-1 所示的正六面体来表示。每一个面上的应力可分解为一个正应力和两个剪应力。

正应力用 σ 表示。为了表明正应力的作用面和方向，加上一个脚标。例如 σ_x 表示正应力的作用面与 x 轴垂直，其方向沿着 x 轴。

剪应力用 τ 表示，并加上两个脚标，前一个脚标表明作用面垂直哪个坐标轴，后一个脚标表明剪应力的方向沿哪个坐标轴。例如 τ_{xy} 表示剪应力的作用面垂直于 x 轴，其方向与 y 轴平行。其余类推。

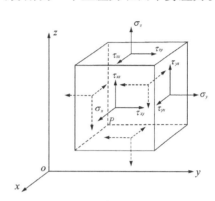

图 1-1

对应力的正负也做出规定。如果某一截面的外法线与坐标轴的正方向相同，则该面称为正面。正面上的应力沿坐标轴正方向为正，反之为负。如果某一截面的外法线指向坐标轴的负方向，则该面称为负面。负面上的应力沿坐标轴负方向为正，反之为负。图 1-1 中所示的应力全都是正的。

下一节将会证明，六个剪应力之间存在两两互等的关系，即 $\tau_{xy} = \tau_{yx}$、$\tau_{yz} = \tau_{zy}$ 和 $\tau_{zx} = \tau_{xz}$。由此可见，九个应力只有六个是独立的，通常把 σ_x、σ_y、σ_z、τ_{yz}、τ_{zx}、τ_{xy} 六个应力称为该点的应力分量。

(3) **应变**(strain)——弹性体受力后，将在其内部引起应变场，从而使弹性体的形状和尺寸都发生改变。

为了描述弹性体内任意一点的应变状态，在该点沿坐标轴 x、y、z 的正方向分别取三个微小的线段 PA、PB、PC。物体变形以后，这三个线段的长度和它们之间的直角都将有改变，各线段每单位长度的伸缩量称为正应变，用 ε 表示，ε_x 表示 x 方向线段 PA 的正应变，其余类推。正应变以伸长为正，缩短为负。每两线段之间直角的改变称为剪应变，用 γ 表示，单位是弧度。γ_{xy} 表示 x 和 y 方向的线段 PA 和 PB 之间的直角改变，其余类推。剪应变以直角变小为正，变大为负。

应变也是一个二阶张量，具有九个应变分量。与应力相似，六个剪应变之间存在两两剪应变互等关系，所以，只有六个独立的应变分量，通常称 ε_x、ε_y、ε_z、γ_{yz}、γ_{zx}、γ_{xy} 为一点的应变分量。

(4) **位移**(displacement)——弹性体受力后，其内部各点将发生位置的移动。弹性体内任一点的位移用它在 x、y、z 三坐标轴上的投影 u、v、w 来表示，沿坐标轴正方向为正，反之为负。这三个投影称为该点的位移分量。

一般而言，弹性体内任意一点的体力分量、面力分量、应力分量、应变分量和位移分量都是随点的位置不同而改变的，因而，都是点的位置坐标的连续函数。

1.1.4 基本方法

弹性力学在研究弹性体的应力场、应变场、位移场与体力场、面力场之间的关系，

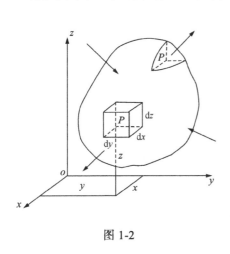

图 1-2

建立弹性力学体系的基本方程时，常常采用微元体的分析方法。例如，为了建立弹性体的平衡微分方程，取弹性体域内的微元体(正六面体)为分离体，如图 1-2 所示。通过研究微元体的平衡可建立弹性体的平衡微分方程，也可建立弹性体域内的几何方程和物理方程。如取弹性体边界上的四面体微元体，则可建立弹性体边界上的应力边界条件和位移边界条件。平衡微分方程、几何方程、物理方程以及应力边界条件、位移边界条件构成弹性力学理论体系的三类基本方程和两类边界条件。

1.2 平衡微分方程

首先，本节研究弹性体的平衡问题，推导在直角坐标系下弹性力学域内应力分量和体力分量之间的关系，即平衡微分方程。

在弹性体域内任一点 P 处，取出一个微小的正六面体，它的六个面分别与 x、y、z 轴垂直，棱边的长度分别为 $PA = \mathrm{d}x$，$PB = \mathrm{d}y$，$PC = \mathrm{d}z$，如图 1-3 所示。这个微元体受到它周围弹性体的作用，每个面上受到的作用力分别用三个应力分量(一个正应力、两个剪应力)表示。由于弹性体内应力是坐标的连续函数，作用在这六面体两对面上的应力分量将有微小变化。例如作用在 x 负面上的正应力是 σ_x，在 x 正面上，由于坐标增加了 $\mathrm{d}x$，其正应力为 $\sigma_x + \dfrac{\partial \sigma_x}{\partial x}\mathrm{d}x$，其余类推。此外，弹性体中还有体力。由于所取的微元体是无限小的，作用在微元体中的体力和微元体每个面上的应力可认为是均匀分布的。

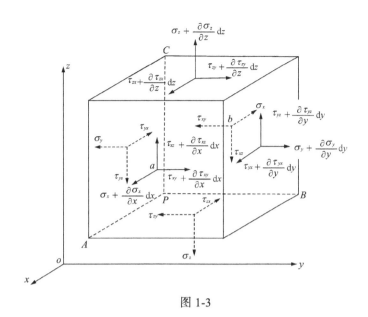

图 1-3

若所研究的弹性体在外力作用下处于平衡,则从中取出的任一微元体也应处于平衡,它应满足六个平衡条件

$$\Sigma F_x = 0, \quad \Sigma F_y = 0, \quad \Sigma F_z = 0$$
$$\Sigma M_x = 0, \quad \Sigma M_y = 0, \quad \Sigma M_z = 0$$

先利用第一个平衡条件 $\Sigma F_x = 0$,得

$$\left(\sigma_x + \frac{\partial \sigma_x}{\partial x}dx\right)dydz - \sigma_x dydz + \left(\tau_{yx} + \frac{\partial \tau_{yx}}{\partial y}dy\right)dxdz - \tau_{yx}dxdz$$

$$+ \left(\tau_{zx} + \frac{\partial \tau_{zx}}{\partial z}dz\right)dxdy - \tau_{zx}dxdy + Xdxdydz = 0$$

上式经化简后,得下列方程的第一式。同理,利用平衡条件 $\Sigma F_y = 0$ 和 $\Sigma F_z = 0$,得下列方程的第二式和第三式。

$$\frac{\partial \sigma_x}{\partial x} + \frac{\partial \tau_{yx}}{\partial y} + \frac{\partial \tau_{zx}}{\partial z} + X = 0$$

$$\frac{\partial \tau_{xy}}{\partial x} + \frac{\partial \sigma_y}{\partial y} + \frac{\partial \tau_{zy}}{\partial z} + Y = 0 \qquad (1\text{-}1)$$

$$\frac{\partial \tau_{xz}}{\partial x} + \frac{\partial \tau_{yz}}{\partial y} + \frac{\partial \sigma_z}{\partial z} + Z = 0$$

式(1-1)称为弹性体的**平衡微分方程**(equilibrium differential equations)。

再考虑三个力矩平衡条件,先利用 $\Sigma M_x = 0$,以连接微元体前后两面中心的直线

作为矩轴，列出力矩平衡方程，则有

$$\left(\tau_{yz} + \frac{\partial \tau_{yz}}{\partial y}\mathrm{d}y\right)\mathrm{d}x\mathrm{d}z\frac{\mathrm{d}y}{2} + \tau_{yz}\mathrm{d}x\mathrm{d}z\frac{\mathrm{d}y}{2} - \left(\tau_{zy} + \frac{\partial \tau_{zy}}{\partial z}\mathrm{d}z\right)\mathrm{d}x\mathrm{d}y\frac{\mathrm{d}z}{2} - \tau_{zy}\mathrm{d}x\mathrm{d}y\frac{\mathrm{d}z}{2} = 0$$

将上式化简，并略去高阶微量，可得下面的第一式；同样，利用另外两个力矩平衡条件可得下面的第二式和第三式：

$$\tau_{yz} = \tau_{zy}, \qquad \tau_{zx} = \tau_{xz}, \qquad \tau_{xy} = \tau_{yx} \tag{1-2}$$

这证明了剪应力的互等定律。

利用了剪应力互等定律，平衡方程式(1-1)中仍有六个应力分量，未知应力分量的数目仍超过平衡方程的数目，要求解应力分量还必须进一步研究弹性体的变形及应力应变关系。

1.3 几何方程和变形协调方程

1.3.1 几何方程

现在从几何学方面来研究应变分量和位移分量之间的关系，导出弹性力学的几何方程。

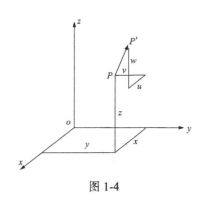

图 1-4

在外力作用下，弹性体发生变形。弹性体域内任一点 P，变形后移到了点 P'，矢量 $\boldsymbol{PP'}$ 就是点 P 的位移，它在三个坐标轴上的投影分别用 u、v、w 表示，它们都是坐标的函数，如图 1-4 所示。

为研究弹性体域内点 P 处的变形，从 P 点取出棱边长分别为 $\mathrm{d}x$、$\mathrm{d}y$、$\mathrm{d}z$ 的正六面微元体，它在各坐标面上的投影显然都是矩形，见图 1-5(a)。弹性体变形时，微元体的棱边长度和各棱边之间的夹角都要发生变化，它们在各坐标面上的投影也将发生相应变化。以下通过各坐标面上的投影变化来研究微元体的变形。

首先研究微元体在 xoy 面上的投影，如图 1-5(b)所示。变形前，线段 PA 和 PB 的长度分别为 $\mathrm{d}x$ 和 $\mathrm{d}y$，两线段之间成直角。变形后，P、A、B 三点分别移到 P'、A'、B'。点 P 在 x 和 y 方向的位移分量分别为 u 和 v。由于点 A 与点 P 的坐标相差 $\mathrm{d}x$，因而点 A 在 x 和 y 方向的位移分别为 $u+(\partial u/\partial x)\mathrm{d}x$ 和 $v+(\partial v/\partial x)\mathrm{d}x$。同理，点 B 沿 x 和 y 方向的位移分别为 $u+(\partial u/\partial y)\mathrm{d}y$ 和 $v+(\partial v/\partial y)\mathrm{d}y$。在小变形前提下，由于位移是微小的，沿 y 方向位移引起线段 PA 的伸缩以及沿 x 方向位移引起线段 PB 的伸缩均属高一阶微量，可以略去不计。因此线段 PA 和 PB 的正应变分别为

$$\varepsilon_x = \frac{P'A' - PA}{PA} = \frac{P'A'' - PA}{PA} = \frac{u + \dfrac{\partial u}{\partial x}\mathrm{d}x - u}{\mathrm{d}x} = \frac{\partial u}{\partial x}$$

$$\varepsilon_y = \frac{P'B' - PB}{PB} = \frac{P'B'' - PB}{PB} = \frac{v + \dfrac{\partial v}{\partial y}\mathrm{d}y - v}{\mathrm{d}y} = \frac{\partial v}{\partial y}$$

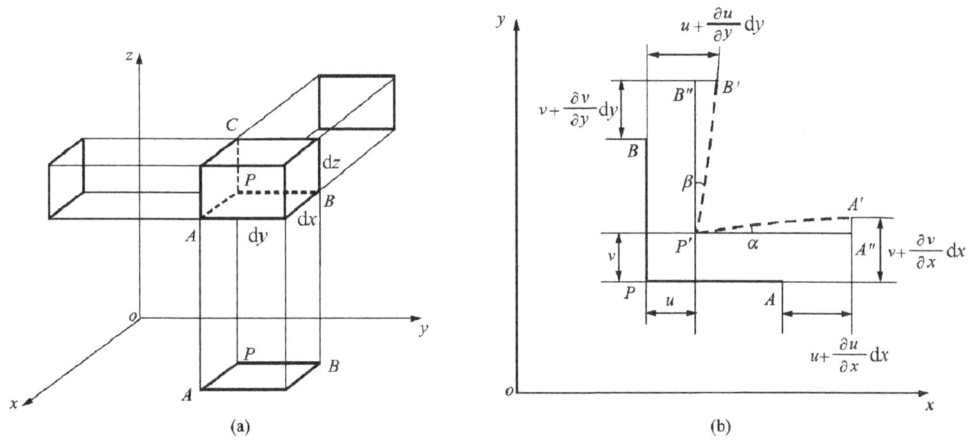

图 1-5

用同样的方法研究微元体在 xoz 或 yoz 坐标面上的投影变化，可得

$$\varepsilon_z = \frac{\partial w}{\partial z}$$

下面来求线段 PA 和 PB 之间直角的改变，也就是点 P 处的剪应变 γ_{xy}。该剪应变包括两个部分，一部分是线段 PA 向 y 轴方向的转角 α，另一部分是线段 PB 向 x 轴方向的转角 β。在小变形情况下，有

$$\alpha \approx \tan\alpha = \frac{A'A''}{P'A''} = \frac{\dfrac{\partial v}{\partial x}\mathrm{d}x}{\mathrm{d}x + \dfrac{\partial u}{\partial x}\mathrm{d}x} = \frac{\dfrac{\partial v}{\partial x}}{1 + \dfrac{\partial u}{\partial x}}$$

上式分母中的 $\dfrac{\partial u}{\partial x} = \varepsilon_x \ll 1$，可略去。于是上式简化为

$$\alpha = \frac{\partial v}{\partial x}$$

同样可得

$$\beta \approx \tan\beta = \frac{B'B''}{P'B''} = \frac{\dfrac{\partial u}{\partial y}\mathrm{d}y}{\mathrm{d}y + \dfrac{\partial v}{\partial y}\mathrm{d}y} = \frac{\partial u}{\partial y}$$

因此，线段 PA 与 PB 之间的直角变化

$$\gamma_{xy} = \alpha + \beta = \frac{\partial v}{\partial x} + \frac{\partial u}{\partial y}$$

以同样的方式研究微元体在坐标面 yoz 和 xoz 上的投影变化，可得线段 PB 与 PC、PC 与 PA 之间的直角变化，为

$$\gamma_{yz} = \frac{\partial w}{\partial y} + \frac{\partial v}{\partial z}, \qquad \gamma_{zx} = \frac{\partial u}{\partial z} + \frac{\partial w}{\partial x}$$

由上述推导，可得到如下所示的六个**应变-位移关系式**(strain-displacement relationships)，也称为**几何方程**(geometrical equations)。

$$\varepsilon_x = \frac{\partial u}{\partial x}, \quad \gamma_{yz} = \frac{\partial w}{\partial y} + \frac{\partial v}{\partial z}$$

$$\varepsilon_y = \frac{\partial v}{\partial y}, \quad \gamma_{zx} = \frac{\partial u}{\partial z} + \frac{\partial w}{\partial x} \tag{1-3}$$

$$\varepsilon_z = \frac{\partial w}{\partial z}, \quad \gamma_{xy} = \frac{\partial v}{\partial x} + \frac{\partial u}{\partial y}$$

1.3.2　变形协调方程

由几何方程式(1-3)可见，六个应变分量完全由三个位移分量对坐标的偏导数确定。因此，六个应变分量不是互相独立的，它们之间必然存在一定的关系。从物理意义上讲，就是在变形前连续的物体，变形后仍是连续的。下面我们分两组导出这些关系。

第一组

$$\frac{\partial^2 \varepsilon_x}{\partial y^2} + \frac{\partial^2 \varepsilon_y}{\partial x^2} = \frac{\partial^2}{\partial y^2}\left(\frac{\partial u}{\partial x}\right) + \frac{\partial^2}{\partial x^2}\left(\frac{\partial v}{\partial y}\right) = \frac{\partial^2}{\partial x \partial y}\left(\frac{\partial u}{\partial y} + \frac{\partial v}{\partial x}\right) = \frac{\partial^2 \gamma_{xy}}{\partial x \partial y}$$

将上式内各字母循环替换，可得到另外两式，第一组共有三个关系式。

第二组

$$\frac{\partial \gamma_{yz}}{\partial x} + \frac{\partial \gamma_{zx}}{\partial y} - \frac{\partial \gamma_{xy}}{\partial z} = \frac{\partial}{\partial x}\left(\frac{\partial w}{\partial y} + \frac{\partial v}{\partial z}\right) + \frac{\partial}{\partial y}\left(\frac{\partial u}{\partial z} + \frac{\partial w}{\partial x}\right) - \frac{\partial}{\partial z}\left(\frac{\partial v}{\partial x} + \frac{\partial u}{\partial y}\right) = 2\frac{\partial^2 w}{\partial x \partial y}$$

将上式对 z 求导数，得

$$\frac{\partial}{\partial z}\left(\frac{\partial \gamma_{yz}}{\partial x} + \frac{\partial \gamma_{zx}}{\partial y} - \frac{\partial \gamma_{xy}}{\partial z}\right) = 2\frac{\partial^2}{\partial x \partial y}\left(\frac{\partial w}{\partial z}\right) = 2\frac{\partial^2 \varepsilon_z}{\partial x \partial y}$$

将上式内各字母循环替换，得到另外两式，第二组也有三个关系式。

现将两组关系式汇集列出如下：

$$\frac{\partial^2 \varepsilon_x}{\partial y^2} + \frac{\partial^2 \varepsilon_y}{\partial x^2} = \frac{\partial^2 \gamma_{xy}}{\partial x \partial y}, \quad \frac{\partial}{\partial x}\left(\frac{\partial \gamma_{zx}}{\partial y} + \frac{\partial \gamma_{xy}}{\partial z} - \frac{\partial \gamma_{yz}}{\partial x}\right) = 2\frac{\partial^2 \varepsilon_x}{\partial y \partial z}$$

$$\frac{\partial^2 \varepsilon_y}{\partial z^2} + \frac{\partial^2 \varepsilon_z}{\partial y^2} = \frac{\partial^2 \gamma_{yz}}{\partial y \partial z}, \quad \frac{\partial}{\partial y}\left(\frac{\partial \gamma_{xy}}{\partial z} + \frac{\partial \gamma_{yz}}{\partial x} - \frac{\partial \gamma_{zx}}{\partial y}\right) = 2\frac{\partial^2 \varepsilon_y}{\partial z \partial x} \tag{1-4}$$

$$\frac{\partial^2 \varepsilon_z}{\partial x^2} + \frac{\partial^2 \varepsilon_x}{\partial z^2} = \frac{\partial^2 \gamma_{zx}}{\partial z \partial x}, \quad \frac{\partial}{\partial z}\left(\frac{\partial \gamma_{yz}}{\partial x} + \frac{\partial \gamma_{zx}}{\partial y} - \frac{\partial \gamma_{xy}}{\partial z}\right) = 2\frac{\partial^2 \varepsilon_z}{\partial x \partial y}$$

上式分左右两组，每组应变分量之间的关系式都称为**变形协调方程**(strain compatibility equations)。

1.3.3　刚体位移和位移边界条件

当弹性体的位移分量给定时，由几何方程式可知应变分量就完全确定了。反过来，当应变分量给定，且应变分量之间满足变形协调方程时，位移分量却不能完全确定。

为了便于说明，仍以 xoy 投影面内 PAB 的位移场为例，令其应变分量为零来求出相应的位移分量。由几何方程得

$$\varepsilon_x = \frac{\partial u}{\partial x} = 0, \qquad \varepsilon_y = \frac{\partial v}{\partial y} = 0, \qquad \gamma_{xy} = \frac{\partial v}{\partial x} + \frac{\partial u}{\partial y} = 0$$

将前两式分别对 x 及 y 积分，得 $u = f_1(y)$ 和 $v = f_2(x)$，代入上式的第三式，得

$$-\frac{\mathrm{d}f_1(y)}{\mathrm{d}y} = \frac{\mathrm{d}f_2(x)}{\mathrm{d}x}$$

上式的左边是 y 的函数，而右边是 x 的函数，因此，只可能式两边都等于同一个常数，设此常数为 ω_z。于是有

$$-\frac{\mathrm{d}f_1(y)}{\mathrm{d}y} = \omega_z, \qquad \frac{\mathrm{d}f_2(x)}{\mathrm{d}x} = \omega_z$$

积分后，得

$$f_1(y) = -\omega_z y + u_0, \qquad f_2(x) = \omega_z x + v_0$$

式中 u_0 和 v_0 是积分常量。故所得的位移场为

$$u = u_0 - \omega_z y, \qquad v = v_0 + \omega_z x$$

易知，这是当弹性体平行于 xoy 面的三个应变分量均为零时，由刚体运动引起的各点位移。其中 u_0 和 v_0 分别代表弹性体沿 x 和 y 方向的平动，ω_z 代表弹性体绕 z 轴的转动。

对于一般的三维弹性体，如果令其六个应变分量均为零，采用与上述类似的方法，

可求出体内各点的位移分量为

$$u = u_0 + \omega_y z - \omega_z y$$
$$v = v_0 + \omega_z x - \omega_x z$$
$$w = w_0 + \omega_x y - \omega_y x$$

式中 u_0、v_0、w_0 分别为弹性体沿 x、y、z 三个坐标轴方向的刚体平动；ω_x、ω_y、ω_z 分别为弹性体绕 x、y、z 三个坐标轴的刚体转动。

既然弹性体在应变为零时可以有任意的刚体位移，可见，当弹性体发生一定的应变时，由于约束条件的不同，它可能具有不同的位移，也就是说，其位移并不是完全确定的。为了消除弹性体的刚体位移，必须在弹性体边界上施加如下的约束条件：

$$u = \overline{u}$$
$$v = \overline{v} \tag{1-5}$$
$$w = \overline{w}$$

式中 $\overline{u}$、$\overline{v}$ 和 $\overline{w}$ 为弹性体位移边界上给定的位移约束值，上式称为弹性体的**位移边界条件**(displacement boundary conditions)。

1.4 物 理 方 程

上面我们已经导出了平衡微分方程和几何方程，对物体的应力和变形分别进行了分析。这一分析适用于任何弹性体，即所得的公式与物体的物理性质无关。但仅有这两组方程还不能求解，还必须建立弹性体内应变分量与应力分量之间的关系，这些关系式称为**物理方程**(physical equations)。

从材料力学的简单轴向拉伸试验已得到，在单向应力状态下，钢试件弹性阶段应力与应变呈线性关系，即 $\sigma = E\varepsilon$。这是著名的胡克定律，其中 E 为材料拉伸弹性模量。

在三向应力状态，描述一点处的应力状态需要六个独立的应力分量，与之相应的应变状态也有六个独立的应变分量。在线弹性假设下，应力与应变间呈线性关系。对于各向异性的均匀弹性体，这种关系一般可写成

$$\sigma_x = C_{11}\varepsilon_x + C_{12}\varepsilon_y + C_{13}\varepsilon_z + C_{14}\gamma_{yz} + C_{15}\gamma_{zx} + C_{16}\gamma_{xy}$$
$$\sigma_y = C_{21}\varepsilon_x + C_{22}\varepsilon_y + C_{23}\varepsilon_z + C_{24}\gamma_{yz} + C_{25}\gamma_{zx} + C_{26}\gamma_{xy}$$
$$\sigma_z = C_{31}\varepsilon_x + C_{32}\varepsilon_y + C_{33}\varepsilon_z + C_{34}\gamma_{yz} + C_{35}\gamma_{zx} + C_{36}\gamma_{xy}$$
$$\tau_{yz} = C_{41}\varepsilon_x + C_{42}\varepsilon_y + C_{43}\varepsilon_z + C_{44}\gamma_{yz} + C_{45}\gamma_{zx} + C_{46}\gamma_{xy}$$
$$\tau_{zx} = C_{51}\varepsilon_x + C_{52}\varepsilon_y + C_{53}\varepsilon_z + C_{54}\gamma_{yz} + C_{55}\gamma_{zx} + C_{56}\gamma_{xy}$$
$$\tau_{xy} = C_{61}\varepsilon_x + C_{62}\varepsilon_y + C_{63}\varepsilon_z + C_{64}\gamma_{yz} + C_{65}\gamma_{zx} + C_{66}\gamma_{xy}$$

在上式中共有 36 个弹性常数。根据弹性体在各方向物理性质的不同，独立的弹性常数的个数也不同。对于各向同性弹性体，可以证明，仅有两个独立的弹性常数。其**应变分量与应力分量关系**(stress-strain relationships)如下：

$$
\begin{Bmatrix}
\varepsilon_x \\
\varepsilon_y \\
\varepsilon_z \\
\gamma_{yz} \\
\gamma_{zx} \\
\gamma_{xy}
\end{Bmatrix}
=
\begin{bmatrix}
\dfrac{1}{E} & -\dfrac{\mu}{E} & -\dfrac{\mu}{E} & 0 & 0 & 0 \\
-\dfrac{\mu}{E} & \dfrac{1}{E} & -\dfrac{\mu}{E} & 0 & 0 & 0 \\
-\dfrac{\mu}{E} & -\dfrac{\mu}{E} & \dfrac{1}{E} & 0 & 0 & 0 \\
0 & 0 & 0 & \dfrac{1}{G} & 0 & 0 \\
0 & 0 & 0 & 0 & \dfrac{1}{G} & 0 \\
0 & 0 & 0 & 0 & 0 & \dfrac{1}{G}
\end{bmatrix}
\begin{Bmatrix}
\sigma_x \\
\sigma_y \\
\sigma_z \\
\tau_{yz} \\
\tau_{zx} \\
\tau_{xy}
\end{Bmatrix}
\tag{1-6}
$$

该物理方程也称广义胡克定律。式中 E 为材料的**弹性模量**(modulus of elasticity)或**杨氏模量**(Young's modulus)；μ 为**泊松比**(Poisson's ratio)；G 为**剪切弹性模量**(shearing elastic modulus)。而且三者之间有如下的关系：

$$
G = \frac{E}{2(1+\mu)}
$$

我们已假设所研究的物体是完全弹性的、均匀的、各向同性的，因此，这些弹性常数不随应力的大小而变，不随坐标位置而变，也不随方向而变。

式(1-6)是以应力分量来表示应变分量的，若用应变分量来表示应力分量，其物理方程为

$$
\begin{Bmatrix}
\sigma_x \\
\sigma_y \\
\sigma_z \\
\tau_{yz} \\
\tau_{zx} \\
\tau_{xy}
\end{Bmatrix}
=
\frac{E}{(1+\mu)(1-2\mu)}
\begin{bmatrix}
1-\mu & \mu & \mu & 0 & 0 & 0 \\
\mu & 1-\mu & \mu & 0 & 0 & 0 \\
\mu & \mu & 1-\mu & 0 & 0 & 0 \\
0 & 0 & 0 & \dfrac{1-2\mu}{2} & 0 & 0 \\
0 & 0 & 0 & 0 & \dfrac{1-2\mu}{2} & 0 \\
0 & 0 & 0 & 0 & 0 & \dfrac{1-2\mu}{2}
\end{bmatrix}
\begin{Bmatrix}
\varepsilon_x \\
\varepsilon_y \\
\varepsilon_z \\
\gamma_{yz} \\
\gamma_{zx} \\
\gamma_{xy}
\end{Bmatrix}
\tag{1-7}
$$

1.5 应力边界条件和圣维南原理

1.5.1 应力边界条件

若弹性体处于平衡，其内部各点的应力分量必须满足平衡微分方程(1-1)，而在弹性体边界上，各点除受相邻部分的作用外，还受外部面力的作用。下面建立边界上点

的应力分量与面力分量的关系，导出应力边界条件。

在导出平衡微分方程时所取的为正六面微元体，到了弹性体边界上，就成了四面体微元体 $PABC$，如图 1-6 所示。斜微分面 ABC 是弹性体表面的一部分，其外法线 N 与各坐标轴夹角的方向余弦分别为

$$l = \cos(N, x), \quad m = \cos(N, y), \quad n = \cos(N, z)$$

微元体的其余三个微分面过点 P 且分别与三个坐标轴垂直。设 $\triangle ABC$ 的面积为 dA，则 $\triangle PBC$、$\triangle PCA$、$\triangle PAB$ 的面积分别为 ldA、mdA、ndA。dh 为 P 到 $\triangle ABC$ 的垂直距离。四面微元体的体积为 $dV = dA \times dh/3$。

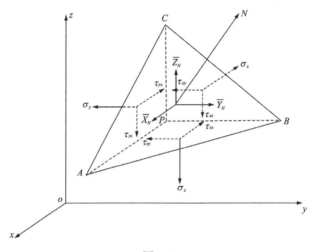

图 1-6

斜微分面 ABC 上的面力沿三个坐标轴上的投影分别为 $\overline{X}$、$\overline{Y}$、$\overline{Z}$。由于这些微分面很小，其面上作用的应力和面力可看成是均匀分布的。整个物体处于平衡，这个四面微元体也应处于平衡。根据平衡条件 $\sum F_x = 0$，得

$$\overline{X}dA - \sigma_x ldA - \tau_{yx} mdA - \tau_{zx} ndA + XdV = 0$$

将上式除以 dA，并注意到当点 P 无限接近物体表面，即 $dh \to 0$ 为极限时，体力项的系数 $dV/dA = dh/3$ 趋于零，于是得下列方程的第一式。同理，由平衡条件 $\sum F_y = 0$ 和 $\sum F_z = 0$ 得到下列方程的第二式和第三式。

$$\begin{aligned}
l\sigma_x + m\tau_{yx} + n\tau_{zx} &= \overline{X} \\
l\tau_{xy} + m\sigma_y + n\tau_{zy} &= \overline{Y} \\
l\tau_{xz} + m\tau_{yz} + n\sigma_z &= \overline{Z}
\end{aligned} \tag{1-8}$$

如果再考虑平衡条件 $\sum M_x = 0$、$\sum M_y = 0$ 和 $\sum M_z = 0$，将再次得到剪应力互等定律。

式(1-1)表示弹性体域内的平衡条件，而式(1-8)表示弹性体应力边界面上的平衡条件，这就是**应力边界条件**(stress boundary conditions)。若整个弹性体处于平衡，则平

衡微分方程(1-1)和应力边界条件(1-8)必须同时得到满足。

1.5.2 圣维南原理

在求解弹性力学问题时,使应力分量、应变分量和位移分量完全满足基本方程并不困难,要使得边界条件也完全满足却往往是很困难的。另外,在很多工程结构上都会遇到这样的情况,在弹性体的一小部分边界上,仅知道物体所受面力的合力,并不明确这面力的分布方式,因而无法使得在这部分边界上精确满足应力边界条件。为解决这一问题,**圣维南原理**(Saint-Venant principle)指出:如果把作用在弹性体的一小部分边界上的力系,用一个分布不同但静力等效的力系(主矢量相同,对同一点的主矩也相同)代替,则仅在此边界附近的应力分布有显著的改变,而在距该区域较远的地方应力分布几乎不受影响。

下面举例说明圣维南原理的应用。

图 1-7(a)所示的直杆,在两端截面的形心受大小相等而方向相反的拉力 P 作用。如果把一端或两端的拉力变换为静力等效的力系,如图 1-7(b)、(c)所示,结果表明,只在靠近杆两端附近部分的应力分布有显著的改变,而在杆的其余部分应力几乎没有什么差别。

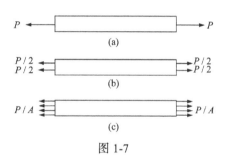

图 1-7

以后可知,图 1-7(c)所示的情况,端部受连续均匀分布的面力,这种边界条件最容易求得应力解答。另外两种情况,面力不是连续分布的,甚至只知道其合力为 P 而不知其分布方式,应力是难以求解或无法求解的。根据圣维南原理,将图 1-7(c)的应力解答应用到其他两种情况,虽然不能完全满足两端的应力边界条件,但仍能表明离杆端较远处的应力状态。可以看出,这种边界条件的简化,给弹性力学问题的求解带来很大的方便。

圣维南原理虽然至今还没有得到确切的数学表示和严格的理论证明,但是,大量的实际计算和实验结果都证实该原理是正确的。

习 题

1-1 弹性力学的基本假定有哪些?为什么要引入这些假设?在弹性体的三类方程和两类边界条件的推导中是如何应用这些基本假定的?

1-2 判断下列命题是否正确:

(1) 若物体内一点的位移 u、v、w 均为零,则在该点处必有应变 $\varepsilon_x = \varepsilon_y = \varepsilon_z = 0$;

(2) 在 y 为常数的直线上，如 $v = 0$，则沿该线必有 $\varepsilon_y = 0$；

(3) 在 x 为常数的直线上，如 $v = 0$，则沿该线必有 $\varepsilon_y = 0$。

1-3　各向同性材料有几个独立的工程弹性常数？

1-4　变形协调方程的物理含义指什么？当位移给定，由几何方程求得的应变满足变形协调方程吗？

1-5　当弹性体内的应变场都为零时，其位移场是否一定为零？位移边界条件的用处是什么？

1-6　请阐述圣维南原理。

1-7　写出一维问题杆的三类方程和两类边界条件。

第2章

平面问题

2.1 引　言

　　任何一个实际的弹性体都占有三度空间，严格说来都属于空间问题。但是，当弹性体的形状有某些特点，且受到特殊分布的外力作用时，某些空间问题亦可以简化为平面问题。平面问题又分为平面应力问题和平面应变问题两大类。

2.1.1　平面应力问题

　　设有等厚度薄板如图 2-1 所示，沿 z 轴方向的厚度 t 远小于板的长度和宽度，且沿薄板四周边界受平行于薄板平面并沿厚度均匀分布的面力，体力也平行于板平面且沿板厚不变。

　　先分析它的应力情况。

　　薄板中面为 xoy 面，z 轴垂直于中面。因为板的前后表面上没有外力作用，所以有

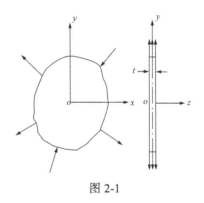

图 2-1

$$z = \pm t/2 \text{处}, \quad \sigma_z = 0, \quad \tau_{zx} = 0, \quad \tau_{zy} = 0$$

在板内部可以有上述应力分量，但由于板很薄，这些应力一定是很小的，可以近似地认为它们都等于零。于是，只有平行于 xoy 面的三个应力分量 σ_x、σ_y、τ_{xy} 存在。所以，这类问题称为**平面应力**(plane stress)问题。

　　同时，也由于板很薄，可以近似地认为这三个应力分量沿板厚不变化，即只是坐标 x、y 的函数，而与坐标 z 无关。

　　在平面应力问题中，认为 $\sigma_z = 0$。但是由于垂直 z 轴的两个侧表面是自由的，故沿 z 轴方向的应变 ε_z 和位移 w 并不等于零。

2.1.2　平面应变问题

设有很长的等截面柱形体如图 2-2 所示，其纵向(沿 z 轴方向)尺寸远大于横向尺寸，受垂直于纵向轴且沿长度不变的面力作用，体力也垂直于纵轴且沿长度不变，约束条件也不沿长度变化。

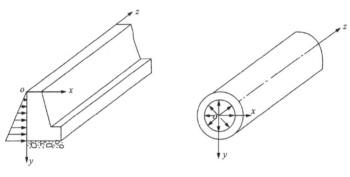

图 2-2

先来分析它的变形情况。

我们设想该柱形体为无限长，任一横截面可视为对称面。因此，所有各点都不会有 z 方向的位移，即 $w=0$。从而沿 z 方向的正应变 $\varepsilon_z=0$。另外，由对称条件可知，γ_{xz} 和 γ_{yz} 也必然为零。这样，六个应变分量只剩下平行于 xoy 坐标平面的三个应变分量 ε_x、ε_y 和 γ_{xy}。因此，这类问题被称作**平面应变**(plane strain)问题。

显然，在平面应变问题中，所有横截面上各点的应力、应变和位移都与 z 坐标无关。这样，只需从构件中沿纵轴截取单位长度的薄片进行分析，就可以代替对整个柱形体的研究。

在工程实际中，许多结构和构件，如直的堤坝和隧道、受内压作用的圆柱形长管，都属平面应变问题。虽然这些构件并非无限长，不完全符合以上条件，但实践证明，对于距离构件两端较远之处，按平面应变问题进行分析计算，其结果完全可用于工程中。

还有一种情况，当构件的纵向尺寸虽然不很大，但其两端面被刚性光滑面所约束，不允许有纵向位移，如果其他条件与上面所述相同时，也可视为平面应变问题。

必须指出，对于平面应变问题，虽然 $\varepsilon_z=0$，但由于没有轴向位移，z 方向伸缩被阻止，所以 σ_z 一般并不等于零。

2.2　平面问题的基本方程

上一章建立的弹性力学基本方程，在平面问题的情况下将大为简化。

2.2.1　平衡微分方程和应力边界条件

从平面应力问题的薄板中或平面应变问题的柱形体的单位厚度薄片中取出一个微元体，如图 2-3(a)所示。则弹性体域内微元体的受力情况和边界上微元体的受力情况分别如图 2-3(b)和图 2-3(c)所示。在平面问题中，独立的应力分量只有 σ_x、σ_y 和 τ_{xy}，它们是坐标 x 和 y 的函数，与坐标 z 无关。应力分量 τ_{yz} 和 τ_{xz} 为零，体力分量 Z 亦为零。平面问题的平衡微分方程和应力边界条件可分别由如图 2-3(b)和图 2-3(c)所示的微元体的平衡条件推导得到，也可由三维弹性力学的平衡微分方程和应力边界条件经简化后得到。

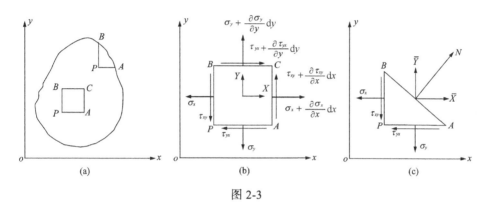

图 2-3

由三维弹性力学的平衡微分方程式(1-1)，简化后即可以得到平面问题的平衡微分方程

$$\frac{\partial \sigma_x}{\partial x}+\frac{\partial \tau_{yx}}{\partial y}+X=0$$
$$\frac{\partial \tau_{xy}}{\partial x}+\frac{\partial \sigma_y}{\partial y}+Y=0$$

（2-1）

而式(1-1)的第三个方程对于平面问题来说是自行满足的。由三维问题的应力边界条件式(1-8)，简化后即可得到平面问题的应力边界条件

$$l\sigma_x+m\tau_{yx}=\overline{X}$$
$$l\tau_{xy}+m\sigma_y=\overline{Y}$$

（2-2）

而式(1-8)的第三个方程，对于平面应力问题是恒等于零的，对于平面应变问题为 $\pm\sigma_z=\overline{Z}$，面力 $\overline{Z}$ 由柱形体两端的约束提供。

2.2.2　几何方程、变形协调方程和位移边界条件

平面问题的几何方程可由式(1-3)简化得到

$$\varepsilon_x = \frac{\partial u}{\partial x}, \quad \varepsilon_y = \frac{\partial v}{\partial y}, \quad \gamma_{xy} = \frac{\partial v}{\partial x} + \frac{\partial u}{\partial y} \tag{2-3}$$

三个应变分量由两个位移分量对坐标 x 和 y 的偏导数所确定。因此，三个应变分量之间必存在一定的关系。由式(1-4)简化可得

$$\frac{\partial^2 \varepsilon_x}{\partial y^2} + \frac{\partial^2 \varepsilon_y}{\partial x^2} = \frac{\partial^2 \gamma_{xy}}{\partial x \partial y} \tag{2-4}$$

上式称为平面问题的变形协调方程，也称相容方程。从物理意义上讲，要使变形前连续的弹性体，变形后仍保持连续，各应变分量之间必须满足变形协调方程。

平面问题的位移边界条件则可由式(1-5)简化得到

$$\begin{aligned} u &= \bar{u} \\ v &= \bar{v} \end{aligned} \tag{2-5}$$

2.2.3 物理方程

对于平面应力问题，$\sigma_z = \tau_{yz} = \tau_{zx} = 0$，由三维问题的物理方程式(1-6)经过简化后得

$$\begin{aligned} \varepsilon_x &= \frac{1}{E}(\sigma_x - \mu\sigma_y) \\ \varepsilon_y &= \frac{1}{E}(\sigma_y - \mu\sigma_x) \\ \gamma_{xy} &= \frac{2(1+\mu)}{E}\tau_{xy} \end{aligned} \tag{2-6a}$$

如果用应变分量来表示应力分量，可对式(2-6a)进行变换后得到

$$\begin{aligned} \sigma_x &= \frac{E}{1-\mu^2}(\varepsilon_x + \mu\varepsilon_y) \\ \sigma_y &= \frac{E}{1-\mu^2}(\varepsilon_y + \mu\varepsilon_x) \\ \tau_{xy} &= \frac{E}{2(1+\mu)}\gamma_{xy} \end{aligned} \tag{2-6b}$$

式(2-6a)或式(2-6b)是平面应力问题的物理方程。

此外，由式(1-6)的第三式可得

$$\varepsilon_z = -\frac{\mu}{E}(\sigma_x + \sigma_y)$$

由此可见，只要求出了 σ_x 和 σ_y，就可利用上式求得 ε_z。由此可知，对于平面应力问题，一般来说，ε_z 并不等于零。另外，由 $\tau_{yz} = \tau_{zx} = 0$，可知 $\gamma_{yz} = \gamma_{zx} = 0$。

对平面应变问题，$\varepsilon_z = \gamma_{yz} = \gamma_{zx} = 0$，由三维问题的物理方程式(1-7)经过简化后得

$$\sigma_x = \frac{(1-\mu)E}{(1+\mu)(1-2\mu)}\left(\varepsilon_x + \frac{\mu}{1-\mu}\varepsilon_y\right)$$

$$\sigma_y = \frac{(1-\mu)E}{(1+\mu)(1-2\mu)}\left(\varepsilon_y + \frac{\mu}{1-\mu}\varepsilon_x\right) \tag{2-7a}$$

$$\tau_{xy} = \frac{E}{2(1+\mu)}\gamma_{xy}$$

如果用应力分量来表示应变分量，可对式(2-7a)进行变换后得到

$$\varepsilon_x = \frac{1-\mu^2}{E}\left(\sigma_x - \frac{\mu}{1-\mu}\sigma_y\right)$$

$$\varepsilon_y = \frac{1-\mu^2}{E}\left(\sigma_y - \frac{\mu}{1-\mu}\sigma_x\right) \tag{2-7b}$$

$$\gamma_{xy} = \frac{2(1+\mu)}{E}\tau_{xy}$$

式(2-7a)或式(2-7b)就是平面应变问题的物理方程。

此外，由式(1-7)的第三式可得

$$\sigma_z = \frac{E\mu}{(1+\mu)(1-2\mu)}(\varepsilon_x + \varepsilon_y)$$

该式说明，只要求出了 ε_x 和 ε_y，σ_z 由上式确定。一般来说，对于平面应变问题，σ_z 并不等于零。

将两类平面问题的物理方程式(2-6a)、式(2-6b)和式(2-7a)、式(2-7b)进行比较，就会发现，用 $\dfrac{E}{1-\mu^2}$ 和 $\dfrac{\mu}{1-\mu}$ 分别替换平面应力问题的物理方程中的 E 和 μ，就可得到平面应变问题的物理方程；反之，用 $\dfrac{E(1+2\mu)}{(1+\mu)^2}$ 和 $\dfrac{\mu}{1+\mu}$ 分别替换平面应变问题的物理方程中的 E 和 μ，就可得到平面应力问题的物理方程。

2.3　平面问题的解法

在一定的边界条件下求解基本方程，可以采用三种基本方法：位移法、应力法和应力函数法。这里结合平面问题较具体地说明这三种方法的解题过程。

2.3.1　位移法

将位移分量 u 和 v 作为基本未知函数。为此，利用几何方程和物理方程，将应力

分量用位移分量来表示。对于平面应力问题，将几何方程式(2-3)代入物理方程式(2-6b)，得

$$\sigma_x = \frac{E}{1-\mu^2}\left(\frac{\partial u}{\partial x} + \mu\frac{\partial v}{\partial y}\right)$$

$$\sigma_y = \frac{E}{1-\mu^2}\left(\frac{\partial v}{\partial y} + \mu\frac{\partial u}{\partial x}\right)$$

$$\tau_{xy} = \frac{E}{2(1+\mu)}\left(\frac{\partial v}{\partial x} + \frac{\partial u}{\partial y}\right)$$

再将上式代入平衡微分方程式(2-1)和应力边界条件式(2-2)，化简后，即得

$$\frac{E}{1-\mu^2}\left(\frac{\partial^2 u}{\partial x^2} + \frac{1-\mu}{2}\frac{\partial^2 u}{\partial y^2} + \frac{1+\mu}{2}\frac{\partial^2 v}{\partial x\partial y}\right) + X = 0$$

$$\frac{E}{1-\mu^2}\left(\frac{\partial^2 v}{\partial y^2} + \frac{1-\mu}{2}\frac{\partial^2 v}{\partial x^2} + \frac{1+\mu}{2}\frac{\partial^2 u}{\partial x\partial y}\right) + Y = 0$$

(2-8)

$$\frac{E}{1-\mu^2}\left[l\left(\frac{\partial u}{\partial x} + \mu\frac{\partial v}{\partial y}\right) + m\frac{1-\mu}{2}\left(\frac{\partial u}{\partial y} + \frac{\partial v}{\partial x}\right)\right] = \bar{X}$$

$$\frac{E}{1-\mu^2}\left[l\frac{1-\mu}{2}\left(\frac{\partial v}{\partial x} + \frac{\partial u}{\partial y}\right) + m\left(\frac{\partial v}{\partial y} + \mu\frac{\partial u}{\partial x}\right)\right] = \bar{Y}$$

(2-9)

以上两式就是用位移分量表示的平面应力问题的平衡微分方程和应力边界条件。如果所求解的问题还给出了位移边界上的位移 $\bar{u}$ 和 $\bar{v}$，则还需增加式(2-5)所示的位移边界条件。

一般来讲，位移法求解平面应力问题归结为求解平衡微分方程式(2-8)，并在边界上满足应力边界条件式(2-9)和位移边界条件式(2-5)。位移分量求出后，即可由几何方程式(2-3)求得应变分量，再由物理方程式(2-6b)求出应力分量。对于平面应变问题，只需在上面各方程中将 E 换为 $\frac{E}{1-\mu^2}$ 和将 μ 换为 $\frac{\mu}{1-\mu}$ 即可。

由于用位移法解平面问题需要求解二阶偏微分方程，这在数学上遇到较大困难。因此，这个方法在工程上应用较少。

2.3.2　应力法

对于弹性力学平面问题，往往已知弹性体所承受的载荷。一般将应力分量作为基本未知量较为方便，因此，应力法应用较为广泛。在这里应力分量 σ_x、σ_y 和 τ_{xy} 是基本未知函数，利用平衡微分方程式(2-1)和变形协调方程式(2-4)可共同确定这三个未知函数。在这三个方程中，两个平衡方程本来就是用应力分量表示的，尚需将应变分量表示的变形协调方程改为用应力分量表示，得到所需的第三个方程。

对于平面应力问题，将物理方程式(2-6a)代入变形协调方程式(2-4)中，得

$$\frac{\partial^2}{\partial y^2}(\sigma_x - \mu\sigma_y) + \frac{\partial^2}{\partial x^2}(\sigma_y - \mu\sigma_x) = 2(1+\mu)\frac{\partial^2\tau_{xy}}{\partial x\partial y}$$

利用平衡微分方程式(2-1)将上式中的 τ_{xy} 消去。为此，将式(2-1)中第一式对 x 求导，第二式对 y 求导，然后相加，并注意 $\tau_{yx} = \tau_{xy}$，得

$$2\frac{\partial^2\tau_{xy}}{\partial x\partial y} = -\left(\frac{\partial^2\sigma_x}{\partial x^2} + \frac{\partial^2\sigma_y}{\partial y^2} + \frac{\partial X}{\partial x} + \frac{\partial Y}{\partial y}\right)$$

将上式代入前式，化简后得

$$\left(\frac{\partial^2}{\partial x^2} + \frac{\partial^2}{\partial y^2}\right)(\sigma_x + \sigma_y) = -(1+\mu)\left(\frac{\partial X}{\partial x} + \frac{\partial Y}{\partial y}\right)$$

引入数学记号 $\nabla^2 = \left(\dfrac{\partial^2}{\partial x^2} + \dfrac{\partial^2}{\partial y^2}\right)$，称为拉普拉斯算子。于是上式可简写为

$$\nabla^2(\sigma_x + \sigma_y) = -(1+\mu)\left(\frac{\partial X}{\partial x} + \frac{\partial Y}{\partial y}\right) \tag{2-10}$$

这就是平面应力问题用正应力分量表示的变形协调方程。

对于平面应变问题，利用两种平面问题物理方程间弹性常数的互换关系，由式(2-10)直接得到平面应变问题正应力分量表示的变形协调方程为

$$\nabla^2(\sigma_x + \sigma_y) = -\frac{1}{1-\mu}\left(\frac{\partial X}{\partial x} + \frac{\partial Y}{\partial y}\right) \tag{2-11}$$

如果体积力 X 和 Y 为常数，式(2-10)和式(2-11)的等号右边都为零。于是两种平面问题的变形协调方程是相同的，即为

$$\nabla^2(\sigma_x + \sigma_y) = 0 \tag{2-12}$$

由以上分析可得，用应力法求解平面问题，在一般情况下，平面应力问题归结为联立求解平衡方程式(2-1)和变形协调方程式(2-10)；平面应变问题则是求解平衡方程式(2-1)和变形协调方程式(2-11)。当不计体力或体力为常值时，两类平面问题统一为求解平衡方程式(2-1)和变形协调方程式(2-12)，并使所得的解答满足应力边界条件式(2-2)。

应力分量求出后，就可用物理方程式(2-6a)或式(2-7b)求出应变分量，继而用几何方程式(2-3)和位移边界条件式(2-5)求出位移分量。

应当指出，当不计体力或体力为常数时，虽然两类平面问题求解的方程完全相同，但由于它们所用物理方程不同，应变和位移以及应力分量 σ_z 是不同的。

用应力法求解常体力的弹性力学平面问题时，所用的平衡方程、变形协调方程和

应力边界条件都不含有反映材料性质的弹性常数，因而在平面问题的应力解答中也不含有弹性常数。这表明，平面问题的应力分量 σ_x、σ_y 和 τ_{xy} 与弹性体的材料无关。在进行平面问题的模型试验时，利用透明材料代替物体原来的材料制作模型，用偏振光测应力，就是以上述结论为根据的。

2.3.3 应力函数法

上面已说过，求解常体力情况下弹性力学平面问题，最后归结为求解三个微分方程，即方程式(2-1)和式(2-12)，并使所得的解满足应力边界条件式(2-2)。

现在来研究它的解法。首先考察平衡微分方程式(2-1)，这是非齐次微分方程组，它的解是相应齐次方程组的通解和非齐次方程组的特解之和。很容易确定一个特解，例如取

$$\sigma_x = -Xx, \quad \sigma_y = -Yy, \quad \tau_{xy} = 0$$

然后，求下列齐次方程组的通解：

$$\frac{\partial \sigma_x}{\partial x} + \frac{\partial \tau_{yx}}{\partial y} = 0$$

$$\frac{\partial \tau_{xy}}{\partial x} + \frac{\partial \sigma_y}{\partial y} = 0$$

将上式第一个方程改写为

$$\frac{\partial \sigma_x}{\partial x} = -\frac{\partial \tau_{yx}}{\partial y}$$

根据微分方程理论，一定存在某一个函数 $A(x, y)$，使得

$$\sigma_x = \frac{\partial A}{\partial y}, \quad -\tau_{yx} = \frac{\partial A}{\partial x}$$

同样，将通解齐次方程组的第二个方程改写为

$$\frac{\partial \sigma_y}{\partial y} = -\frac{\partial \tau_{xy}}{\partial x}$$

一定也存在某一个函数 $B(x, y)$，使得

$$\sigma_y = \frac{\partial B}{\partial x}, \quad -\tau_{xy} = \frac{\partial B}{\partial y}$$

由 $\tau_{yx} = \tau_{xy}$，有 $\dfrac{\partial A}{\partial x} = \dfrac{\partial B}{\partial y}$，因而又一定存在某一个函数 $\varphi(x, y)$，使得

$$A = \frac{\partial \varphi}{\partial y}, \qquad B = \frac{\partial \varphi}{\partial x}$$

故，可求得如下通解表达式：

$$\sigma_x = \frac{\partial^2 \varphi}{\partial y^2}, \quad \sigma_y = \frac{\partial^2 \varphi}{\partial x^2}, \quad \tau_{xy} = -\frac{\partial^2 \varphi}{\partial x \partial y}$$

将通解与特解相加，即得方程组的全解，为

$$\sigma_x = \frac{\partial^2 \varphi}{\partial y^2} - Xx, \quad \sigma_y = \frac{\partial^2 \varphi}{\partial x^2} - Yy, \quad \tau_{xy} = -\frac{\partial^2 \varphi}{\partial x \partial y} \tag{2-13}$$

不论 φ 是什么样的函数，满足式(2-13)的应力分量总能满足平衡微分方程。所以，只要函数 φ 已知，应力分量 σ_x、σ_y 和 τ_{xy} 也就确定了。函数 φ 称为艾里**应力函数**(stress function)。

至此，问题转为寻求应力函数 φ。引入应力函数 φ 表明应力分量已满足平衡微分方程，还需使 φ 满足变形协调方程。为此，把式(2-13)代入变形协调方程式(2-12)，得

$$\frac{\partial^4 \varphi}{\partial x^4} + 2\frac{\partial^4 \varphi}{\partial x^2 \partial y^2} + \frac{\partial^4 \varphi}{\partial y^4} = 0 \tag{2-14}$$

这就是用应力函数 $\varphi(x, y)$ 表示的常体力或无体力情况下的变形协调方程。又可简写为 $\nabla^4 \varphi = 0$。它在数学上称为双调和方程，因而应力函数 φ 是双调和函数。

综上可知，用应力函数法求解平面问题时，通过引入一个应力函数，可使原来需要求解三个未知函数 σ_x、σ_y 和 τ_{xy} 的问题转化为只要求解一个应力函数 φ。对于常体力或无体力情况，其求解过程是使应力函数 φ 满足双调和方程(2-14)，然后按式(2-13)确定应力，并使它们满足应力边界条件式(2-2)；如果需要，再利用物理方程式(2-6a)或式(2-7b)确定应变，由几何方程式(2-3)和位移边界条件式(2-5)求出位移。

2.4　用直角坐标解平面问题

平面问题的常用解法有应力法和应力函数法两种。对于应力函数法来说，应力函数的确定是求解问题的关键，但要直接从双调和方程求解出应力函数往往是很困难的，因此，常常采用逆解法或半逆解法。

所谓逆解法，就是先设定各种形式的、满足双调和方程的应力函数 φ，用式(2-13)求出应力分量，然后根据应力边界条件来考察在各种形状的弹性体上，这些应力分量对应什么样的面力，从而得知所设的应力函数可以解决什么问题。

根据弹性体的外形和载荷情况，应力函数有不同的表达形式。对于直线边界和连续分布的简单载荷，应力函数常常取代数多项式的形式。而对于载荷分布不连续或者

分布规律较复杂的情况，也可采用三角级数等其他形式的应力函数。

2.4.1 多项式的应力函数

假设体力不计，即 $X = Y = 0$。首先取一次式

$$\varphi = a + bx + cy$$

易知，不论系数为何值，变形协调方程式(2-14)总能满足。由于应力是应力函数的二阶导数，由式(2-13)得应力分量都等于零。不论弹性体为什么形状，由应力边界条件总能得出面力为零。因此，线性应力函数对应的是无应力状态，在任何平面问题的应力函数中都不必包含一次项。

其次取二次式

$$\varphi = ax^2 + bxy + cy^2$$

易知，式中系数不论取何值，变形协调方程式(2-14)总能满足。为了明了起见，现分别考察二次式中的每一项所能解决的问题。

1．$\varphi = ax^2$

由式(2-13)得应力分量 $\sigma_x = 0$、$\sigma_y = 2a$、$\tau_{xy} = 0$。当板内是上述应力状态时，正好对应图 2-4(a)所示的矩形板左右两边没有面力，上下两边受均匀分布的面力 $2a$ 作用的情况。可见应力函数 $\varphi = ax^2$ 能解决矩形板在 y 方向受均布拉压载荷的问题。

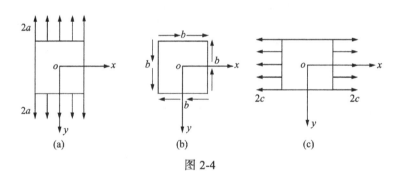

图 2-4

2．$\varphi = bxy$

应力分量为 $\sigma_x = 0$、$\sigma_y = 0$、$\tau_{yx} = \tau_{xy} = -b$。对应矩形板受均布剪力的问题，如图 2-4(b)所示。

3．$\varphi = cy^2$

该应力函数对应矩形板在 x 方向受均布拉压载荷问题，如图 2-4(c)所示。

可见，二次多项式的应力函数对应弹性体的均匀应力状态，系数 a、b、c 由边界

条件确定。

再次,应力函数取三次式

$$\varphi = ax^3 + bx^2 y + cxy^2 + dy^3$$

将三次式代入双调和方程 $\nabla^4 \varphi = 0$,也总能满足。相应的应力为

$$\sigma_x = \frac{\partial^2 \varphi}{\partial y^2} = 2cx + 6dy$$

$$\sigma_y = \frac{\partial^2 \varphi}{\partial x^2} = 6ax + 2by$$

$$\tau_{xy} = -\frac{\partial^2 \varphi}{\partial x \partial y} = -2bx - 2cy$$

可见三次多项式的应力函数可以应用于应力按直线分布的问题。若上式中除 d 外其他系数都等于零,由上式得 $\sigma_x = 6dy$、$\sigma_y = 0$、$\tau_{xy} = 0$,这表示纯弯曲的应力状态,如图2-5所示。

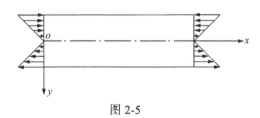

图 2-5

对于四次或四次以上多项式的应力函数,一般不能使 $\nabla^4 \varphi = 0$ 恒满足,要满足 $\nabla^4 \varphi = 0$,系数之间必存在一定的关系。在解具体问题时,可以根据弹性体的形状及载荷情况,选取多项式中的几项组成应力函数。

在弹性力学问题的求解中,更为常用的是半逆解法。所谓半逆解法,就是针对所要求解的问题,根据弹性体的边界形状和载荷情况,先设定部分应力分量为某种形式的函数,由式(2-13)求出应力函数 φ。然后,考察这个应力函数是否满足双调和方程式(2-14),以及所有的应力分量是否满足应力边界条件式(2-2)。如果双调和方程和应力边界条件都能满足,就得出了正确的解答。如果不能完全满足,则要重新设定或修正,直到满足为止。

2.4.2 承受均布载荷简支梁的弯曲

设有一矩形截面的简支梁,长度为 $2l$,高度为 h,其厚度取 1(与长高比小得多),略去体力,受均布载荷 q 作用,如图 2-6 所示。试求梁的应力、应变和位移分量。

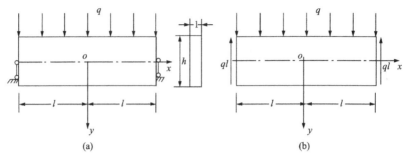

图 2-6

[解]　这是一个平面应力问题

1. 应力函数的选取

对于承受均匀载荷的简支梁,由材料力学可知,弯曲应力 σ_x 主要是由弯矩引起的,剪应力 τ_{xy} 主要是由剪力引起的。而挤压应力 σ_y 主要是由载荷 q 引起的,由于 q 是常量,不随 x 而变,所以可以假定 σ_y 亦不随 x 而变,仅是 y 的函数。即

$$\sigma_y = f(y)$$

由式(2-13)第二式有 $\sigma_y = \dfrac{\partial^2 \varphi}{\partial x^2} = f(y)$,对 x 积分,得

$$\varphi = \frac{x^2}{2} f(y) + x f_1(y) + f_2(y) \tag{a}$$

式中 $f(y)$、$f_1(y)$、$f_2(y)$ 都是待定函数。为了确定它们,应用双调和方程,也就是要使 φ 满足 $\nabla^4 \varphi = 0$ 。将式(a)代入双调和方程(2-14),得

$$\frac{x^2}{2} \frac{\mathrm{d}^4 f(y)}{\mathrm{d}y^4} + x \frac{\mathrm{d}^4 f_1(y)}{\mathrm{d}y^4} + \frac{\mathrm{d}^4 f_2(y)}{\mathrm{d}y^4} + 2 \frac{\mathrm{d}^2 f(y)}{\mathrm{d}y^2} = 0$$

这是 x 的二次方程。对于双调和方程来说,梁内所有 x 值都应满足。因此,这个二次方程的各阶系数和常数项都应当等于零,即

$$\frac{\mathrm{d}^4 f(y)}{\mathrm{d}y^4} = 0, \quad \frac{\mathrm{d}^4 f_1(y)}{\mathrm{d}y^4} = 0, \quad \frac{\mathrm{d}^4 f_2(y)}{\mathrm{d}y^4} + 2 \frac{\mathrm{d}^2 f(y)}{\mathrm{d}y^2} = 0 \tag{b}$$

积分前面两个等式,得

$$\begin{aligned} f(y) &= Ay^3 + By^2 + Cy + D \\ f_1(y) &= Ey^3 + Fy^2 + Gy \end{aligned} \tag{c}$$

在这里,$f_1(y)$ 中的常数项已被略去,因为这一项在 φ 的表达式中成为 x 的一次项,不影响应力分量。将 $f(y)$ 代入式(b)的第三个等式,得

$$\frac{\mathrm{d}^4 f_2(y)}{\mathrm{d} y^4} = -2\frac{\mathrm{d}^2 f(y)}{\mathrm{d} y^2} = -12Ay - 4B$$

积分后，得

$$f_2(y) = -\frac{A}{10} y^5 - \frac{B}{6} y^4 + Hy^3 + Ky^2 \tag{d}$$

其中的一次项和常数项都被略去，因为它们不影响应力分量。将式(c)和式(d)代入式(a)，得应力函数

$$\varphi = \frac{x^2}{2}(Ay^3 + By^2 + Cy + D) + x(Ey^3 + Fy^2 + Gy) - \frac{A}{10} y^5 - \frac{B}{6} y^4 + Hy^3 + Ky^2 \tag{e}$$

将上式代入式(2-13)，得应力分量为

$$\sigma_x = \frac{\partial^2 \varphi}{\partial y^2} = x^2(3Ay + B) + x(6Ey + 2F) - 2Ay^3 - 2By^2 + 6Hy + 2K$$

$$\sigma_y = \frac{\partial^2 \varphi}{\partial x^2} = Ay^3 + By^2 + Cy + D \tag{f}$$

$$\tau_{xy} = -\frac{\partial^2 \varphi}{\partial x \partial y} = -x(3Ay^2 + 2By + C) - (3Ey^2 + 2Fy + G)$$

这些应力分量已满足平衡微分方程和变形协调方程。因此，如果能适当选择常数 A、B、$\cdots$、K，使所有边界条件都被满足，则式(f)中的应力分量就是正确的解答。

在考虑边界条件前，先利用问题的对称性，使运算得到简化。在这里，因为 yoz 面是梁和载荷的对称面，所以应力分布也应当对称于该面。这样，σ_x 和 σ_y 是 x 的偶函数，而 τ_{xy} 是 x 的奇函数。于是可得

$$6Ey + 2F = 0, \qquad 3Ey^2 + 2Fy + G = 0$$

式中，y 是梁截面高度范围内的任意值，因此，y 各次幂项的系数及常数项都应当等于零，即

$$E = F = G = 0$$

通常，梁的长度远大于梁的高度，梁的上下两个边界是主要边界。在主要边界上，边界条件必须完全满足。在次要的边界(较短的边界)上，如果边界条件不能完全满足，可以应用圣维南原理，使边界条件得到近似满足。

先考虑上、下两个边界条件。

在 $y = h/2$ 处，应用应力边界条件可得

$$\sigma_y = 0, \quad \tau_{yx} = 0$$

在 $y = -h/2$ 处，应用应力边界条件可得

$$\sigma_y = -q, \quad \tau_{yx} = 0$$

应用应力分量式(f)，则有

$$\frac{h^3}{8}A + \frac{h^2}{4}B + \frac{h}{2}C + D = 0, \quad \frac{3h^2}{4}A + hB + C = 0$$

$$-\frac{h^3}{8}A + \frac{h^2}{4}B - \frac{h}{2}C + D = -q, \quad \frac{3h^2}{4}A - hB + C = 0$$

对以上四个方程联立求解，得

$$A = -2q/h^3, \quad B = 0, \quad C = 3q/2h, \quad D = -q/2$$

将以上已确定的常数代入式(f)，得

$$\sigma_x = -\frac{6q}{h^3}x^2 y + \frac{4q}{h^3}y^3 + 6Hy + 2K$$

$$\sigma_y = -\frac{2q}{h^3}y^3 + \frac{3q}{2h}y - \frac{q}{2} \tag{g}$$

$$\tau_{xy} = \frac{6q}{h^3}xy^2 - \frac{3q}{2h}x$$

再考虑左、右两个边界的条件。由于已利用了对称性，只需研究其中的一端，例如右边界。在梁的右边界上没有水平面力，这就要求在 $x = l$ 处，不论 y 取何值 ($-h/2 \leqslant y \leqslant h/2$)，都应有 $\sigma_x = 0$。由式(g)第一式可见，只要 $q \neq 0$，该条件是不能满足的。只能要求 σ_x 的合力和合力矩分别为零，即

$$在 x=l 处, \quad \int_{-h/2}^{h/2} \sigma_x \mathrm{d}y = 0, \quad \int_{-h/2}^{h/2} \sigma_x y \mathrm{d}y = 0$$

将式(g)的第一式代入上式，得

$$\int_{-h/2}^{h/2} \left(-\frac{6ql^2}{h^3}y + \frac{4q}{h^3}y^3 + 6Hy + 2K \right) \mathrm{d}y = 0$$

$$\int_{-h/2}^{h/2} \left(-\frac{6ql^2}{h^3}y + \frac{4q}{h^3}y^3 + 6Hy + 2K \right) y\mathrm{d}y = 0$$

积分第一式，得 $K = 0$。将 K 代入第二式，积分后，得

$$H = \frac{ql^2}{h^3} - \frac{q}{10h}$$

将求得的 K 和 H 之值代入式(g)，得

$$\sigma_x = -\frac{6q}{h^3}x^2 y + \frac{4q}{h^3}y^3 + \frac{6ql^2}{h^3}y - \frac{3q}{5h}y \tag{h}$$

在梁的右边界上剪应力 τ_{xy} 的合力应等于向上的反力 ql。即

$$在 x = l 处, \qquad \int_{-h/2}^{h/2} \tau_{xy} \mathrm{d}y = -ql$$

将式(g)第三式代入上式，有

$$\int_{-h/2}^{h/2}\left(\frac{6ql}{h^3}y^2 - \frac{3ql}{2h}\right)\mathrm{d}y = -ql$$

积分以后，可知这个条件是满足的。

至此，已求得应力函数中的全部系数。

2．应力分量

结合式(g)和式(h)，略加整理即得到应力分量的解答为

$$\sigma_x = \frac{6q}{h^3}(l^2 - x^2)y + \frac{qy}{h}\left(4\frac{y^2}{h^2} - \frac{3}{5}\right)$$

$$\sigma_y = -\frac{q}{2}\left(1 + \frac{y}{h}\right)\left(1 - \frac{2y}{h}\right)^2 \tag{i}$$

$$\tau_{xy} = -\frac{6q}{h^3}\left(\frac{h^2}{4} - y^2\right)x$$

应力分量沿截面高度的变化情况表示在图 2-7 中。

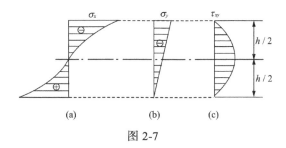

图 2-7

对于同一问题，材料力学给出的应力公式为

$$\sigma_x = \frac{My}{J}, \quad \sigma_y = 0, \quad \tau_{xy} = \frac{QS}{J}$$

其中

$$M = \frac{q}{2}(l^2 - x^2), \quad Q = -qx, \quad J = \frac{h^3}{12}, \quad S = \frac{1}{2}\left(\frac{h^2}{4} - y^2\right)$$

为了与材料力学的结果进行比较，应力分量式(i)可改写成

$$\sigma_x = \frac{My}{J} + q\frac{y}{h}\left(4\frac{y^2}{h^2} - \frac{3}{5}\right)$$

$$\sigma_y = -\frac{q}{2}\left(1 + \frac{y}{h}\right)\left(1 - \frac{2y}{h}\right)^2$$

$$\tau_{xy} = \frac{QS}{J}$$

比较上式和材料力学的结果，可知：

(1) 在 σ_x 的表达式中，第一项与材料力学的解答完全相同，这是主要项。第二项是弹性力学给出的修正项。以梁的中间截面($x = 0$ 处)为例，说明修正项的影响。该截面上、下边缘处的应力 σ_x 是

$$(\sigma_x)_{\substack{x=0 \\ y=\pm h/2}} = \pm 3q\frac{l^2}{h^2}\left(1 + \frac{h^2}{15l^2}\right)$$

括号中的第二项是修正项，随跨度的增加而减小。当 $h/l = 0.5$，即梁的跨度是截面高度的四倍时，修正项只达主要项的 1.67%。

(2) 应力分量 σ_y 表示梁的纵向挤压应力，它的最大值为 q，在梁的上表面与外载荷相平衡，在下表面处等于零。材料力学中，则假设梁的纵向纤维之间没有挤压，即 $\sigma_y = 0$，这一假设显然与实际情况不符。

(3) 剪应力 τ_{xy} 与材料力学所得结果完全一样。

最后需要指出，梁的左右两端面上($x = \pm l$ 处)是有应力存在的，应该是

$$\sigma_x = q\frac{y}{h}\left(4\frac{y^2}{h^2} - \frac{3}{5}\right), \quad \tau_{xy} = \pm\frac{6ql}{h^3}\left(\frac{h^2}{4} - y^2\right)$$

这是与实际的载荷情况不符合的。但是，由于在两端面上的 σ_x 组成自身平衡力系，τ_{xy} 的合力等于反力 ql，根据圣维南原理，它们只影响端面附近的应力状态，对离两端面较远的横截面上的应力仍可按式(i)计算。

3．位移分量的确定

由几何方程(2-3)和平面应力问题的物理方程(2-6a)，有

$$\varepsilon_x = \frac{\partial u}{\partial x} = \frac{1}{E}(\sigma_x - \mu\sigma_y)$$

$$\varepsilon_y = \frac{\partial v}{\partial y} = \frac{1}{E}(\sigma_y - \mu\sigma_x)$$

$$\gamma_{xy} = \frac{\partial v}{\partial x} + \frac{\partial u}{\partial y} = \frac{2(1+\mu)}{E}\tau_{xy}$$

将应力分量式(i)代入上式，并引入 $J = h^3/12$，得

$$\frac{\partial u}{\partial x} = \frac{q}{2EJ}\left[(l^2 - x^2)y + \frac{2}{3}y^3 - \frac{h^2}{10}y + \mu\left(\frac{1}{3}y^3 - \frac{h^2}{4}y + \frac{h^3}{12}\right)\right]$$

$$\frac{\partial v}{\partial y} = -\frac{q}{2EJ}\left[\left(\frac{1}{3}y^3 - \frac{h^2}{4}y + \frac{h^3}{12}\right) + \mu(l^2 - x^2)y + \mu\left(\frac{2}{3}y^3 - \frac{h^2}{10}y\right)\right] \tag{j}$$

$$\frac{\partial v}{\partial x} + \frac{\partial u}{\partial y} = -\frac{1+\mu}{EJ}q\left(\frac{h^2}{4} - y^2\right)x$$

第一式对 x 积分，第二式对 y 积分，得

$$u = \frac{q}{2EJ}\left[\left(l^2 x - \frac{x^3}{3}\right)y + \left(\frac{2}{3}y^3 - \frac{h^2}{10}y\right)x + \mu\left(\frac{1}{3}y^3 - \frac{h^2}{4}y + \frac{h^3}{12}\right)x\right] + \frac{q}{2EJ}f(y)$$

$$v = -\frac{q}{2EJ}\left[\frac{1}{12}y^4 - \frac{h^2}{8}y^2 + \frac{h^3}{12}y + \frac{\mu}{2}(l^2 - x^2)y^2 + \mu\left(\frac{1}{6}y^4 - \frac{h^2}{20}y^2\right)\right] + \frac{q}{2EJ}g(x) \tag{k}$$

式中 $f(y)$ 和 $g(x)$ 是待定函数，为计算方便，在这两函数前附加系数 $\dfrac{q}{2EJ}$。为确定这两

个函数，将上式代入式(j)的第三式，得

$$\mu xy^2 + \frac{\mathrm{d}g(x)}{\mathrm{d}x} + l^2 x - \frac{x^3}{3} + x\left(2y^2 - \frac{h^2}{10}\right) + \mu x\left(y^2 - \frac{h^2}{4}\right) + \frac{\mathrm{d}f(y)}{\mathrm{d}y} = -2(1+\mu)x\left(\frac{h^2}{4} - y^2\right)$$

经过整理，得

$$\frac{\mathrm{d}f(y)}{\mathrm{d}y} = -\frac{\mathrm{d}g(x)}{\mathrm{d}x} + \frac{x^3}{3} - h^2\left(\frac{l^2}{h^2} + \frac{2}{5} + \frac{\mu}{4}\right)x$$

上式左边只是 y 的函数，右边只是 x 的函数，而 x 和 y 又是独立的变量，因此，要使
此等式成立，两边都必等于某一常数 A，即

$$\frac{\mathrm{d}f(y)}{\mathrm{d}y} = A, \qquad -\frac{\mathrm{d}g(x)}{\mathrm{d}x} + \frac{x^3}{3} - h^2\left(\frac{l^2}{h^2} + \frac{2}{5} + \frac{\mu}{4}\right)x = A$$

将这两式进行积分，得

$$f(y) = Ay + B$$

$$g(x) = \frac{x^4}{12} - \frac{x^2 h^2}{2}\left(\frac{l^2}{h^2} + \frac{2}{5} + \frac{\mu}{4}\right) - Ax + C$$

再将 $f(y)$ 和 $g(x)$ 代回式(k)，得

$$u = \frac{q}{2EJ}\left[\left(l^2 x - \frac{x^3}{3}\right)y + x\left(\frac{2}{3}x^3 - \frac{h^2}{10}y\right) + \mu x\left(\frac{1}{3}y^3 - \frac{h^2}{4}y + \frac{h^3}{12}\right) + Ay + B\right]$$

$$v = -\frac{q}{2EJ}\left[\frac{1}{12}y^4 - \frac{h^2}{8}y^2 + \frac{h^3}{12}y + \frac{\mu}{2}(l^2 - x^2)y^2 + \mu\left(\frac{1}{6}y^4 - \frac{h^2}{20}y^2\right) - \frac{x^4}{12}\right.$$

$$\left. + \frac{x^2 h^2}{2}\left(\frac{l^2}{h^2} + \frac{2}{5} + \frac{\mu}{4}\right) + Ax - C\right]$$

式中积分常数 A、B 和 C 由梁的位移约束条件确定。

由梁的对称性，梁的中间截面不会有水平位移，即在 $x=0$ 处，$u=0$。代入上式得

$$A = B = 0$$

由梁的两端为铰支，在 $x=\pm l$、$y=0$ 处，$v=0$，则可得

$$C = \frac{5}{12}l^4 + \left(\frac{1}{5} + \frac{\mu}{8}\right)l^2 h^2$$

因此，位移分量为

$$u = \frac{q}{2EJ}\left[\left(l^2 x - \frac{x^3}{3}\right)y + x\left(\frac{2}{3}y^3 - \frac{h^2}{10}y\right) + \mu x\left(\frac{1}{3}y^3 - \frac{h^2}{4}y + \frac{h^3}{12}\right)\right]$$

$$v = -\frac{q}{2EJ}\left[\frac{1}{12}y^4 - \frac{h^2}{8}y^2 + \frac{h^3}{12}y + \frac{\mu}{2}(l^2 - x^2)y^2 + \mu\left(\frac{1}{6}y^4 - \frac{h^2}{20}y^2\right)\right.$$
$$\left. - \frac{x^4}{12} + \frac{x^2 h^2}{2}\left(\frac{l^2}{h^2} + \frac{2}{5} + \frac{\mu}{4}\right) - \frac{5}{12}l^4 - l^2 h^2\left(\frac{1}{5} + \frac{\mu}{8}\right)\right]$$

如令上式 v 的表达式中 $y=0$，就得到梁轴的挠度方程

$$v\big|_{y=0} = \frac{q}{2EJ}\left[\frac{5}{12}l^4 + l^2 h^2\left(\frac{1}{5} + \frac{\mu}{8}\right) + \frac{x^4}{12} - \frac{x^2 h^2}{2}\left(\frac{l^2}{h^2} + \frac{2}{5} + \frac{\mu}{4}\right)\right]$$

最大挠度发生在梁跨度中点处，令上式 $x=0$，得

$$v_{\max} = v\big|_{\substack{x=0 \\ y=0}} = \frac{5ql^4}{24EJ}\left[1 + \frac{3h^2}{5l^2}\left(\frac{4}{5} + \frac{\mu}{2}\right)\right]$$

上式中第一项与材料力学解答相同，第二项则代表弹性力学提出的修正项。随着 l/h 的增大，第二项的影响越来越小。

2.5　用极坐标解平面问题

在求解弹性力学平面问题时，对于具有直线边界的弹性体采用直角坐标系较为方便；而对于圆形、扇形或楔形的弹性体来说，则用极坐标求解更为合适。本节将讨论极坐标下平面问题的求解。首先推导极坐标中平面问题的基本方程，然后介绍用极坐标求解的典型问题。

2.5.1　极坐标中平面问题的基本方程

1. 平衡微分方程

在极坐标中，平面内任一点 P 的位置，用它和坐标原点 o 的距离 r 以及 r 方向与

x 轴之间的夹角 θ 来表示。推导极坐标中的平衡微分方程的方法与在直角坐标系中相仿，不同的是，在直角坐标系中，取弹性体中任一个矩形微元体分析，而在极坐标中，则取如图 2-8(a) 所示的扇面微元体进行分析。

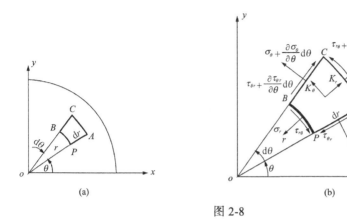

图 2-8

为了推导极坐标下的平衡微分方程，用相距为 dr 的两个同心圆柱面和互成 $d\theta$ 角的两个径向平面从弹性体上截取微元体 $PABC$。对于两类平面问题，微元体都取单位厚度。沿 r 方向的正应力称为径向正应力，用 σ_r 表示；沿 θ 方向的正应力称为环向正应力，用 σ_θ 表示；剪应力用 $\tau_{r\theta}$ 和 $\tau_{\theta r}$ 表示，各应力分量的正负号规定与直角坐标中一样；径向和环向体力分量分别用 K_r 和 K_θ 表示。

如图 2-8(b) 所示，考虑到应力随位置而变化，PB 面上的径向应力和剪应力分别是 σ_r 和 $\tau_{r\theta}$，AC 面上则分别是 $\sigma_r+\dfrac{\partial \sigma_r}{\partial r}dr$ 和 $\tau_{r\theta}+\dfrac{\partial \tau_{r\theta}}{\partial r}dr$。同样，在 PA 面上的环向正应力和剪应力分别是 σ_θ 和 $\tau_{\theta r}$，作用在 BC 面上则分别是 $\sigma_\theta+\dfrac{\partial \sigma_\theta}{\partial \theta}d\theta$ 和 $\tau_{\theta r}+\dfrac{\partial \tau_{\theta r}}{\partial \theta}d\theta$。$PB$ 和 AC 两面的面积分别等于 $rd\theta$ 和 $(r+dr)d\theta$，PA 和 BC 两面的面积都等于 dr，微元体的体积等于 $rd\theta dr$。

下面列出微元体的平衡条件。首先将微元体所受的各力投影到通过微元体中心的径向轴上，得

$$\left(\sigma_r+\frac{\partial \sigma_r}{\partial r}dr\right)(r+dr)d\theta-\sigma_r rd\theta-\left(\sigma_\theta+\frac{\partial \sigma_\theta}{\partial \theta}d\theta\right)dr\sin\frac{d\theta}{2}-\sigma_\theta dr\sin\frac{d\theta}{2}$$
$$+\left(\tau_{\theta r}+\frac{\partial \tau_{\theta r}}{\partial \theta}d\theta\right)dr\cos\frac{d\theta}{2}-\tau_{\theta r}dr\cos\frac{d\theta}{2}+K_r rd\theta dr=0$$

由于 $d\theta$ 是微小的，取 $\sin\dfrac{d\theta}{2}\approx\dfrac{d\theta}{2},\cos\dfrac{d\theta}{2}\approx1$。同时用 $\tau_{\theta r}$ 代替 $\tau_{r\theta}$，除以 $rd\theta dr$，略去高阶小量，就得到式(2-15)的第一式。按同样方式，将微元体所受各力投影到环向，可得式(2-15)的第二式。这样，极坐标下平面问题的平衡微分方程是

$$\frac{\partial \sigma_r}{\partial r} + \frac{1}{r}\frac{\partial \tau_{r\theta}}{\partial \theta} + \frac{\sigma_r - \sigma_\theta}{r} + K_r = 0$$

$$\frac{1}{r}\frac{\partial \sigma_\theta}{\partial \theta} + \frac{\partial \tau_{r\theta}}{\partial r} + \frac{2\tau_{r\theta}}{r} + K_\theta = 0$$

(2-15)

对微元体中心取力矩的平衡条件，将得到 $\tau_{r\theta} = \tau_{\theta r}$。式(2-15)所示的两个平衡微分方程中包含着三个未知函数 σ_r、σ_θ 和 $\tau_{r\theta}$。为了求解问题，还必须考虑几何方程和物理方程。

2．几何方程

在平面问题的极坐标中，我们采用下列的符号。

位移分量：u_r——代表沿 r 方向的位移，称径向位移；u_θ——代表沿 θ 方向的位移，称环向位移。

应变分量：ε_r——代表 r 方向线段单位长度的伸缩，称径向正应变；ε_θ——代表 θ 方向线段单位长度的伸缩，称环向正应变；$\gamma_{r\theta}$——代表径向和环向两线段之间直角的改变，称剪应变。

下面推导几何方程。为了便于理解，分别考虑径向位移和环向位移引起的应变，然后将两者进行叠加，得到微元体变形后位移与应变之间的关系。

首先，假定只有径向位移 u_r，如图 2-9(a)所示。此时，径向线段 PA 移动至 $P'A'$，环向线段 PB 移动至 $P'B'$，于是，P、A、B 三点的位移分别为

$$PP' = u_r, \quad AA' = u_r + \frac{\partial u_r}{\partial r}\mathrm{d}r, \quad BB' = u_r + \frac{\partial u_r}{\partial \theta}\mathrm{d}\theta$$

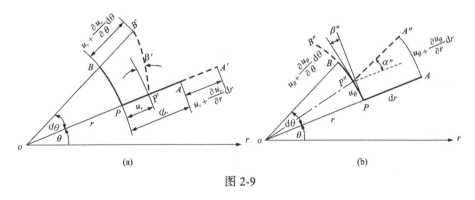

(a)　　　　　　　　　　　　(b)

图 2-9

可见，径向线段 PA 的正应变为

$$\varepsilon_r' = \frac{P'A' - PA}{PA} = \frac{AA' - PP'}{PA} = \frac{u_r + \dfrac{\partial u_r}{\partial r}\mathrm{d}r - u_r}{\mathrm{d}r} = \frac{\partial u_r}{\partial r}$$

环向线段 PB 的正应变为

$$\varepsilon_\theta' = \frac{P'B' - PB}{PB} = \frac{(r + u_r)\mathrm{d}\theta - r\mathrm{d}\theta}{r\mathrm{d}\theta} = \frac{u_r}{r}$$

径向线段 PA 的转角 $\alpha' = 0$ ，环向线段 PB 向径向线段 PA 的转角为

$$\beta' = \frac{BB' - PP'}{PB} = \frac{u_r + \dfrac{\partial u_r}{\partial \theta}\mathrm{d}\theta - u_r}{r\mathrm{d}\theta} = \frac{1}{r}\frac{\partial u_r}{\partial \theta}$$

相应的剪应变为

$$\gamma_{r\theta}' = \alpha' + \beta' = \frac{1}{r}\frac{\partial u_r}{\partial \theta}$$

其次，假定只有环向位移 u_θ ，如图 2-9(b)所示。此时，径向线段 PA 移至 $P''A''$ ，环向线段 PB 移至 $P''B''$ ，于是， P 、 A 、 B 三点的位移分别为

$$PP'' = u_\theta, \qquad AA'' = u_\theta + \frac{\partial u_\theta}{\partial r}\mathrm{d}r, \qquad BB'' = u_\theta + \frac{\partial u_\theta}{\partial \theta}\mathrm{d}\theta$$

可见，径向线段 PA 的正应变为

$$\varepsilon_r'' = \frac{P''A'' - PA}{PA} = \frac{\sqrt{1 + \left(\dfrac{\partial u_\theta}{\partial r}\right)^2}\,\mathrm{d}r - \mathrm{d}r}{\mathrm{d}r} = 0$$

环向线段 PB 的正应变为

$$\varepsilon_\theta'' = \frac{P''B'' - PB}{PB} = \frac{BB'' - PP''}{PB} = \frac{u_\theta + \dfrac{\partial u_\theta}{\partial \theta}\mathrm{d}\theta - u_\theta}{r\mathrm{d}\theta} = \frac{1}{r}\frac{\partial u_\theta}{\partial \theta}$$

径向线段 PA 向环向线段 PB 的转角为

$$\alpha'' = \frac{AA'' - PP''}{PA} = \frac{u_\theta + \dfrac{\partial u_\theta}{\partial r}\mathrm{d}r - u_\theta}{\mathrm{d}r} = \frac{\partial u_\theta}{\partial r}$$

环向线段 PB 向径向线段 PA 的转角为

$$\beta'' = -\angle POP'' = -\frac{PP''}{OP} = -\frac{u_\theta}{r}$$

相应的剪应变为

$$\gamma_{r\theta}'' = \alpha'' + \beta'' = \frac{\partial u_\theta}{\partial r} - \frac{u_\theta}{r}$$

因此，如果径向位移和环向位移同时存在，则将两种位移引起的对应应变相加，即可得到如下应变分量表达式：

$$\varepsilon_r = \frac{\partial u_r}{\partial r}, \quad \varepsilon_\theta = \frac{u_r}{r} + \frac{1}{r}\frac{\partial u_\theta}{\partial \theta}, \quad \gamma_{r\theta} = \frac{1}{r}\frac{\partial u_r}{\partial \theta} + \frac{\partial u_\theta}{\partial r} - \frac{u_\theta}{r} \tag{2-16}$$

这就是极坐标下平面问题的几何方程。

3. 物理方程

因为极坐标系和直角坐标系都是正交坐标系，因此，两种坐标系下的物理方程具有相同的形式，只要将直角坐标中的 x 和 y 分别改换成 r 和 θ，即得极坐标下的物理方程。

对于平面应力问题，其物理方程是

$$\varepsilon_r = \frac{1}{E}(\sigma_r - \mu\sigma_\theta)$$
$$\varepsilon_\theta = \frac{1}{E}(\sigma_\theta - \mu\sigma_r) \tag{2-17a}$$
$$\gamma_{r\theta} = \frac{1}{G}\tau_{r\theta} = \frac{2(1+\mu)}{E}\tau_{r\theta}$$

另外一种表示形式是

$$\sigma_r = \frac{E}{1-\mu^2}(\varepsilon_r + \mu\varepsilon_\theta)$$
$$\sigma_\theta = \frac{E}{1-\mu^2}(\varepsilon_\theta + \mu\varepsilon_r) \tag{2-17b}$$
$$\tau_{r\theta} = \frac{E}{2(1+\mu)}\gamma_{r\theta}$$

对于平面应变问题，用 $\dfrac{E}{1-\mu^2}$ 和 $\dfrac{\mu}{1-\mu}$ 分别替换式(2-17a)和式(2-17b)中的 E 和 μ，就可得到平面应变问题两种形式的物理方程。

4. 边界条件

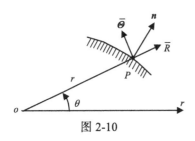

图 2-10

以上导出了极坐标下的三类方程，此外还有两类边界条件。假如在位移边界上给定了位移边界值 $\bar{u}_r$ 和 $\bar{u}_\theta$，则位移边界条件可表示如下：

$$u_r = \bar{u}_r, \quad u_\theta = \bar{u}_\theta \tag{2-18}$$

假如在应力边界上，$\bar{R}$ 表示径向面力，$\bar{\Theta}$ 表示环向面力，如图 2-10 所示。则应力边界条件可表示为

$$l\sigma_r + m\tau_{r\theta} = \bar{R}$$
$$l\tau_{\theta r} + m\sigma_r = \bar{\Theta} \tag{2-19}$$

2.5.2 极坐标下的应力函数和变形协调方程

在极坐标下，按应力函数法求解平面问题时，它的思路及方程推导过程与直角坐标中的类似，最后也可归结为寻求一个应力函数 $\varphi(r,\theta)$。即先引进一个应力函数 φ 来表示三个应力分量，使平衡方程得到满足，然后根据变形协调方程，导出应力函数所应满足的双调和方程。由于极坐标中的基本方程比较复杂，推导过程相当烦琐，不如通过坐标变换，将直角坐标中的双调和方程直接变换成用极坐标表示的形式。

对常体力或无体力情况，直角坐标中的双调和方程可写为

$$\left(\frac{\partial^2}{\partial x^2}+\frac{\partial^2}{\partial y^2}\right)^2\varphi=0$$

极坐标与直角坐标之间的关系为

$$r^2=x^2+y^2,\qquad \theta=\arctan\frac{y}{x}$$

由此得

$$\frac{\partial r}{\partial x}=\frac{x}{r}=\cos\theta,\qquad \frac{\partial r}{\partial y}=\frac{y}{r}=\sin\theta$$

$$\frac{\partial\theta}{\partial x}=-\frac{y}{r^2}=-\frac{\sin\theta}{r},\qquad \frac{\partial\theta}{\partial y}=\frac{x}{r^2}=\frac{\cos\theta}{r}$$

由于 φ 既是 r 和 θ 的函数，又是 x 和 y 的函数，根据复合函数的微分法则

$$\frac{\partial\varphi}{\partial x}=\cos\theta\frac{\partial\varphi}{\partial r}-\frac{\sin\theta}{r}\frac{\partial\varphi}{\partial\theta},\quad \frac{\partial\varphi}{\partial y}=\sin\theta\frac{\partial\varphi}{\partial r}+\frac{\cos\theta}{r}\frac{\partial\varphi}{\partial\theta}$$

重复这个运算，即得

$$\frac{\partial^2\varphi}{\partial x^2}=\cos^2\theta\frac{\partial^2\varphi}{\partial r^2}-\frac{\sin 2\theta}{r}\frac{\partial^2\varphi}{\partial r\partial\theta}+\frac{\sin^2\theta}{r}\frac{\partial\varphi}{\partial r}+\frac{\sin 2\theta}{r^2}\frac{\partial\varphi}{\partial\theta}+\frac{\sin^2\theta}{r^2}\frac{\partial^2\varphi}{\partial\theta^2}$$

$$\frac{\partial^2\varphi}{\partial y^2}=\sin^2\theta\frac{\partial^2\varphi}{\partial r^2}+\frac{\sin 2\theta}{r}\frac{\partial^2\varphi}{\partial r\partial\theta}+\frac{\cos^2\theta}{r}\frac{\partial\varphi}{\partial r}-\frac{\sin 2\theta}{r^2}\frac{\partial\varphi}{\partial\theta}+\frac{\cos^2\theta}{r^2}\frac{\partial^2\varphi}{\partial\theta^2}$$

$$\frac{\partial^2\varphi}{\partial x\partial y}=\frac{\sin 2\theta}{2}\frac{\partial^2\varphi}{\partial r^2}+\frac{\cos 2\theta}{r}\frac{\partial^2\varphi}{\partial r\partial\theta}-\frac{\sin 2\theta}{2r}\frac{\partial\varphi}{\partial r}-\frac{\cos 2\theta}{r^2}\frac{\partial\varphi}{\partial\theta}-\frac{\sin 2\theta}{2r}\frac{\partial^2\varphi}{\partial\theta^2}$$

将以上方程组的第一式和第二式相加，得

$$\left(\frac{\partial^2}{\partial x^2}+\frac{\partial^2}{\partial y^2}\right)\varphi=\left(\frac{\partial^2}{\partial r^2}+\frac{1}{r}\frac{\partial}{\partial r}+\frac{1}{r^2}\frac{\partial^2}{\partial\theta^2}\right)\varphi$$

将上式代入直角坐标下的双调和方程，即得在极坐标下平面问题的双调和方程：

$$\left(\frac{\partial^2}{\partial r^2}+\frac{1}{r}\frac{\partial}{\partial r}+\frac{1}{r^2}\frac{\partial^2}{\partial \theta^2}\right)^2\varphi=0 \tag{2-20}$$

当不计体力时,在极坐标中为用应力函数表示应力分量,只需将 r 轴与 x 轴重合,则有

$$\sigma_r=(\sigma_x)_{\theta=0}=\left(\frac{\partial^2\varphi}{\partial y^2}\right)_{\theta=0}$$

$$\sigma_\theta=(\sigma_y)_{\theta=0}=\left(\frac{\partial^2\varphi}{\partial x^2}\right)_{\theta=0}$$

$$\tau_{r\theta}=(\tau_{xy})_{\theta=0}=\left(-\frac{\partial^2\varphi}{\partial x\partial y}\right)_{\theta=0}$$

应用上面推导所得的直角坐标与极坐标的复合求导关系式,并取 $\theta=0$,即可得在极坐标下用应力函数表示的应力分量表达式:

$$\sigma_r=\frac{1}{r}\frac{\partial\varphi}{\partial r}+\frac{1}{r^2}\frac{\partial^2\varphi}{\partial\theta^2}$$

$$\sigma_\theta=\frac{\partial^2\varphi}{\partial r^2} \tag{2-21}$$

$$\tau_{r\theta}=-\frac{1}{r}\frac{\partial^2\varphi}{\partial r\partial\theta}+\frac{1}{r^2}\frac{\partial\varphi}{\partial\theta}=-\frac{\partial}{\partial r}\left(\frac{1}{r}\frac{\partial\varphi}{\partial\theta}\right)$$

2.5.3　应力与极角无关的问题

在有些问题中,结构和载荷分布对称于通过坐标原点 o 的任一径向轴,在这种情况下,应力与极角 θ 无关,而仅是 r 的函数,且由于轴对称,剪应力 $\tau_{r\theta}=0$,只有正应力 σ_r 和 σ_θ。因此,应力函数也与极角 θ 无关,只是径向坐标的函数,即为 $\varphi(r)$。

则式(2-20)可简化为

$$\left(\frac{\mathrm{d}^2}{\mathrm{d}r^2}+\frac{1}{r}\frac{\mathrm{d}}{\mathrm{d}r}\right)^2\varphi=0 \tag{2-22}$$

应力的表达式(2-21)也可简化为

$$\sigma_r=\frac{1}{r}\frac{\mathrm{d}\varphi}{\mathrm{d}r},\quad \sigma_\theta=\frac{\mathrm{d}^2\varphi}{\mathrm{d}r^2},\quad \tau_{r\theta}=\tau_{\theta r}=0 \tag{2-23}$$

将式(2-22)展开,得

$$\frac{\mathrm{d}^4\varphi}{\mathrm{d}r^4}+\frac{2}{r}\frac{\mathrm{d}^3\varphi}{\mathrm{d}r^3}-\frac{1}{r^2}\frac{\mathrm{d}^2\varphi}{\mathrm{d}r^2}+\frac{1}{r^3}\frac{\mathrm{d}\varphi}{\mathrm{d}r}=0$$

上式是变系数常微分方程。若令 $r = e^t$ 或 $t = \ln r$ 进行变量代换，则上式变为常系数常微分方程，即

$$\frac{\mathrm{d}^4\varphi}{\mathrm{d}t^4} - 4\frac{\mathrm{d}^3\varphi}{\mathrm{d}t^3} + 4\frac{\mathrm{d}^2\varphi}{\mathrm{d}t^2} = 0$$

它的通解是

$$\varphi(t) = C_1 + C_2 t + C_3 e^{2t} + C_4 t e^{2t}$$

再将 $t = \ln r$ 代回，即得方程的通解，为

$$\varphi(r) = A\ln r + Br^2\ln r + Cr^2 + D$$

式中 A、B、C 和 D 是待定常数，由具体问题的边界条件来确定。

按式(2-23)求得应力分量

$$\begin{aligned}
\sigma_r &= \frac{1}{r}\frac{\mathrm{d}\varphi}{\mathrm{d}r} = \frac{A}{r^2} + B(2\ln r + 1) + 2C \\
\sigma_\theta &= \frac{\mathrm{d}^2\varphi}{\mathrm{d}r^2} = -\frac{A}{r^2} + B(2\ln r + 3) + 2C \\
\tau_{r\theta} &= 0
\end{aligned} \tag{2-24}$$

若在坐标原点处没有孔，常数 A 和 B 必须等于零，否则当 $r = 0$ 时应力将变为无限大。因此，若在坐标原点没有孔，而且也没有体力，唯一可能的应力对称分布是 σ_r 和 σ_θ 均是常量，在其平面内各方向均匀受拉或均匀受压。

若在坐标原点有孔，则由式(2-24)可求得均匀受拉或受压以外的解答。

2.5.4 承受均匀压力的厚壁圆筒

考察一厚壁圆筒，其内半径为 a，外半径为 b，筒内外分别受均匀压力 q_a 和 q_b 的作用，如图 2-11 所示。设筒很长，它的两端受到刚性约束(即没有轴向位移)。试求其应力分量。

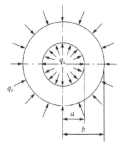

图 2-11

[解] 本例属平面应变问题

由于厚壁筒的几何形状和载荷都是轴对称的，其应力和应力函数必然与极角无关，解答已由式(2-24)给出。现由边界条件确定其中的系数 A、B、C。

应用应力边界条件式(2-19)，可得

$$\begin{aligned}
&在 r = a 处， \sigma_r = -q_a， \tau_{r\theta} = 0 \\
&在 r = b 处， \sigma_r = -q_b， \tau_{r\theta} = 0
\end{aligned} \tag{a}$$

将式(2-24)代入边界条件式(a)，得

$$\frac{A}{a^2} + B(2\ln a + 1) + 2C = -q_a$$

$$\frac{A}{b^2} + B(2\ln b + 1) + 2C = -q_b$$

(b)

这两个方程中，包含三个未知数 A、B、C。所以，还必须补充一个方程才能完全确定这三个常数。

为了补充这个方程，需要从考察位移着手。由于所研究的问题是轴对称的，因此，截面上各点都不会发生环向位移，即 $u_\theta = 0$，同时，径向位移 u_r 也应与极角无关。在这种情况下，几何方程(2-16)简化为

$$\varepsilon_r = \frac{\mathrm{d}u_r}{\mathrm{d}r}, \quad \varepsilon_\theta = \frac{u_r}{r}, \quad \gamma_{r\theta} = 0$$

(c)

将平面应变问题的物理方程代入式(c)，得

$$\frac{\mathrm{d}u_r}{\mathrm{d}r} = \frac{1-\mu^2}{E}\left(\sigma_r - \frac{\mu}{1-\mu}\sigma_\theta\right), \qquad \frac{u_r}{r} = \frac{1-\mu^2}{E}\left(\sigma_\theta - \frac{\mu}{1-\mu}\sigma_r\right)$$

(d)

再将应力分量式(2-24)代入式(d)，得

$$\frac{\mathrm{d}u_r}{\mathrm{d}r} = \frac{1-\mu^2}{E}\left[\frac{A}{r^2}\left(1+\frac{\mu}{1-\mu}\right) + 2B\left(1-\frac{\mu}{1-\mu}\right)\ln r + B\left(1-\frac{3\mu}{1-\mu}\right) + 2C\left(1-\frac{\mu}{1-\mu}\right)\right]$$

$$\frac{u_r}{r} = \frac{1-\mu^2}{E}\left[-\frac{A}{r^2}\left(1+\frac{\mu}{1-\mu}\right) + 2B\left(1-\frac{\mu}{1-\mu}\right)\ln r + B\left(3-\frac{\mu}{1-\mu}\right) + 2C\left(1-\frac{\mu}{1-\mu}\right)\right]$$

(e)

因为筒壁中任意一点的位移只能有一个数值，这就是所谓"位移单值"条件，所以，用式(e)中的任一式求得的径向位移 u_r，其结果必定相同。先从式(e)的第一式求出 u_r：

$$u_r = \frac{1-\mu^2}{E}\left[-\frac{A}{r}\left(1+\frac{\mu}{1-\mu}\right) + 2Br\left(1-\frac{\mu}{1-\mu}\right)(\ln r - 1) + Br\left(1-\frac{3\mu}{1-\mu}\right) + 2Cr\left(1-\frac{\mu}{1-\mu}\right)\right] + F$$

式中 F 是任意常数，令所得 u_r 与式(e)第二式的 u_r 相等，从而得到

$$\frac{4(1-\mu^2)}{E}Br - F = 0$$

对于 r 为任何值($a \leqslant r \leqslant b$)，上式都成立，从而得 $B=0$ 和 $F=0$。这就是说，只有当常数 B 和 F 都等于零时，才能使式(e)中两式求得的 u_r 相等。

在式(b)中令 $B=0$，联立求解，得

$$A = \frac{a^2 b^2 (q_b - q_a)}{b^2 - a^2}, \quad 2C = \frac{a^2 q_a - b^2 q_b}{b^2 - a^2}$$

将这些常数代入式(2-24)，得应力分量为

$$\sigma_r = \frac{a^2 q_a - b^2 q_b}{b^2 - a^2} + \frac{a^2 b^2}{b^2 - a^2} \cdot \frac{q_b - q_a}{r^2}$$

$$\sigma_\theta = \frac{a^2 q_a - b^2 q_b}{b^2 - a^2} - \frac{a^2 b^2}{b^2 - a^2} \cdot \frac{q_b - q_a}{r^2} \qquad (2\text{-}25)$$

$$\tau_{r\theta} = 0$$

轴向应力为

$$\sigma_z = \mu(\sigma_r + \sigma_\theta) = 2\mu \frac{a^2 q_a - b^2 q_b}{b^2 - a^2}$$

下面讨论两种特殊情况:

(1) 圆筒只受外压力 q 的作用——此时,令式(2-25)中 $q_a = 0$ 和 $q_b = q$,得

$$\sigma_r = -\frac{b^2 q}{b^2 - a^2}\left(1 - \frac{a^2}{r^2}\right), \quad \sigma_\theta = -\frac{b^2 q}{b^2 - a^2}\left(1 + \frac{a^2}{r^2}\right), \quad \tau_{r\theta} = 0 \qquad (2\text{-}26)$$

由于 $a \leqslant r \leqslant b$,故 σ_r 和 σ_θ 都是压应力,它们沿壁厚的变化规律如图 2-12(a)所示。

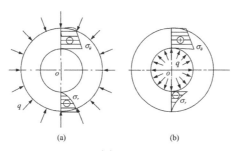

图 2-12

(2) 圆筒只受内压力 q 作用——此时,令式(2-25)中 $q_a = q$ 和 $q_b = 0$,得

$$\sigma_r = -\frac{a^2 q}{b^2 - a^2}\left(\frac{b^2}{r^2} - 1\right), \quad \sigma_\theta = \frac{a^2 q}{b^2 - a^2}\left(\frac{b^2}{r^2} + 1\right), \quad \tau_{r\theta} = 0 \qquad (2\text{-}27)$$

可见, σ_r 总是压应力, σ_θ 总是拉应力,它们沿壁厚的变化规律如图 2-12(b)所示。

2.5.5 孔边的应力集中

在工程结构中,经常遇到在平板上开孔的情况,例如飞机蒙皮上的铆钉孔、大梁缘条的螺钉孔等。由于孔的存在,破坏了材料的连续性,从而引起应力重新分布。在孔边附近应力很大,但随着离孔距离的增大,应力迅速减小,在离孔较远处,则几乎与无孔情况一样,这种现象称为孔边应力集中。应力集中对于构件的强度,特别是疲劳强度将产生严重的影响,应给予足够的重视。这里仅以圆孔为例,讨论孔边应力集中的计算方法。

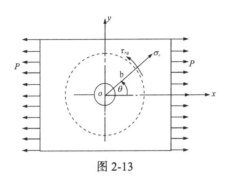

图 2-13

设有一平板在沿 x 轴方向受均匀拉力 P 的作用，在板中有半径为 a 的小圆孔，如图2-13所示，试求平板内各点的应力分量。

[解] 取圆孔的中心为坐标原点。首先分析一下平板的应力情况，当无孔时，板内各点的应力分量为

$$\sigma_x = P, \quad \sigma_y = 0, \quad \tau_{xy} = 0 \tag{a}$$

由式(2-13)可知，与此应力分量相应的应力函数为

$$\varphi = \frac{1}{2}Py^2$$

如改用极坐标表示，即以 $y = r\sin\theta$ 代入上式，得

$$\varphi = \frac{1}{2}Pr^2\sin^2\theta = \frac{1}{4}Pr^2(1-\cos 2\theta) \tag{b}$$

再按式(2-21)，求得与该应力函数相对应的应力分量

$$\sigma_r = \frac{1}{r}\frac{\partial \varphi}{\partial r} + \frac{1}{r^2}\frac{\partial^2 \varphi}{\partial \theta^2} = \frac{P}{2}(1+\cos 2\theta)$$

$$\sigma_\theta = \frac{\partial^2 \varphi}{\partial r^2} = \frac{P}{2}(1-\cos 2\theta) \tag{c}$$

$$\tau_{r\theta} = -\frac{\partial}{\partial r}\left(\frac{1}{r}\frac{\partial \varphi}{\partial \theta}\right) = -\frac{P}{2}\sin 2\theta$$

由于孔边的应力集中是局部性的，因此，如果以 o 为圆心，以 b 为半径，而 $b \gg a$，作一圆，如图 2-13 中虚线所示，则在这个圆周上任一点的应力分量与无孔时相同。

现以此大圆周为边界，从平板中截取一圆环，则在此圆环的外圆边界上作用着式(c)所表示的应力。应力 σ_r 和 $\tau_{r\theta}$ 被看作是圆环所受的外力，将它分成两组：第一组是均匀分布的法向拉力 $P/2$，如图 2-14(a)所示；第二组是随 θ 变化的法向力 $P\cos 2\theta/2$ 和切向力 $-P\sin 2\theta/2$，如图 2-14(b)所示。

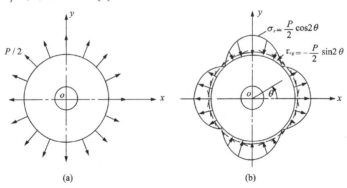

(a)　　　　　　　　　(b)

图 2-14

于是，原来的问题转化成一个新问题，即求内半径为 a、外半径为 b 的圆环，在周边上承受如图 2-14 所示两组面力作用下的应力。因此，我们只要分别求出圆环在每组面力单独作用下的应力，然后叠加，就得到原问题的解。下面分别进行讨论。

1. 圆环在均匀径向拉力 $P/2$ 作用下的应力解

这一问题可直接利用式(2-26)后壁圆环的结果。令式中的 $q = -P/2$，得

$$\sigma_r = \frac{b^2 P}{2(b^2 - a^2)}\left(1 - \frac{a^2}{r^2}\right), \quad \sigma_\theta = \frac{b^2 P}{2(b^2 - a^2)}\left(1 + \frac{a^2}{r^2}\right), \quad \tau_{r\theta} = 0$$

由于 $b \gg a$，故上式可简化为

$$\sigma_r = \frac{P}{2}\left(1 - \frac{a^2}{r^2}\right), \quad \sigma_\theta = \frac{P}{2}\left(1 + \frac{a^2}{r^2}\right), \quad \tau_{r\theta} = 0 \tag{d}$$

2. 圆环在径向力 $P\cos 2\theta/2$ 和切向力 $-P\sin 2\theta/2$ 作用下的应力解

根据式(2-21)，可以假设应力函数取下列形式：

$$\varphi = f(r)\cos 2\theta \tag{e}$$

式中，$f(r)$ 是待定函数，其具体形式由应力函数必须由双调和方程(2-20)来确定。

将式(e)代入式(2-20)，展开得

$$\cos 2\theta\left[\frac{\mathrm{d}^4 f(r)}{\mathrm{d}r^4} + \frac{2}{r}\frac{\mathrm{d}^3 f(r)}{\mathrm{d}r^3} - \frac{9}{r^2}\frac{\mathrm{d}^2 f(r)}{\mathrm{d}r^2} + \frac{9}{r^3}\frac{\mathrm{d}f(r)}{\mathrm{d}r}\right] = 0$$

删去因子 $\cos 2\theta$，用 $r = \mathrm{e}^t$ 或 $t = \ln r$ 进行变量代换，将上式化为常系数常微分方程，求解得

$$f(r) = Ar^2 + Br^4 + C\frac{1}{r^2} + D$$

于是应力函数为

$$\varphi = \left(Ar^2 + Br^4 + \frac{C}{r^2} + D\right)\cos 2\theta$$

再按式(2-21)求得应力分量

$$\sigma_r = -\left(2A + \frac{6C}{r^4} + \frac{4D}{r^2}\right)\cos 2\theta$$

$$\sigma_\theta = \left(2A + 12Br^2 + \frac{6C}{r^4}\right)\cos 2\theta \tag{f}$$

$$\tau_{r\theta} = \left(2A + 6Br^2 - \frac{6C}{r^4} - \frac{2D}{r^2}\right)\sin 2\theta$$

式中，积分常量 A、B、C 和 D 由边界条件确定。由边界条件式(2-19)，得

在 $r=a$ 处， $\sigma_r = 0$ ， $\tau_{r\theta} = 0$

在 $r=b$ 处， $\sigma_r = \dfrac{P}{2}\cos 2\theta$ ， $\tau_{r\theta} = -\dfrac{P}{2}\sin 2\theta$

将式(f)代入上述边界条件，得

$$2A + \frac{6C}{a^4} + \frac{4D}{a^2} = 0, \qquad 2A + 6Ba^2 - \frac{6C}{a^4} - \frac{2D}{a^2} = 0$$
$$2A + \frac{6C}{b^4} + \frac{4D}{b^2} = -\frac{P}{2}, \qquad 2A + 6Bb^2 - \frac{6C}{b^4} - \frac{2D}{b^2} = -\frac{P}{2}$$

联立求解上述四个方程，并取 $a/b = 0$，得

$$A = -P/4, \quad B = 0, \quad C = -a^4 P/4, \quad D = a^2 P/2$$

将这些常数代入式(f)，即得应力分量

$$\sigma_r = \frac{P}{2}\left(1 - \frac{a^2}{r^2}\right)\left(1 - 3\frac{a^2}{r^2}\right)\cos 2\theta$$
$$\sigma_\theta = -\frac{P}{2}\left(1 + 3\frac{a^4}{r^4}\right)\cos 2\theta \tag{g}$$
$$\tau_{r\theta} = -\frac{P}{2}\left(1 - \frac{a^2}{r^2}\right)\left(1 + 3\frac{a^2}{r^2}\right)\sin 2\theta$$

3. 原问题的应力解答

将式(d)和式(g)的应力叠加，可得带小圆孔的平板在单向拉伸情况下的应力解

$$\sigma_r = \frac{P}{2}\left(1 - \frac{a^2}{r^2}\right) + \frac{P}{2}\left(1 - \frac{a^2}{r^2}\right)\left(1 - 3\frac{a^2}{r^2}\right)\cos 2\theta$$
$$\sigma_\theta = \frac{P}{2}\left(1 + \frac{a^2}{r^2}\right) - \frac{P}{2}\left(1 + 3\frac{a^4}{r^4}\right)\cos 2\theta \tag{2-28}$$
$$\tau_{r\theta} = -\frac{P}{2}\left(1 - \frac{a^2}{r^2}\right)\left(1 + 3\frac{a^2}{r^2}\right)\sin 2\theta$$

在孔边各点处应力分量 σ_r 和 $\tau_{r\theta}$ 均为零，以下就 σ_θ 的分布规律进行一些分析：
(1) 沿 y 轴，即 $\theta = \pm\pi/2$，环向应力为

$$\sigma_\theta = \frac{P}{2}\left(2 + \frac{a^2}{r^2} + 3\frac{a^4}{r^4}\right) \tag{h}$$

应力分布如图 2-15 所示，可见，在孔边 σ_θ 达最大值，是无孔时应力值的三倍，随着远离孔边而急剧趋近于 P。用上式计算出几个点的应力数值列于表 2-1。

(2) 沿 x 轴，$\theta = 0$，环向应力为

$$\sigma_\theta = -\frac{P}{2}\frac{a^2}{r^2}\left(3\frac{a^2}{r^2}-1\right)$$

在 $r = a$ 处，$\sigma_\theta = -P$；在 $r = \sqrt{3}a$ 处，$\sigma_\theta = 0$。沿 x 轴应力 σ_θ 的分布如图 2-15 所示。

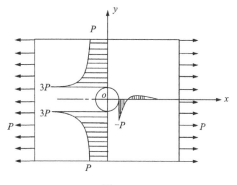

图 2-15

表 2-1

r	a	$2a$	$3a$	$4a$
σ_θ	$3P$	$1.22P$	$1.07P$	$1.04P$

(3) 由于孔边应力集中的局部性，式(2-28)虽然是根据无限大板导出的，但仍可应用于有限宽度的板。若板宽不小于圆孔直径的四倍，由式(h)算得的最大 σ_θ，误差不会大于 6%。

2.5.6 等厚度旋转圆盘中的应力

在工程中，经常遇到旋转的构件，比如喷气发动机的涡轮盘、电机的转子等，它们都可以认为是旋转圆盘。通常，在高速旋转下，离心力在圆盘内将引起很大的应力。为了保证圆盘具有足够的强度，必须研究它们的应力。

图 2-16 所示为一等厚度薄圆盘，假定它在稳定状态下工作，旋转角速度 ω 为常数。此时体力就是离心力，它的大小为 $K_r = \rho r\omega^2$，其中 ρ 为圆盘材料的容重，r 为各点至圆盘中心的距离，ω 为旋转角速度。

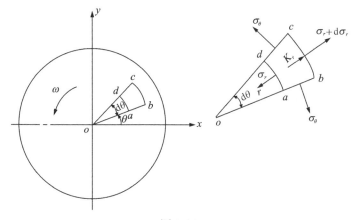

图 2-16

由于圆盘本身和受到的离心力都对称于圆盘的任意径向轴,所以可作为轴对称平面应力问题处理。不过和前面不同的是,体力为随 r 变化的离心力,不为常数也不为零。因轴对称,应力 σ_r 和 σ_θ 都与极角 θ 无关,只是 r 的函数,剪应力 $\tau_{r\theta}=0$。平衡微分方程(2-15)变成如下的单个方程,第二式自行满足。

$$\frac{\mathrm{d}\sigma_r}{\mathrm{d}r}+\frac{\sigma_r-\sigma_\theta}{r}+\rho r\omega^2=0 \tag{2-29}$$

该平衡方程中包含两个未知量 σ_r 和 σ_θ,仅用这个方程尚不能确定出这两个未知量,因此,还必须导出用应力分量表示的变形协调方程。

在轴对称情况,位移 $u_\theta=0$,u_r 仅是 r 的函数,故几何方程(2-16)简化为

$$\varepsilon_r=\frac{\mathrm{d}u_r}{\mathrm{d}r},\quad \varepsilon_\theta=\frac{u_r}{r},\quad \gamma_{r\theta}=0 \tag{2-30}$$

由上式前两式消去 u_r,可得如下的变形协调方程:

$$r\frac{\mathrm{d}\varepsilon_\theta}{\mathrm{d}r}+\varepsilon_\theta-\varepsilon_r=0 \tag{2-31}$$

将平面应力问题的物理方程(2-17a)代入上式,得到用应力分量表示的变形协调方程

$$r\frac{\mathrm{d}}{\mathrm{d}r}(\sigma_\theta-\mu\sigma_r)+(1+\mu)(\sigma_\theta-\sigma_r)=0 \tag{2-32}$$

式(2-29)和式(2-32)就是用应力法求解旋转圆盘应力所需满足的微分方程。

从式(2-29)和式(2-32)消去 σ_θ,得

$$\frac{\mathrm{d}^2\sigma_r}{\mathrm{d}r^2}+\frac{3}{r}\frac{\mathrm{d}\sigma_r}{\mathrm{d}r}=-(3+\mu)\rho\omega^2$$

该方程的特解可取 $\sigma_r'=-\dfrac{3+\mu}{8}\rho\omega^2r^2$,通解为 $\sigma_r''=C_1+\dfrac{C_2}{r^2}$,因而上述方程的全解为

$$\sigma_r=\sigma_r'+\sigma_r''=C_1+\frac{C_2}{r^2}-\frac{3+\mu}{8}\rho\omega^2r^2$$

将 σ_r 代入式(2-29),得

$$\sigma_\theta=C_1-\frac{C_2}{r^2}-\frac{1+3\mu}{8}\rho\omega^2r^2$$

式中 C_1 和 C_2 是任意常量,由应力边界条件确定。

对于半径为 b 的实心圆盘,在盘中心处应力应为有限值,C_2 必须为零。由应力边界条件式(2-19),可得

$$(\sigma_r)_{r=b}=0$$

代入方程的全解，并取 $C_2 = 0$，得 $C_1 = \dfrac{3+\mu}{8}\rho\omega^2 b^2$，故实心圆盘的应力分量为

$$\sigma_r = \frac{3+\mu}{8}\rho\omega^2 b^2\left(1 - \frac{r^2}{b^2}\right)$$

$$\sigma_\theta = \frac{3+\mu}{8}\rho\omega^2 b^2\left(1 - \frac{1+3\mu}{3+\mu}\frac{r^2}{b^2}\right)$$

(2-33)

可以看出，径向和环向的最大应力都在圆盘中心处，其值都为 $\dfrac{3+\mu}{8}\rho\omega^2 b^2$。圆盘中的

应力分布如图 2-17(a)所示。

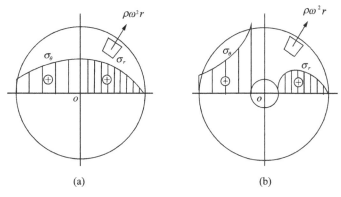

图 2-17

如果圆盘中心有一半径为 a 的圆孔，外圆半径为 b，则圆盘的应力边界条件为

$$(\sigma_r)_{r=a} = 0, \quad (\sigma_r)_{r=b} = 0$$

代入方程的全解，得

$$C_1 + \frac{C_2}{a^2} - \frac{3+\mu}{8}\rho\omega^2 a^2 = 0$$

$$C_1 + \frac{C_2}{b^2} - \frac{3+\mu}{8}\rho\omega^2 b^2 = 0$$

联立解出 $C_1 = \dfrac{3+\mu}{8}\rho\omega^2(a^2 + b^2)$，$C_2 = -\dfrac{3+\mu}{8}\rho\omega^2 a^2 b^2$。故空心圆盘的应力分量为

$$\sigma_r = \frac{3+\mu}{8}\rho\omega^2\left(a^2 + b^2 - \frac{a^2 b^2}{r^2} - r^2\right)$$

$$\sigma_\theta = \frac{3+\mu}{8}\rho\omega^2\left(a^2 + b^2 + \frac{a^2 b^2}{r^2} - \frac{1+3\mu}{3+\mu}r^2\right)$$

(2-34)

最大径向应力在 $r = \sqrt{ab}$ 处，其值为 $\sigma_r = \dfrac{3+\mu}{8}\rho\omega^2 b^2\left(1 - \dfrac{a}{b}\right)^2$，最大环向应力在孔

边处，其值为 $\sigma_\theta = \dfrac{3+\mu}{4} \rho \omega^2 b^2 \left(1 + \dfrac{1-\mu}{3+\mu} \dfrac{a^2}{b^2} \right)$，应力的分布如图 2-17(b)所示。比较 σ_θ 与

σ_r，则有 $(\sigma_\theta)_{\max} > (\sigma_r)_{\max}$。

当圆盘中心孔的半径 a 趋于零时，最大环向应力是实心圆盘最大环向应力的两倍。这说明，在旋转的实心圆盘中心穿一很小的孔，将造成孔边应力集中。

习　　题

2-1　如题 2-1 图所示，上端悬挂、下端自由的等厚度薄板，其厚度为 1，容重为 ρ。试求在自重作用下的位移分量表达式。

2-2　试写出如题 2-2 图所示平面问题的应力边界条件。

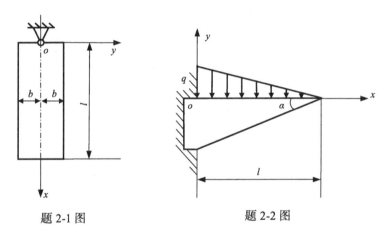

題 2-1 图　　　　　　　　　　題 2-2 图

2-3　如题 2-3 图所示，矩形板厚为 1，不计体力。试问应力函数 $\varphi = \dfrac{A}{2} xy^2$ 是否可作为该问题的解？如果可以，求出各边的面力，并画出面力分布图。

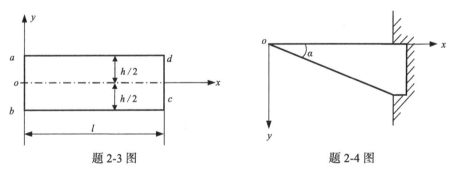

題 2-3 图　　　　　　　　　　題 2-4 图

2-4　设如题 2-4 图所示的三角形悬臂梁只受重力作用，梁容重为 ρ。试用完全三次多项式的应力函数求解其应力分量。

2-5　对题 2-5 图所示简支梁，试验证应力函数 $\varphi = Ax^3y^3 + Bxy^5 + Cx^3y + Dxy^3 + Ex^3 + Fxy$ 成立，并求解各系数和应力分量。

2-6　题 2-6 图所示悬梁臂,受自重作用,试用应力函数 $\varphi = Ax^2y + Bx^2y^3 + Cy^3 + Dy^5$ 求解，并将所得应力分量与材料力学的结果进行比较。

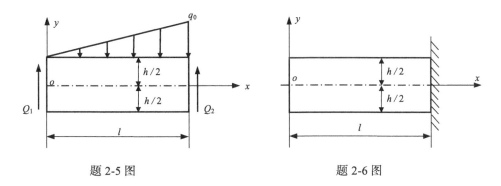

　　　题 2-5 图　　　　　　　　　　　　　　題 2-6 图

2-7　已知题 2-7 图所示平面圆环的应力为 $\sigma_r = 0$ ， $\sigma_\theta = 0$ ， $\tau_{r\theta} = \dfrac{A}{2\pi r^2}$ ，试检查这组应力存在的可能性，并阐明其边界条件(体力不计)。

2-8　题 2-8 图所示内半径为 a、外半径为 b 的厚壁圆筒，受压力 P_a 作用。试求内半径和外半径的尺寸变化以及筒壁厚度尺寸变化。

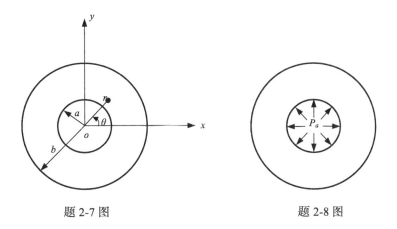

　　　题 2-7 图　　　　　　　　　　　　　　题 2-8 图

第 **3** 章

薄板弯曲问题

3.1 引　言

当弹性体具有两个底面，且它们之间的距离与底面尺寸相比很小，而两底面间距离的中点又位于同一平面内时，称为平板或板。两底面间的距离为板的厚度，用 t 表示。当 t 为常量时，是等厚板。板厚度中点所构成的平面称为中面。将直角坐标系 x 和 y 轴取在板的中面内，如图 3-1 所示。

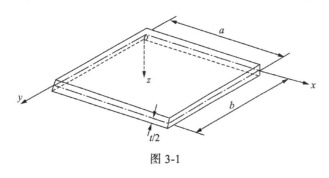

图 3-1

当板厚与板平面最小尺寸之比超过 1/5 时，称厚板；小于 1/80 时，称为膜板；在此两值之间时，则为薄板。对于厚板，可以依据弹性力学的厚板理论或三维问题求解。对于膜板，因其很薄，抗弯刚度非常小，基本上只能承受平面内的张力。对于薄板，受一般载荷作用时，可分解为平行中面的所谓纵向载荷和垂直于中面的所谓横向载荷。对于纵向载荷引起的应力、应变和位移，可按平面应力问题求解。横向载荷将使薄板弯曲，引起的应力、应变和位移按薄板弯曲问题求解。

当薄板弯曲时，中面弯曲的曲面称为薄板的弹性曲面，中面内各点沿 z 轴方向的位移 w 为挠度。通常当最大挠度不超过板厚的 1/2 时，称为小挠度弯曲；如超过此限度，甚至大于板厚时，则称为大挠度弯曲。本章仅限于讨论薄板弯曲的小挠度问题。薄板小挠度理论是建立在如下三个简化假设基础上的。这些假设阐述如下：

(1) 变形前板内与中面垂直的直线，在变形后仍保持为直线，并垂直于中曲面。这就是**基尔霍夫(Kirchhoff)直法线假设**。由此假设可知，板内任何点的剪应变 γ_{xz} 和 γ_{yz}

应等于零。

(2) 板的中面在弯曲变形过程中不产生面内位移，始终保持为中性曲面。也就是说，中面内各点只有 z 方向位移，而无 x 和 y 方向的位移。即

$$(u)_{z=0} = 0, \quad (v)_{z=0} = 0$$

(3) 垂直于中面的法线无伸长，也即正应变分量 ε_z 极其微小，可以忽略不计，即 $\varepsilon_z = 0$。由此假设可知，在中面的任一根法线上，薄板全厚度内的所有各点都具有相同的 z 方向位移 w，w 只是 x，y 的函数。

在上述假设基础上建立起来的弹性薄板小挠度理论，称为薄板的经典理论。它在许多工程实际问题的分析计算中，已得到广泛的应用。

3.2 薄板弯曲的基本方程式

3.2.1 几何方程

如图 3-2 所示，设板内任一点 $A(x, y, z)$ 的位移分量为 u、v、w。在与坐标面 xoz 平行的横截面内，点 A 到中面的距离为 z。由假设(2) 可知弯曲变形后，法线 nn 与中面的交点 B 垂直落下至 B' 点，又由假设(3) 知 $\varepsilon_z = 0$，故 w 仅是 x、y 的函数。由于它不沿厚度而变化，故 $w(x, y)$ 可作为薄板中面的挠度函数。

由直法线假设可得，点 A 沿 x 方向的位移为

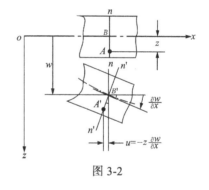

图 3-2

$$u = -z\frac{\partial w}{\partial x} \tag{3-1a}$$

类似地，点 A 沿 y 方向的位移为

$$v = -z\frac{\partial w}{\partial y} \tag{3-1b}$$

于是，得到薄板弯曲的几何方程为

$$\varepsilon_x = \frac{\partial u}{\partial x} = -z\frac{\partial^2 w}{\partial x^2}$$

$$\varepsilon_y = \frac{\partial v}{\partial y} = -z\frac{\partial^2 w}{\partial y^2} \tag{3-2}$$

$$\gamma_{xy} = \frac{\partial v}{\partial x} + \frac{\partial u}{\partial y} = -2z\frac{\partial^2 w}{\partial x\partial y}$$

3.2.2　物理方程

由假设(3) 知，薄板 z 方向的正应变为零，故沿板厚与板中面平行的各薄层间没有 z 方向正应力，处于平面应力状态。因此，薄板弯曲问题的物理方程与薄板平面应力问题的物理方程具有相同的形式，即

$$\sigma_x = \frac{E}{1-\mu^2}(\varepsilon_x + \mu\varepsilon_y)$$
$$\sigma_y = \frac{E}{1-\mu^2}(\varepsilon_y + \mu\varepsilon_x) \tag{3-3}$$
$$\tau_{xy} = \frac{E}{2(1+\mu)}\gamma_{xy}$$

将式(3-2)代入，得到用挠度表示的应力分量

$$\sigma_x = -\frac{Ez}{1-\mu^2}\left(\frac{\partial^2 w}{\partial x^2} + \mu\frac{\partial^2 w}{\partial y^2}\right)$$
$$\sigma_y = -\frac{Ez}{1-\mu^2}\left(\frac{\partial^2 w}{\partial y^2} + \mu\frac{\partial^2 w}{\partial x^2}\right) \tag{3-4}$$
$$\tau_{xy} = -\frac{Ez}{1+\mu}\frac{\partial^2 w}{\partial x\partial y}$$

3.2.3　平衡微分方程

1. 内力

一般情况下，在板的侧面上，很难使应力分量精确地满足应力边界条件，只能应用圣维南原理，使这些应力分量在板边单位宽度上所组成的内力沿板厚总体上满足边界条件。为此，需建立由内力表示的应力边界条件。下面考察应力分量与合成内力之间的关系。

从薄板中取出一个微小的平行六面体，它们沿 x 和 y 方向的长度分别为 dx 和 dy，沿 z 方向厚度为 t，如图 3-3 所示。设图示阴影微面的高为 dz，则 $\sigma_x dz$ 和 $\sigma_y dz$ 分别为两阴影面单位宽度上的法向力，$\tau_{xy} dz$ 和 $\tau_{yx} dz$ 为单位宽度上的切向力。它们在板的全厚度上的合成内力分别为

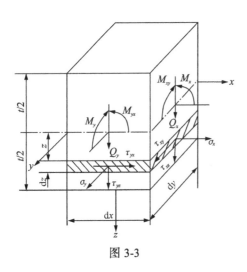

图 3-3

$$N_x = \int_{-t/2}^{t/2} \sigma_x \mathrm{d}z = -\frac{E}{1-\mu^2}\left(\frac{\partial^2 w}{\partial x^2} + \mu\frac{\partial^2 w}{\partial y^2}\right)\Big|\int_{-t/2}^{t/2} z\mathrm{d}z = 0$$

$$N_y = \int_{-t/2}^{t/2} \sigma_y \mathrm{d}z = -\frac{E}{1-\mu^2}\left(\frac{\partial^2 w}{\partial y^2} + \mu\frac{\partial^2 w}{\partial x^2}\right)\Big|\int_{-t/2}^{t/2} z\mathrm{d}z = 0$$

$$N_{xy} = \int_{-t/2}^{t/2} \tau_{xy} \mathrm{d}z = -\frac{E}{1+\mu}\frac{\partial^2 w}{\partial x\partial y}\int_{-t/2}^{t/2} z\mathrm{d}z = N_{yx} = 0$$

可见，σ_x、σ_y 和 τ_{xy} 等应力在全厚度的合力均为零。顺便指出，由假设，应力分量 σ_z、τ_{zx} 和 τ_{yz} 为零，但实际上它们并非为零，而是远小于 σ_x、σ_y 和 τ_{xy} 三个应力分量的次要应力分量。只是略去由它们引起的变形，但对于维持平衡，这些应力分量都不能不计。τ_{zx} 和 τ_{yz} 的合力可写为

$$Q_x = \int_{-t/2}^{t/2} \tau_{xz}\mathrm{d}z, \quad Q_y = \int_{-t/2}^{t/2} \tau_{yz}\mathrm{d}z \tag{3-5}$$

此外，在横截面上还有弯矩和扭矩。即单位宽度的力矩，有

$$M_x = \int_{-t/2}^{t/2} \sigma_x z\mathrm{d}z, \quad M_y = \int_{-t/2}^{t/2} \sigma_y z\mathrm{d}z, \quad M_{xy} = \int_{-t/2}^{t/2} \tau_{xy} z\mathrm{d}z \tag{3-6}$$

将式(3-4)的应力分量表达式代入式(3-6)，并考虑到 w 与坐标 z 无关，积分后得

$$M_x = -D\left(\frac{\partial^2 w}{\partial x^2} + \mu\frac{\partial^2 w}{\partial y^2}\right)$$

$$M_y = -D\left(\frac{\partial^2 w}{\partial y^2} + \mu\frac{\partial^2 w}{\partial x^2}\right) \tag{3-7}$$

$$M_{xy} = M_{yx} = -D(1-\mu)\frac{\partial^2 w}{\partial x\partial y}$$

式中 D 称为板的弯曲刚度：

$$D = \frac{Et^3}{12(1-\mu^2)} \tag{3-8}$$

根据内力的定义，对内力的符号作如下规定：当 $z>0$ 时，各个面上的正号应力引起的力矩为正，反之为负。图 3-3 中所画的力矩方向均为正的。

显然，在得到 M_x、M_y 和 M_{xy} 后，也可直接求得应力 σ_x、σ_y 和 τ_{xy}。将式(3-7)与式(3-4)相比较，即可得到

$$\sigma_x = \frac{12M_x z}{t^3}, \quad \sigma_y = \frac{12M_y z}{t^3}, \quad \tau_{xy} = \frac{12M_{xy} z}{t^3} \tag{3-9}$$

在 $z = \pm t/2$ 处，各应力值为最大。

2. 平衡方程

为简单起见，将所取微小平行六面体各截面上的内力在其中面上表示出来，如

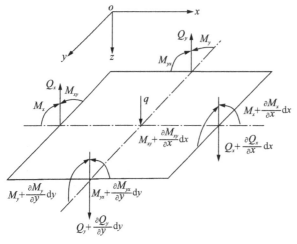

图 3-4

对于此微元体来说，平衡条件 $\Sigma F_x = 0$、$\Sigma F_y = 0$ 和 $\Sigma M_z = 0$ 是自然满足的。如将 z 方向的体力一起考虑在板面的垂直载荷内，则由平衡条件 $\Sigma F_z = 0$ 可得

$$\frac{\partial Q_x}{\partial x} + \frac{\partial Q_y}{\partial y} + q = 0 \qquad (3\text{-}10)$$

以通过单元体中心而分别平行于 x、y 轴的直线为轴建力矩平衡方程，略去高阶微量，简化后可得

$$Q_x = \frac{\partial M_x}{\partial x} + \frac{\partial M_{yx}}{\partial y}$$
$$Q_y = \frac{\partial M_{xy}}{\partial x} + \frac{\partial M_y}{\partial y} \qquad (3\text{-}11)$$

式(3-10)和式(3-11)即为由中面内力表示的平衡方程。

将式(3-7)代入式(3-11)，得

$$Q_x = -\frac{\partial}{\partial x}\left[D\left(\frac{\partial^2 w}{\partial x^2} + \mu\frac{\partial^2 w}{\partial y^2}\right)\right] - \frac{\partial}{\partial y}\left[D(1-\mu)\frac{\partial^2 w}{\partial x\partial y}\right] = -D\frac{\partial}{\partial x}\nabla^2 w$$
$$Q_y = -\frac{\partial}{\partial y}\left[D\left(\frac{\partial^2 w}{\partial y^2} + \mu\frac{\partial^2 w}{\partial x^2}\right)\right] - \frac{\partial}{\partial x}\left[D(1-\mu)\frac{\partial^2 w}{\partial x\partial y}\right] = -D\frac{\partial}{\partial y}\nabla^2 w \qquad (3\text{-}12)$$

再将上式代入式(3-10)，得

$$\nabla^4 w = q/D \qquad (3\text{-}13)$$

这就是薄板小挠度理论的基本微分方程。又称为薄板的挠度方程或弹性曲面方程。

3. 次要应力分量表达式

可利用平衡微分方程导出次要应力分量 τ_{zx}、τ_{yz} 和 σ_z 的表达式。不考虑体力，平衡方程(1-1)可写成

$$\frac{\partial \tau_{zx}}{\partial z} = -\frac{\partial \sigma_x}{\partial x} - \frac{\partial \tau_{yx}}{\partial y}$$

$$\frac{\partial \tau_{zy}}{\partial z} = -\frac{\partial \tau_{xy}}{\partial x} - \frac{\partial \sigma_y}{\partial y}$$

$$\frac{\partial \sigma_z}{\partial z} = -\frac{\partial \tau_{xz}}{\partial x} - \frac{\partial \tau_{yz}}{\partial y}$$

将式(3-4)代入上式中的第一式和第二式，进行积分，并考虑 $\tau_{xz} = \tau_{zx}$ 和 $\tau_{yz} = \tau_{zy}$，得

$$\tau_{xz} = \frac{Ez^2}{2(1-\mu^2)}\frac{\partial}{\partial x}\nabla^2 w + f_1(x, y)$$

$$\tau_{yz} = \frac{Ez^2}{2(1-\mu^2)}\frac{\partial}{\partial y}\nabla^2 w + f_2(x, y)$$

式中 $f_1(x, y)$ 和 $f_2(x, y)$ 均是与 z 无关的函数，可利用边界条件确定。即在 $z = \pm t/2$ 处，有 $\tau_{zx} = \tau_{zy} = 0$，代入上式可求得 $f_1(x, y)$ 和 $f_2(x, y)$，再将求得的 $f_1(x, y)$ 和 $f_2(x, y)$ 代入上式，即可得 τ_{xz} 和 τ_{yz} 用挠度 w 表示的表达式

$$\tau_{xz} = -\frac{E}{2(1-\mu^2)}\left(\frac{t^2}{4} - z^2\right)\frac{\partial}{\partial x}\nabla^2 w$$

$$\tau_{yz} = -\frac{E}{2(1-\mu^2)}\left(\frac{t^2}{4} - z^2\right)\frac{\partial}{\partial y}\nabla^2 w \tag{3-14}$$

可以看出，横向剪应力分量 τ_{xz} 和 τ_{yz} 沿板厚呈抛物线规律分布。

将式(3-14)代入上面平衡方程的第三式，积分后，得

$$\sigma_z = \frac{E}{2(1-\mu^2)}\left(\frac{t^2 z}{4} - \frac{z^3}{3}\right)\nabla^4 w + f_3(x, y)$$

利用薄板下表面的边界条件 $(\sigma_z)_{z=t/2} = 0$，求出 $f_3(x, y)$，再将 $f_3(x, y)$ 代回上式，得应力分量 σ_z 的表达式为

$$\sigma_z = -\frac{Et^3}{6(1-\mu^2)}\left(\frac{1}{2} - \frac{z}{t}\right)^2\left(1 + \frac{z}{t}\right)\nabla^4 w \tag{3-15}$$

若将薄板上表面边界条件 $(\sigma_z)_{z=-t/2} = -q$ 代入上式，也可得薄板弯曲问题的基本微分方程 $\nabla^4 w = q/D$。

将式(3-14)与式(3-12)进行比较，即可得到横向剪应力与剪力之间的关系

$$\tau_{xz} = \frac{6Q_x}{t^3}\left(\frac{t^2}{4} - z^2\right), \quad \tau_{yz} = \frac{6Q_y}{t^3}\left(\frac{t^2}{4} - z^2\right) \tag{3-16}$$

在 $z = 0$ 处，τ_{xz} 和 τ_{yz} 取得最大值。

3.3　板的边界条件

求解薄板弯曲问题，就是在满足其边界条件下，求解微分方程(3-13)。

本节以矩形板为例来说明各种边界条件。设矩形薄板 $oABC$ 的 oA 边为固定边，oC 边为简支边，AB 边和 BC 边为自由边，如图 3-5 所示。

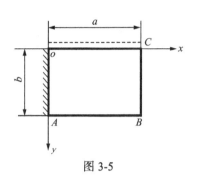

图 3-5

(1) 固定边 $oA(x=0)$：板在此边的挠度 w 应为零，转角即弹性曲面的斜率 $\partial w/\partial x$ 也应为零。所以，其边界条件是

$$(w)_{x=0} = 0, \quad (\partial w/\partial x)_{x=0} = 0 \tag{3-17}$$

(2) 简支边 $oC(y=0)$：板在此边的挠度 w 应为零，弯矩 M_y 也应为零。所以，简支边的边界条件写为

$$(w)_{y=0} = 0, \quad (M_y)_{y=0} = 0$$

利用式(3-7)的第二式，将弯矩用挠度表示，上式条件可写成

$$(w)_{y=0} = 0, \quad -D\left(\frac{\partial^2 w}{\partial y^2} + \mu\frac{\partial^2 w}{\partial x^2}\right) = 0$$

但是，由于挠度 w 在整个边上都等于零，因此在整个边上 $\partial w/\partial x$ 和 $\partial^2 w/\partial x^2$ 都恒等于零。于是，简支边 oC 的边界条件简化为

$$(w)_{y=0} = 0, \quad (\partial^2 w/\partial y^2)_{y=0} = 0 \tag{3-18}$$

若在该简支边上作用有分布的弯矩 $\overline{M}$ (一般是坐标 x 的函数)，则简支边的弯矩 M_y 将不等于零，而应等于载荷 $\overline{M}$，该边界条件(3-18)的第二个条件应为 $-D\partial^2 w/\partial y^2 = \overline{M}$。

(3) 自由边 $AB(y=b)$：若在该边上没有载荷作用，则薄板在这个边上的弯矩 M_y、扭矩 M_{yx} 以及剪力 Q_y 应分别等于零，即

$$(M_y)_{y=b} = 0, \quad (M_{yx})_{y=b} = 0, \quad (Q_y)_{y=b} = 0$$

但是，弹性曲面的基本方程(3-13)是四阶偏微分方程，求解该方程时，每边只需要提供两个边界条件。经过进一步分析，板任一边上的分布扭矩在静力上等效于某一分布的横向剪力，将这个等效的横向剪力与原来的横向剪力合并，上式中的后两个边界条件可归并为一个边界条件。具体分析如下。

假设在边界 AB 的任意一个微元段 $EF=\mathrm{d}x$ 上，作用着扭矩 $M_{yx}\mathrm{d}x$，见图 3-6(a)，将这扭矩 $M_{yx}\mathrm{d}x$ 用一对等效垂直力 M_{yx} 代替，一个在 E 点，向下；另一个在 F 点，向上，见图 3-6(b)。

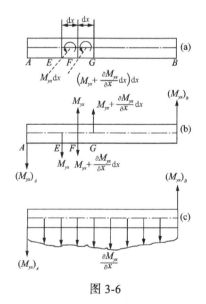

图 3-6

同样，将相邻微元段 $FG = \mathrm{d}x$ 上作用的扭矩 $\left(M_{yx} + \dfrac{\partial M_{yx}}{\partial x} \mathrm{d}x \right) \mathrm{d}x$，也用一对等效垂直力

$M_{yx} + \dfrac{\partial M_{yx}}{\partial x} \mathrm{d}x$ 代替，一个在 F 点，向下；另一个在 G 点，向上。这样，在 F 点的两

个力合成为向下的力 $\dfrac{\partial M_{yx}}{\partial x} \mathrm{d}x$。在所有微元段 $\mathrm{d}x$ 上，继续作静力等效替换，在每两相

邻段的交界处，都得到合成向下的力 $\dfrac{\partial M_{yx}}{\partial x} \mathrm{d}x$。边界 AB 上的分布扭矩 M_{yx} 变换为等

效的分布剪力 $\dfrac{\partial M_{yx}}{\partial x}$。此外，在边两端的 A 点和 B 点还有未被抵消的集中剪力 $(M_{yx})_A$

和 $(M_{yx})_B$，如图 3-6(c)所示。根据圣维南原理，这样的等效代换只影响该边界附近的应
力分布，而对板其余各处的应力不会引起显著影响。

于是，自由边 AB 的边界条件可变换为

$$(M_y)_{y=b} = 0, \qquad (Q_y + \partial M_{yx} / \partial x)_{y=b} = 0$$

其中前一个条件表示弯矩等于零，而后一个条件则表示分布剪力为零(并不要求 Q_y 和
$\partial M_{yx} / \partial x$ 分别等于零)。利用式(3-7)和式(3-12)，自由边 AB 的边界条件可用挠度 w 表
示为

$$-D\left(\frac{\partial^2 w}{\partial y^2} + \mu \frac{\partial^2 w}{\partial x^2} \right)_{y=b} = 0$$
$$-D\left[\frac{\partial^3 w}{\partial y^3} + (2-\mu) \frac{\partial^3 w}{\partial x^2 \partial y} \right]_{y=b} = 0 \tag{3-19}$$

倘若在该自由边上作用有分布的弯矩载荷 $\overline{M}$ 和分布的横向载荷 $\overline{Q}$ (一般是 x 的函
数)，则式(3-19)的等号右边项将不等于零，而应分别等于 $\overline{M}$ 和 $\overline{Q}$。

同样，沿自由边 $BC(x=a)$ 分布的扭矩 M_{xy} 也可以用分布的剪力 $\partial M_{xy} / \partial y$ 进行等
效代换，并在该边两端 B 点和 C 点还分别有集中力 $(M_{xy})_B$ 和 $(M_{xy})_C$，BC 边的边界条件
可用下式表示：

$$(M_x)_{x=a} = 0, \qquad (Q_x + \partial M_{xy} / \partial y)_{x=a} = 0$$

利用式(3-7)和式(3-12)，将上式用挠度 w 表示成

$$-D\left(\frac{\partial^2 w}{\partial x^2} + \mu \frac{\partial^2 w}{\partial y^2} \right)_{x=a} = 0$$
$$-D\left[\frac{\partial^3 w}{\partial x^3} + (2-\mu) \frac{\partial^3 w}{\partial x \partial y^2} \right]_{x=a} = 0 \tag{3-20}$$

综合以上分析，板的边界条件有两类，一类是位移边界条件，它是关于挠度或转

角的约束条件；另一类是力的边界条件，它是关于横向剪力或弯矩的边界条件。

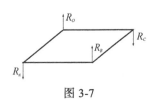

图 3-7

(4) 角点。由于将扭矩用等效剪力代换时，除了在边上有分布的横向剪力之外，在边的两端还作用有集中力，所以在板的角点上还作用有集中力。例如在 B 点，总的集中力 R_B 应是 AB 边上 B 点的集中力 $(M_{yx})_B$ 与 BC 边上 B 点的集中力 $(M_{xy})_B$ 之和，方向向上，其他角点的方向如图 3-7 所示。用挠度表示 B 点的角点条件，有

$$R_B = (M_{yx})_B + (M_{xy})_B = -2D(1-\mu)\left(\frac{\partial^2 w}{\partial x \partial y}\right)_B \tag{3-21}$$

如果在 B 点有支座，使 B 点不会产生挠度，则角点 B 的边界条件是 $w_B = 0$，这时 B 点支座会有支反力，大小等于 R_B；如果在 B 点作用着集中载荷 P_B，则 P_B 的大小等于 R_B；如果 B 点是两自由边的交点，而在 B 点并没有集中载荷作用，又没有任何支持约束，则需对板补充角点的边界条件是 $R_B = 0$，用挠度表示，为 $(\partial^2 w/\partial x \partial y)_B = 0$。

3.4 四边简支矩形板的纳维解法

直接求解板的挠度方程，除一些简单情况之外，一般总是困难的。故往往采用逆解法，即设挠度函数 w，并用傅里叶级数表示，然后将其代入平衡微分方程和边界条件，确定所有的待定系数。本节论述**纳维(Navier)**提出的双重三角级数解法。

设有一四边简支的矩形薄板，受分布载荷 $q(x, y)$ 的作用，如图 3-8 所示。试求板的挠度。

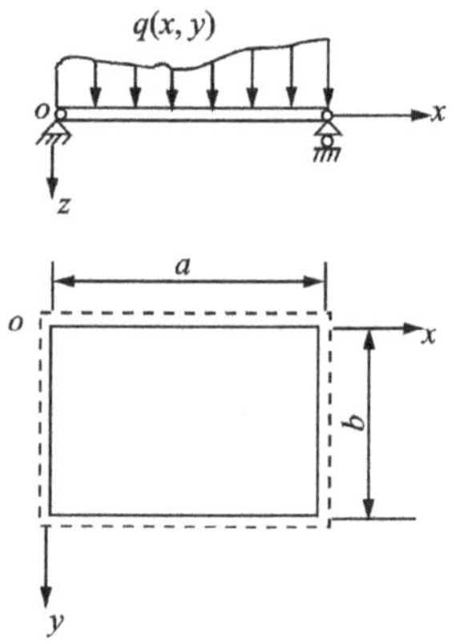

薄板弯曲的基本微分方程为

$$D\nabla^4 w = q(x, y) \tag{a}$$

边界条件是

在 $x = 0$ 和 $x = a$ 处，　$w = 0$，　$\partial^2 w/\partial x^2 = 0$

在 $y = 0$ 和 $y = b$ 处，　$w = 0$，　$\partial^2 w/\partial y^2 = 0$ $\qquad$ (b)

图 3-8

纳维将挠度 w 的表达式取如下的双重三角级数：

$$w = \sum_{m=1}^{\infty}\sum_{n=1}^{\infty} A_{mn} \sin\frac{m\pi x}{a}\sin\frac{n\pi y}{b} \tag{c}$$

式中 m 和 n 是任意整数；A_{mn} 为待定系数。显然，式(c)是满足式(b)所述的全部边界条件的。

将式(c)代入式(a)，得

$$\pi^4 D \sum_{m=1}^{\infty} \sum_{n=1}^{\infty} \left(\frac{m^2}{a^2} + \frac{n^2}{b^2} \right)^2 A_{mn} \sin \frac{m\pi x}{a} \sin \frac{n\pi y}{b} = q(x, y) \tag{d}$$

为了求出系数 A_{mn}，必须先将式(d)右端的载荷展开成与左端同样的双重三角级数，即

$$q(x, y) = \sum_{m=1}^{\infty} \sum_{n=1}^{\infty} C_{mn} \sin \frac{m\pi x}{a} \sin \frac{n\pi y}{b} \tag{e}$$

其中系数 C_{mn} 求之如下。将式(e)的左右两端都乘以 $\sin \frac{i\pi x}{a}$，其中 i 为任意正整数。然后对 x 积分，积分限从 0 到 a，并注意

$$\int_0^a \sin \frac{m\pi x}{a} \sin \frac{i\pi x}{a} dx = \begin{cases} 0 & (m \neq i) \\ a/2 & (m = i) \end{cases}$$

就得到

$$\int_0^a q(x, y) \sin \frac{i\pi x}{a} dx = \frac{a}{2} \sum_{n=1}^{\infty} C_{in} \sin \frac{n\pi y}{b}$$

再将上式两端都乘以 $\sin \frac{j\pi y}{b}$，其中 j 也是任意正整数，然后对 y 积分，积分限从 0 到 b，得到

$$\int_0^b \int_0^a q(x, y) \sin \frac{i\pi x}{a} \sin \frac{j\pi y}{b} dxdy = \frac{ab}{4} C_{ij}$$

因为 i 和 j 是任意整数，故可以换写为 m 和 n。所以从上式可得

$$C_{mn} = \frac{4}{ab} \int_0^a \int_0^b q(x, y) \sin \frac{m\pi x}{a} \sin \frac{n\pi y}{b} dxdy \tag{f}$$

将式(e)代入式(d)，得

$$\pi^4 D \sum_{m=1}^{\infty} \sum_{n=1}^{\infty} \left(\frac{m^2}{a^2} + \frac{n^2}{b^2} \right)^2 A_{mn} \sin \frac{m\pi x}{a} \sin \frac{n\pi y}{b} = \sum_{m=1}^{\infty} \sum_{n=1}^{\infty} C_{mn} \sin \frac{m\pi x}{a} \sin \frac{n\pi y}{b}$$

两个相同的级数要相等，必须使相应项的系数都相等，从而得

$$A_{mn} = \frac{4 \int_0^a \int_0^b q(x, y) \sin \frac{m\pi x}{a} \sin \frac{n\pi y}{b} dxdy}{\pi^4 Dab \left(\frac{m^2}{a^2} + \frac{n^2}{b^2} \right)^2} \tag{g}$$

下面对均匀分布载荷和集中载荷两种情况进行具体计算。

(1) 均布载荷情况——作用在板上的载荷是均布的，则 $q(x, y) = q_0$，式(g)中的积

分为

$$\int_0^a \int_0^b q(x,y) \sin\frac{m\pi x}{a} \sin\frac{n\pi y}{b} \mathrm{d}x\mathrm{d}y = q_0 \int_0^a \sin\frac{m\pi x}{a} \mathrm{d}x \int_0^b \sin\frac{n\pi y}{b} \mathrm{d}y$$

而

$$\int_0^a \sin\frac{m\pi x}{a} \mathrm{d}x = \frac{a}{m\pi}(1-\cos m\pi) = \begin{cases} \dfrac{2a}{m\pi} & (m\ \text{为奇数}) \\ 0 & (m\ \text{为偶数}) \end{cases}$$

$$\int_0^b \sin\frac{n\pi y}{b} \mathrm{d}y = \frac{b}{n\pi}(1-\cos n\pi) = \begin{cases} \dfrac{2b}{n\pi} & (n\ \text{为奇数}) \\ 0 & (n\ \text{为偶数}) \end{cases}$$

于是

$$A_{mn} = \frac{16q_0}{\pi^6 Dmn\left(\dfrac{m^2}{a^2}+\dfrac{n^2}{b^2}\right)^2} \qquad \left(\begin{matrix} m=1,3,5,\cdots \\ n=1,3,5,\cdots \end{matrix}\right)$$

将 A_{mn} 代入式(c)，则得挠度 w 的表达式

$$w = \frac{16q_0}{\pi^6 D} \sum_{m=1,3,5}^{\infty} \sum_{n=1,3,5}^{\infty} \frac{\sin\dfrac{m\pi x}{a}\sin\dfrac{n\pi y}{b}}{mn\left(\dfrac{m^2}{a^2}+\dfrac{n^2}{b^2}\right)^2} \tag{h}$$

不难看出，挠度的最大值发生在板的中点，将 $x=a/2$ 和 $y=b/2$ 代入上式，得

$$w_{\max} = \frac{16q_0}{\pi^6 D} \sum_{m=1,3,5}^{\infty} \sum_{n=1,3,5}^{\infty} \frac{(-1)^{\frac{m+n}{2}-1}}{mn\left(\dfrac{m^2}{a^2}+\dfrac{n^2}{b^2}\right)^2}$$

这个级数收敛很快，只取一项就可获得很好的近似值。例如方板，$a=b$，则有

$$w_{\max} = \frac{4q_0 a^4}{\pi^6 D} = 0.00416\frac{q_0 a^4}{D}$$

精确值为 $0.00406q_0 a^4/D$，误差仅为 2.5%。

将挠度 w 的表达式(h)代入式(3-7)和式(3-11)，可求得内力。

(2) 集中载荷情况——在板上任意点 $x=c$ 和 $y=d$ 处作用集中载荷 P。我们可用微分面积 $\mathrm{d}x\mathrm{d}y$ 上的均布载荷 $P/\mathrm{d}x\mathrm{d}y$ 来代替 q，于是，式(g)中的 $q(x,y)$ 除在 $x=c$ 和 $y=d$ 处等于 $P/\mathrm{d}x\mathrm{d}y$ 外，在其余各处都等于零。因此，式(g)中的积分为

$$\int_0^a \int_0^b q(x,y) \sin\frac{m\pi x}{a} \sin\frac{n\pi y}{b} \mathrm{d}x\mathrm{d}y = P\sin\frac{m\pi c}{a} \sin\frac{n\pi d}{b}$$

于是

$$A_{mn} = \frac{4P \sin \dfrac{m\pi c}{a} \sin \dfrac{n\pi d}{b}}{\pi^4 Dab \left(\dfrac{m^2}{a^2} + \dfrac{n^2}{b^2} \right)^2}$$

将上式代入式(c)，得挠度为

$$w = \frac{4P}{\pi^4 Dab} \sum_{m=1}^{\infty} \sum_{n=1}^{\infty} \frac{\sin \dfrac{m\pi c}{a} \sin \dfrac{n\pi d}{b}}{\left(\dfrac{m^2}{a^2} + \dfrac{n^2}{b^2} \right)^2} \sin \frac{m\pi x}{a} \sin \frac{n\pi y}{b} \tag{i}$$

这级数收敛也很快。当集中载荷 P 作用在板的中心，并求板中心的挠度。取 $x = a/2$ 和 $y = b/2$，由式(i)得

$$w_{max} = \frac{4P}{\pi^4 Dab} \sum_{m=1,3,5}^{\infty} \sum_{n=1,3,5}^{\infty} \frac{1}{\left(\dfrac{m^2}{a^2} + \dfrac{n^2}{b^2} \right)^2}$$

本节所述的纳维解法，其优点是不论载荷情况如何，级数的运算都比较简单；其缺点是只适用于四边简支的矩形板，而且在计算内力时，收敛较慢，有时要取很多项。

3.5　矩形薄板的莱维解法

对于有一组对边是简支，另一组对边为其他形式支持的矩形板，可应用本节所述的**莱维**(Levy)解法。

设如图 3-9 所示的矩形板，$x = 0$ 和 $x = a$ 两边为简支，其余两边 $y = \pm b/2$ 为任意支持。承受横向载荷 $q(x, y)$。莱维把挠度 w 的表达式取为如下的三角级数：

$$w = \sum_{m=1}^{\infty} Y_m \sin \frac{m\pi x}{a} \tag{a}$$

式中 Y_m 仅是 y 的函数；m 为任意正整数。这级数的每一项都能满足 $x = 0$ 及 $x = a$ 两边的边界条件

$$(w)_{\substack{x=0 \\ x=a}} = 0, \qquad \left(\frac{\partial^2 w}{\partial x^2} \right)_{\substack{x=0 \\ x=a}} = 0$$

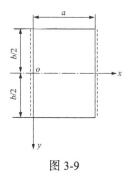

图 3-9

现在，只需选择函数 Y_m，使式(a)满足薄板弯曲的基本方程

$$D\nabla^4 w = q(x, y) \tag{b}$$

并且在 $y = \pm b/2$ 的边界上满足边界条件。

将式(a)代入式(b)，得

$$D\sum_{m=1}^{\infty}\left[\frac{\mathrm{d}^4Y_m}{\mathrm{d}y^4} - 2\left(\frac{m\pi}{a}\right)^2\frac{\mathrm{d}^2Y_m}{\mathrm{d}y^2} + \left(\frac{m\pi}{a}\right)^4Y_m\right]\sin\frac{m\pi x}{a} = q(x,y) \tag{c}$$

上式左边是关于正弦函数的三角级数，所以，需要将右边展开成同样的级数，即

$$q(x,y) = \sum_{m=1}^{\infty}C_m\sin\frac{m\pi x}{a}$$

其中 C_m 可用下式求得

$$C_m = \frac{2}{a}\int_0^a q(x,y)\sin\frac{m\pi x}{a}\mathrm{d}x$$

于是，式(c)可写为

$$D\sum_{m=1}^{\infty}\left[\frac{\mathrm{d}^4Y_m}{\mathrm{d}y^4} - 2\left(\frac{m\pi}{a}\right)^2\frac{\mathrm{d}^2Y_m}{\mathrm{d}y^2} + \left(\frac{m\pi}{a}\right)^4Y_m\right]\sin\frac{m\pi x}{a} = \sum_{m=1}^{\infty}\left[\frac{2}{a}\int_0^a q(x,y)\sin\frac{m\pi x}{a}\mathrm{d}x\right]\sin\frac{m\pi x}{a}$$

两个相同的级数要恒等，必须每一项的系数都相等，则有

$$\frac{\mathrm{d}^4Y_m}{\mathrm{d}y^4} - 2\left(\frac{m\pi}{a}\right)^2\frac{\mathrm{d}^2Y_m}{\mathrm{d}y^2} + \left(\frac{m\pi}{a}\right)^4Y_m = \frac{2}{Da}\int_0^a q(x,y)\sin\frac{m\pi x}{a}\mathrm{d}x \tag{d}$$

该式右边积分后，将成为仅是 y 的函数。因此，这方程是一个四阶常微分方程，求解后可得到函数 Y_m。

四阶常系数非齐次常微分方程的解，是其齐次方程的通解与其非齐次方程的特解之和。式(d)的全解为

$$Y_m = A_m\mathrm{ch}\frac{m\pi y}{a} + B_m\frac{m\pi y}{a}\mathrm{sh}\frac{m\pi y}{a} + C_m\mathrm{sh}\frac{m\pi y}{a} + D_m\frac{m\pi y}{a}\mathrm{ch}\frac{m\pi y}{a} + f_m(y) \tag{e}$$

式中 $f_m(y)$ 是任意的一个特解，可以根据已知载荷由式(d)右边积分后的结果来选择。方程的解(e)还应满足 $y = \pm b/2$ 两边的边界条件，从而确定四个待定系数 A_m、B_m、C_m 和 D_m。将式(e)代入式(a)，即得挠度 w 的解为

$$w = \sum_{m=1}^{\infty}\left[A_m\mathrm{ch}\frac{m\pi y}{a} + B_m\frac{m\pi y}{a}\mathrm{sh}\frac{m\pi y}{a} + C_m\mathrm{sh}\frac{m\pi y}{a} + D_m\frac{m\pi y}{a}\mathrm{ch}\frac{m\pi y}{a} + f_m(y)\right]\sin\frac{m\pi x}{a} \tag{f}$$

这个解法称为莱维解法。为了具体说明它的求解过程，下面仍以受均布载荷 q_0 作用的四边简支矩形板作为例题。这时，微分方程式(d)右边成为

$$\frac{2}{Da}\int_0^a q_0\sin\frac{m\pi x}{a}\mathrm{d}x = \frac{4q_0}{D\pi m} \qquad (m=奇数)$$

于是，微分方程的特解可以取

$$f_m(y) = \left(\frac{a}{m\pi}\right)^4 \frac{4q_0}{D\pi m} = \frac{4q_0 a^4}{D\pi^5 m^5} \qquad (m=奇数)$$

将特解代入式(f)，考虑到 x 轴是对称轴，挠度 w 应当是 y 的偶函数，因而有 $C_m = D_m = 0$，得

$$w = \sum_{m=1}^{\infty}\left[A_m \mathrm{ch}\frac{m\pi y}{a} + B_m \frac{m\pi y}{a}\mathrm{sh}\frac{m\pi y}{a}\right]\sin\frac{m\pi x}{a} + \frac{4q_0 a^4}{D\pi^5}\sum_{m=1,3}^{\infty}\frac{1}{m^5}\sin\frac{m\pi x}{a} \qquad (g)$$

应用 $y = \pm b/2$ 处的边界条件

$$(w)_{y=\pm b/2} = 0, \qquad \left(\partial^2 w/\partial y^2\right)_{y=\pm b/2} = 0$$

得到确定 A_m 和 B_m 的联立方程组

$$A_m\mathrm{ch}\alpha_m + B_m\alpha_m\mathrm{sh}\alpha_m = -\frac{4q_0 a^4}{D\pi^5 m^5} \qquad (m\ 为奇数) \qquad (h)$$
$$A_m\mathrm{ch}\alpha_m + B_m\left(2\mathrm{ch}\alpha_m + \alpha_m\mathrm{sh}\alpha_m\right) = 0$$

式中 $\alpha_m = m\pi b/2a$。m 为偶数的方程组给出 A_m 和 B_m 恒等于零的解。求解方程组(h)，得到

$$A_m = -\frac{2\left(2 + \alpha_m\mathrm{th}\alpha_m\right)q_0 a^4}{D\pi^5 m^5 \mathrm{ch}\alpha_m} \qquad (m=奇数)$$
$$B_m = \frac{2q_0 a^4}{D\pi^5 m^5 \mathrm{ch}\alpha_m}$$

将系数 A_m 及 B_m 代回式(g)，得挠度的最终表达式

$$w = \frac{4q_0 a^4}{D\pi^5}\sum_{m=1,3}^{\infty}\frac{1}{m^5}\left(1 - \frac{2 + \alpha_m\mathrm{th}\alpha_m}{2\mathrm{ch}\alpha_m}\mathrm{ch}\frac{2\alpha_m y}{b} + \frac{\alpha_m}{2\mathrm{ch}\alpha_m}\frac{2y}{b}\mathrm{sh}\frac{2\alpha_m y}{b}\right)\sin\frac{m\pi x}{a}$$

最大挠度发生在薄板的中心，将 $x = a/2$ 及 $y = 0$ 代入上式，得

$$w_{\max} = \frac{4q_0 a^4}{D\pi^5}\sum_{m=1,3}^{\infty}\frac{(-1)^{(m-1)/2}}{m^5}\left(1 - \frac{2 + \alpha_m\mathrm{th}\alpha_m}{2\mathrm{ch}\alpha_m}\right)$$

对于正方形板 $a = b$，则 $\alpha_m = m\pi/2$，即得

$$w_{\max} = \frac{4q_0 a^4}{D\pi^5}(0.314 - 0.004 + \cdots) = 0.00406 q_0 a^4 / D$$

在级数中取两项就得到很精确的结果。

莱维解法的优点是收敛速度比纳维解法快，适用性也比较广。

3.6　圆形薄板的弯曲

3.6.1　极坐标下薄板弯曲的基本方程

计算圆形薄板的弯曲问题时，用极坐标系更为方便。首先将薄板弯曲的平衡微分方程和内力表达式通过坐标变换用极坐标表示。

1. 平衡微分方程

参照 2.5 节中应力函数的变换过程，有

$$\frac{\partial^2 w}{\partial x^2} = \cos^2\theta \frac{\partial^2 w}{\partial r^2} - \frac{\sin 2\theta}{r}\frac{\partial^2 w}{\partial r\partial\theta} + \frac{\sin^2\theta}{r}\frac{\partial w}{\partial r} + \frac{\sin 2\theta}{r^2}\frac{\partial w}{\partial\theta} + \frac{\sin^2\theta}{r^2}\frac{\partial^2 w}{\partial\theta^2}$$

$$\frac{\partial^2 w}{\partial y^2} = \sin^2\theta \frac{\partial^2 w}{\partial r^2} + \frac{\sin 2\theta}{r}\frac{\partial^2 w}{\partial r\partial\theta} + \frac{\cos^2\theta}{r}\frac{\partial w}{\partial r} - \frac{\sin 2\theta}{r^2}\frac{\partial w}{\partial\theta} + \frac{\cos^2\theta}{r^2}\frac{\partial^2 w}{\partial\theta^2}$$

$$\frac{\partial^2 w}{\partial x\partial y} = \frac{\sin 2\theta}{2}\frac{\partial^2 w}{\partial r^2} + \frac{\cos 2\theta}{r}\frac{\partial^2 w}{\partial r\partial\theta} - \frac{\sin 2\theta}{2r}\frac{\partial w}{\partial r} - \frac{\cos 2\theta}{r^2}\frac{\partial w}{\partial\theta} - \frac{\sin 2\theta}{2r^2}\frac{\partial^2 w}{\partial\theta^2}$$

从而得到

$$\nabla^2 w = \left(\frac{\partial^2}{\partial x^2} + \frac{\partial^2}{\partial y^2}\right)w = \left(\frac{\partial^2}{\partial r^2} + \frac{1}{r}\frac{\partial}{\partial r} + \frac{1}{r^2}\frac{\partial^2}{\partial\theta^2}\right)w$$

因此，在极坐标下薄板受横向载荷时，弹性曲面的微分方程式为

$$\left(\frac{\partial^2}{\partial r^2} + \frac{1}{r}\frac{\partial}{\partial r} + \frac{1}{r^2}\frac{\partial^2}{\partial\theta^2}\right)^2 w = q(r,\theta)/D \tag{3-22}$$

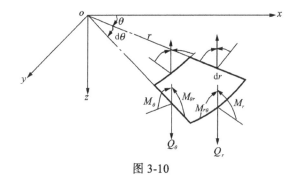

图 3-10

2. 内力

为了得到在极坐标下用挠度表示的薄板内力表达式，从薄板内取微元体。微元体是由夹角为 $\mathrm{d}\theta$ 的两个径向平面和半径分别为 r 和 $r+\mathrm{d}r$ 的圆柱面组成，如图 3-10 所示。在 r 为常量的横截面上，弯矩、扭矩和横向剪力分别用 M_r、$M_{r\theta}$ 和 Q_r 表示。

在 θ 为常量的横截面上，则用 M_θ、$M_{\theta r}$ 和 Q_θ 表示。现在，把 x 轴和 y 轴分别转到该微元体的 r 和 θ 方向，即令 $\theta=0$，则极坐标下的 M_r、M_θ、$M_{r\theta}$、$M_{\theta r}$、Q_r 和 Q_θ 分别与直角坐标下的 M_x、M_y、M_{xy}、M_{yx}、Q_x 和 Q_y 相同。利用式(a)，由式(3-7)和式(3-12)得到

$$M_r = (M_x)_{\theta=0} = -D\left(\frac{\partial^2 w}{\partial x^2} + \mu \frac{\partial^2 w}{\partial y^2}\right)_{\theta=0} = -D\left[\frac{\partial^2 w}{\partial r^2} + \mu\left(\frac{1}{r}\frac{\partial w}{\partial r} + \frac{1}{r^2}\frac{\partial^2 w}{\partial \theta^2}\right)\right]$$

$$M_\theta = (M_y)_{\theta=0} = -D\left(\frac{\partial^2 w}{\partial y^2} + \mu \frac{\partial^2 w}{\partial x^2}\right)_{\theta=0} = -D\left[\frac{1}{r}\frac{\partial w}{\partial r} + \frac{1}{r^2}\frac{\partial^2 w}{\partial \theta^2} + \mu\frac{\partial^2 w}{\partial r^2}\right]$$

$$M_{r\theta} = M_{\theta r} = (M_{xy})_{\theta=0} = -D(1-\mu)\left(\frac{\partial^2 w}{\partial x \partial y}\right)_{\theta=0} = -D(1-\mu)\left(\frac{1}{r}\frac{\partial^2 w}{\partial r \partial \theta} - \frac{1}{r^2}\frac{\partial w}{\partial \theta}\right) \quad (3\text{-}23)$$

$$Q_r = (Q_x)_{\theta=0} = -D\left(\frac{\partial}{\partial x}\nabla^2 w\right)_{\theta=0} = -D\frac{\partial}{\partial r}\left(\frac{\partial^2 w}{\partial r^2} + \frac{1}{r}\frac{\partial w}{\partial r} + \frac{1}{r^2}\frac{\partial^2 w}{\partial \theta^2}\right)$$

$$Q_\theta = (Q_y)_{\theta=0} = -D\left(\frac{\partial}{\partial y}\nabla^2 w\right)_{\theta=0} = -D\frac{1}{r}\frac{\partial}{\partial \theta}\left(\frac{\partial^2 w}{\partial r^2} + \frac{1}{r}\frac{\partial w}{\partial r} + \frac{1}{r^2}\frac{\partial^2 w}{\partial \theta^2}\right)$$

3.6.2　轴对称弯曲问题的求解

如果圆板所受的横向载荷对于过板中心任意径向轴是对称的，则挠度对于板中心也对称，即 q 与 w 只是 r 的函数，不随 θ 而变化。在这种情况下，式(3-22)将简化为

$$\left(\frac{\mathrm{d}^2}{\mathrm{d}r^2} + \frac{1}{r}\frac{\mathrm{d}}{\mathrm{d}r}\right)^2 w = q/D \quad (3\text{-}24)$$

把它展开得

$$\frac{\mathrm{d}^4 w}{\mathrm{d}r^4} + \frac{2}{r}\frac{\mathrm{d}^3 w}{\mathrm{d}r^3} - \frac{1}{r^2}\frac{\mathrm{d}^2 w}{\mathrm{d}r^2} + \frac{1}{r^3}\frac{\mathrm{d}w}{\mathrm{d}r} = q/D \quad (3\text{-}25)$$

该方程的解为

$$w = C_1 \ln r + C_2 r^2 \ln r + C_3 r^2 + C_4 + \overline{W} \quad (3\text{-}26)$$

式中 $\overline{W}$ 为方程(3-25)的任一特解，可以根据载荷 q 的分布按式(3-25)的要求选择；C_1、C_2、C_3、C_4 是任意常数，决定于边界条件。

例如，对于均布载荷，q 为常量 q_0，式(3-25)的特解可取 $\overline{W} = \dfrac{q_0 r^4}{64D}$。如果板中心没有孔，在 $r = 0$ 处，w 应为有限值，且 $\dfrac{\mathrm{d}w}{\mathrm{d}r} = 0$，因此，式(3-26)中 C_1 和 C_2 必须都等于零。故有

$$w = C_3 r^2 + C_4 + \frac{q_0 r^4}{64D} \quad (3\text{-}27)$$

若半径为 a 的圆板，板边固定支持，则边界条件为

$$(w)_{r=a} = 0, \qquad \left(\frac{\mathrm{d}w}{\mathrm{d}r}\right)_{r=a} = 0$$

于是，由式(3-27)可求得

$$C_3 = -\frac{q_0 a^2}{32D}, \quad C_4 = \frac{q_0 a^4}{64D}$$

则挠度表达式为

$$w = \frac{q_0 a^4}{64D}\left(1 - \frac{r^2}{a^2}\right)^2$$

将挠度代入式(3-23)，得弯矩为

$$M_r = \frac{q_0 a^2}{16}\left[(1+\mu) - (3+\mu)\frac{r^2}{a^2}\right]$$

$$M_\theta = \frac{q_0 a^2}{16}\left[(1+\mu) - (1+3\mu)\frac{r^2}{a^2}\right]$$

最大挠度发生在板的中心处，其值为 $q_0 a^4/64D$。最大弯矩发生在板的边界处，其值为 $(M_r)_{r=a} = -q_0 a^2/8$。

若半径为 a 的圆板具有简支边，则边界条件为

$$(w)_{r=a} = 0, \quad (M_r)_{r=a} = -D\left(\frac{\mathrm{d}^2 w}{\mathrm{d}r^2} + \frac{\mu}{r}\frac{\mathrm{d}w}{\mathrm{d}r}\right)_{r=a} = 0$$

将式(3-27)代入，求得 C_3 和 C_4，再代回式(3-27)，得

$$w = \frac{q_0 a^4}{64D}\left(1 - \frac{r^2}{a^2}\right)\left(\frac{5+\mu}{1+\mu} - \frac{r^2}{a^2}\right)$$

将挠度代入式(3-23)，得弯矩为

$$M_r = \frac{q_0 a^2}{16}(3+\mu)\left(1 - \frac{r^2}{a^2}\right)$$

$$M_\theta = \frac{q_0 a^2}{16}\left[(3+\mu) - (1+3\mu)\frac{r^2}{a^2}\right]$$

最大挠度及最大弯矩均发生在板中心处，其值为

$$(w)_{r=0} = \frac{q_0 a^4}{64D}\left(\frac{5+\mu}{1+\mu}\right)$$

$$(M_r)_{r=0} = (M_\theta)_{r=0} = \frac{q_0 a^2}{16}(3+\mu)$$

对于具有中心圆孔的圆板，由孔边界和外圆边界各提供两个边界条件，确定式 (3-26)中的四个待定系数 C_1、C_2、C_3 和 C_4，求得板的挠度。

习　题

3-1　写出题 3-1 图示矩形薄板的边界条件。oA 边为简支边，并作用有分布的弯矩 $\overline{M}$ 。BC 边为固支边，oC 边为简支边，AB 边为自由边。

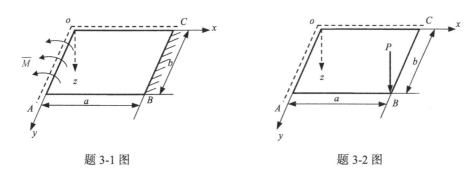

题 3-1 图　　　　　　　　　　　　　题 3-2 图

3-2　如题 3-2 图所示，矩形薄板 oA 边和 oC 边为简支边，AB 和 BC 为自由边，在点 B 受向下的横向集中力 P。试证 $w = mxy$ 可作为该薄板的解答，并确定常数 m、内力及边界处反力。

3-3　有一矩形薄板，边长为 a 和 b，若其挠度函数为 $w = cxy(a-x)(b-y)$，求该薄板承受什么样的载荷和边界支持条件。

3-4　四边简支正方形薄板，边长为 a，在板中点受横向载荷 P，试求最大挠度。

3-5　四边简支矩形薄板，边长为 a 和 b，受横向分布载荷 $q = q_0 \sin\dfrac{\pi x}{a} \sin\dfrac{\pi y}{b}$，试证挠度函数 $w = m \sin\dfrac{\pi x}{a} \sin\dfrac{\pi y}{b}$ 是该板的解，并求最大挠度、最大弯矩。

3-6　已知圆形薄板的挠度方程为 $w = C[(5+\mu)a^4 - 2(3+\mu)a^2 r^2 + (1+\mu)r^4]$，式中 a 是板的半径，C 是常数。试确定该挠度方程对应于怎样的边界条件和什么样的载荷，并求出板的弯矩方程式。

3-7　半径为 a 的圆形薄板，周边简支，在中心受集中载荷 P，试求薄板的挠度和内力。

3-8　半径为 a 的圆形薄板，周边固定，沿半径 $r = b(b<a)$ 的圆周受有均布线载荷，每单位长度上的集度为 q_0，试求此薄板的挠度表达式(提示：将板分为 $0 \leqslant r \leqslant b$ 和 $b \leqslant r \leqslant a$ 两部分，并利用 $r = b$ 圆周上的变形协调条件和内外力的平衡条件)。

3-9　半径为 a 的圆形薄板，周边简支，中心有连杆支座，在边界上受均布弯矩 M_0 作用，试求薄板的挠度和内力。

第**4**章

能 量 原 理

4.1 引 言

第 1 章建立了弹性力学的三类方程和两类边界条件，弹性力学问题的求解在数学上就是微分方程边值问题的求解。一般情况下，要求得弹性力学问题的精确解是十分困难的，有时甚至是不可能的。因此，常常应用能量原理将微分方程边值问题的求解转化为能量泛函的极值问题求解，可以证明两种方法在数学上是等价的。基于能量原理又发展了各种具有重要意义的近似解法，如里茨法、伽辽金法以及 20 世纪 50 年代以来迅速发展起来并在工程实践中获得广泛应用的有限单元法等。所以，能量原理在结构分析中占有十分重要的地位。

本章主要介绍弹性力学的能量原理，并将举例说明其应用。

4.2 应变能和余应变能

4.2.1 应变能

弹性体受载荷作用产生变形，外力对弹性体所做的功以变形能的形式储存在弹性体内，这种变形能通常称为应变能。

以一维问题为例。设有一等截面直拉杆如图 4-1(a) 所示，其横截面积为 f，长度为 l。在静力 P 作用下处于平衡，此时拉杆伸长为 u，截面上正应

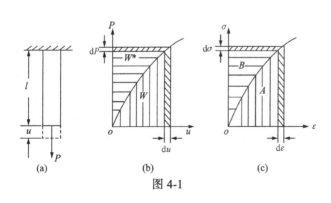

图 4-1

力为 $\sigma = P / f$。其力-位移曲线和材料的应力-应变曲线分别如图 4-1(b)和(c)所示。

外力 P 所做的**功**(work)为

$$W = \int_0^u P(u)\mathrm{d}u$$

显然,它等于力-位移曲线下面用垂直阴影线表示的那部分面积,如图 4-1(b)所示。因为 $P = \sigma f$,$u = \varepsilon l$,所以上式可化成

$$W = fl \int_0^\varepsilon \sigma \mathrm{d}\varepsilon \tag{4-1}$$

注意到 $\int_0^\varepsilon \sigma \mathrm{d}\varepsilon$ 是材料的应力-应变曲线下面用垂直阴影线表示的那部分面积,如图 4-1(c)所示,它代表单位体积弹性体内的应力 σ 在其应变 ε 上所做的功,我们定义它为弹性体的**应变能密度**(strain energy density),用 A 表示:

$$A = \int_0^\varepsilon \sigma \mathrm{d}\varepsilon \tag{4-2}$$

全杆的应变能用 U 表示,则

$$U = \int_V A\mathrm{d}V = fl \int_0^\varepsilon \sigma \mathrm{d}\varepsilon \tag{4-3}$$

比较式(4-1)和式(4-3),可得

$$W = U \tag{4-4}$$

该式表明:弹性体在外力作用下产生变形时,外力对弹性体所做的功等于弹性体的应变能。通常把式(4-4)称为功能原理。

对于线弹性系统,外力功和应变能密度表达式则可表示如下:

$$W = \frac{1}{2} Pu, \quad A = \frac{1}{2} \sigma \varepsilon$$

对于三维应力状态下的弹性体,在小变形情况下,六个应力分量在弹性体变形过程中只对其相应的应变做功,互不耦合。因而其应变能密度可以仿照单向应力状态下的表达式(4-2)叠加而得

$$A = \int_0^{\varepsilon_x} \sigma_x \mathrm{d}\varepsilon_x + \int_0^{\varepsilon_y} \sigma_y \mathrm{d}\varepsilon_y + \int_0^{\varepsilon_z} \sigma_z \mathrm{d}\varepsilon_z + \int_0^{\gamma_{yz}} \tau_{yz} \mathrm{d}\gamma_{yz} + \int_0^{\gamma_{zx}} \tau_{zx} \mathrm{d}\gamma_{zx} + \int_0^{\gamma_{xy}} \tau_{xy} \mathrm{d}\gamma_{xy} \tag{4-5}$$

对于线弹性系统,式(4-5)又可写成

$$A = \frac{1}{2}(\sigma_x \varepsilon_x + \sigma_y \varepsilon_y + \sigma_z \varepsilon_z + \tau_{yz} \gamma_{yz} + \tau_{zx} \gamma_{zx} + \tau_{xy} \gamma_{xy}) \tag{4-6a}$$

或写成矩阵形式

$$A = \frac{1}{2}\{\sigma\}^{\mathrm{T}}\{\varepsilon\} \tag{4-6b}$$

将应变能密度 A 对体积积分，可得弹性体的**应变能**(strain energy)：

$$U = \int_V A \mathrm{d}V \tag{4-7}$$

下面证明三维应力状态下线弹性体的功能原理。

设弹性体在体力 $\{X\}$ 和面力 $\{\overline{X}\}$ 作用下，产生的应力、应变和位移分别为 $\{\sigma\}$、$\{\varepsilon\}$ 和 $\{u\}$。则外力所做的功为

$$\begin{aligned}
W &= \frac{1}{2}\int_V \{X\}^{\mathrm{T}}\{u\}\mathrm{d}V + \frac{1}{2}\int_{S_p} \{\overline{X}\}^{\mathrm{T}}\{u\}\mathrm{d}S \\
&= \frac{1}{2}\int_V (Xu + Yv + Zw)\mathrm{d}V + \frac{1}{2}\int_S (\overline{X}u + \overline{Y}v + \overline{Z}w)\mathrm{d}S
\end{aligned} \tag{4-8}$$

将应力边界条件式(1-8)代入上式中的第二个积分，得

$$\begin{aligned}
\frac{1}{2}\int_S [\overline{X}u + \overline{Y}v + \overline{Z}w]\mathrm{d}S = \frac{1}{2}\int_S &[(\sigma_x u + \tau_{xy}v + \tau_{xz}w)l \\
&+ (\tau_{yx}u + \sigma_y v + \tau_{yz}w)m + (\tau_{zx}u + \tau_{zy}v + \sigma_z w)n]\mathrm{d}S
\end{aligned}$$

根据高斯公式

$$\int_S (Pl + Qm + Rn)\mathrm{d}S = \int_V \left(\frac{\partial P}{\partial x} + \frac{\partial Q}{\partial y} + \frac{\partial R}{\partial z} \right)\mathrm{d}V$$

上式可化为

$$\begin{aligned}
&\frac{1}{2}\int_S (\overline{X}u + \overline{Y}v + \overline{Z}w)\mathrm{d}S \\
&= \frac{1}{2}\int_V \left[\frac{\partial}{\partial x}(\sigma_x u + \tau_{xy}v + \tau_{xz}w) + \frac{\partial}{\partial y}(\tau_{yx}u + \sigma_y v + \tau_{yz}w) + \frac{\partial}{\partial z}(\tau_{zx}u + \tau_{zy}v + \sigma_z w) \right]\mathrm{d}V \\
&= \frac{1}{2}\int_V \left[\left(\frac{\partial \sigma_x}{\partial x} + \frac{\partial \tau_{yx}}{\partial y} + \frac{\partial \tau_{zx}}{\partial z} \right)u + \left(\frac{\partial \tau_{xy}}{\partial x} + \frac{\partial \sigma_y}{\partial y} + \frac{\partial \tau_{zy}}{\partial z} \right)v + \left(\frac{\partial \tau_{xz}}{\partial x} + \frac{\partial \tau_{yz}}{\partial y} + \frac{\partial \sigma_z}{\partial z} \right)w \right]\mathrm{d}V \\
&\quad + \frac{1}{2}\int_V \left[\sigma_x \frac{\partial u}{\partial x} + \sigma_y \frac{\partial v}{\partial y} + \sigma_z \frac{\partial w}{\partial z} + \tau_{yz}\left(\frac{\partial v}{\partial z} + \frac{\partial w}{\partial y} \right) + \tau_{zx}\left(\frac{\partial w}{\partial x} + \frac{\partial u}{\partial z} \right) + \tau_{xy}\left(\frac{\partial u}{\partial y} + \frac{\partial v}{\partial x} \right) \right]\mathrm{d}V
\end{aligned}$$

将上式代回式(4-8)，并利用平衡微分方程式(1-1)和几何方程式(1-3)，可得

$$W = \frac{1}{2}\int_V (\sigma_x \varepsilon_x + \sigma_y \varepsilon_y + \sigma_z \varepsilon_z + \tau_{yz}\gamma_{yz} + \tau_{zx}\gamma_{zx} + \tau_{xy}\gamma_{xy})\mathrm{d}V = \int_V A\mathrm{d}V = U$$

这就证明了三维应力状态下弹性体的功能原理。

4.2.2　余应变能

回到图 4-1，在力-位移曲线上面带有水平阴影线那部分面积所代表的功，称为**余功**(complementary work)。它是矩形面积内和功 W 互余的面积，以 W^* 表示。显然

$$W^* = \int_0^P u(P)\mathrm{d}P$$

注意到 $P = \sigma f$，$u = \varepsilon l$，代入上式，得

$$W^* = fl\int_0^\sigma \varepsilon\,\mathrm{d}\sigma \tag{4-9}$$

在应力-应变曲线上面带有水平阴影线那部分面积所代表的功，称为**余应变能密度**(complementary strain energy density)。它是矩形面积内和应变能密度 A 互余的面积，以 B 表示，显然

$$B = \int_0^\sigma \varepsilon\,\mathrm{d}\sigma \tag{4-10}$$

将式(4-10)对体积积分就得到整个弹性体的**余应变能**(complementary strain energy)，用 U^* 表示

$$U^* = \int_V B\mathrm{d}V \tag{4-11}$$

对于杆来说，其余应变能 U^* 可表示为

$$U^* = \int_V B\mathrm{d}V = fl\int_0^\sigma \varepsilon\,\mathrm{d}\sigma$$

比较上式和式(4-9)，可得

$$W^* = U^* \tag{4-12}$$

该式表明：余功等于弹性体的余应变能。

对于线弹性系统，功等于余功，即 $W = W^*$。应变能密度等于余应变能密度，即 $A = B$。

对于三维应力状态下的弹性体，余应变能密度为

$$B = \int_0^{\sigma_x} \varepsilon_x\,\mathrm{d}\sigma_x + \int_0^{\sigma_y} \varepsilon_y\,\mathrm{d}\sigma_y + \int_0^{\sigma_z} \varepsilon_z\,\mathrm{d}\sigma_z + \int_0^{\tau_{yz}} \gamma_{yz}\mathrm{d}\tau_{yz} + \int_0^{\tau_{zx}} \gamma_{zx}\mathrm{d}\tau_{zx} + \int_0^{\tau_{xy}} \gamma_{xy}\mathrm{d}\tau_{xy} \tag{4-13}$$

在线弹性系统中

$$B = \frac{1}{2}(\sigma_x\varepsilon_x + \sigma_y\varepsilon_y + \sigma_z\varepsilon_z + \tau_{yz}\gamma_{yz} + \tau_{zx}\gamma_{zx} + \tau_{xy}\gamma_{xy}) \tag{4-14a}$$

写成矩阵形式

$$B = \frac{1}{2}\{\varepsilon\}^{\mathrm{T}}\{\sigma\} \tag{4-14b}$$

可见 $A = B$。

由于应变能的自变量为应变，而余应变能的自变量为应力，利用物理方程式(1-6)或式(1-7)，可得

$$A = \frac{E}{2(1+\mu)}\left[\frac{\mu}{1-2\mu}(\varepsilon_x + \varepsilon_y + \varepsilon_z)^2 + (\varepsilon_x^2 + \varepsilon_y^2 + \varepsilon_z^2) + \frac{1}{2}(\gamma_{yz}^2 + \gamma_{zx}^2 + \gamma_{xy}^2)\right] \tag{4-15}$$

$$B = \frac{1}{2E}\left[(1+\mu)(\sigma_x^2 + \sigma_y^2 + \sigma_z^2 + 2\tau_{yz}^2 + 2\tau_{zx}^2 + 2\tau_{xy}^2) - \mu(\sigma_x + \sigma_y + \sigma_z)^2\right] \tag{4-16}$$

从中可得

$$\frac{\partial A}{\partial \varepsilon_x} = \sigma_x, \quad \frac{\partial A}{\partial \varepsilon_y} = \sigma_y, \quad \frac{\partial A}{\partial \varepsilon_z} = \sigma_z, \quad \frac{\partial A}{\partial \gamma_{yz}} = \tau_{yz}, \quad \frac{\partial A}{\partial \gamma_{zx}} = \tau_{zx}, \quad \frac{\partial A}{\partial \gamma_{xy}} = \tau_{xy} \tag{4-17}$$

和

$$\frac{\partial B}{\partial \sigma_x} = \varepsilon_x, \quad \frac{\partial B}{\partial \sigma_y} = \varepsilon_y, \quad \frac{\partial B}{\partial \sigma_z} = \varepsilon_z, \quad \frac{\partial B}{\partial \tau_{yz}} = \gamma_{yz}, \quad \frac{\partial B}{\partial \tau_{zx}} = \gamma_{zx}, \quad \frac{\partial B}{\partial \tau_{xy}} = \gamma_{xy} \tag{4-18}$$

式(4-17)和式(4-18)是物理方程的另一种表达形式。

4.3 虚位移原理和最小势能原理

4.3.1 虚位移原理

虚位移原理是力学中最基本而且应用最普遍的原理之一。它提供了求解平衡问题最一般的方法，这个原理可以应用于处在平衡状态中的任何系统，包括刚体、弹性体以及塑性体。本节主要讨论弹性体的虚位移原理。

弹性体在外力作用下将产生变形，内部各点必相应产生位移。这种由外力引起的真实位移称为实位移。外力在该真实位移上所做的功叫作实功，如式(4-1)所表示的 $W = \int_0^u P\mathrm{d}u$。

所谓**虚位移**(virtual displacement)，它是一种假想的、满足约束条件的、任意的微小位移。外力在虚位移上所做的功叫作**虚功**(virtual work)。若以 P 表示外力，以 δu 表示虚位移，则虚功 δW 可表示为 $\delta W = P\delta u$。

在弹性力学中，虚位移一般常取在系统的真实位移 u 的基础上再假设的微小位移 δu。δu 在物理上称虚位移，而在数学上称为位移 u 的一阶变分。

对于弹性体，凡是在域内满足几何方程（即满足变形协调方程）、在位移边界上满足位移边界条件的任何一种微小位移都可选作为虚位移。**虚位移原理**(principle of virtual displacement)应用到弹性系统时,可以这样来叙述:如弹性系统在外力作用下处于平衡状态,则当系统发生满足变形连续条件(即满足几何方程和位移边界条件)的、任意的、微小的虚位移时,系统中所有的外力和内力所做的虚功总和为零。

现在用三维弹性体来论证上述虚位移原理。

设弹性体在体力 $\{X\}$ 和面力 $\{\overline{X}\}$ 作用下处于平衡状态,则弹性体内的应力 $\{\sigma\}$ 与体力 $\{X\}$、面力 $\{\overline{X}\}$ 分别满足平衡微分方程式(1-1)和应力边界条件式(1-8)。假设弹性体在平衡状态下发生虚位移 $\{\delta u\}$ 及相应的虚应变 $\{\delta\varepsilon\}$。因为虚应变是由虚位移引起的,它们相互协调满足几何方程,于是有

$$\delta\varepsilon_x = \delta\frac{\partial u}{\partial x} = \frac{\partial \delta u}{\partial x}, \quad \delta\gamma_{yz} = \delta\left(\frac{\partial v}{\partial z} + \frac{\partial w}{\partial y}\right) = \frac{\partial \delta v}{\partial z} + \frac{\partial \delta w}{\partial y}$$

$$\delta\varepsilon_y = \delta\frac{\partial v}{\partial y} = \frac{\partial \delta v}{\partial y}, \quad \delta\gamma_{zx} = \delta\left(\frac{\partial w}{\partial x} + \frac{\partial u}{\partial z}\right) = \frac{\partial \delta w}{\partial x} + \frac{\partial \delta u}{\partial z} \tag{4-19}$$

$$\delta\varepsilon_z = \delta\frac{\partial w}{\partial z} = \frac{\partial \delta w}{\partial z}, \quad \delta\gamma_{xy} = \delta\left(\frac{\partial u}{\partial y} + \frac{\partial v}{\partial x}\right) = \frac{\partial \delta u}{\partial y} + \frac{\partial \delta v}{\partial x}$$

则外力在虚位移 $\{\delta u\}$ 所做的虚功 δW_E 为

$$\delta W_E = \int_V \{X\}^{\mathrm{T}} \{\delta u\} \mathrm{d}V + \int_{S_p} \{\overline{X}\}^{\mathrm{T}} \{\delta u\} \mathrm{d}S \tag{4-20}$$

由虚位移引起的内力虚功是指所有应力 $\{\sigma\}$ 在相应的虚应变 $\{\delta\varepsilon\}$ 上所做的虚功。因为在物体变形过程中内力总是抵抗变形的,其方向始终与位移方向相反,因而,内力所做的虚功总是负的。于是,内力虚功 δW_I 为

$$\delta W_I = -\int_V \{\sigma\}^{\mathrm{T}} \{\delta\varepsilon\} \mathrm{d}V \tag{4-21}$$

这样,弹性体发生虚位移时,外力和内力所做的虚功总和为

$$\delta W_E + \delta W_I = \int_V \{X\}^{\mathrm{T}} \{\delta u\} \mathrm{d}V + \int_{S_p} \{\overline{X}\}^{\mathrm{T}} \{\delta u\} \mathrm{d}S - \int_V \{\sigma\}^{\mathrm{T}} \{\delta\varepsilon\} \mathrm{d}V \tag{4-22}$$

应用式(4-19)关系式,等式(4-22)中右边最后一项可写成

$$\int_V \{\sigma\}^{\mathrm{T}} \{\delta\varepsilon\} \mathrm{d}V = \int_V \left[\sigma_x \frac{\partial \delta u}{\partial x} + \sigma_y \frac{\partial \delta v}{\partial y} + \sigma_z \frac{\partial \delta w}{\partial z} + \tau_{yz}\left(\frac{\partial \delta v}{\partial z} + \frac{\partial \delta w}{\partial y}\right) \right.$$
$$\left. + \tau_{zx}\left(\frac{\partial \delta w}{\partial x} + \frac{\partial \delta u}{\partial z}\right) + \tau_{xy}\left(\frac{\partial \delta u}{\partial y} + \frac{\partial \delta v}{\partial x}\right)\right] \mathrm{d}V \tag{4-23}$$

可将以上等式右端各项进行变换,例如其中第一项,有

$$\int_V \sigma_x \frac{\partial \delta u}{\partial x} \mathrm{d}V = \int_V \frac{\partial}{\partial x}(\sigma_x \delta u) \mathrm{d}V - \int_V \frac{\partial \sigma_x}{\partial x} \delta u \mathrm{d}V$$

经变换后,式(4-23)变换为

$$\int_V \{\sigma\}^{\mathrm{T}} \{\delta\varepsilon\} \mathrm{d}V = \int_V \left\{ \left[\frac{\partial(\sigma_x \delta u)}{\partial x} + \frac{\partial(\tau_{yx} \delta u)}{\partial y} + \frac{\partial(\tau_{zx} \delta u)}{\partial z} \right] + \left[\frac{\partial(\tau_{xy} \delta v)}{\partial x} + \frac{\partial(\sigma_y \delta v)}{\partial y} + \frac{\partial(\tau_{zy} \delta v)}{\partial z} \right] \right.$$

$$\left. + \left[\frac{\partial(\tau_{xz} \delta w)}{\partial x} + \frac{\partial(\tau_{yz} \delta w)}{\partial y} + \frac{\partial(\sigma_z \delta w)}{\partial z} \right] \right\} \mathrm{d}V - \int_V \left[\left(\frac{\partial \sigma_x}{\partial x} + \frac{\partial \tau_{yx}}{\partial y} + \frac{\partial \tau_{zx}}{\partial z} \right) \delta u \right.$$

$$\left. + \left(\frac{\partial \tau_{xy}}{\partial x} + \frac{\partial \sigma_y}{\partial y} + \frac{\partial \tau_{zy}}{\partial z} \right) \delta v + \left(\frac{\partial \tau_{xz}}{\partial x} + \frac{\partial \tau_{yz}}{\partial y} + \frac{\partial \sigma_z}{\partial z} \right) \delta w \right] \mathrm{d}V$$

$$(4\text{-}24)$$

再利用高斯公式对等式(4-24)右端的三个中括号积分进行变换，例如其中第一个，有

$$\int_V \left[\frac{\partial(\sigma_x \delta u)}{\partial x} + \frac{\partial(\tau_{yx} \delta u)}{\partial y} + \frac{\partial(\tau_{zx} \delta u)}{\partial z} \right] \mathrm{d}V = \int_S \left[\sigma_x l + \tau_{xy} m + \tau_{zx} n \right] \delta u \mathrm{d}S$$

因此，式(4-24)可变换为

$$\int_V \{\sigma\}^{\mathrm{T}} \{\delta\varepsilon\} \mathrm{d}V$$

$$= \int_S [(\sigma_x l + \tau_{yx} m + \tau_{zx} n)\delta u + (\tau_{xy} l + \sigma_y m + \tau_{zy} n)\delta v + (\tau_{xz} l + \tau_{yz} m + \sigma_z n)\delta w] \mathrm{d}S$$

$$- \int_V \left[\left(\frac{\partial \sigma_x}{\partial x} + \frac{\partial \tau_{yx}}{\partial y} + \frac{\partial \tau_{zx}}{\partial z} \right) \delta u + \left(\frac{\partial \tau_{xy}}{\partial x} + \frac{\partial \sigma_y}{\partial y} + \frac{\partial \tau_{zy}}{\partial z} \right) \delta v + \left(\frac{\partial \tau_{xz}}{\partial x} + \frac{\partial \tau_{yz}}{\partial y} + \frac{\partial \sigma_z}{\partial z} \right) \delta w \right] \mathrm{d}V$$

将上式代回式(4-22)，由于在位移边界上位移的变分等于零，进行整理可得

$$\delta W_E + \delta W_I = \int_V \left\{ \left[\frac{\partial \sigma_x}{\partial x} + \frac{\partial \tau_{yx}}{\partial y} + \frac{\partial \tau_{zx}}{\partial z} + X \right] \delta u + \left[\frac{\partial \tau_{xy}}{\partial x} + \frac{\partial \sigma_y}{\partial y} + \frac{\partial \tau_{zy}}{\partial z} + Y \right] \delta v \right.$$

$$\left. + \left[\frac{\partial \tau_{xz}}{\partial x} + \frac{\partial \tau_{yz}}{\partial y} + \frac{\partial \sigma_z}{\partial z} + Z \right] \delta w \right\} \mathrm{d}V + \int_{S_p} \left\{ [\bar{X} - (\sigma_x l + \tau_{yx} m + \tau_{zx} n)] \delta u \right.$$

$$\left. + [\bar{Y} - (\tau_{xy} l + \sigma_y m + \tau_{zy} n)] \delta v + [\bar{Z} - (\tau_{xz} l + \tau_{yz} m + \sigma_z n)] \delta w \right\} \mathrm{d}S \qquad (4\text{-}25)$$

如果弹性体处于平衡，则在弹性体内必然满足平衡微分方程式(1-1)，在应力边界上必然满足应力边界条件式(1-8)，把这两组方程代入上式，得式(4-25)恒等于零，即

$$\delta W_E + \delta W_I = 0 \qquad (4\text{-}26)$$

以上证明了：弹性体在外力作用下处于平衡状态时，则弹性体上的外力和内力在虚位移上所做的虚功总和为零。这就是说，虚位移原理是弹性体处于平衡的必要条件。反之，如果作用于弹性体的外力和内力在虚位移上所做的虚功总和为零，由于虚位移 δu、δv、δw 是任意的，要使式(4-25)等于零成立，式中各个方括号内的式子必须全部为零。这样，便得到了平衡微分方程和应力边界条件。这又证明了：外力和内力所

做的虚功总和为零是物体处于平衡的充分条件。因此，虚位移原理是弹性体平衡条件的充要条件，即两者是等价的。

根据式(4-26)，式(4-22)又可表示为

$$\int_V \{X\}^T \{\delta u\}dV + \int_{S_p} \{\bar{X}\}^T \{\delta u\}dS = \int_V \{\sigma\}^T \{\delta\varepsilon\}dV \tag{4-27}$$

若外力虚功 δW_E 改为用 δW 表示，即

$$\delta W = \int_V \{X\}^T \{\delta u\}dV + \int_{S_p} \{\bar{X}\}^T \{\delta u\}dS \tag{4-28}$$

式(4-27)右边项是由虚应变引起的虚应变能，用 δU 表示，即

$$\delta U = \int_V \{\sigma\}^T \{\delta\varepsilon\}dV$$

因此，式(4-27)又可写为

$$\delta W = \delta U \tag{4-29}$$

式(4-29)是虚位移原理的又一表达形式。于是，虚位移原理又可这样叙述：如果一个弹性体在给定的外力作用下处于平衡，则对于在弹性体内满足几何方程在边界上满足位移约束条件的、任意的微小的虚位移，外力所做的虚功等于弹性体的虚应变能。

虚位移原理也称为**虚功原理**(principle of virtual work)。上述虚位移原理是基于线性弹性理论进行证明的，但它也适用于非线性弹性体。

4.3.2　最小势能原理

一般情况下，最小势能原理与虚位移原理是等价的，即与弹性力学的平衡条件是等价的。最小势能原理可由虚位移原理导出。

根据虚位移原理，已得出外力虚功等于虚应变能，即式(4-29)。现定义**外力势能** (external potential energy)为

$$V = -\left(\int_V \{X\}^T \{u\}dV + \int_{S_p} \{\bar{X}\}^T \{u\}dS \right) \tag{4-30}$$

根据虚位移的概念，系统在发生虚位移的过程中，外力与内力均保持不变，故计算外力势能时，$\{X\}$ 和 $\{\bar{X}\}$ 均视为常数，于是，外力势能的一阶变分为

$$\delta V = -\left(\int_V \{X\}^T \{\delta u\}dV + \int_{S_p} \{\bar{X}\}^T \{\delta u\}dS \right) \tag{4-31}$$

将式(4-31)与式(4-28)比较，显然有

$$\delta W = -\delta V \tag{4-32}$$

将式(4-32)代入式(4-29)，则得

$$\delta U + \delta V = 0$$

上式又可写成

$$\delta(U+V)=0 \tag{4-33}$$

定义弹性体的总势能是弹性体的应变能与外力势能之和，记为 Π，其表达式为

$$\Pi = U + V = \int_V A \mathrm{d}V - \int_V \{X\}^\mathrm{T}\{u\}\mathrm{d}V - \int_{S_p} \{\bar{X}\}^\mathrm{T}\{u\}\mathrm{d}S \tag{4-34}$$

总势能 Π 是一个泛函，它是位移函数的函数。这些位移函数 $\{u\}$ 是满足几何方程和位移边界条件的任意的单值连续函数。满足这种条件的位移函数称为泛函 Π 的容许函数。这样的容许函数可以有无穷多组，每一组容许函数都对应有 Π 的某一取值。但是，由式(4-33)表明：当弹性体在外力作用下处于平衡时，其总势能的一阶变分为零。从数学意义说，这表示总势能有驻值。因而，总势能原理可叙述为：在满足弹性体的几何方程和位移边界条件的所有容许的位移中，真实位移，即又满足弹性体的平衡微分方程和应力边界条件的位移必使弹性体的总势能有驻值；反之，如果某一容许位移状态能使弹性体总势能取驻值，则此容许位移一定是真实位移。进一步分析可知，当系统为稳定平衡时，其总势能为极小值。所以，总势能原理亦称**最小势能原理**(principle of minimum potential energy)。

4.4 虚力原理和最小余能原理

4.4.1 虚力原理

虚位移原理可以用来考察一组已满足变形协调条件的位移分量和应变分量是否满足平衡条件和如何才能满足平衡条件。**虚力原理**(principle of virtual force)是与虚位移原理互补的。虚力原理则是用来考察一组已满足平衡条件的应力分量是否满足变形协调条件和如何才能满足变形协调条件。

所谓**虚力**(virtual force)，它是一种假想的、满足平衡微分方程和应力边界条件的、任意的微小力。虚力在弹性体真实位移所做的功称为**虚余功**(complementary virtual work)。

下面用三维弹性体来论证虚力原理。

设弹性体处于变形协调状态，此时，弹性体中的位移 $\{u\}$、相应的应变 $\{\varepsilon\}$ 满足几何方程式(1-3)和位移边界条件式(1-5)。假设弹性体存在一个虚力状态，即虚外力 $\{\delta X\}$、$\{\delta \bar{X}\}$ 和虚应力 $\{\delta\sigma\}$ 在弹性体域内都满足平衡微分方程，在边界上都满足应力边界条件，可得

在弹性体域内

$$\frac{\partial \delta\sigma_x}{\partial x} + \frac{\partial \delta\tau_{yx}}{\partial y} + \frac{\partial \delta\tau_{zx}}{\partial z} + \delta X = 0$$

$$\frac{\partial \delta\tau_{xy}}{\partial x} + \frac{\partial \delta\sigma_y}{\partial y} + \frac{\partial \delta\tau_{zy}}{\partial z} + \delta Y = 0 \qquad (4\text{-}35)$$

$$\frac{\partial \delta\tau_{xz}}{\partial x} + \frac{\partial \delta\tau_{yz}}{\partial y} + \frac{\partial \delta\sigma_z}{\partial z} + \delta Z = 0$$

在应力边界 S_p 上

$$l\delta\sigma_x + m\delta\tau_{yx} + n\delta\tau_{zx} = \delta\overline{X}$$

$$l\delta\tau_{xy} + m\delta\sigma_y + n\delta\tau_{zy} = \delta\overline{Y} \qquad (4\text{-}36)$$

$$l\delta\tau_{xz} + m\delta\tau_{yz} + n\delta\sigma_z = \delta\overline{Z}$$

这样，如取满足平衡条件的 $\{\delta X\}$、$\{\delta\overline{X}\}$ 和相应的虚应力 $\{\delta\sigma\}$ 作为虚力状态，取满足变形协调条件的弹性体的真实位移 $\{u\}$ 和相应的真实应变 $\{\varepsilon\}$ 作为变形状态，则由虚外力引起的**虚余功**(complementary virtual work)为

$$\delta W_E^* = \int_V \{u\}^T \{\delta X\} dV + \int_{S_p} \{u\}^T \{\delta\overline{X}\} dS + \int_{S_u} \{\overline{u}\}^T \{\delta\overline{X}\} dS \qquad (4\text{-}37)$$

由虚内力引起的虚余功为

$$\delta W_I^* = -\int_V \{\varepsilon\}^T \{\delta\sigma\} dV \qquad (4\text{-}38)$$

虚外力和虚内力引起的虚余功的总和为

$$\delta W_E^* + \delta W_I^* = \int_V \{u\}^T \{\delta X\} dV + \int_{S_p} \{u\}^T \{\delta\overline{X}\} dS + \int_{S_u} \{\overline{u}\}^T \{\delta\overline{X}\} dS - \int_V \{\varepsilon\}^T \{\delta\sigma\} dV \quad (4\text{-}39)$$

把等式(4-39)右边第一项展开，并将式(4-35)代入，可得

$$\int_V \{u\}^T \{\delta X\} dV = -\int_V \left[\left(\frac{\partial \delta\sigma_x}{\partial x} + \frac{\partial \delta\tau_{yx}}{\partial y} + \frac{\partial \delta\tau_{zx}}{\partial z} \right) u + \left(\frac{\partial \delta\tau_{xy}}{\partial x} + \frac{\partial \delta\sigma_y}{\partial y} + \frac{\partial \delta\tau_{zy}}{\partial z} \right) v \right.$$

$$\left. + \left(\frac{\partial \delta\tau_{xz}}{\partial x} + \frac{\partial \delta\tau_{yz}}{\partial y} + \frac{\partial \delta\sigma_z}{\partial z} \right) w \right] dV \qquad (4\text{-}40)$$

对等式(4-40)右端中的各项进行变换，例如其中第一项，有

$$\int_V u \frac{\partial \delta\sigma_x}{\partial x} dV = \int_V \frac{\partial}{\partial x}(u\delta\sigma_x) dV - \int_V \frac{\partial u}{\partial x} \delta\sigma_x dV$$

则式(4-40)经变换整理后为

$$\int_V \{u\}^{\mathrm{T}} \{\delta X\} \mathrm{d}V = -\int_V \left\{ \left[\frac{\partial(\delta\sigma_x u)}{\partial x} + \frac{\partial(\delta\tau_{yx} u)}{\partial y} + \frac{\partial(\delta\tau_{zx} u)}{\partial z} \right] + \left[\frac{\partial(\delta\tau_{xy} v)}{\partial x} + \frac{\partial(\delta\sigma_y v)}{\partial y} + \frac{\partial(\delta\tau_{zy} v)}{\partial z} \right] \right.$$

$$\left. + \left[\frac{\partial(\delta\tau_{xz} w)}{\partial x} + \frac{\partial(\delta\tau_{yz} w)}{\partial y} + \frac{\partial(\delta\sigma_z w)}{\partial z} \right] \right\} \mathrm{d}V + \int_V \left[\frac{\partial u}{\partial x}\delta\sigma_x + \frac{\partial v}{\partial y}\delta\sigma_y + \frac{\partial w}{\partial z}\delta\sigma_z \right.$$

$$\left. + \left(\frac{\partial v}{\partial z} + \frac{\partial w}{\partial y} \right)\delta\tau_{yz} + \left(\frac{\partial w}{\partial x} + \frac{\partial u}{\partial z} \right)\delta\tau_{zx} + \left(\frac{\partial u}{\partial y} + \frac{\partial v}{\partial x} \right)\delta\tau_{xy} \right] \mathrm{d}V$$

$$(4\text{-}41)$$

再利用高斯公式对等式(4-41)右端第一个积分式中的三个中括号的积分进行变换，例如其中第一个，有

$$\int_V \left[\frac{\partial(\delta\sigma_x u)}{\partial x} + \frac{\partial(\delta\tau_{yx} u)}{\partial y} + \frac{\partial(\delta\tau_{zx} u)}{\partial z} \right] \mathrm{d}V = \int_S \left[\delta\sigma_x l + \delta\tau_{yx} m + \delta\tau_{zx} n \right] u \mathrm{d}S$$

则式(4-41)可变换为

$$\int_V \left[\frac{\partial u}{\partial x}\delta\sigma_x + \frac{\partial v}{\partial y}\delta\sigma_y + \frac{\partial w}{\partial z}\delta\sigma_z + \left(\frac{\partial v}{\partial z} + \frac{\partial w}{\partial y} \right)\delta\tau_{yz} + \left(\frac{\partial w}{\partial x} + \frac{\partial u}{\partial z} \right)\delta\tau_{zx} + \left(\frac{\partial u}{\partial y} + \frac{\partial v}{\partial x} \right)\delta\tau_{xy} \right] \mathrm{d}V$$

$$- \int_S [(l\delta\sigma_x + m\delta\tau_{yx} + n\delta\tau_{zx})u] + [(l\delta\tau_{xy} + m\delta\sigma_y + n\delta\tau_{zy})v] + [(l\delta\tau_{xz} + m\delta\tau_{yz} + n\delta\sigma_z)w]\mathrm{d}S$$

$$= \int_V \left[\frac{\partial u}{\partial x}\delta\sigma_x + \frac{\partial v}{\partial y}\delta\sigma_y + \frac{\partial w}{\partial z}\delta\sigma_z + \left(\frac{\partial v}{\partial z} + \frac{\partial w}{\partial y} \right)\delta\tau_{yz} + \left(\frac{\partial w}{\partial x} + \frac{\partial u}{\partial z} \right)\delta\tau_{zx} + \left(\frac{\partial u}{\partial y} + \frac{\partial v}{\partial x} \right)\delta\tau_{xy} \right] \mathrm{d}V$$

$$- \int_{S_p} \left(\delta\bar{X} u + \delta\bar{Y} v + \delta\bar{Z} w \right)\mathrm{d}S - \int_{S_u} \left(\delta\bar{X} u + \delta\bar{Y} v + \delta\bar{Z} w \right)\mathrm{d}S$$

将上式代入式(4-39)，经整理得到

$$\delta W_E^* + \delta W_I^* = -\int_V \left[\left(\varepsilon_x - \frac{\partial u}{\partial x} \right)\delta\sigma_x + \left(\varepsilon_y - \frac{\partial v}{\partial y} \right)\delta\sigma_y + \left(\varepsilon_z - \frac{\partial w}{\partial z} \right)\delta\sigma_z \right.$$

$$\left. + \left(\gamma_{yz} - \frac{\partial v}{\partial z} - \frac{\partial w}{\partial y} \right)\delta\tau_{yz} + \left(\gamma_{zx} - \frac{\partial w}{\partial x} - \frac{\partial u}{\partial z} \right)\delta\tau_{zx} + \left(\gamma_{xy} - \frac{\partial u}{\partial y} - \frac{\partial v}{\partial x} \right)\delta\tau_{xy} \right] \mathrm{d}V$$

$$- \int_{S_u} [(u - \bar{u})\delta\bar{X} + (v - \bar{v})\delta\bar{Y} + (w - \bar{w})\delta\bar{Z}]\mathrm{d}S$$

$$(4\text{-}42)$$

如果弹性体处于变形协调状态，则在弹性体内部必然满足几何方程式(1-3)，在位移边界上必然满足位移边界条件式(1-5)，故上式是恒等于零的，即

$$\delta W_E^* + \delta W_I^* = 0 \qquad\qquad (4\text{-}43)$$

这就是**虚力原理**(principle of virtual force)。该原理说明：如果弹性体的变形处于变形协调状态，则对于满足平衡微分方程和应力边界条件的任意的、微小的虚力和相应的虚应力在真实位移(即满足变形协调条件)上所做的虚余功的总和必为零。这就是说，虚力原理是弹性体处于变形协调状态的必要条件。

反之，如果对于满足平衡微分方程和应力边界条件的虚力和相应的虚应力，在某个变形状态上所做的余虚功之和为零，由于虚应力和相应的虚力是任意的，要使式(4-42)等于零成立，则式(4-42)中圆括号内的式子必须全部为零。这样，便得到了弹性体域内的几何方程和位移边界上的位移边界条件，也就是说该变形状态是满足变形协调条件的。所以虚力原理是弹性体处于变形协调状态的充分条件。

以上证明：虚力原理与弹性力学的变形协调条件(包括几何方程和位移边界条件)等价。这也就是说：虚力原理是弹性体变形协调条件的充要条件。

式(4-38)也可看作是由虚应力引起的虚余应变能，用 δU^* 表示

$$\delta U^* = \int_V \{\varepsilon\}^{\mathrm{T}} \{\delta\sigma\} \mathrm{d}V$$

所以，有 $\delta W_I^* = -\delta U^*$。因此式(4-43)又可写为

$$\delta W_E^* = \delta U^* \tag{4-44}$$

于是，虚力原理又可这样叙述：如果弹性体处于变形协调状态，则对于满足平衡微分方程和应力边界条件的任意的虚力和相应的虚应力，虚力的虚余功必等于弹性体的虚余应变能。

虚力原理又称作**虚余功原理**(principle of complementary virtual work)或虚应力原理。

4.4.2 最小余能原理

一般情况下，最小余能原理与虚力原理是等价的，也即与弹性体的变形协调条件是等价的。最小余能原理可由虚力原理导出。

如果弹性体的虚力状态是假设为弹性体原来平衡状态的体力、面力和应力的一阶变分，由于体力以及应力边界上的面力都是给定的，因此，其一阶变分 $\{\delta X\} = \{0\}$，$\{\delta \overline{X}\} = \{0\}$，则式(4-37)所示的外力虚余功等式右边前两项都为零，则外力虚余功的表达式变为

$$\delta W_E^* = \int_{S_u} \{\overline{u}\}^{\mathrm{T}} \{\delta \overline{X}\} \mathrm{d}S \tag{4-45}$$

现定义**外力余能**(complementary external potential energy) V^* 为

$$V^* = -\int_{S_u} \{\overline{u}\}^{\mathrm{T}} \{\overline{X}\} \mathrm{d}S \tag{4-46}$$

于是，外力余能的一阶变分为

$$\delta V^* = -\int_{S_u} \{\overline{u}\}^T \{\delta \overline{X}\} \mathrm{d}S \tag{4-47}$$

式(4-47)与式(4-45)比较，有

$$\delta W_E^* = -\delta V^* \tag{4-48}$$

将式(4-48)代入式(4-44)，则得

$$\delta U^* + \delta V^* = 0 \tag{4-49}$$

上式又可写成

$$\delta \left(U^* + V^* \right) = 0 \tag{4-50}$$

定义弹性体的总余能为弹性体的余应变能与外力余能之和，记为 Π^*，其表达式为

$$\Pi^* = U^* + V^* = \int_V B \mathrm{d}V - \int_{S_u} \{\overline{u}\}^T \{\overline{X}\} \mathrm{d}S \tag{4-51}$$

总余能 Π^* 是应力分量函数的泛函，其中应力分量是满足平衡微分方程和应力边界条件的任意单值连续函数。满足这种条件的应力函数称为泛函 Π^* 的容许函数。仅满足平衡条件的这样的容许函数有无穷多组。对于每一组容许函数都对应有 Π^* 的某一取值。由式(4-50)表明：当平衡的弹性体处于协调的变形状态时，将使系统总余能的一阶变分等于零，总余能有驻值。因此，总余能原理可以这样叙述：在弹性体内满足平衡微分方程，在应力边界上满足应力边界条件的所有容许的应力状态中，只有满足变形协调条件(即满足几何方程和位移边界条件)的应力才是真实的应力状态，必使其总余能为极值；反之，如果某一容许的应力状态能使弹性体的总余能取极值，则此应力状态一定是真实的应力状态。总余能原理亦称**最小余能原理**(principle of minimum complementary potential energy)。

在通常情况下，在位移边界 S_u 上，给定的位移 $\overline{u} = \overline{v} = \overline{w} = 0$，则外力余能 $V^* = 0$，这时式(4-50)变为

$$\delta U^* = 0 \tag{4-52}$$

式(4-52)是最小余应变能原理。由于线弹性系统 $U^* = U$，故上式也可写成

$$\delta U = 0 \tag{4-53}$$

故也有人称它为最小应变能原理。

4.5　能量原理在结构分析中的应用

在本章的引言中曾经指出：求解满足边界条件的微分方程组的弹性力学问题，也

可以应用能量原理把它转化为求解能量泛函的极值问题。本节将通过实例来说明最小势能原理和最小余能原理在结构分析中的应用。主要介绍应用能量原理的两种常用近似解法：里茨法和伽辽金法。

4.5.1 里茨法

里茨(Ritz)法解题的基本思路如下(以最小势能原理的应用为例)：

(1) 首先，把位移函数用一组满足几何方程和位移边界条件且具有待定系数的函数序列来表示。例如设定

$$\begin{cases} u = \sum_{i=1}^{n} a_i \varphi_i \\ v = \sum_{i=1}^{n} b_i \psi_i \\ \cdots \end{cases} \tag{4-54}$$

式中 φ_i，ψ_i，$\cdots$ 分别为给定的使 u，v，$\cdots$ 能满足位移边界条件的函数，称为基函数。a_i，b_i，$\cdots$ 为与坐标无关的独立的待定系数。

(2) 将设定的近似函数 u，v，$\cdots$ 代入系统的总势能式中，经过必要的简单积分之后，系统的总势能则成为待定系数 a_i，b_i，$\cdots$ 的二次式。

(3) 由最小势能原理来确定这些待定系数，即寻找满足平衡条件的真实位移函数。因此，由多元函数的极值条件

$$\begin{cases} \dfrac{\partial \varPi}{\partial a_i} = 0 \\ \dfrac{\partial \varPi}{\partial b_i} = 0 \qquad (i = 1, 2, \cdots, n) \\ \cdots \end{cases} \tag{4-55}$$

即可得 $m \times n$ 个 $a_i, b_i, \cdots$ 的线性方程式。m 为设定基本变量 u，v，$\cdots$ 的个数。

(4) 求解上述方程组(4-55)，即可求得能使总势能取极值的 $m \times n$ 个待定系数 a_i，b_i，$\cdots$，将这些系数代回式(4-54)，即求得了弹性体位移函数的近似解，进一步可以求得弹性体的应力。

例 4-1 图 4-2(a)所示为左右对称的平面桁架，在节点 1 作用有向下的载

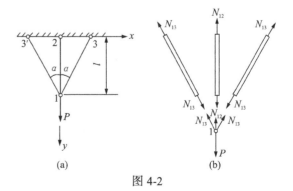

图 4-2

荷 P。设各杆材料和截面面积都相同，弹性系数为 E。截面面积为 f。试求各杆的内力和节点 1 的位移。

[解]

1. 用一般结构力学的方法求解

把各杆及节点 1 切出作分离体，如图 4-2(b)所示。设各杆的轴力分别为 N_{12} 和 N_{13}(对称)，杆的伸长量分别为 Δ_{12} 和 Δ_{13}，节点 1 在 y 轴方向的位移为 v_1。由于这是一个静不定问题，需要用到下列三个方程：

① 平衡方程——取节点 1 在 y 方向的平衡，得

$$N_{12} + 2N_{13}\cos\alpha = P \tag{a}$$

② 几何方程——桁架在变形过程中，在点 1 处三杆件彼此不分开，由此可得

$$\Delta_{12} = v_1, \quad \Delta_{13} = v_1\cos\alpha \tag{b}$$

从中消去 v_1，即得变形协调方程为

$$\Delta_{13} - \Delta_{12}\cos\alpha = 0 \tag{c}$$

③ 物理方程——设桁架在弹性范围内工作，则各杆轴力与伸长量之间关系为

$$N_{12} = \frac{Ef}{l}\Delta_{12}, \quad N_{13} = \frac{Ef}{l/\cos\alpha}\Delta_{13} \tag{d}$$

若以节点 1 的位移 v_1 作为基本未知量，把式(b)代入式(d)，得

$$N_{12} = \frac{Ef}{l}v_1, \quad N_{13} = \frac{Ef}{l}v_1 \cdot \cos^2\alpha \tag{e}$$

再把式(e)代入平衡方程(a)，即得

$$\frac{Ef}{l}v_1 + 2\frac{Ef}{l}v_1 \cdot \cos^3\alpha = P \tag{f}$$

求得

$$v_1 = \frac{Pl}{Ef(1 + 2\cos^3\alpha)}$$

将求得的 v_1 代入式(b)和式(e)，就可求出 Δ_{12}、Δ_{13} 和 N_{12}、N_{13}。

若以轴力 N_{12} 和 N_{13} 作为基本未知量，仅有平衡方程(a)不能求得轴力，必须考虑变形协调方程。由物理方程(d)得

$$\Delta_{12} = \frac{l}{Ef}N_{12}, \quad \Delta_{13} = \frac{l}{Ef\cos\alpha}N_{13} \tag{g}$$

把上式代入协调方程(c)，得

$$\frac{N_{12}l}{Ef} - \frac{N_{13}l}{Ef\cos^2\alpha} = 0 \tag{h}$$

联立求解式(a)和式(h), 即得

$$\begin{cases} N_{12} = \dfrac{P}{1 + 2\cos^3\alpha} \\ N_{13} = \dfrac{P\cos^2\alpha}{1 + 2\cos^3\alpha} \end{cases} \tag{i}$$

然后由式(g)和式(b)可求得 Δ_{12}、Δ_{13} 和 v_1。

2．用最小势能原理求解

三根杆一端的位移都为零, 一端自由。如果取杆固定端指向自由端的方向为 x 轴, 以杆自由端的节点位移 Δ_i 为待定系数, 容易得到杆的位移场: $u(x) = \dfrac{\Delta_i}{l_i}x$。

使用关系式(b), 将应变能和外力势能都表示为位移 v_1 的函数。

桁架的应变能

$$U = \sum \frac{Ef_i\Delta_i^2}{2l_i} = \frac{Ef}{2l}\Delta_{12}^2 + 2\cdot\frac{Ef}{2l/\cos\alpha}\Delta_{13}^2 = \frac{Ef}{2l}(1 + 2\cos^3\alpha)v_1^2 \tag{j}$$

外力 P 的势能为

$$V = -Pv_1 \tag{k}$$

于是, 桁架的总势能为

$$\varPi = U + V = \frac{Ef}{2l}(1 + 2\cos^3\alpha)v_1^2 - Pv_1 \tag{l}$$

由最小势能原理, 总势能的一阶变分为零, 得

$$\frac{\partial\varPi}{\partial v_1} = \frac{Ef}{l}(1 + 2\cos^3\alpha)v_1 - P = 0 \tag{m}$$

则

$$v_1 = \frac{Pl}{Ef(1 + 2\cos^3\alpha)}$$

其结果和前面相同。应当指出, 在写出总势能表达式(l)时, 只使用了几何方程、位移边界条件和物理方程, 并未使用到平衡条件, 由式(m)可以看出, 最小势能原理正好与平衡条件等价。

3．用最小余能原理求解

用最小余能原理求解, 需要假设应力场函数, 由于桁架的各个杆件为常内力杆,

不妨假设各杆的内力函数为常数 N_i。于是，可以写出系统的总余能，它由桁架的余应变能和外力余能两部分组成。

桁架的余应变能为

$$U^* = \sum \frac{N_i^2 l}{2Ef} = \frac{l}{2Ef}N_{12}^2 + 2 \cdot \frac{l}{2Ef\cos\alpha}N_{13}^2 \tag{n}$$

取 N_{12} 为多余约束内力，由平衡方程(a)求出

$$N_{13} = \frac{P - N_{12}}{2\cos\alpha} \tag{o}$$

代入式(n)，得

$$U^* = \frac{l}{2Ef}N_{12}^2 + \frac{l}{Ef\cos\alpha}\left(\frac{P - N_{12}}{2\cos\alpha}\right)^2 \tag{p}$$

桁架的外力余能——未知支反力处位移为零，故其余能为零。因此，结构的外力余能为零 $V^* = 0$。

故系统的总余能为

$$\Pi^* = U^* + V^* = U^*$$

由于 U^* 是 N_{12} 的函数，由最小余能原理得

$$\frac{\partial \Pi^*}{\partial N_{12}} = \frac{\partial U^*}{\partial N_{12}} = 0$$

即

$$\frac{l}{Ef}N_{12} - \frac{l}{Ef}\frac{P - N_{12}}{2\cos^3\alpha} = 0 \tag{q}$$

由此式可求得轴力 N_{12}，再由式(o)求得轴力 N_{13}。

同样应当指出：在写系统的总余能时，只用到了平衡条件，并未用到变形协调条件。显然，由最小余能原理得出的式(q)与变形协调方程式(h)是一致的。可见，最小余能原理与变形协调条件等价。

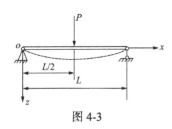

图 4-3

例 4-2 图 4-3 所示简支梁，在跨度中点作用有集中力 P。梁的抗弯刚度 EJ。试用里茨法求其挠度函数。

[解] 此梁两端的位移边界条件是当 $x = 0$ 和 $x = L$ 时，$w = 0$。故可取正弦函数作为基函数，即

$$w = \sum_{i=1}^{n} a_i \sin\frac{i\pi x}{L} \tag{a}$$

显然，它满足位移边界条件，a_i 为待定系数。

梁的应变能为

$$U = \frac{1}{2}EJ\int_0^L\left(\frac{\mathrm{d}^2w}{\mathrm{d}x^2}\right)^2\mathrm{d}x = \frac{1}{2}EJ\int_0^L\left[\sum_{i=1}^n a_i\left(\frac{i\pi}{L}\right)^2\sin\frac{i\pi x}{L}\right]^2\mathrm{d}x = \frac{EJ\pi^4}{2L^4}\int_0^L\left[\sum_{i=1}^n a_i i^2\sin\frac{i\pi x}{L}\right]^2\mathrm{d}x \quad\text{(b)}$$

注意到

$$\int_0^L \sin\frac{i\pi x}{L}\sin\frac{j\pi x}{L}\mathrm{d}x = \begin{cases} \dfrac{L}{2} & (i=j) \\ 0 & (i\neq j) \end{cases}$$

式(b)可简化为

$$U = \frac{\pi^4 EJ}{4L^3}\sum_{i=1}^n i^4 a_i^2 \quad\text{(c)}$$

梁的外力势能为

$$V = -Pw_{x=\frac{L}{2}} = -P(a_1 - a_3 + a_5 - a_7 + \cdots) = -P\sum_{i=1,3,5}^n (-1)^{\frac{i-1}{2}} a_i$$

梁的总势能为

$$\varPi = U + V = \frac{\pi^4 EJ}{4L^3}\sum_{i=1}^n i^4 a_i^2 - P\sum_{i=1,3,5}^n (-1)^{\frac{i-1}{2}} a_i \quad\text{(d)}$$

由最小势能原理 $\delta\varPi = 0$ 得

$$\begin{cases} \dfrac{\partial\varPi}{\partial a_1} = \dfrac{\pi^4 EJ}{2L^3}a_1 - P = 0 \\[2mm] \dfrac{\partial\varPi}{\partial a_2} = \dfrac{\pi^4 EJ}{2L^3}2^4 a_2 = 0 \\[2mm] \dfrac{\partial\varPi}{\partial a_3} = \dfrac{\pi^4 EJ}{2L^3}3^4 a_3 + P = 0 \\[2mm] \dfrac{\partial\varPi}{\partial a_4} = \dfrac{\pi^4 EJ}{2L^3}4^4 a_4 = 0 \\[2mm] \cdots \end{cases} \quad\text{(e)}$$

由上式解得

$$\begin{aligned} a_i &= (-1)^{\frac{i-1}{2}}\frac{2PL^3}{\pi^4 i^4 EJ} & (i\text{ 为奇数}) \\ a_i &= 0 & (i\text{ 为偶数}) \end{aligned} \quad\text{(f)}$$

最后求得挠度函数为

$$w = \frac{2PL^3}{\pi^4 EJ}\left(\sin\frac{\pi x}{L} - \frac{1}{3^4}\sin\frac{3\pi x}{L} + \frac{1}{5^4}\sin\frac{5\pi x}{L} - \cdots\right) \tag{g}$$

在上式中如仅取两项，则得

$$w = \frac{2PL^3}{\pi^4 EJ}\left(\sin\frac{\pi x}{L} - \frac{1}{3^4}\sin\frac{3\pi x}{L}\right) \tag{h}$$

将最后结果式(h)与我们熟知的精确解

$$w = \frac{PL^3}{48EJ}\left[3\frac{x}{L} - 4\left(\frac{x}{L}\right)^3\right] \qquad \left(0 \leqslant x \leqslant \frac{L}{2}\right) \tag{i}$$

相比较，对比结果见表 4-1。

表 4-1

	x/L	$\frac{1}{8}$	$\frac{1}{4}$	$\frac{3}{8}$	$\frac{1}{2}$
$\frac{EJ}{PL^3}w$	精确解(i)	0.007 650	0.014 32	0.019 04	0.020 83
	近似解(h)	0.007 828	0.014 34	0.019 07	0.020 78

在跨度中点处，挠度近似值的误差仅为 0.24%。

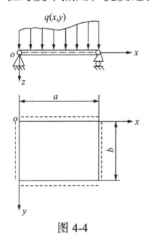

图 4-4

由上面例题可见，用里茨法求梁的挠度函数，不需要知道梁的弯曲微分方程，并且设定的挠度函数也不必满足力的边界条件。这是因为最小势能原理与平衡方程及应力边界条件是等价的。应用里茨法的关键在于基函数的选定。

例 4-3　图 4-4 所示为四边简支矩形板，受分布载荷 $q(x,y)$ 作用产生弯曲，试用里茨法求板的挠度。

[解]　在薄板的小挠度弯曲问题中，弹性体的弯曲应变能表达式为

$$U = \frac{1}{2}\int_V (\sigma_x \varepsilon_x + \sigma_y \varepsilon_y + \tau_{xy}\gamma_{xy})\mathrm{d}V \tag{a}$$

上式中的应力分量和应变分量用挠度表示：

$$\sigma_x = -\frac{Ez}{1-\mu^2}\left(\frac{\partial^2 w}{\partial x^2} + \mu\frac{\partial^2 w}{\partial y^2}\right), \quad \varepsilon_x = -z\frac{\partial^2 w}{\partial x^2}$$

$$\sigma_y = -\frac{Ez}{1-\mu^2}\left(\frac{\partial^2 w}{\partial y^2} + \mu\frac{\partial^2 w}{\partial x^2}\right), \quad \varepsilon_y = -z\frac{\partial^2 w}{\partial y^2}$$

$$\tau_{xy} = -\frac{Ez}{1+\mu}\frac{\partial^2 w}{\partial x\partial y}, \quad \gamma_{xy} = -2z\frac{\partial^2 w}{\partial x\partial y},$$

将它们代入式(a)，整理后得

$$U = \frac{E}{2(1-\mu^2)} \iiint z^2 \left\{ (\nabla^2 w)^2 - 2(1-\mu) \left[\frac{\partial^2 w}{\partial x^2} \frac{\partial^2 w}{\partial y^2} - \left(\frac{\partial^2 w}{\partial x \partial y} \right)^2 \right] \right\} \mathrm{d}x\mathrm{d}y\mathrm{d}z \tag{b}$$

注意上式大括号中各项都不随 z 变化，将式(b)右边对 z 积分，从$-t/2$ 到 $t/2$。对于等厚度薄板可得弯曲应变能表达式为

$$U = \frac{D}{2} \iint (\nabla^2 w)^2 \, \mathrm{d}x\mathrm{d}y - (1-\mu)D \iint \left[\frac{\partial^2 w}{\partial x^2} \frac{\partial^2 w}{\partial y^2} - \left(\frac{\partial^2 w}{\partial x \partial y} \right)^2 \right] \mathrm{d}x\mathrm{d}y \tag{4-56}$$

式中 $D = \dfrac{Et^3}{12(1-\mu^2)}$。

对于仅承受横向载荷 $q(x,y)$ 的薄板，其外力势能为

$$V = -\iint qw\mathrm{d}x\mathrm{d}y \tag{c}$$

因此矩形板的总势能可表达为

$$\Pi = \frac{D}{2} \iint \left\{ \left(\frac{\partial^2 w}{\partial x^2} + \frac{\partial^2 w}{\partial y^2} \right)^2 - 2(1-\mu) \left[\frac{\partial^2 w}{\partial x^2} \frac{\partial^2 w}{\partial y^2} - \left(\frac{\partial^2 w}{\partial x \partial y} \right)^2 \right] \right\} \mathrm{d}x\mathrm{d}y - \iint qw\mathrm{d}x\mathrm{d}y \tag{d}$$

对于四边简支或固支矩形板，其总势能可简化为

$$\Pi = \frac{D}{2} \iint \left(\frac{\partial^2 w}{\partial x^2} + \frac{\partial^2 w}{\partial y^2} \right)^2 \mathrm{d}x\mathrm{d}y - \iint qw\mathrm{d}x\mathrm{d}y \tag{4-57}$$

对于四边简支矩形板，可取满足位移边界条件并带有待定系数的双三角级数为挠度的容许函数

$$w = \sum_{m=1}^{\infty} \sum_{n=1}^{\infty} A_{mn} \sin\frac{m\pi x}{a} \sin\frac{n\pi y}{b}$$

将上式代入式(4-57)，得总势能表达式为

$$\Pi = \frac{\pi^4 abD}{8} \sum_{m=1}^{\infty} \sum_{n=1}^{\infty} A_{mn}^2 \left(\frac{m^2}{a^2} + \frac{n^2}{b^2} \right)^2 - \int_0^a \int_0^b q(x,y) \sum_{m=1}^{\infty} \sum_{n=1}^{\infty} A_{mn} \sin\frac{m\pi x}{a} \sin\frac{n\pi y}{b} \mathrm{d}x\mathrm{d}y$$

由总势能的一阶变分等于零得

$$\frac{\partial \Pi}{\partial A_{mn}} = 0$$

即

$$\frac{\pi^4 abD}{4} A_{mn} \left(\frac{m^2}{a^2} + \frac{n^2}{b^2} \right)^2 - \int_0^a \int_0^b q(x,y) \sin\frac{m\pi x}{a} \sin\frac{n\pi y}{b} \mathrm{d}x\mathrm{d}y = 0$$

从而求得系数

$$A_{mn} = \frac{4}{D\pi^4 ab\left(\dfrac{m^2}{a^2} + \dfrac{n^2}{b^2}\right)^2} \int_0^a \int_0^b q(x,y)\sin\frac{m\pi x}{a}\sin\frac{n\pi y}{b}\,\mathrm{d}x\mathrm{d}y$$

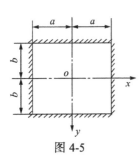

图 4-5

将系数 A_{mn} 代回假设的双三角级数，即得所求的挠度。在具体计算时取的项数越多，其结果越接近精确解。工程上只要取几项就可满足精度要求了。

例 4-4　图 4-5 所示为四边固支矩形薄板，受均布载荷 q_0 作用，试求该板的挠度。

[解]　对于四边固支矩形板，可选择挠度函数为

$$w = \sum_{m=1,3,5}^{\infty} \sum_{n=1,3,5}^{\infty} A_{mn}\left(1 + \cos\frac{m\pi x}{a}\right)\left(1 + \cos\frac{n\pi y}{b}\right)$$

该挠度函数具有待定系数 A_{mn}，而且又满足位移边界条件

$$\text{在 } x = \pm a \text{ 处，}\quad w = 0, \qquad \frac{\partial w}{\partial x} = 0$$

$$\text{在 } y = \pm b \text{ 处，}\quad w = 0, \qquad \frac{\partial w}{\partial y} = 0$$

若挠度函数只取一项，则 w 的近似表达式为

$$w = A_{11}\left(1 + \cos\frac{\pi x}{a}\right)\left(1 + \cos\frac{\pi y}{b}\right)$$

将上式代入板的总势能表达式(4-57)，得

$$\varPi = \frac{D}{2}A_{11}^2\pi^4 ab\left(\frac{3}{a^4} + \frac{3}{b^4} + \frac{2}{a^2 b^2}\right) - 4q_0 A_{11}ab$$

由总势能的一阶变分等于零，得

$$\frac{\partial \varPi}{\partial A_{11}} = DA_{11}\pi^4 ab\left(\frac{3}{a^4} + \frac{3}{b^4} + \frac{2}{a^2 b^2}\right) - 4q_0 ab = 0$$

则

$$A_{11} = \frac{4q_0 a^4}{D\pi^4\left(3 + 3\dfrac{a^4}{b^4} + 2\dfrac{a^2}{b^2}\right)}$$

将 A_{11} 代回前面假设的挠度表达式，得

$$w = \frac{4q_0 a^4}{D\pi^4\left(3 + 3\dfrac{a^4}{b^4} + 2\dfrac{a^2}{b^2}\right)}\left(1 + \cos\frac{\pi x}{a}\right)\left(1 + \cos\frac{\pi y}{b}\right)$$

对于正方形板，最大挠度发生在 $x=0$，$y=0$ 处，其值为

$$w_{max} = \frac{2q_0 a^4}{D\pi^4} = 0.0205\frac{q_0 a^4}{D}$$

比精确值 $0.0202q_0 a^4/D$ 只大 1.5%。

4.5.2 伽辽金法

伽辽金(В. Г. Галёркин)法是寻求微分方程近似解的一种方法。这种方法的理论基础是虚功原理。

应用伽辽金法通常要预先知道所研究问题的平衡微分方程。设它为

$$L(w) - f = 0 \tag{4-58}$$

式中 L 为某种微分运算；w 为位移函数；f 为已知函数。对梁而言，式(4-58)为

$$EJ\frac{\mathrm{d}^4 w}{\mathrm{d}x^4} - q = 0$$

(1) 选择一个满足边界条件(包括位移边界条件和应力边界条件)的级数函数来表示位移函数

$$w = \sum_{i=1}^{n} a_i \varphi_i \tag{4-59}$$

式中 a_i 为待定系数。

(2) 取挠度函数近似解式(4-59)的变分

$$\delta w = \sum_{i=1}^{n} \varphi_i \delta a_i \tag{4-60}$$

作为虚位移，由虚功原理得

$$\int_0^l [L(w) - f]\delta w \mathrm{d}x = 0 \tag{4-61}$$

将式(4-59)、式(4-60)代入式(4-61)得

$$\sum_{k=1}^{n} \int_0^l \left[L\left(\sum_{i=1}^{n} a_i \varphi_i\right) - f \right] \varphi_k \delta a_k \mathrm{d}x = 0 \tag{4-62}$$

由于变分 δa_k 的任意性，要使上式等于零，只有每个积分项都恒等于零时才成立，这样便可得到一组方程式

$$\int_0^l \left[L\left(\sum_{i=0}^n a_i \varphi_i \right) - f \right] \varphi_k \mathrm{d}x = 0 \qquad (k=1,2,\cdots,n) \tag{4-63}$$

式(4-63)称为伽辽金方程。将这些方程积分后，即可得 n 个包含待定常数 $a_i(i=1,2,\cdots,n)$ 的线性代数方程组。

(3) 联立求解上面线性代数方程组，即可确定常数 a_i，进而得到问题的近似解。

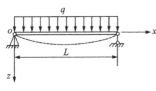

图 4-6

顺便指出，伽辽金方程式(4-63)中的基函数 φ_i 又可称为权函数。伽辽金方程就意味着在域内要求余值通过加权平均等于零。因而，伽辽金法是"权余法"的一种。

下面用一个简单例题来说明伽辽金法的应用。

例 4-5　图 4-6 表示一承受均布载荷 q 的简支梁。梁的抗弯刚度为 EJ。试用伽辽金法确定梁的挠度函数。

[解]　梁的平衡微分方程为

$$EJ \frac{\mathrm{d}^4 w}{\mathrm{d}x^4} - q = 0 \tag{a}$$

设挠度函数为

$$w = \sum_{i=1}^n a_i \sin \frac{i\pi x}{L} \tag{b}$$

显然它满足位移边界条件及应力边界条件：

$$\text{在 } x\text{=}0 \text{ 及 } x\text{=}L \text{ 处，} w\text{=}0, \quad \frac{\mathrm{d}^2 w}{\mathrm{d}x^2} = 0$$

将式(a)、式(b)代入伽辽金方程，可得 n 个方程

$$\int_0^L \left[EJ \left(\sum_{i=1}^n a_i \left(\frac{i\pi}{L} \right)^4 \sin \frac{i\pi x}{L} \right) - q \right] \sin \frac{k\pi x}{L} \mathrm{d}x = 0 \qquad (k=1,2,\cdots,n) \tag{c}$$

注意到

$$\int_0^L \sin \frac{i\pi x}{L} \sin \frac{k\pi x}{L} \mathrm{d}x = \begin{cases} \dfrac{L}{2} & (i=k) \\ 0 & (i \neq k) \end{cases}$$

式(c)积分后，可得

$$EJ \left(\frac{k\pi}{L} \right)^4 \frac{L}{2} a_k + \frac{qL}{k\pi}(\cos k\pi - 1) = 0 \qquad (k=1,2,\cdots,n)$$

于是解得

$$a_k = \frac{2qL^4(1-\cos k\pi)}{(k\pi)^5 EJ}$$

当 k 为偶数时，$a_k=0$；当 k 为奇数时，$a_k = \dfrac{4qL^4}{k^5\pi^5 EJ}$。

将 a_k 代回式(b)，得挠度函数为

$$w = \frac{4qL^4}{\pi^5 EJ} \sum_{k=1,3,5}^{n} \frac{1}{k^5} \sin\frac{k\pi x}{L}$$

在跨度中点 $(x = L/2)$ 处

$$w = w_{\text{max}} = \frac{4qL^4}{\pi^5 EJ}\left(1 - \frac{1}{3^5} + \frac{1}{5^5} - \cdots\right)$$

若仅取前两项，则得

$$w_{x=\frac{L}{2}} = 0.01307\frac{qL^4}{EJ}$$

和材料力学中的结果

$$w_{x=\frac{L}{2}} = \frac{5}{384}\frac{qL^4}{EJ}$$

相比，误差仅为 0.38%。

从上述例子可以看出，如果所研究问题的平衡微分方程能写出，通常用伽辽金法比较方便，它与能量的泛函无关。但是如果所研究问题的平衡方程不易写出，而能量的泛函容易列出时，则用里茨法比较适当。此外，伽辽金法与里茨法不同之处在于伽辽金法要求所选定的近似函数序列(基函数)要同时满足位移及应力边界条件。

习 题

4-1 写出下列线性弹性体的应变能和余应变能的表达式。(a)等轴力杆；(b)弯曲梁。

4-2 一种假想的材料遵循如下二维的应力-应变规律：

$$\varepsilon_x = \left(\sigma_x^2 - \mu\sigma_y\right)/E$$
$$\varepsilon_y = \left(\sigma_y^2 - \mu\sigma_x\right)/E$$
$$\gamma_{xy} = \tau_{xy}^2/G$$

式中 E、G 和 μ 是材料常数。导出用这种材料做成的二维物体的应变能密度。

4-3   试用最小势能原理或最小余能原理确定题4-3图所示平面桁架的节点 o 的位移和
      各杆内力。各杆材料相同，弹性常数为 E。载荷 $P_1 = 10^4$N，$P_2 = 5×10^3$N，各杆
      截面面积 $f_1 = 1.5$cm^2，$f_2 = \sqrt{2}$cm^2，$f_3 = 3$cm^2。

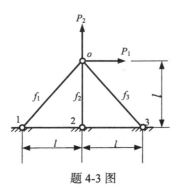

题 4-3 图

4-4   试用最小势能原理导出题 4-4 图所示承受均布载荷 q 的悬臂等截面梁的平衡方
      程式。

4-5   试用最小余能原理求解题 4-5 图所示圆框的弯矩表达式，并给出弯矩图。圆框的
      截面弯曲刚度为 EJ。

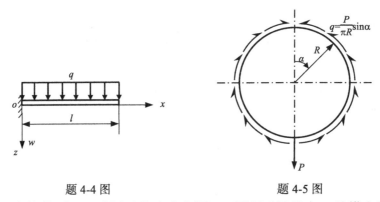

题 4-4 图   题 4-5 图

4-6   基于最小势能原理，试用里茨法确定题 4-6 图所示梁的点 A 处横向挠度。

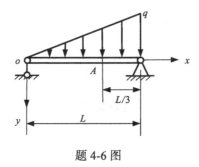

题 4-6 图

4-7 垂直平面内的正方形薄板，边长为 $2a$，四边固定，只受重力 ρg 作用，如题 4-7 图所示。设 $\mu=0$，试取位移分量的表达式为

$$u = \left(1-\frac{x^2}{a^2}\right)\left(1-\frac{y^2}{a^2}\right)\frac{x}{a}\frac{y}{a}\left(A_1 + A_2\frac{x^2}{a^2} + A_3\frac{y^2}{a^2} + \cdots\right)$$

$$v = \left(1-\frac{x^2}{a^2}\right)\left(1-\frac{y^2}{a^2}\right)\left(B_1 + B_2\frac{x^2}{a^2} + B_3\frac{y^2}{a^2} + \cdots\right)$$

用里茨法或伽辽金法求解。

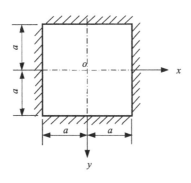

题 4-7 图

4-8 用里茨法求解如题 4-8 图所示受均布载荷作用双简支梁的最大挠度和最大弯矩，挠度函数选下列两种形式，比较其计算结果。

(a) $w(x) = a_1 \sin\dfrac{\pi x}{l}$;

(b) $w(x) = a_1 \sin\dfrac{\pi x}{l} + a_3 \sin\dfrac{3\pi x}{l}$ 。

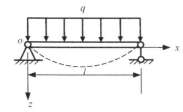

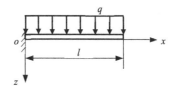

题 4-8 图　　　　　　　　题 4-9 图

4-9 用里茨法求解如题 4-9 图所示受均布载荷悬臂梁的挠度，挠度函数选下列两种形式，并比较两种计算所得的最大挠度。

(a) $w(x) = a_2 x^2 + a_3 x^3$;

(b) $w(x) = A\left(1 - \cos\dfrac{\pi x}{2l}\right)$ 。

第二篇　结　构　力　学

第**5**章

结构简化及组成分析

5.1 引　　言

　　飞行器结构常常是非常复杂的，一般来说，要应用第一篇阐述的弹性力学方法来求解是难以实现的。从另一方面来说，在飞行器研制的项目论证或方案设计初期，常常只需要满足一定精度要求的、简单方便的工程计算方法。所以，本章将阐述如何建立飞行器结构的简化计算模型，介绍简化计算模型的组成分析方法，并在第二篇的其他章节中阐述飞行器简化结构内力和弹性位移计算的力法基本原理和方法。

5.2　结构的简化计算模型

　　无论是从结构形式还是从受载方式来说，飞行器结构一般都是非常复杂的。在飞行器研制初期，要考虑所有的因素来计算飞行器结构的内力和变形几乎是不可能的，也是没有必要的，必须对真实结构进行简化。为此，需要把所有与结构计算有关的因素(结构承力、载荷、几何形状、连接关系等)加以分析，保留起主要作用的因素，略去次要因素，用理想化的受力系统来代替实际结构，从而得到适用于飞行器研制和设计初期所需的简化计算模型。

　　图 5-1(a)和图 5-1(b)分别为飞机机翼和机身典型结构件。从图可以看出，这些结构是由纵向骨架(机身的桁梁、桁条，机翼的梁、桁条)、横向骨架(机身的隔框，机翼的翼肋)和薄板(蒙皮、腹板)所组成，常常称为**薄壁结构**(thin-walled structures)。

　　这种结构各元件之间的连接是比较复杂的，在结构分析中既要保证能满足工程计算的精度要求，又要使计算简单方便。因而，需要根据结构件的主要受力特点，对元件的受力规律或受力形式做出一些假设，以便建立适用的计算模型，其简化假设如下所述。

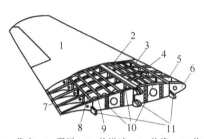

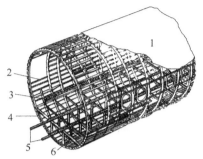

1. 蒙皮；2. 翼梁；3. 前纵墙；4. 前缘；5. 普
通翼助；6. 加强翼肋；7. 后缘；8. 后纵墙；
9. 桁条；10. 支柱；11. 与机身的对接接头

(a)

1. 蒙皮；2. 桁条；3. 桁梁；4. 隔框；
5. 地板纵梁；6. 地板横梁

(b)

图 5-1

5.2.1　受力系统的简化

(1) 结构的骨架是主要承力构件，在结构整体受力中承受轴力和弯矩，也即承受正应力，而略去蒙皮、腹板等的作用。并且骨架的翼梁(或桁梁)的上下缘条及桁条主要是以轴力的形式来承受或传递弯矩，可以略去缘条和桁条的局部弯曲作用，因而骨架的受力与桁架中杆的受力相同。

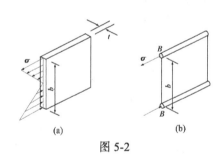

图 5-2

例如，如图 5-2(a)所示承受弯矩 M 的梁，梁端面上的应力分布如图 5-2(a)所示，梁端面的最大正应力可由公式 $\sigma = 6M/b^2 t$ 求得。由于主要由梁上下缘承受弯曲正应力，所以，可以将图 5-2(a)简化为图 5-2(b)所示的双缘条薄壁梁。设薄壁梁缘条的集中面积为 B，假设腹板只受剪应力，不受正应力，则缘条的正应力为 M/bB。当应力相等时，简化后薄壁梁缘条的面积 $B = bt/6$。

因而，如图 5-3(a)所示的机翼结构的一个典型剖面，认为剖面中的桁条和梁缘条承受正应力，而腹板和蒙皮不承受正应力，桁条和梁缘条都简化为承受轴力的杆。图5-3(a)的结构可以简化为 5-3(b)所示的杆板薄壁结构。

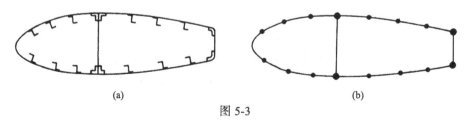

(a)

(b)

图 5-3

(2) 组成骨架的缘条、桁条只承受轴力，镶在骨架上的蒙皮和腹板只承受剪切力，并与周围的杆之间以剪力(剪流)相互作用，如图 5-4 所示。

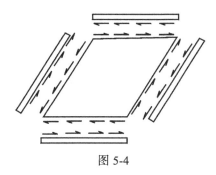

图 5-4

(3) 由于薄壁结构中所用的板，其厚度与长、宽的尺寸相比是很小的，故可设板截面中剪应力 τ 沿厚度 t 是均匀分布的，如图 5-5(a)所示。这样板截面上单位长度的剪力用 $q = \tau t$ 表示，式中 q 称为剪流。剪流的单位通常为 N/cm，如图 5-5(b)所示。

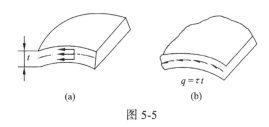

图 5-5

(4) 板截面上剪流的方向总是与截面中线的切线方向一致。这是因为假设外载荷只作用在节点上，因而板表面没有任何载荷作用，根据剪应力互等定律，垂直于截面中线的剪应力分量也就不存在，因此，剪流方向只可能与板截面中线的切线方向一致。

(5) 因为外载荷只有节点载荷，因此，在节点之间的每块板，作用在板边上的剪流沿板边长度不变，称常剪流(证明可见第 8 章)。这样，板的每个边只有一个未知剪流。

5.2.2　连接关系的简化

骨架中的主要承力构件都简化为承受轴力的杆，因此，可假设结构中骨架的交叉点是铰链的节点。

5.2.3　外载荷的简化

将分布的气动外载荷和惯性力等简化为作用于结构各节点上的等效节点力，忽略分布载荷引起的局部弯曲作用。

5.2.4　几何形状的简化

　　飞行器的外形是由曲线或曲面所组成。为了计算方便，可以用折线或若干平面来代替实际外形。例如，如图 5-6(a)所示的机翼，在略去受力不大的前后缘后，可以简化为如图 5-6(b)所示的由若干个盒式结构组成的简化模型。

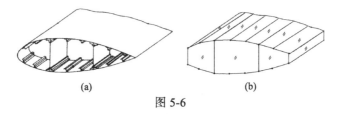

(a)　　　　　　　　　　　　　(b)

图 5-6

　　基于以上的假设，如图 5-1(a)所示的飞机机翼典型结构件就可以简化由杆、受剪板和节点组成的简化计算模型，常常称为**杆板薄壁结构**（truss-plate thin-walled structure），如图 5-7 所示。

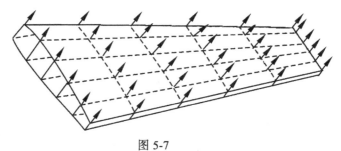

图 5-7

　　飞行器结构经简化后大致可分为桁架结构、刚架结构和杆板薄壁结构等杆系结构。桁架结构是指由直杆组成的，且各杆之间均以无摩擦的铰链相连接的受力系统。桁架只能承受节点载荷。刚架是指各杆之间用刚性连接的受力系统。所谓刚性，是指系统在变形过程中同一个节点处各杆之间的夹角保持不变。杆板薄壁结构是飞行器结构中广泛采用的一种结构形式，如机翼结构、机身结构、火箭和导弹结构等。

　　此外，还有由机械铣切或化学加工而成的整体结构，如现代飞行器翼面由于其强度和刚度要求较高，常常采用这种整体结构受力形式。此种飞行器翼面可简化为面板同时承受正应力和剪应力的变厚度薄壁结构计算模型。这种计算模型在第 8 章中将有阐述。

5.3　受剪板的平衡分析

　　杆板薄壁结构可看成是仅由受剪板、杆和节点所组成的受力系统。当结构在外载荷作用下处于平衡状态时，结构中的每个元件亦处于平衡状态。杆和节点的受力平衡大家比较熟悉，本节主要研究组成杆板薄壁结构的受剪板的平衡情况。

　　镶在飞行器薄壁结构中的板元件，按其平面形状，一般有三角形板、矩形板、平行四边形板和梯形板，如图 5-8 所示。至于任意四边形板和其他形状的板，比较少见，其平衡情况较为复杂，这里就不作介绍了。另一方面，如果按板的曲度，又可分为平板和曲板。当蒙皮的曲度较小时，亦可作平板处理。

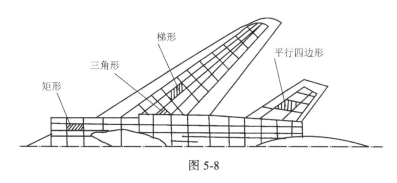

图 5-8

1. 三角形受剪板

　　把三角形板从薄壁结构中取出作分离体，作用在三角形板上的力只有和它相连的三个杆的作用剪流，而且每边的剪流为一常值。设 q_{12}、q_{23} 和 q_{31} 分别表示杆作用在板三边上的未知剪流，剪流指向由 q_{ij} 的脚码 ij 表示，即表示剪流由 i 指向 j，如图 5-9 所示。

　　三角板仅在 q_{12}、q_{23} 和 q_{31} 作用下平衡，分别以 1、2 和 3 为力矩中心建立平衡方程，易得三边的剪流 $q_{12}=q_{23}=q_{31}=0$。

　　由此可知，在杆板薄壁结构计算模型中，三角形板各边剪流均为零。这表明它在结构中是不受力的。这是因为铰接三角形骨架(杆)本身的刚度比三角形受剪板

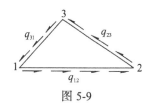

图 5-9

大得多，可以承受节点外力，而不可能以剪流形式传给三角形板。但是这个结论只是在板较薄而且采用了常剪流假设时才正确。如果壁板较厚，或者板周围又没有骨架加强的情况下，这时，板内除剪流外还将出现正应力，因而，板只受剪切的假设将不能采用，三角形板不受力的结论就不适用了。在实际的薄壁结构中，三角形板还起着传递气动力和增强刚性的作用。

2. 矩形受剪板

　　设矩形板四个边的未知剪流为 q_{21}、q_{23}、q_{41} 和 q_{43}，如图 5-10 所示。板在这四个剪流作用下处于平衡，则

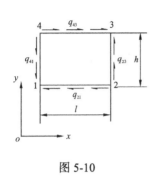

图 5-10

$$\Sigma X = 0 \qquad\qquad q_{21} = q_{43}$$
$$\Sigma Y = 0 \qquad 得 \qquad q_{23} = q_{41}$$
$$\Sigma M_1 = 0 \qquad\qquad q_{23} = q_{43}$$

故

$$q_{21} = q_{23} = q_{41} = q_{43} = q$$

由上式可知，矩形板四边剪流相等。一块常剪流矩形板只有一个独立未知的内力 q。剪流的方向在四个角点上箭头总是相对或相背，如图 5-10 所示。

3. 平行四边形受剪板

用平衡条件同样可以得到它的四边剪流也是相等的结论，即

$$q_{21} = q_{23} = q_{43} = q_{41} = q$$

所以一个平行四边形板也只有一个独立的未知内力，但是它与矩形板所不同的是，在垂直平行边的截面上还有正应力，如图 5-11 所示。

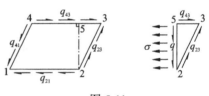

图 5-11

4. 梯形受剪板

梯形板如图 5-12 所示，也有四个未知剪流，设两底边剪流为 q_{41} 和 q_{23}，两腰边剪流为 q_{21} 和 q_{43}。

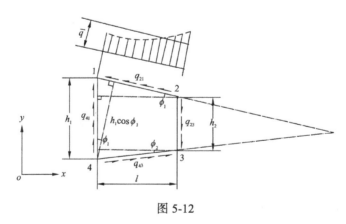

图 5-12

梯形板在四边剪流作用下处于平衡，由平衡条件

$$\Sigma F_x = 0, \qquad q_{21}\frac{l}{\cos\phi_1}\cos\phi_1 = q_{43}\frac{l}{\cos\phi_2}\cos\phi_2$$

得　$q_{21} = q_{43} = \bar{q}$

$$\Sigma M_4 = 0, \qquad q_{21}\frac{l}{\cos\phi_1}h_1\cos\phi_1 - q_{23}h_2 l = 0$$

得　$q_{23} = \bar{q}\dfrac{h_1}{h_2}$

$$\Sigma M_2 = 0, \qquad 得 \quad q_{41} = \bar{q}\frac{h_2}{h_1}$$

由此可知梯形板平衡时各边剪流的几个特点：

(1) 梯形板各边剪流是不等的。但四边的剪流都可用一个剪流 $\bar{q}$ 来表示，并且有

$$\bar{q} = \sqrt{q_{21}q_{43}} = \sqrt{q_{23}q_{41}}$$

$\bar{q}$ 称为梯形板的几何平均剪流，即等于两相对边剪流的几何平均值。因此，梯形板也只有一个独立的未知力。

(2) 梯形板两腰边上的剪流相等，等于几何平均剪流，即

$$q_{21} = q_{43} = \bar{q}$$

(3) 梯形板底边上的剪流不相等，底边剪流与几何平均剪流的关系是

$$q_{41} = \bar{q}\,h_2/h_1, \qquad q_{23} = \bar{q}\,h_1/h_2$$

(4) 梯形板剪流的方向，在四个角点上箭头总是相对或相背。

应当指出，梯形板两腰边上的剪流实际上并不是常值，我们用几何平均剪流来表示，其剪流分布如图 5-12 阴影线所示。因此，常剪流的假设对梯形板是近似的，当 ϕ 角较大时会引起较大的误差。

5. 曲板受剪板

如图 5-13 所示的四边形曲板。图 5-13(a) 为基面是矩形的曲板,图 5-13(b) 为基面是梯形的曲板。由平衡条件可知，它们的四边剪流关系与相对应的平板相同。因此，一块曲板也只有一个独立未知力 q。

为解题计算方便，下面将分析曲边上剪流合力的大小和作用线位置。图 5-14 所示为某一曲边，设曲边上剪流为 q，曲边的弦长为 h。

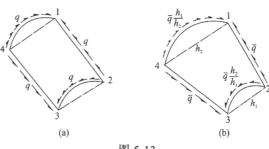

图 5-13

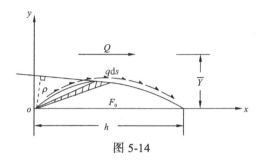

图 5-14

先求曲边剪流合力大小：在曲边上取一微段 ds，微段剪流合力为 qds，沿曲边切线方向。其水平分量为 qdx、垂直分量为 qdy，沿曲边积分，得

$$Q_x = \int q\mathrm{d}x = qh$$

$$Q_y = \int q\mathrm{d}y = 0$$

所以曲边剪流合力平行于弦线，指向与 q 的流向相同，剪流合力值为剪流与弦线长度的乘积，即 $Q = qh$。

再求曲边剪流合力 Q 作用线位置：设剪流合力 Q 的作用线与弦线的距离为 $\overline{Y}$，如图 5-14 所示。由于剪流 q 与其合力 Q 是等效的，对 o 点取力矩，得

$$Q\overline{Y} = \int_s \rho q\mathrm{d}s = q\int_s \rho\mathrm{d}s$$

式中 ρ 为微段 ds 的切线到矩心的垂直距离。ρds 为底边为 ds 的小三角形面积的两倍，如图 5-14 中阴影线所示，所以，积分 $\int_s\rho\mathrm{d}s$ 为曲边与弦线所围面积的两倍，用 Ω 表示：

$$\Omega = \int_s \rho\mathrm{d}s = 2F_0$$

所以

$$qh\overline{Y} = q\Omega \qquad 得 \qquad \overline{Y} = \frac{\Omega}{h}$$

所以，曲边剪流合力作用线位置在曲边周线外侧。

5.4　几何可变系统和几何不变系统

工程结构是用来承受和传递外载荷的。一个工程结构通常是由若干个构件用某种方法连接而成的。它在承受载荷作用时，各构件只允许发生材料的弹性变形，而不应发生构件间相对的机械运动。如图 5-15(a)所示的桁架结构，或如图 5-15(b)所示的杆板薄壁结构，如果不考虑弹性变形，系统也未发生破坏，则其几何形状与位置均保持不变，这样的系统，我们称之为几何不变系统。但是，对如图 5-15(c)所示的系统，在

载荷作用下，即使不考虑弹性变形，它的形状和位置也将改变，这样的系统，我们称之为几何可变系统，它是不能用来承受和传递外载荷的。所以，凡是工程结构必须是几何不变系统。

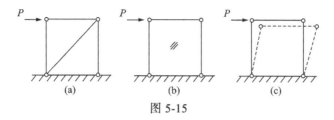

图 5-15

对系统进行几何组成分析的目的在于：判断该系统是否为几何不变系统，以决定其能否作为工程结构使用；研究并掌握几何不变系统的组成规则，以便合理安排构件，设计出合理的结构；根据系统的组成规则，确定结构的性质(静定系统还是静不定系统)，以便选用相应的计算方法。

5.5　几何不变性的分析

为了研究系统的几何不变性，可以引用"自由度"和"约束"的概念。将结构中的构件看成是具有自由度的自由体，而将构件间的连接点看成是约束装置(简称约束)；或者把连接点看成是自由体，而将构件看成是约束。在一个系统中，若没有足够的约束去消除自由度，则系统一定是几何可变的；假若有足够的约束去消除自由度，而构件安排又合理，则系统是几何不变的。

自由度——确定一物体在某一坐标系中的位置所需的独立参数的个数，称为该物体的自由度。例如：平面上一点具有两个自由度；空间一点具有三个自由度；一个平面刚性结点(看成有大小和形状的物体)具有三个自由度，即两个平动自由度和一个转动自由度；一个空间刚性结点具有六个自由度，即三个平动自由度和三个转动自由度；空间一杆(看成一根轴线)具有五个自由度。

约束——减少一物体自由度的装置，称为该物体的约束。

一个平面铰具有两个约束；一个空间铰具有三个约束。

一根两端带铰的杆具有一个约束。如图 5-16(a)所示的平面上任一点 A，本来有两个自由度 x_A、y_A。如果用一根两端带铰的杆把 A 点连接在坐标系原点上，点 A 就不能在平面内任意移动，而只能在杆端所画的圆周上运动，这时只要一个独立变量 α 就可确定它的位置，即只剩下一个自由度了。所以，一根两端带铰的平面杆具有一个约束。同理，一根两端带铰的空间杆也只具有一个约束。

一个平面刚结点具有三个约束。如图 5-16(b)所示，一个平面构件 m 具有三个自由度，若用一个平面刚结点连接于坐标系上，则构件 m 就没有自由度了。所以，一个平面刚结点具有三个约束。同理，一个空间刚结点具有六个约束。

矩形、平行四边形和梯形受剪板只有一个独立的未知内力，所以，在几何上相当于具有一个约束，而三角形受剪板不起约束作用。

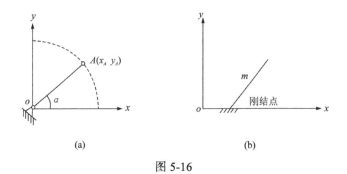

图 5-16

有了自由度和约束的概念，就可以用它来分析系统的几何组成。设系统的总自由度数为 N，总约束数为 C，则

(1) 若 $C < N$，约束不足，因而系统是几何可变系统。

(2) 若 $C = N$，且构件安排合理，系统的约束正好能完全消除自由度，则系统是具有最少必需约束的几何不变系统。

(3) 若 $C > N$，且构件安排合理，则系统为具有"多余约束"的几何不变系统。所谓"多余约束"是指消除系统全部自由度后所余下的约束。

可见，$C-N \geqslant 0$ 是组成几何不变系统的必要条件，而其充要条件还要考察系统的构件是否安排合理。

对于没有连接于基础的平面几何系统，系统总自由数应减去三个刚体自由度。因此，自由度数和约束数应符合下列关系：

(1) $C-(N-3)<0$，约束不足，因而系统是几何可变系统。

(2) $C-(N-3)=0$，且构件安排合理，则系统是具有最少必需约束的几何不变系统。

(3) $C-(N-3)>0$，且构件安排合理，则系统为具有"多余约束"的几何不变系统。

例 5-1 分析图 5-15(a)和(b)所示系统的几何不变性。

[解] 图 5-15(a)是平面桁架结构，可将节点看成具有自由度的自由体，把杆件看成约束。它用四根两端带铰链的杆(称为链杆)将两个自由节点连接到基础上，总自由度数 $N=2\times2=4$，总约束数 $C=4\times1=4$，所以，$C-N=0$。该系统的构件安排合理，因此，是具有最少必需约束的几何不变系统。

该系统亦可将杆件看成具有自由度的自由体，把铰链看成约束。在分析时注意区分单铰和复铰。连接两个构件的铰链称为单铰，连接多于两个构件的铰链称为复铰，一个连接 n 个构件的复铰相当于$(n-1)$个单铰。该系统有四根杆，每根杆在平面中有三个自由度，故总自由度数 $N = 3\times4 = 12$，两个单铰和两个复铰，每个单铰在平面中可提供两个约束，故总约束数 $C=2\times2+2\times2\times(3-1) = 12$。分析结果同上面的一样。

图 5-15(b)是平面杆板薄壁结构，同理可推得该系统的总自由度数等于总约束数，

并且构件安排合理，因此，是具有最少必需约束的几何不变系统。

在分析系统的几何不变性时，除了要满足 $C-N \geqslant 0$ 的必要条件外，还要考察系统中各构件安排是否合理。

如图 5-17 所示系统，从总体上看，该系统有 4 个自由节点和 8 根链杆。虽然满足几何不变的必要条件，但从局部 2-3-4-5 部分来看，它缺少一个约束，是几何可变的，而局部 1-2-5-6 部分，是具有一个多余约束的几何不变部分，整个系统约束安排不合理，仍不能作为可承受任意载荷的几何不变结构。

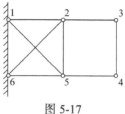

图 5-17

5.6　几何组成分析的基本规则

下面主要讨论平面几何不变系统的组成规则，这些基本规则是进行几何组成分析的基础。在进行几何组成分析之前先介绍几个名词。

刚片——几何形状不变的平面体，简称为刚片。在几何组成分析中，由于不考虑材料的弹性变形，每一杆件或每根梁都可以看作是一个刚片，基础也可看作是一个刚片，只要是几何不变系统都可以看作是一个刚片。

链杆——一根两端带铰链的杆件称为链杆。链杆可用于连接刚片。

虚铰——如果两个刚片用两根链杆连接，这两根链杆的作用和一个铰链的作用完全相同，由于两根链杆交点处没有真正的铰，故称其为虚铰。连接两个刚片的两根链杆相当于一个虚铰，虚铰的位置在这两根链杆的交点 o 处，如图 5-18(a)所示，或者虚铰的位置在这两根链杆延长线的交点 o 处，如图 5-18(b)所示。若连接两个刚片的两根链杆是平行的，也可以认为它们相当于一个虚铰，只不过虚铰的位置在无穷远处，如图 5-18(c)所示。

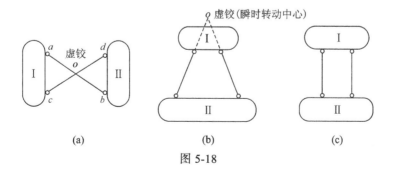

(a)　　　　　(b)　　　　　(c)

图 5-18

5.6.1　几何不变系统组成的几个基本规则

规则一：一个平面节点用两根不共线的链杆连接在支座上或一个刚片上，则所组成的系统是具有最少约束的几何不变系统，如图 5-19(a)所示。

平面铰接的三角形是一个最简单的平面几何不变系统，如图 5-19(b)所示。从支座或一个铰接三角形开始，每增加一个节点，用两根不共线的链杆连接，所形成的系统仍是具有最少约束的平面几何不变系统，如图 5-19(c)所示。由于平行四边形受剪板等同于一根杆，也具有一个约束，所以图 5-19(d)所示的杆板薄壁结构也是具有最少约束的平面几何不变系统。可以推论，用不在一平面的三根链杆将一个空间节点连接在基础上或一个刚体上，则所组成的系统是具有最少约束的空间几何不变系统，如图 5-19(e)所示。

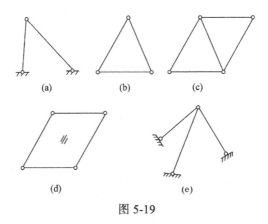

图 5-19

规则二：两个刚片用一个铰链和一根链杆连接，且链杆的轴线不通过那个铰链，则组成的系统是具有最少约束的几何不变系统。

如图 5-20(a)所示，杆件看成一个刚片，基础看成一个刚片，两刚片用一铰一根链杆连接，且链杆的轴线不通过那个铰链，该系统是具有最少约束的几何不变系统。如图 5-20(a)所示安装在物体侧边的铰常称为旁铰。

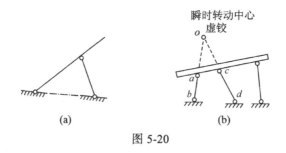

图 5-20

规则二也可以这样阐述：两个刚片用不全交于一点也不全平行的三根链杆连接，则组成的系统是具有最少约束的几何不变系统。如图 5-20(b)所示一个刚片由三根链杆与基础相连，ab 和 cd 两杆链杆的延长线交于点 o，是一个虚铰，另一根链杆的延长线不通过 o 点，所以所组成的系统是具有最少约束的几何不变系统。

规则三：三个刚片两两之间用一个铰链连接，三个铰链不在一直线上，则所组成的系统是具有最少约束的几何不变系统。

如图 5-21(a)所示，三个刚片用 A、B、C 三个铰两两相连，由于三个铰不在一直线上，则 AB、BC 和 CA 三直线便形成一个三角形，由几何学可知，所组成的三角形是唯一的，也就是说三个刚片之间无相对运动。因此，这样组成的系统是几何不变系统。

由于两根链杆的作用相当于一个单铰，故可将 A、B、C 三个铰看成分别由两根链杆所构成的虚铰，若此三个虚铰不在一直线上，所构成的系统也是几何不变的。如图 5-21(b)所示的系统也是具有最少约束的几何不变系统。

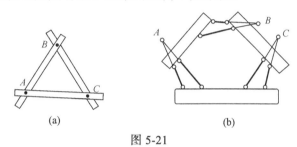

(a)   (b)

图 5-21

5.6.2 瞬变系统

如图 5-22(a)所示，刚片与基础之间用三根延长线交于一点 o 的链杆相连，此时刚片可绕 o 点有微小运动，但在发生微小运动后，三根杆就不再交于一点，刚片不能再运动，变为不变系统，这种可变系统发生微小位移后即成为不变的系统，称为瞬时可变系统或瞬变系统。如图 5-22(b)所示，刚片Ⅰ用互相平行但不等长的三根链杆与刚片Ⅱ(或基础)相连，刚片Ⅰ有微小的水平位移后，三杆不再平行，故这种系统也是瞬变系统。但如图 5-22(c)所示，刚片用三根链杆与基础相连，三个链杆交于刚片上的点 o，刚片可绕 o 点转动；图 5-22(d)所示，刚片用三根平行且等长的链杆与基础相连，刚片可以移动，显然，这样的系统都是几何可变系统。

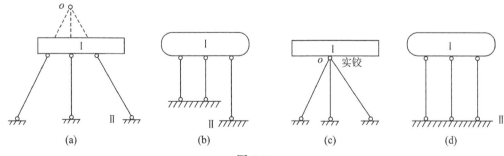

(a)   (b)   (c)   (d)

图 5-22

对照几何不变系统组成分析的三条规则，对于瞬变系统也有如下三条规则。

规则一：一个平面节点用两根共线的链杆连接在支座上或一个刚片上，则所组成的系统是瞬变系统系统。

规则二：两个刚片用一铰链和一根链杆连接，且链杆的轴线通过那个铰链，则组成的系统是瞬变系统系统。

规则三：三个刚片两两之间用一铰链连接，三个铰链在一直线上，则所组成的系统是瞬变系统系统。

图 5-23(a)所示杆 AC(刚片 I)、杆 CB(刚片 II)及基础(刚片 III)两两相连，三铰 A、B、C 在一直线上。此时 C 点位于以 AC、BC 为半径的两圆弧的公切线上，故在这一瞬时，C 点可沿此公切线做微小的移动，但在发生微小位移后，三铰就不再位于一条直线上了，因此这种系统是瞬变系统。

图 5-23

虽然瞬变系统只在某一瞬时产生微小位移，随即成为几何不变系统，但是，进一步考察其受力情况，可发现瞬变系统在受力时会产生显著的位移和相当大的内力。如图 5-23(b)所示一个平面点用两根共线的链杆连接，在 P 力作用下，C 点发生一垂直方向的微小位移到 C' 点，由节点 C 的平衡条件可得

$$\sum X = 0, \quad -N_1 \cos\theta + N_2 \cos\theta = 0$$

$$\sum Y = 0, \quad -P + N_1 \sin\theta + N_2 \sin\theta = 0$$

解得

$$N_1 = N_2 = \frac{P}{2\sin\theta}$$

因为 θ 为一很小的量，所以，杆件 AC 和 BC 内将产生相当大的内力，从而导致系统的破坏。

综合以上所述，系统可分为几何不变系统和几何可变系统。几何可变系统又分为常变系统和瞬变系统。工程结构只能采用几何不变系统。即使是瞬变系统，设计中也必须避免，因为它的力学性能很不好。

5.6.3　几何组成分析的举例

结构的几何组成分析主要依据以上所述的基本规则，由于常见的结构比较复杂，刚片数往往超过两个或三个，在具体分析时往往会发生困难，因此，可将所分析系统中某些部分符合上述规则的，先将它们合成一个大刚片，这样可减少系统的刚片数目，从而再根据以上基本规则进行几何组成分析。

例 5-2　试分析图 5-24(a)所示系统的几何组成。

[解]　分别将图 5-24(a)中构件 *AEC*、*BFD* 和基础视为刚片 Ⅰ、Ⅱ、Ⅲ，刚片 Ⅰ 和 Ⅲ 以铰 *A* 相连，刚片 Ⅱ 和 Ⅲ 以铰 *B* 相连，刚片 Ⅰ 和 Ⅱ 是以链杆 *CD* 和 *EF* 相连，两杆的交点 *o* 相当于一个虚铰，如图 5-24(b)所示，连接三刚片的三个铰不在一条直线上，该系统是平面几何不变的，且无多余约束。

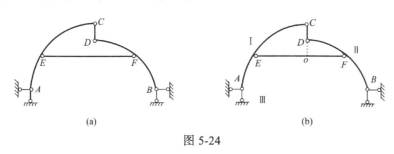

图 5-24

例 5-3　试分析图 5-25 所示系统的几何组成。

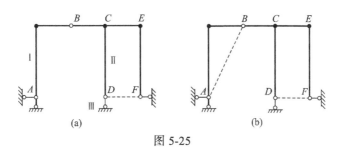

图 5-25

[解法 1]　如图 5-25(a)所示，将构件 *AB*、*BCDEF* 和基础视为刚片 Ⅰ、Ⅱ、Ⅲ，铰 *A* 连接刚片 Ⅰ 和Ⅲ，铰 *B* 连接刚片 Ⅱ 和Ⅲ，刚片 Ⅰ 和 Ⅱ 用两根链杆交于 *D* 点的虚铰相连，连接三刚片的三个铰不在一直线上，故该系统是平面几何不变的，且无多余约束。

[解法 2]　将 *BCDEF* 作为一个平面几何不变系统，而将构件 *AB* 看成一根链杆，如图 5-25(b)中用虚线 *AB* 表示，刚片 *BCDEF* 用不平行也不相交于一点的三根链杆连在基础上，故也能得到该系统是几何不变系统的结论。

例 5-4　试分析图 5-26 所示系统的几何组成。

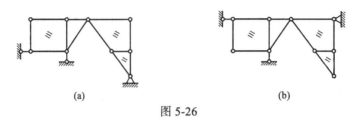

图 5-26

[解] 如图 5-26(a)所示结构，左边是桁架和杆板薄壁结构组成的形状为梯形的几何不变系统，可以视为刚片Ⅰ；右边是杆板薄壁结构组成的形状为三角形的几何不变系统，可以视为刚片Ⅱ；地面可视为刚片Ⅲ。刚片Ⅰ和刚片Ⅱ通过铰连接；刚片Ⅰ和刚片Ⅲ通过两根连杆构成的虚铰相连；刚片Ⅱ和Ⅲ通过铰连接。连接三刚片的三个铰不在一直线上，故该系统是平面几何不变的，且无多余约束。

同理可分析如图 5-26(b)所示结构，由连接三刚片的三个铰在一直线上，故该系统是瞬变系统。

5.7　静定结构和静不定结构

工程上用来承受和传递载荷的结构必须是几何不变系统，而结构又分为无多余约束的静定结构和具有多余约束的静不定(或超静定)结构。

具有最少必需约束(总约束数与总自由度数相等)的结构，称为静定结构。系统具有多余约束(总约束数多于总自由度数)的结构，称为静不定(或超静定)结构。其多余约束数称为静不定度数。

在结构分析求解结构内力时，一个约束表示有一个未知内力(或反力)；一个自由度表示可列出一个独立的平衡方程式。因此，对于静定结构而言，可列出的独立平衡方程式数正好等于结构的未知内力数，即只用平衡方程就可以求得结构的全部内力，而且解是唯一的。对于静不定结构，可列出的独立平衡方程式数少于结构的未知内力数，因而只用平衡方程式无法求得结构的全部内力，还必须补充变形协调方程才能求解。

5.8　平面杆板薄壁结构几何组成规则

平面杆板薄壁结构，是指结构中的板、杆和节点均在同一平面内，而且节点外力也作用在同一平面内的系统。

对于图 5-27 所示的平面杆板薄壁结构，在组成分析时可用斜杆代替四边形受剪板，然后按桁架那样进行分析，可知它们都是几何不变的静定系统。

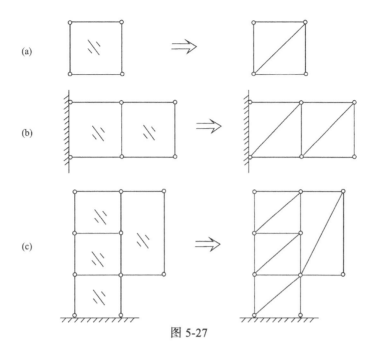

图 5-27

对于图 5-28 所示的平面杆板薄壁结构，在其内部出现有四根杆相交的"+"字形节点，而且该节点与周围四块板相邻，由上述组成法分析，可知它们是具有多余约束的几何不变的静不定结构。其静不定度等于内部"+"字形节点数。如图 5-28(a)具有一个"+"字形内节点，因此，它是一个具有 1 个多余约束的静不定结构，$K=1$。图 5-28(b)有两个"+"字形内节点，故 $K=2$，等等。由此，可得出结论：凡是内部没有"+"字形内节点的平面薄壁结构是静定的，如图 5-27 所示。凡是内部有"+"字形节点的平面薄壁结构是静不定结构，其静不定度 K 等于内部"+"字形节点数。

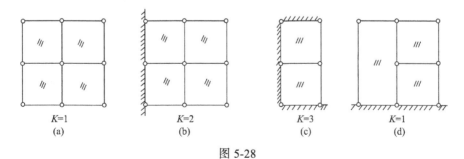

图 5-28

在飞行器结构上，由于使用和维护等方面的要求，在薄壁结构中常出现开洞的情况，如图 5-29(a)所示为中间开洞的机身隔框，其组成情况可用多种方法进行分析：

(1) 自由度和约束分析，这是一个没有支座连接的可移动的平面薄壁结构，共有 20 个自由节点，具有 40 个自由度，有 32 根杆和 8 块四边形板(三角形板不起约束作用)，共 40 个约束，静不定度为 $K=C-(N-3)=40-(40-3)=3$，所以，这是具有 3

个多余约束的静不定系统，静不定度 $K=3$。

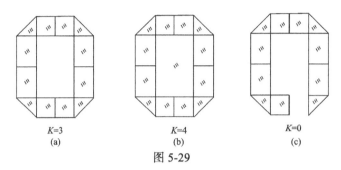

$K=3$ $K=4$ $K=0$
(a)   (b)   (c)

图 5-29

(2) 设想该结构在中间没有开孔，用一块四边形板补上，如图 5-29(b)所示，则系统具有 4 个内部"+"字形节点，即具有 4 个多余约束。但因中间开洞，应减去一个约束，因此，原系统只具有 3 个多余约束，静不定度 $K=3$。

(3) 假想去掉二杆和一块四边形板，如图 5-29(c)所示。由图可知，系统内部没有"+"字形节点，是静定的。因为原结构去掉了三个约束，所以原系统为具有 3 个多余约束的静不定系统。

由于分析静不定结构多余约束的方法有多种多样，但基本原理是一致的，在工程实际中应灵活应用。

5.9 空间杆板薄壁结构几何组成规则

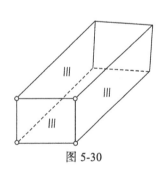

图 5-30

空间杆板薄壁结构的各元件并不都在同一个平面内，在空间任意方向的载荷作用下，它都应该是几何不变的。飞行器结构的大部分都是空间薄壁结构。

在研究空间薄壁结构的组成时，仍可将节点看成自由体，将杆和四边形板看成约束。这样，每个空间节点具有三个自由度，每根杆和每块四边形板相当于一个约束。例如图 5-30 所示为一个自由的六面镶有壁板的盒子，该系统有 8 个节点，自由度 $N = 3 \times 8 = 24$，有 12 根杆和 6 块四边形板，相当于有 18 个约束，由 $C-(N-6) = 18-(24-6) = 0$，满足了几何不变的必要条件。若将四边形板用斜杆代替其约束作用，根据空间桁架的组成规律，可判定其约束安排合理，因此，一个自由的六面体空间盒式薄壁结构是具有最少必需约束的几何不变的静定结构。

机身和机翼的计算模型通常简化为空间杆板薄壁结构，如图 5-31 所示。现在我们取一段来讨论其静定性。

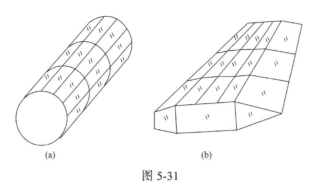

图 5-31

(1) 任一段中空可移动的杆板薄壁结构，如图 5-32(a)所示，它是由两个在自身平面内几何不变的端框和纵向杆件及曲边形薄板组成。它有 $2n$ 个节点，自由度数 $N = 3 \times 2n = 6n$。它有 n 个纵向杆和 n 块四边形板，具有 $2n$ 个约束。

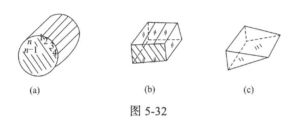

图 5-32

端框在其自身平面内是几何不变的，而在垂直于本身平面的方向上是不能受力的，因此，它只能在自身平面内起约束作用。如图 5-32(a)所示，端框上有 n 个节点，在未连接前，这 n 个节点在框平面内共有 $2n$ 个自由度。在连接到端框上之后，各节点相对于端框的位置就不能动了。这时它们只能随端框一起运动，而端框作为整体在平面内只有三个自由度，很显然，连接有 n 个节点的端框能具有的最少约束数应为 $(2n-3)$。2 个端框的约束就等于 $2(2n-3)$。因此，这个单段可移动的空间薄壁结构的自由度和约束为

$$N = 3 \times 2n = 6n$$
$$C = 2n + 2(2n - 3)$$
$$C - (N - 6) = 2n + 2(2n - 3) - (6n - 6) = 0$$

它满足了几何不变的必要条件。另一方面，从结构的组成来看，将每块纵向板看成一根斜杆，则没有一个节点是只用同一平面的杆连接的，所以，单段空心的自由结构是具有最少必需约束的几何不变系统，是静定的。图 5-32(b)、(c)亦是静定的。

(2) 假若这自由结构不是空心的，而是有内部纵向构件，如图 5-33 所示，有纵向隔板，因而系统就有多余约束，变成静不定系统，其静不定度数等于内部纵向隔板数，图 5-33(a)和(b)所示结构的静不定度数分别为 $K=1$ 和 $K=2$。

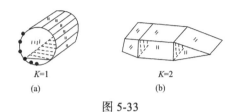

图 5-33

(3) 一端固定的单段空心薄壁结构，如图 5-34 所示。

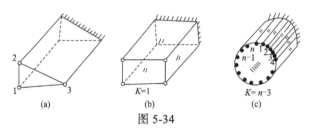

图 5-34

分析其组成时，可把节点看成自由体，而把纵向构件、纵向隔板及端框看成约束。图 5-34(a)有 3 个自由节点，有 $N = 3 \times 3 = 9$ 个自由度，有 3 根纵向杆、3 块纵向板以及一个端框(约束数为 $2n-3=3$)的约束，所以总约束数 $C=3+3+3=9$。显然 $C-N = 9-9 = 0$，系统为几何不变的静定系统。

图 5-34(b)有 4 个自由节点，有 $N = 3 \times 4 = 12$ 个自由度，有 4 根纵向杆、4 块纵向板以及一个端框，端框的约束数为 $2n-3 = 2 \times 4 - 3 = 5$，所以总约束数 $C = 4 + 4 + 5 = 13$，显然 $C-N = 13-12 = 1$，系统为具有一个多余约束的静不定系统。

图 5-34(c)有 n 个自由点，自由度数 $N = 3n$，有 n 个纵向杆、n 块纵向板和一个端框，端框的约束数为 $2n-3$，因此

$$C-N = (n+n+2n-3)-3n = n-3$$

系统为具有 $(n-3)$ 个多余约束的静不定系统，静不定度 $K = n-3$。

所以，当端框的节点数 $n > 3$ 时，为静不定的，如图 5-34(b)、(c)所示；当 $n = 3$ 时，系统为静定的，如图 5-34(a)所示。

应该注意，在上述分析中，只说明隔框在自身平面内是几何不变的，而没有涉及框本身的构造。我们分析系统的约束时，认为框只具有最少必需约束数。实际上，框在自身平面内也可能有多余约束。但是，横向的多余约束不能与纵向的多余约束互换。因此，上述分析多余约束的结论，都是指具有纵向多余约束而言。

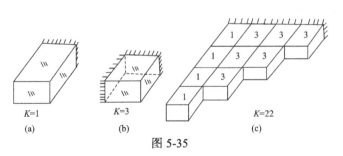

图 5-35

(4) 多段的空间薄壁结构。对于多段的空间薄壁结构，可以逐段地进行分析，最

后将各段总加起来计算。例如图 5-35(a)为一端固定的单段空心薄壁结构，$K=1$，图 5-35(b)所示盒段两边与基础相连，2 个自由节点，$N=3\times2=6$ 个自由度，用 5 根杆和 4 块矩形板与基础相连，$C=5+4=9$，所以，$C-N=9-6=3$，系统为有 3 个多余约束的静不定系统，$K=3$。图 5-35(c)为一个三角机翼的计算模型，分析其静不定度时，可直接利用图 5-35(a)、(b)的结论，可得其 $K=22$。

习　题

5-1　试对题 5-1 图示系统进行几何组成分析，指出属何种系统。
　　(1) 几何可变系统；
　　(2) 具有最少约束的几何不变系统；
　　(3) 具有多余约束的几何不变系统，多余约束数 K 是多少？
　　(4) 瞬变系统。

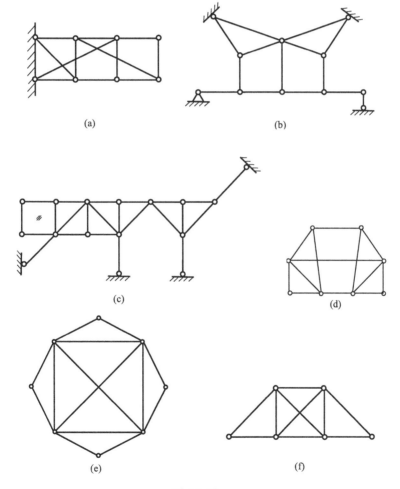

题 5-1 图

5-2　试对题 5-2 图示混合系统进行几何组成分析，指出属何种系统，并阐述其组成方法。

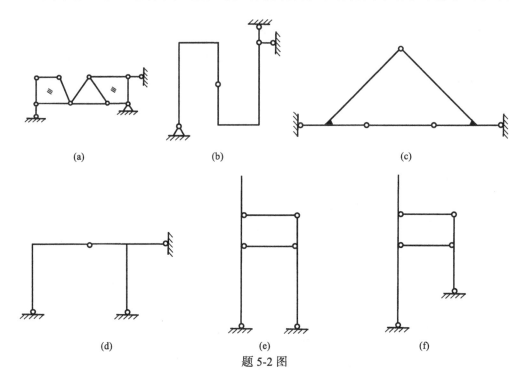

（a）　　　　　　　　　（b）　　　　　　　　　（c）

（d）　　　　　　　　　（e）　　　　　　　　　（f）

题 5-2 图

5-3　分析题 5-3 图示各结构的静不定度数。

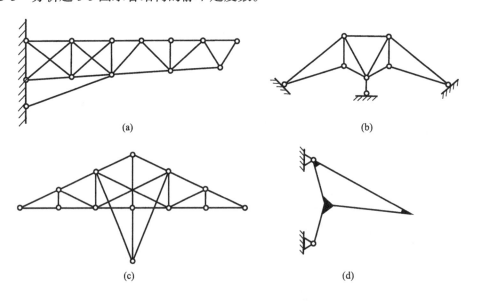

（a）　　　　　　　　　　　　　　　　（b）

（c）　　　　　　　　　　　　　　　　（d）

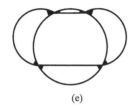
(e)

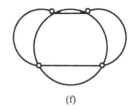
(f)

题 5-3 图

5-4 题 5-4 图为杆板薄壁结构，试作组成分析，并指明该系统为何种系统：

(1) 几何可变系统；

(2) 具有最少的约束的几何不变系统；

(3) 具有多余约束的几何不变系统，求多余约束数 K；

(4) 瞬变系统。

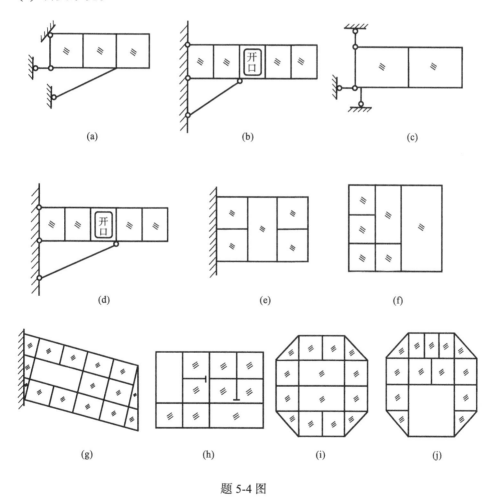

(a)   (b)   (c)

(d)   (e)   (f)

(g)   (h)   (i)   (j)

题 5-4 图

5-5 试分析题 5-5 图所示各空间杆板薄壁结构的静不定度数。结构中内部均有隔板。

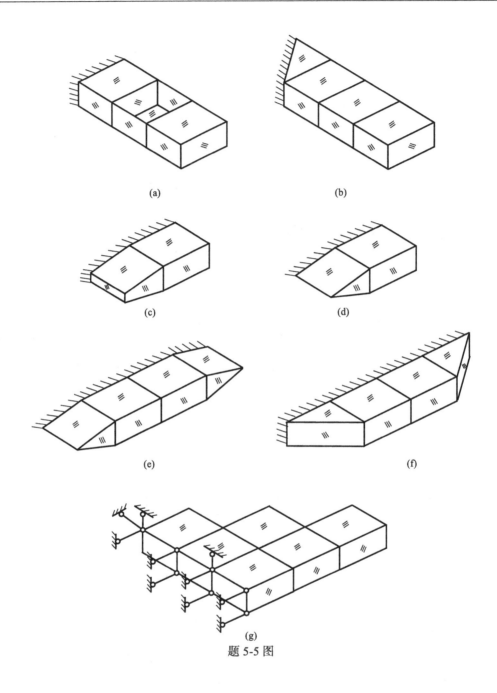

(a)　　　　　　　　　　　　　　(b)

(c)　　　　　　　　　　　　　　(d)

(e)　　　　　　　　　　　　　　(f)

(g)

题 5-5 图

第 **6** 章
静定结构的内力及弹性位移

6.1 引 言

所谓静定结构，在几何组成上是指具有最少必需约束的几何不变系统。因而，当结构在外力作用下处于平衡时，只用平衡方程就可求得结构的全部内力。

静定结构内力计算的基本原理就是利用结构平衡方程。当结构在外力作用下处于平衡时，结构在整体上是平衡的，结构任何一部分是平衡的，结构中任何一个节点也是平衡的。静定结构弹性位移计算的基本原理是由虚力原理导出的单位载荷法。

桁架、刚架和杆板薄壁结构是飞行器结构中经常采用的结构形式。研究此类静定结构内力及弹性位移的计算方法，不仅对飞行器结构设计有现实意义，而且也为求解静不定结构的内力和弹性位移打下了基础。

6.2 静定桁架的内力

桁架(truss)结构是由直杆元件在杆端用没有摩擦的理想铰链相连接而成的杆系结构。杆端连接点称为节点，外载荷仅作用在节点上。由于理想铰链没有摩擦力，故不能传递力矩。杆的轴线通过铰心，若不计杆的自重，各杆都只受到两端节点的作用力，且在此二力作用下处于平衡。因此，桁架的杆件均为"二力杆"，即杆两端受到大小相等、方向相反、沿着杆轴线的两个力作用。杆件横截面上只有轴力，这些轴力就是所要计算的桁架内力。

静定桁架是一种没有多余约束的结构，应用平衡方程就能求得结构的全部内力。在工程上，常用的求解静定桁架内力方法有节点法和截面法。

6.2.1 节点法

节点法就是取单个节点作为分离体，用未知力代替与节点相连的杆的内力。这样，作用在节点上的外力和未知力组成共点力系，运用共点力系的平衡条件，就可求出节点上的未知力。

为了便于计算，应该按一定的顺序来分离节点。对于平面桁架，一个节点可列出两个平衡方程。应该先从只有两个未知力的节点开始，然后逐次转到剩下两个未知的节点上去。对于空间桁架，一个节点可列出三个平衡方程。则应该先从只有三个未知力的节点开始，然后再逐次转到只剩下三个未知力的节点上去。

为了防止在列平衡方程时内力发生正、负号错误，通常假设杆中的未知内力都是拉力，即内力箭头背离节点。用 N_{ij} 表示，i 表示力的作用点，j 表示力作用线方向。如果求出的未知力是正号，表示未知力的方向与假设方向相同，未知力是拉力；如为负值，则表示其方向与假设方向相反，是压力。

在用节点法求解桁架内力时，可先按节点平衡条件判断出零力杆，以减少计算量。零力杆的判断法则是：

(1) 一个平面节点只与两杆相连，若没有载荷作用，且两杆不共线，则该两杆的内力必为零。如图 6-1 中的节点 4，$N_{43} = N_{45} = 0$。

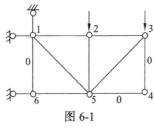

图 6-1

(2) 一个平面节点与三根杆相连，且其中两杆共线，当节点没有外力作用时，则不共线的第三根杆的轴力必为零。如图 6-1 中的节点 6，$N_{61} = 0$。

(3) 一个空间节点只与不共面的三根杆相连，当节点无外力作用时，则此三杆的轴力必为零。

(4) 一个空间节点与 n 根杆相连，其中有 $n-1$ 根杆在一平面内，当节点无外力作用时，则不共面的"孤立杆"的轴力必为零。

例 6-1　求图 6-2(a)所示桁架的内力。

[解]　(1) 判断结构的静定性。用逐次连接节点的方法，每增加一个节点，用两根不共线的杆相连接，可判定该桁架是静定结构。

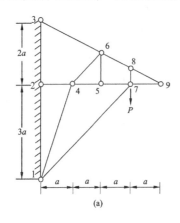

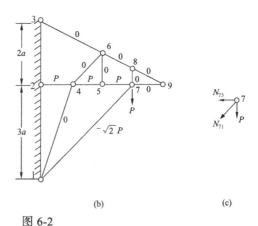

图 6-2

(2) 判断零力杆。利用零力杆判断法则可以得到如图 6-2(b)标出的零力杆判断结果。

(3) 由节点法求杆轴力。以节点 7 为研究对象，作分离体受力图如图 6-2(c)所示。由节点 7 的平衡，可求杆轴力 N_{71} 和 N_{75}。

由 $\sum F_y = 0$ ，$N_{71} \cos 45° + P = 0$ ，得 $N_{71} = -\sqrt{2}P$ 。

由 $\sum F_x = 0$ ，$N_{75} + N_{71} \sin 45° = 0$ ，得 $N_{75} = P$ 。

再分别由节点 5、4 的平衡，得 $N_{42} = N_{54} = P$ 。各杆的轴力如图 6-2(b)所示。

6.2.2　截面法

截面法就是用一适当的截面，将桁架的一部分切出作为分离体，用未知力代替所切断的杆中内力。分离体在外载荷和未知力作用下处于平衡，利用平衡方程就可求出这些未知力。对于平面问题，分离体有三个独立平衡方程；对于空间问题，分离体有六个独立平衡方程。如果取分离体时所切断的杆数刚好等于平衡方程数，则未知力即可求出。

例 6-2　求图 6-3(a)所示桁架的内力。

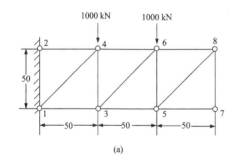
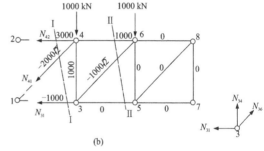

图 6-3

[解]　(1) 经分析该结构是静定桁架。

(2) 判断零力杆：$N_{75} = N_{78} = N_{85} = N_{86} = N_{53} = N_{56} = 0$ ，如图 6-3(b)所示。

(3) 利用截面 I-I 将桁架右边部分切出作为分离体，设被切断杆的未知轴力为 N_{42}、N_{41} 和 N_{31}，如图 6-3(b)所示。

根据分离体的平衡方程有

$$\sum M_1 = 0 ，\quad N_{42} \times 50 - 1000 \times 50 - 1000 \times 100 = 0 ，\quad 得 N_{42} = 3000\,\text{kN}$$

$$\sum M_4 = 0 ，\quad N_{31} \times 50 + 1000 \times 50 = 0 ，\quad 得 N_{31} = -1000\,\text{kN}$$

$$\sum F_y = 0 ，\quad N_{41} \cos 45° + 1000 + 1000 = 0 ，\quad 得 N_{41} = -2000\sqrt{2}\,\text{kN}$$

(4) 同理，利用截面 II-II 切出分离体，可得杆轴力

$$N_{64} = 1000 \text{ kN}$$
$$N_{63} = -1000\sqrt{2} \text{ kN}$$

(5) 由节点 3 的平衡，得

$$\sum F_y = 0 , \quad N_{34} + N_{36}\cos45° = 0 , \quad 得 \quad N_{34} = 1000 \text{ kN}$$

最后可把内力结果标注在杆件上，如图 6-3(b)所示。

6.3　静定刚架的内力

刚架(frame)结构是指直杆或曲杆元件在杆端采用刚性连接而成的杆系结构。所谓刚性连接是指能保证所连接的元件，在连接接头处不产生相对位移，包括线位移和角位移。刚性连接与铰接不同，它不仅能传递集中力，还能传递力矩。

例如图 6-4(a)所示刚架，在载荷 P 作用下发生弹性变形。杆 ab 和杆 bc 在接头 b 处，变形后仍然连续，且二杆之间的夹角保持不变。因此，平面内的一个刚接头相当于三个约束，空间内的一个刚接头则相当于六个约束。图 6-4(b)所示刚架，在载荷 P_1 和 P_2 作用下，在 ab 段内的内力有轴力 N、剪力 Q 和弯矩 M，在 bc 段内有剪力 Q、弯矩 M 和扭矩 M_T。因此，刚架能承受任意形式的外载荷，且载荷可以作用在刚架的任何部位上。

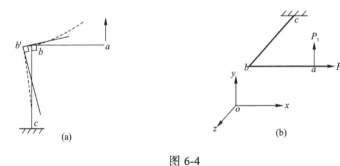

图 6-4

刚架分为平面刚架和空间刚架。平面刚架是指所有杆件的轴线以及作用在刚架上的载荷均在同一平面上，如图 6-4(a)所示；否则即为空间刚架，如图 6-4(b)所示的刚架就是一个空间刚架。

刚架的每一杆件的任一横截面上，通常都同时存在几种类型的内力。对于平面刚架，杆件的横截面上一般有三个内力分量，即轴力 N、剪力 Q 和弯矩 M，如图 6-5(a)所示。对于空间刚架的杆件的横截面上，一般有六个内力分量，轴力 N、沿横截面两个主轴方向的剪力 Q_1 和 Q_2、绕横截面两个主轴的弯矩 M_1 和 M_2 以及绕杆轴线的扭矩 M_T，如图 6-5(b)所示。

刚架内力的方向对于确定的横截面只可能有两个方向，习惯上用正负号加以区别，如果规定某一方向为正，则相反的方向就为负。轴力 N 以拉力为正、压力为负；

剪力 Q 以对微段产生的力矩顺时针方向旋转为正、逆时针方向旋转为负，如图 6-5(c) 所示。弯矩 M 则不标明正负，而把弯矩图画在杆件受压的一侧。对于空间刚架，扭矩 M_T 按右手螺旋法则，矢量箭头向外为正、反之为负。

静定刚架的内力仅用平衡条件就可求得。在具体计算时，通常采用截面法，即在欲求内力处把刚架截开，用未知力代替另一部分对截取部分的作用，以截取部分作为分离体，列出静力平衡方程式，就可求出该截面上的内力。最后绘制内力图。

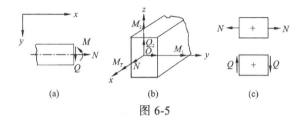

图 6-5

例 6-3 求图 6-6(a)所示平面刚架的内力，并作内力图。

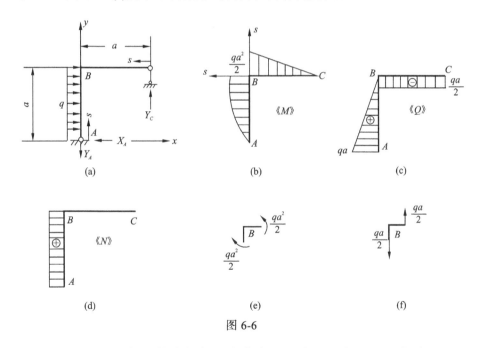

图 6-6

[解] (1) 此平面刚架为静定结构，先求支座反力。设支座反力分别为 X_A、Y_A 和 Y_C，方向如图 6-6(a)上所示，由整体平衡

$$\Sigma F_x = 0 \qquad X_A = qa$$
$$\Sigma M_A = 0 \quad 得 \quad Y_C = qa/2$$
$$\Sigma F_y = 0 \qquad Y_A = qa/2$$

(2) 求弯矩,并作弯矩 M 图。设 AB 段和 CB 段的流动坐标为 s,如图 6-6(a)上所示。

AB 段：$M(s)=X_A s-qss/2=qas-qs^2/2$

　　　　在 A 处，$s=0$，$M=0$

　　　　在 B 处，$s=a$，$M=qa^2/2$

CB 段：$M(s)=Y_c s=qas/2$

　　　　在 C 处，$s=0$，$M=0$

　　　　在 B 处，$s=a$，$M=qa^2/2$

弯矩图如图 6-6(b)所示。

　　(3) 求剪力，并作剪力 Q 图。

AB 段：$Q(s)=X_A-qs=qa-qs$

　　　　在 A 处，$s=0$，$Q=qa$

　　　　在 B 处，$s=a$，$Q=0$

CB 段：$Q(s)=-Y_A=-qa/2$

剪力图如图 6-6(c)所示。

　　(4) 求轴力，并作轴力 N 图。

AB 段：$N=Y_A=qa/2$

CB 段：$N=0$

轴力图如图 6-6(d)所示。

　　(5) 校核节点 B 的平衡。如图 6-6(e)和(f)所示。满足

$$\Sigma M=0, \qquad \Sigma F_x=0, \qquad \Sigma F_y=0$$

例 6-4　试计算图 6-7(a)所示 1/4 圆框在均布的径向载荷 q 作用下的内力。

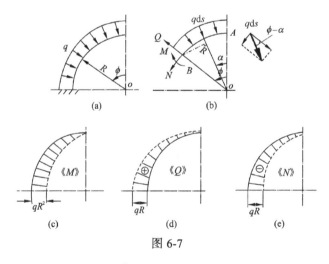

图 6-7

　　[解]　结构显然是静定的。任意截取 AB 段为分离体，截面 B 处应有内力 N、Q、M，各内力方向如图 6-7(b)所示。设 AB 的圆心角为 ϕ，半径为 R。在圆心角为 α 处取框的微段 ds，微段上的径向力为 qds，列出 AB 段的平衡方程，得

弯矩 $M(\phi) = -\int_0^\phi (qR\mathrm{d}\alpha)R\sin(\phi-\alpha) = -qR^2(1-\cos\phi)$

剪力 $Q(\phi) = \int_0^\phi (qR\mathrm{d}\alpha)\cos(\phi-\alpha) = qR\sin\phi$

轴力 $N(\phi) = \int_0^\phi (qR\mathrm{d}\alpha)\sin(\phi-\alpha) = -qR(1-\cos\phi)$

弯矩图如图 6-7(c)所示,剪力图如图 6-7(d)所示,轴力图如图 6-7(e)所示。

例 6-5 图 6-8(a)所示是由支柱式起落架简化而得的计算模型,试求其内力。已知轮轴载荷为 $P = 20\,000$ N,且作用在支柱 1-3 和 2-4 的平面内,$\alpha = 15°$,结构尺寸如图所示。

[解] 这是一个杆和梁组成的混合杆系平面结构。支柱 1-2-3 以铰链 3 连接于机身,它具有一个自由度。再加上撑杆 2-4 这个约束,所以,该系统为具有最少必需约束数的几何不变系统,是静定的。

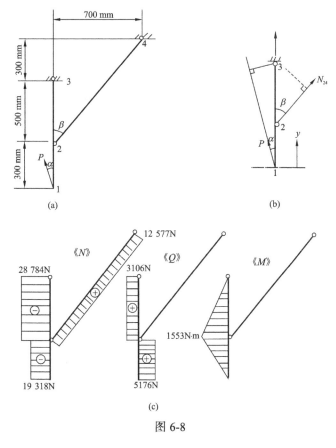

图 6-8

该系统杆 2-4 为二力构件,其内力只有轴力,而支柱 1-2-3 带有旁铰 2,属梁,其内力有轴力 N、剪力 Q 和弯矩 M。

将支柱 1-2-3 作为分离体,用 N_{24} 代替杆 2-4 的内力,如图 6-8(b)所示。由对点 3

的力矩平衡条件

$$\Sigma M_3 = 0, \quad N_{24}\sin\beta \cdot 500 - P\sin\alpha \cdot 800 = 0 \quad 可得 \quad N_{24} = 12\,577\,\text{N}$$

求 1-2-3 杆内力。

在 1-2 段内：

$$N = -P\cos\alpha = -19318\,\text{N}$$
$$Q = P\sin\alpha = 5176\,\text{N}$$
$$M = Py\sin\alpha = 5176y\,\text{N}\cdot\text{m}$$
在 $y = 0$ 处，$M = 0$
在 $y = 300$ 处，$M = 1553\,\text{N}\cdot\text{m}$

在 2-3 段内：

$$N = -P\cos\alpha - N_{24}\cos\beta = -28\,784\,\text{N}$$
$$Q = P\sin\alpha - N_{24}\sin\beta = -3106\,\text{N}$$
$$M = P\sin\alpha \cdot y - N_{24}\sin\beta(y-300) = 2\,484\,600 - 3106y\,\text{N}\cdot\text{m}$$
在 $y = 300$ 处，$M = 1553\,\text{N}\cdot\text{m}$
在 $y = 800$ 处，$M = 0$

最后作出轴力、剪力和弯矩的内力图，如图 6-8(c)所示。

6.4 杆板薄壁结构的内力

杆板薄壁结构(truss-plate thin-walled structure)可看成是由杆、板和节点三种元件所组成的受力系统。外力只作用在节点上，节点又以集中力(杆端轴力)形式传递给所连接的杆，杆又把节点传来的集中力以剪流形式传递给所连接的板。

6.4.1 各元件的平衡

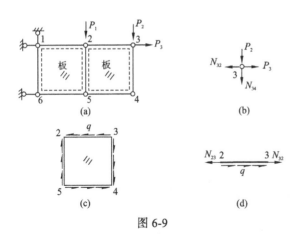

图 6-9

如图 6-9(a)所示的平面杆板薄壁结构，承受节点外力 P_1、P_2 和 P_3 作用。当结构在外载荷作用下处于平衡状态时，结构中的每个元件都处于平衡状态。节点 3、板 2-3-4-5 和杆 2-3三个元件的分离体受力图分别如图6-9(b)、(c)、(d)所示。

杆板薄壁结构中的节点只受到外力和杆端轴力的作用，如图 6-9(b)所示。杆端轴力用 N_{ij} 表示，i 表示力的作用节点，j 表示力作用线方向上的另一个节点，杆端轴力以拉为正。一个平面节点的分离体可以建立两个平衡方程，一个空间节点则可建立三个平衡方程。

杆板薄壁结构中的受剪板受到四周杆对它的剪流作用，如图 6-9(c)所示。杆对板的剪流为 q，常用半箭头图示表示。受剪板的自身平衡在第 5 章中已经阐述过，在以后的杆板薄壁结构内力分析中，我们仅分析板对杆的剪流作用。

杆板薄壁结构中的杆元件，除了在杆端承受节点传来的轴力外，还承受杆板间相互作用的剪流。设任一根杆 i-j，两端轴力为 N_{ij} 和 N_{ji}(受拉为正)，板对杆的剪流为 q，图示时以半箭头表示，如图 6-10 (a)所示。

由平衡条件得

$$\Sigma F_x = 0, \quad N_{ij} = N_{ji} + ql$$

$$q = \frac{N_{ij} - N_{ji}}{l}$$

上式为杆两端轴力和剪流三者之间的关系式。因为剪流为常值，因此薄壁结构中杆的轴力是线性变化的。当结构承受外力作用时，杆端轴力可为正，可为负，也可为零，图 6-10(b)~(g)画出了杆的不同受力情况。

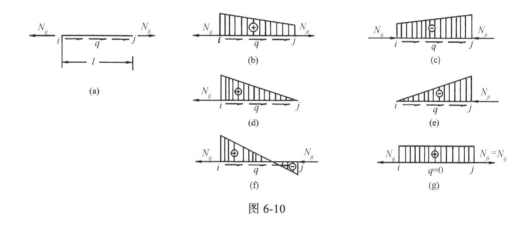

图 6-10

6.4.2　静定薄壁结构的内力

静定薄壁结构，仅用平衡方程即可求得全部未知内力。杆板薄壁结构与桁架类似，解桁架内力所用的节点法和截面法都可以适用于薄壁结构。

用节点法时，可由节点平衡条件求出该节点处各杆的杆端轴力，再由杆的平衡条件求出板的剪流；或者由已知杆一端的轴力和板的剪流，求出杆另一端的轴力。总之，需根据具体情况，灵活地、交替地应用节点和杆的平衡条件，一一求出结构的全部内力。

用截面法时，因为薄壁结构元件由杆和板组成，而杆的轴力又是变化的，所以，截面通常取在杆的端部，并以杆端轴力代替截面杆的作用，在板的切口处以未知剪流代替切去板的作用，用截下部分的平衡条件可求得截开处杆的轴力和板的剪流。

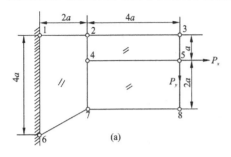

(a)

不论用哪种方法，应用求桁架结构内力时提到的判断零力杆端的原则，先判断出零力杆端，可使计算大大简化。

例 6-6 试求图 6-11(a)所示平面薄壁结构在图示载荷作用下的内力。

[解] (1) 该系统为静定的平面薄壁结构。

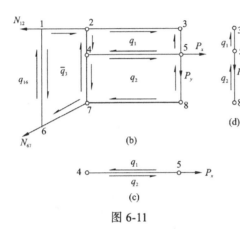

(b)

(d)

(c)

图 6-11

(2) 先假设各板对杆的剪流方向如图 6-11(b)所示，若以后求出的剪流为正，即与假设方向相同，否则相反。

(3) 由判定零力杆的规则，可知

$$N_{32} = N_{35} = N_{85} = N_{87} = N_{24} = N_{45} = 0$$

(4) 切去左边支持部分，用支反力 N_{12}、N_{67} 和 q_{16} 代替，由平衡条件 $\Sigma M_6 = 0$，得

$$N_{12} \cdot 4a - P_x \cdot 3a - P_y \cdot 6a = 0$$

$$N_{12} = \frac{3}{4} P_x + \frac{3}{2} P_y$$

由 $\Sigma M_7 = 0$，得

$$-q_{16} \cdot 4a \cdot 2a + N_{12} \cdot 3a - P_x \cdot 2a - P_y \cdot 4a = 0$$

$$q_{16} = \frac{P_x}{32a} + \frac{P_y}{16a}$$

由梯形板剪流关系，可得几何平均剪流

$$\bar{q} = q_{16} \frac{4a}{3a} = \frac{P_x}{24a} + \frac{P_y}{12a}$$

由 $\Sigma X = 0$，得 $-N_{12} + P_x - N_{67} \cos\varphi = 0$，得

$$N_{67} = \frac{-\dfrac{3}{4}P_x - \dfrac{3}{2}P_y + P_x}{\dfrac{2}{\sqrt{5}}} = \frac{\sqrt{5}}{8}P_x - \frac{3\sqrt{5}}{4}P_y$$

由杆 4-5 的平衡，如图 6-11(c)所示，得

$$(q_2 - q_1)4a + P_x = 0$$

由杆 3-5-8 的平衡，如图 6-11(d)所示，得

$$q_1 a + 2q_2 a - P_y = 0$$

联立求解以上两式，得

$$q_1 = \frac{P_x}{6a} + \frac{P_y}{3a}$$

$$q_2 = \frac{P_x}{12a} + \frac{P_y}{3a}$$

由杆 3-5 平衡，得 $N_{53} = q_1 a = \dfrac{P_x}{6} + \dfrac{P_y}{3}$

由杆 8-5 平衡，得 $N_{58} = -q_2 \cdot 2a = \dfrac{P_x}{6} - \dfrac{2}{3} P_y$

由杆 2-3 平衡，得 $N_{23} = q_1 \cdot 4a = \dfrac{2}{3} P_x + \dfrac{4}{3} P_y$

由杆 7-8 平衡，得 $N_{78} = -q_2 \cdot 4a = \dfrac{P_x}{3} - \dfrac{4}{3} P_y$

由杆 2-4 平衡，得 $N_{42} = (q_{42} - q_1)a = \left(\bar{q} \dfrac{4a}{3a} - q_1 \right) a = -\dfrac{P_x}{9} - \dfrac{2}{9} P_y$

由杆 4-7 平衡，得

$$N_{74} = N_{47} + \left(\bar{q} \frac{4a}{3a} - q_2 \right) 2a = N_{42} + \left(\bar{q} \frac{4}{3} - q_2 \right) 2a = \frac{P_x}{6} - \frac{2}{3} P_y$$

由杆 6-7 平衡，得

$$N_{76} = N_{67} + \bar{q} l_{67} = \frac{\sqrt{5}}{6} P_x - \frac{2}{3} \sqrt{5} P_y$$

如设 $P_x = 3600 \text{ N}, P_y = 7200 \text{ N}, a = 5 \text{ cm}$，则系统内力图如图 6-12 所示。

例 6-7　图 6-13(a)所示为上部无板的四缘条盒式空间薄壁结构，结构的几何尺寸如图，$L=100$ cm，$B=40$ cm，$H=10$ cm，载荷 $P_1=2000$ N，$P_2=3000$ N，$P_3=5000$ N。试求其内力，并作内力图。

[解]　(1) 该系统为静定的空间薄壁结构。由于该系统是线性系统，并且分析各力是如何传递到基础的，可将

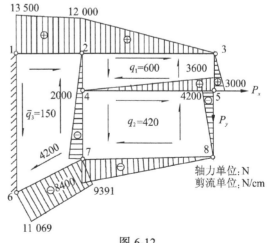

图 6-12

P_1、P_2 和 P_3 三个力分成 P_2 和 P_3 以及 P_1 两组，分别作用于结构上，求出两组载荷分

别作用下的结构内力，然后将两组内力叠加。

(2) P_1 单独作用下的内力计算。P_1 单独作用时，由杆 1-2 的受力分析，可以推得板 1-2-3-4 对杆 1-2 的剪流 q_1，又由杆 2-3、杆 3-4 和杆 4-1 的受力分析，可知盒段四块受剪板的剪流大小相等，方向如图 6-13(b) 所示。通过分析可知载荷 P_1 是通过整个盒段传到基础上的，其内力图如图 6-13(d) 所示。

(3) P_2 和 P_3 单独作用时，通过杆 1-2 的受力分析，知板 1-2-3-4 对杆 1-2 的剪流为零；通过杆 3-4 的受力分析，知板 3-4-8-7 的剪流也为零；再分别由杆 1-4 和杆 2-3 的受力平衡，可以推得板 1-4-8-5 和板 2-3-7-6 的剪流 q_2 和 q_3，剪流的方向如图 6-13(c) 所示。通过分析可知载荷 P_2 和 P_3 分别由板 1-4-8-5 和板 2-3-7-6 平面结构来平衡，其内力图如图 6-13(e) 所示。

(4) 盒式空间薄壁结构的总内力可由图 6-13(d) 和图 6-13(f) 相加，如图 6-13(f) 所示。

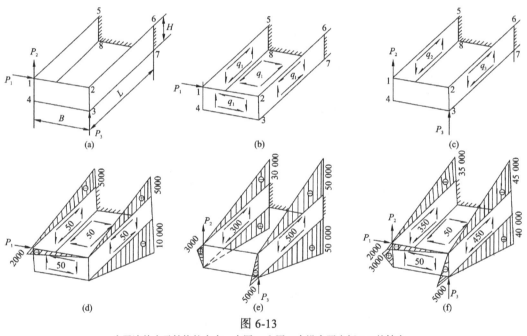

图 6-13

为了清楚表示结构的内力，在图(d)和图(f)中没有画出杆 4-8 的轴力

例 6-8 试求图 6-14(a) 所示空间薄壁结构的内力。该结构自由端是一个在本身平面内几何不变的刚框，外载荷 Q 作用于刚框平面上，其作用线与框的中心点距离为 a。结构上下对称。

[解] 该系统为静定空间薄壁结构。

设三块纵向薄板的剪流分别为 q_{12}、q_{23} 和 q_{34}，假设其方向如图 6-14(b) 所示，取端框为分离体，由平衡条件得

$$\sum X = 0，得 q_{12} = q_{34}$$

$$\sum Y = 0，得 q_{23} = -\frac{Q}{\sqrt{2}R}$$

$$\sum M = 0，得 Qa = \frac{2\pi R^2}{4}(q_{12} + q_{23} + q_{34})$$

$$q_{12} = q_{34} = \frac{Q}{\pi R^2}\left(a + \frac{\pi R}{2\sqrt{2}}\right)$$

计算所得的三个剪流都为正，表明各剪流的方向与假设相同。

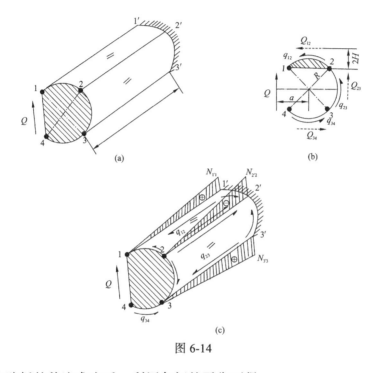

图 6-14

各纵向壁板的剪流求出后，利用各杆的平衡可得

$$N_{1'1} = -N_{4'4} = \frac{Ql}{\pi R^2}\left(a + \frac{\pi R}{2\sqrt{2}}\right)$$

$$-N_{2'2} = N_{3'3} = \frac{Ql}{\pi R^2}\left(a + \frac{3\pi R}{2\sqrt{2}}\right)$$

最后将计算结果作成如图 6-14(c)所示的内力图。

例 6-9 试计算图 6-15(a)所示结构的内力。该系统是由两个四缘条盒段连成的自由薄壁结构，在两盒段交界处将纵向缘条 6-10 切断，并在切断处加上一对大小相等、方向相反的单位拉力。

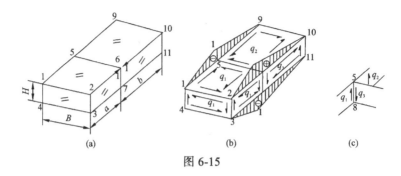

图 6-15

[解] 该系统若缘条未被切断，是具有一个多余约束的结构，切断一根缘条，相当于减少一个约束，因此，图示系统是静定的。

为了求系统的内力，我们先分析各板的剪流关系。假设板 1-2-6-5 和板 5-6-10-9 的剪流分别为 q_1 和 q_2，其正向如图 6-15(b)所示。依次对杆 1-2、杆 2-3、杆 3-4 和杆 1-4 进行平衡分析，可知左边盒段各板的剪流都等于 q_1；同理可知，右边盒段各板的剪流都等于 q_2。中腹板 7-6-5-8 的剪流设为 q_3，如图 6-15(c)所示。由杆 5-8 的平衡，可得

$$q_3 = q_1 + q_2$$

由杆 2-6 和杆 6-10 的平衡，分别可得

$$2q_1 a = 1, \qquad q_1 = \frac{1}{2a}$$

$$2q_2 b = 1, \qquad q_2 = \frac{1}{2b}$$

$$q_3 = q_1 + q_2 = \frac{1}{2a} + \frac{1}{2b}$$

剪流的方向和大小求出后，杆的轴力就很容易计算了。结构内力图如图 6-15(b)所示。

6.5　静定结构的主要特征

静定结构是具有最少必需约束的几何不变系统。静定结构在外载荷作用下，根据静力平衡条件算出的内力就是结构的真实内力，而且是唯一的。反之，真实的内力一定是满足平衡条件的内力。由此可以推出静定结构以下几个特征：

(1) 静定结构在没有外载荷作用时，结构所有元件的内力都为零。因此，温度的变化和元件的制造误差都不会在结构中引起初应力。

(2) 由平衡力系组成的外载荷作用于静定结构的某一几何不变部分上，则仅这一部分的元件产生内力与外载平衡，系统其余部分元件的内力均为零。如图 6-16(a)所示的静定桁架中，P 组平衡力系只在三角形 1-2-6 部分所包括的三根杆内产生内力。而

F 组平衡力系只在 3-4-8-7 部分所包括的五根杆内产生内力。如图 6-16(b)所示为静定刚架，外力 P 与支座反力 R_1 组成平衡力系，因而只有在结构的 1-2-3-4 部分构件中产生内力。

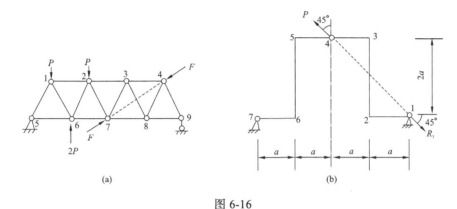

图 6-16

(3) 当对于作用在静定结构的某一几何不变部分上的载荷作静力等效变换时，则只有该部分构件的内力发生变化，而其余部分构件的内力仍保持不变。

(4) 任意力系作用在静定的固定结构上，组成力系的各分力只由能提供支反力的各几何不变部分来平衡，而结构的其他部分构件的内力均为零。如图 6-17(a)所示静定空间杆板薄壁结构，各分力 P_1、P_2、P_3 分别只由如图 6-17(b)、(c)、(d)所示的部分构件的内力来平衡。

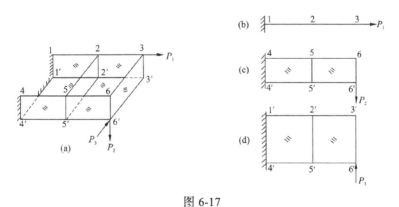

图 6-17

6.6　静定结构的弹性位移

外载荷的作用、温度的改变、元件尺寸制造误差以及结构支座的移动等因素都能使元件发生变形，因而使结构各点产生线位移，元件各截面产生角位移。在线弹性小变形的情况下，这种位移又称之为弹性位移。

结构位移的计算是结构设计和结构分析中的一项重要内容。一方面，在研究结构的刚度时需要计算位移；另一方面，在计算静不定结构内力时，也需要借助于位移计算来建立结构的变形协调条件。

结构各点的位移和结构各元件变形之间的关系纯属几何关系，即当各元件的变形确定后，结构的变形和结构中各点的位移也就确定了。因此，结构位移的计算原是一个几何分析的问题。但是，由于变形很小，而且一般几何关系很复杂，很难直接用几何关系求位移。因此，常用力学分析的方法来解决这一问题。本节将应用虚力原理导出的**单位载荷法**(unit load method)来求结构的位移。

6.6.1　广义力和广义位移

结构力学中经常用到功的概念，它与作用在弹性体上的力及这些力相对应的位移有关，其量纲为 $N \cdot m$。对于各种不同类型的力，对应有不同类型的位移。如图 6-18 所示的几种弹性元件，分别作用有集中力 P(N)、扭矩 M_T(N·m)及弯矩 M(N·m)。与这些力对应的位移分别为线位移 Δl (m)、扭转角 ϕ (rad)及弯曲转角 θ (rad)。这些力在变形位移上所做的功分别为 $W = \frac{1}{2}P\Delta l$、$W = \frac{1}{2}M_T\phi$ 和 $W = \frac{1}{2}M\theta$。

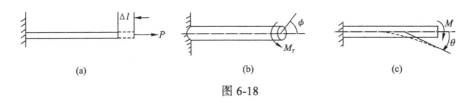

(a)　　　　　　　　　　(b)　　　　　　　　　　(c)

图 6-18

一般而言，任意的力在对应的变形位移上所做的实功可用下式表示：

$$W = \frac{1}{2}(广义力) \times (广义位移)$$

任何一个或一组相互有关的力，如果能用一个代数量来表示它，则称它为一个广义力。与此广义力相对应的位移称为广义位移。

下面举几种典型元件，来说明如何确定其广义力及其相应的广义位移。

图 6-19

(1) 受常剪流作用的矩形板，如图 6-19 所示。板在剪流 q 作用下的变形如图中虚线所示。这时，可取 q 作为广义力。在板变形时，只有沿着边 1-2 的剪流合力 $Q_{12} = ql$ 在位移 Δl 上做功，其值为

$$W = \frac{1}{2}Q_{12}\Delta l$$

因为 $\Delta l = \gamma h = \dfrac{q}{Gt} h$，代入上式得

$$W = \frac{1}{2} q l \frac{qh}{Gt} = \frac{1}{2} q \left(\frac{qF}{Gt} \right)$$

式中 $F = lh$，为板的平面面积。

由上式可知：对于矩形受剪板，若取板的剪流 q 为广义力，则 $\dfrac{qF}{Gt}$ 为对应的广义位移。

(2) 变轴力杆。其受力如图 6-20 所示，若杆内的轴力沿杆轴呈直线规律变化，则杆在任一截面的轴力可表示为

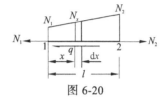

图 6-20

$$N_x = N_1 + \frac{N_2 - N_1}{l} x$$

与其相对应的 $\mathrm{d}x$ 段的应变为 ε_x，位移为 $\mathrm{d}u$，则有

$$\mathrm{d}u = \varepsilon_x \mathrm{d}x = \frac{N_x}{Ef} \mathrm{d}x$$

外力在变形位移上的功为

$$W = \frac{1}{2} \int_o^l N_x \mathrm{d}u = \frac{1}{2} \int_o^l N_x \frac{N_x}{Ef} \mathrm{d}x$$

式中 f 为杆截面面积；l 为杆长。

将 N_x 表达式代入上式，可得

$$W = \frac{1}{2} \left[N_1 \frac{l}{6Ef} (2N_1 + N_2) + N_2 \frac{l}{6Ef} (N_1 + 2N_2) \right]$$

按照广力义和广义位移的定义，若取任一截面的轴力 N_x 作为广义力，则相应的广义位移为 $\dfrac{N_x}{Ef} \mathrm{d}x$；若取 N_1 和 N_2 作为广义力，则相应的广义位移就是 $\dfrac{l}{6Ef} (2N_1 + N_2)$ 和 $\dfrac{l}{6Ef} (N_1 + 2N_2)$。

(3) 平行四边形受剪板，如图 6-21 所示。取三角形 2-5-3 作分离体，由分离体的平衡得

$$\sum X = 0, \qquad \sigma = \frac{2q \tan \phi}{t}$$

$$\sum Y = 0, \qquad q_{25} = q$$

由图 6-21(b)可知，2-5 边除了有剪流 q 外，还存在正应力 σ。假想将 $\triangle 235$ 补到 1-4 边上，则组成了与图 6-19 相当的矩形板。为了便于计算，此矩形板可分解为受剪和受拉两种状态，分别如图 6-21(c)和图 6-21(d)所示。因此，平行四边形板的剪流对板做的功等于这两种状态做功之和。

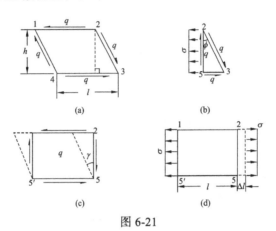

图 6-21

常剪流 q 所做的功为

$$W_1 = \frac{1}{2} q \frac{qF}{Gt}$$

正应力 σ 做的功为

$$W_2 = \frac{1}{2} \sigma h t \Delta l$$

式中 $\Delta l = \dfrac{\sigma}{E} l$，代入上式得

$$W_2 = \frac{1}{2} \sigma h t \frac{\sigma l}{E}$$

所以，平行四边形板的总功为

$$W = W_1 + W_2 = \frac{1}{2}\left(q \frac{qF}{Gt} + \sigma h t \frac{\sigma l}{E} \right)$$

将 σ 和 q 的关系代入，得

$$W = \frac{1}{2} q \frac{qF}{Gt}\left(1 + 4 \frac{G}{E} \tan^2 \phi \right)$$

若将剪流 q 作为广义力，则相应的广义位移为 $\dfrac{qF}{Gt}\left(1 + 4 \dfrac{G}{E} \tan^2 \phi \right)$。

(4) 梯形受剪板，如图 6-22 所示。由梯形板中切出一微元体，如图 6-22 中的阴

影线所示。这一微元体可近似看成平行四边形，其四边作用的剪流设为 q_x，则这一微元体的功为

$$dW = \frac{1}{2} q_x \frac{q_x dF}{Gt} \left(1 + 4\frac{G}{E}\tan^2\phi\right)$$

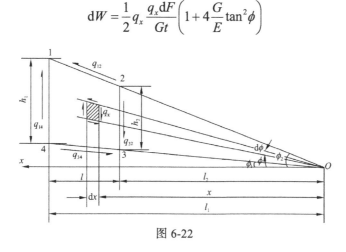

图 6-22

根据梯形板的剪流之间关系和梯形板的几何关系，有

$$q_x = q_{23}\frac{h_2^2}{h_x^2} = q_{23}\frac{l_2^2}{x^2}, \quad dF = \frac{x}{\cos^2\phi}d\phi dx$$

将 q_x 和 dF 代入 dW 的式中，并对 x 从 l_2 到 l_1 积分，对 ϕ 从 ϕ_1 到 ϕ_2 积分，得

$$W = \frac{1}{2}\bar{q}\frac{\bar{q}F}{Gt}\left[1 + \frac{4}{3}\frac{G}{E}(\tan^2\phi_1 + \tan\phi_1\tan\phi_2 + \tan^2\phi_2)\right]$$

在飞机结构中，通常 ϕ_1 在 $0°\sim10°$ 之间，ϕ_2 在 $0°\sim10°$ 之间。把 $\phi_1 = -10°$ 和 $\phi_2 = 10°$ 代入上式，方括号中第二项仅为第一项的 1.59%。因此，在工程计算中，梯形板可近似按下式计算：

$$W = \frac{1}{2}\bar{q}\frac{\bar{q}F}{Gt}$$

若将梯形板的几何平均剪流 $\bar{q}$ 作为广义力，则相应的广义位移为 $\frac{\bar{q}F}{Gt}$。

(5) 对于变轴力杆、弯曲梁和扭转轴，任一截面上的广义力和广义位移的对应关系如表 6-1 所示。

表 6-1

元件	图	广义力	广义位移
变轴力杆	$N(x)$　Ef　$N(x)$　dx	$N(x)$	$\dfrac{N(x)dx}{Ef}$
弯曲梁	$M(x)$　EJ　$M(x)$　dx	$M(x)$	$\dfrac{M(x)dx}{EJ}$

元件	图	广义力	广义位移
扭转轴	GJ_p　$T(x)$ $T(x)$　dx	$T(x)$	$\dfrac{T(x)\mathrm{d}x}{GJ_\rho}$

6.6.2　单位载荷法

单位载荷法是根据虚力原理导出的，它是求结构位移的一种常用方法。

弹性系统的虚力原理可阐述为：当弹性体处于变形协调状态时，则对于满足平衡条件的任意虚力和相应的虚应力，虚力的虚余功等于弹性体的虚余应变能。需要强调的是：施加于弹性体的虚力和相应的虚应力必须满足平衡关系，弹性体的应变则必须满足变形协调关系，即必须满足边界的位移边界条件和弹性体内的应变变形协调方程。

考虑如图 6-23(a)所示的平面刚架，在 P_1 和 P_2 作用下产生变形。在结构中的任一点将产生线位移，任一剖面将产生角位移。设任一点 K 在结构变形后移到了点 K_1，现在欲求结构在 P_1、P_2 作用下 K 点沿任一 m-n 方向的位移 Δ_{KP}。

为了计算在给定载荷作用下的位移，我们取结构在载荷作用下的真实变形状态(即满足变形协调关系)作为位移状态，它是实际存在的，故又称为实际状态，用《P》状态表示，如图 6-23(a)所示。《P》状态的总变形由元件的轴力 N_P、弯矩 M_P 和剪力 Q_P 引起的变形 $\dfrac{N_P\mathrm{d}s}{Ef}$、$\dfrac{M_P\mathrm{d}s}{EJ}$ 和 $\dfrac{kQ_P\mathrm{d}s}{Gf}$ 叠加而成。

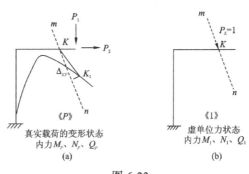

图 6-23

在建立虚力状态时，只要求满足平衡条件，它与真实的位移状态无关。因此，完全可以根据计算目的，假设一个相应的力平衡状态。为了在虚功方程中反映出所要计算的位移 Δ_{KP}，必须在 K 点沿着所求位移方向 m-n 施加与其相对应的虚单位力 $P_K=1$，并求得与该单位载荷相平衡的各元件的内力，有轴力 N_1、弯矩 M_1 和剪力 Q_1，作为虚单位力状态，用《1》表示，如图 6-23(b)所示。

根据虚力原理，虚力状态的外力和内力在真实变形状态上所做的总虚余功等于零，也即外力虚余功应等于内力虚余功，内力虚功也称虚余应变能。

$$W_{外虚余功} = W_{内虚余功}$$

即

$$\Delta_{KP} = \Sigma \int \frac{M_1 M_P \mathrm{d}s}{EJ} + \Sigma \int \frac{N_1 N_P \mathrm{d}s}{Ef} + \Sigma \int k \frac{Q_1 Q_P \mathrm{d}s}{Gf}$$

上式就是平面刚架在外载作用下的位移计算公式。当计算结果为正时，表示所求位移的方向与所加的单位力的方向相同；如计算结果为负，则说明所求位移的方向与所加单位力的方向相反。若我们要计算的不是线位移，而是某剖面的转角，则应在所求转角的剖面处加单位力矩 $M=1$ 作为《1》状态，而计算位移的公式仍和上式一样，只是此时的 M_1、N_1 和 Q_1 应理解为 $M=1$ 作用下结构元件的内力。对于刚架结构，由于轴力项和剪力项的影响很小，通常可以略去，而只考虑弯矩项。因此，对于平面刚架的位移公式可简化为

$$\Delta_{KP} = \Sigma \int \frac{M_1 M_P \mathrm{d}s}{EJ}$$

由于在建立虚力状态时，所取对应所求广义位移的广义力为单位力，故上述求解方法又称为单位载荷法。对于在外载 P(广义力)作用下的桁架结构、平面刚架结构、空间刚架结构或杆板薄壁结构，应用单位载荷法，可分别推得结构上任一点 i 的广义位移 Δ_{iP}，其计算公式为

$$\Delta_{iP} = \Sigma \frac{N_1 N_P l}{Ef} \tag{6-1}$$

$$\Delta_{iP} = \Sigma \int_l \frac{M_1 M_P \mathrm{d}s}{EJ} \tag{6-2}$$

$$\Delta_{iP} = \Sigma \int_l \frac{M_1 M_P \mathrm{d}s}{EJ} + \Sigma \int_l \frac{T_1 T_P \mathrm{d}s}{GJ_\rho} \tag{6-3}$$

$$\Delta_{iP} = \Sigma \int_l \frac{N_1 N_P \mathrm{d}s}{Ef} + \Sigma \frac{q_1 q_P F}{Gt} \tag{6-4}$$

单位载荷法求结构弹性位移的步骤如下：

(1) 求结构在外载作用下的内力，如 M_P、N_P、q_P 等，从而得到结构的真实变形状态《P》。

(2) 确定与所求位移相对应的单位广义力，并根据平衡条件求出结构在单位力作用下的内力，如 M_1、N_1、q_1 等，即得到单位状态《1》的内力。

(3) 根据不同类型的结构，将《P》状态的变形和《1》状态的力代入相应的位移公式，即可求得位移。

应当指出：所加单位力的位置、类型和方向必须和所求的位移相对应。例如，要求某点的线位移，则必须在该点施加单位集中力，其作用线与所求位移的方向一致。要求某剖面转角，则必须在该剖面上施加单位力矩。要求某杆的转角，则应在该杆两端加上组成单位力偶的两个集中力。若求某两点的相对位移，则应在该两点连线方向上加一对方向相反的单位集中力。若求某两剖面间的相对转角，则应在该两剖面上各加一对相对单位力矩，等等。

例 6-10　试求图 6-24(a)所示桁架中杆 2-4 的转角。设所有杆件的 Ef 均相同。

[解]　(1) 计算结构在已知载荷 P 作用下各杆内力 N_P，得到真实变形状态《P》。

(2) 确定虚力状态。因要求杆 2-4 的转角，可在杆 2-4 的两端点加一对水平集中力，大小等于 $1/a$，方向相反，使其构成单位力偶。然后求出其相应的内力，即《1》状态的内力 N_1。

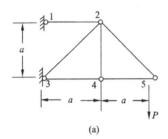 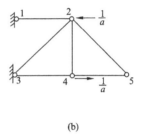

(a)　　　　　　　　　　　　　(b)

图 6-24

(3) 利用桁架结构的位移计算公式(6-1)计算位移。当结构杆件较多时，可采用列表进行计算，如表 6-2 所示。

表 6-2

杆件	l	N_P	N_1	$N_1 N_P l$
1-2	a	$2P$	$1/a$	$-2P$
2-3	$1.41a$	$-1.41P$	0	0
2-4	a	0	0	0
2-5	$1.41a$	$1.41P$	0	0
3-4	a	$-P$	$1/a$	$-P$
4-5	a	$-P$	0	0

杆 2-4 的转角为

$$\phi_{24} = \sum \frac{N_1 N_P l}{Ef} = -\frac{3P}{Ef}$$

例 6-11　图 6-25(a)所示为一端固定的等截面曲刚架(四分之一圆环)，半径为 R，材料的弹性模量为 E，截面惯性矩为 J。试求在外载 P 作用下，B 点的水平位移和垂直位移，以及 B 剖面的转角。

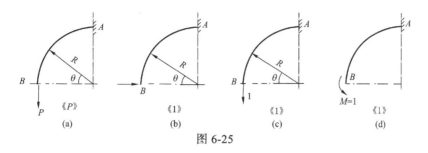

图 6-25

[解]　(1) 求结构在载荷 P 作用下的内力，即求《P》状态的弯矩，如图 6-25(a) 所示。由平衡方程得任一剖面的弯矩(顺时针)为

$$M_P = PR(1-\cos\theta)$$

(2) 在 B 点加水平方向的单位集中力，如图 6-25(b)所示。求出《1》状态的弯矩(顺时针)为

$$M_1 = 1 \times R\sin\theta$$

所以，由式(6-2)可得 B 点的水平位移

$$\Delta B_{\text{水平}} = \int_0^{\frac{\pi}{2}} \frac{M_1 M_P R\mathrm{d}\theta}{EJ} = \int_0^{\frac{\pi}{2}} \frac{R\sin\theta \times PR(1-\cos\theta)R\mathrm{d}\theta}{EJ} = \frac{PR^3}{2EJ}$$

(3) 在 B 点加垂直方向的单位集中力，如图 6-25(c)所示，求出《1》状态的弯矩(顺时针)为

$$M_1 = R(1-\cos\theta)$$

所以，由式(6-2)可得 B 点的垂直位移

$$\Delta B_{\text{垂直}} = \int_0^{\frac{\pi}{2}} \frac{M_1 M_P R\mathrm{d}\theta}{EJ} = \int_0^{\frac{\pi}{2}} \frac{R(1-\cos\theta) \times PR(1-\cos\theta)R\mathrm{d}\theta}{EJ} = \left(\frac{3\pi}{4}-2\right)\frac{PR^3}{EJ}$$

(4) 在 B 剖面加单位力矩，如图 6-25(d)所示，求出《1》状态的弯矩(顺时针)为

$$M_1 = 1$$

所以，由式(6-2)可得 B 剖面的转角

$$\Delta\phi = \int_0^{\frac{\pi}{2}} \frac{M_1 M_P R\mathrm{d}\theta}{EJ} = \int_0^{\frac{\pi}{2}} \frac{1 \times PR(1-\cos\theta)R\mathrm{d}\theta}{EJ} = \left(\frac{\pi}{2}-1\right)\frac{PR^2}{EJ}$$

求得 B 点的水平位移、垂直位移和剖面转角都为正，说明这些位移和转角方向与施加的单位力方向是一致的。

在静定系统中，支座移动、元件尺寸制造误差以及环境温度的变化，都不会引起结构中的元件产生内力，但都会使结构产生变形和位移。单位载荷法亦可用来求解上述位移，此时，只需将上述的变形位移作为位移状态。

例 6-12　图 6-26 所示桁架，设杆 2-3 有温度升高 $\Delta t°C$，斜杆 1-3 在制造上超长了 Δl，在第 3 点处有垂直外载荷 P 作用，各杆的 Ef 均相同，材料的热胀系数为 α。试求系统在上述环境中节点 2 的垂直位移。

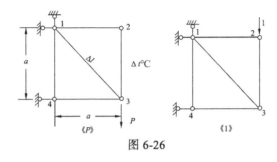

图 6-26

[解]　(1) 求出结构在 P 作用下内力 N_P，并填入表 6-3 中。

$$N_{34} = -P, \qquad N_{13} = \sqrt{2}P$$

(2) 求出温度变化及制造误差引起各元件的变形 V_R。

$$\Delta_{13} = \Delta l, \qquad \Delta_{23} = \alpha \Delta t a$$

(3) 在节点 2 加垂直单位力，求《1》状态的内力 N_1，填入表 6-3 中。

$$N_{23} = -1, \qquad N_{34} = -1, \qquad N_{13} = \sqrt{2}$$

表 6-3

元件	l/Ef	N_P	V_R	真实变形	N_1
2-3	a/Ef	—	$\alpha \Delta t a$	$\alpha \Delta t a$	-1
1-2	a/Ef	—	—	—	
3-4	a/Ef	$-P$	—	$-Pa/Ef$	-1
1-4	a/Ef	—	—	—	
1-3	$\sqrt{2}a/Ef$	$\sqrt{2}P$	Δl	$2Pa/Ef + \Delta l$	$\sqrt{2}$

(4) 以 P 作用下的变形、制造误差 Δl 及温度变化引起的变形之和作为结构的真实位移状态，则 2 点的垂直位移为

$$\Delta_{2垂直} = (1 + 2\sqrt{2}) \frac{Pa}{Ef} + \sqrt{2}\Delta l - \alpha \Delta t a$$

显然，上式中右边第一项是由于外载荷 P 引起的 2 点垂直方向的弹性位移，第二项及第三项分别为制造误差和温度改变所引起的"初位移"。

使用位移公式时，经常遇到 $\int M_1 M_P \mathrm{d}s$ 形式的积分。其中 M_1 和 M_P 都是坐标的函数，在 M_1 或 M_P 两者之一是线性变化的情况时，用图形互乘法计算积分极为方便。表 6-4 列出了常见的图形乘积积分，以备直接查用。

表 6-4

$\int M_1 M_P \mathrm{d}s$	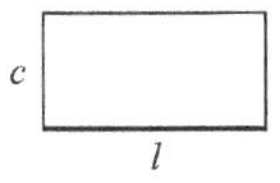	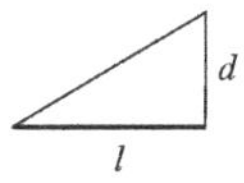	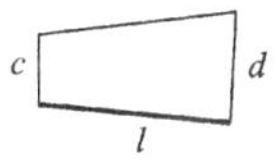	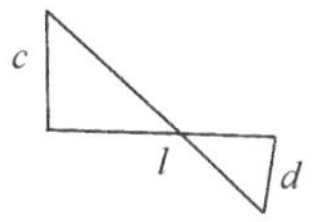
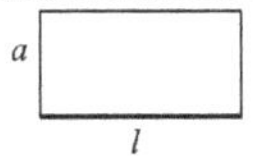	acl	$\dfrac{1}{2}adl$	$\dfrac{1}{2}a(c+d)l$	$\dfrac{1}{2}a(c-d)l$
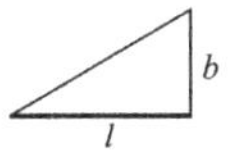	$\dfrac{1}{2}bcl$	$\dfrac{1}{3}bdl$	$\dfrac{1}{6}b(c+2d)l$	$\dfrac{1}{6}b(c-2d)l$
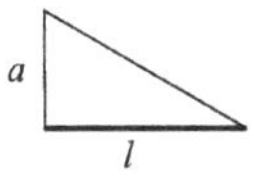	$\dfrac{1}{2}acl$	$\dfrac{1}{6}adl$	$\dfrac{1}{6}a(2c+d)l$	$\dfrac{1}{6}a(2c-d)l$
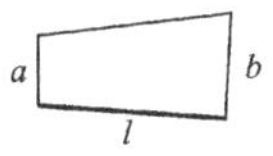	$\dfrac{1}{2}(a+b)cl$	$\dfrac{1}{6}(a+2b)dl$	$\dfrac{1}{6}[a(2c+d)+b(c+2d)]l$	$\dfrac{1}{6}[a(2c-d)+b(c-2d)]l$
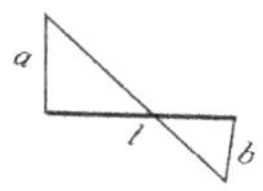	$\dfrac{1}{2}(a-b)cl$	$\dfrac{1}{6}(a-2b)dl$	$\dfrac{1}{6}[a(2c+d)-b(c+2d)]l$	$\dfrac{1}{6}[a(2c-d)-b(c-2d)]l$
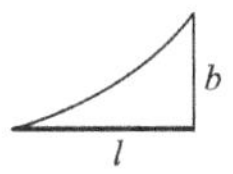	$\dfrac{1}{3}bcl$	$\dfrac{1}{4}bdl$	$\dfrac{1}{12}b(c+3d)l$	$\dfrac{1}{12}b(c-3d)l$
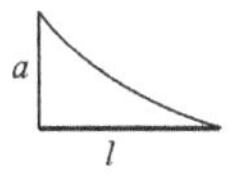	$\dfrac{1}{3}acl$	$\dfrac{1}{12}adl$	$\dfrac{1}{12}a(3c+d)l$	$\dfrac{1}{12}a(3c-d)l$
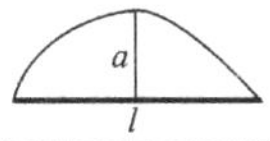	$\dfrac{2}{3}acl$	$\dfrac{1}{3}adl$	$\dfrac{1}{3}a(c+d)l$	$\dfrac{1}{3}a(c-d)l$

注：图中曲线都是二次抛物线。

利用图乘法积分 $\int M_1 M_P \mathrm{d}s$，当 M_1 和 M_P 同号时为正，异号取负。对于 q_1 和 q_P 乘积的正负号，在同一块受剪板上的剪流流向相同时取正，流向相反时取负。

例 6-13　求图 6-27(a)所示四缘条自由盒段在扭矩 M_T 作用下：(1) 两端肋的相对扭角 ϕ；(2) 支柱 1-4 和 2-3 的相对转角(又称横剖面 1-2-3-4 的扭翘角) ψ。假设两端肋在自身平面内绝对刚硬，板的厚度为 t，杆截面面积为 A，材料的弹性系数为 E、G。

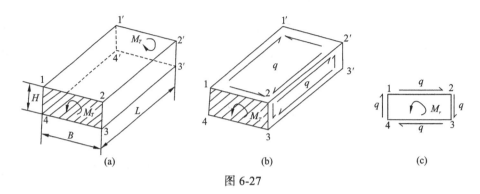

图 6-27

[解] (1) 求两端肋的相对扭角 ϕ 。

首先，求《P》状态的内力。由各纵杆的平衡，可得各纵向板的剪流大小相等，各杆的轴力均为零，板的剪流方向如图 6-27(b)所示。切出端肋为分离体，如图 6-27(c)所示。端肋为分离体在水平方向和垂直方向自动满足平衡方程，由力矩平衡方程，得

$$\Sigma M_4 = 0 \qquad M_T = q_P HB + q_P BH$$

所以

$$q_P = \frac{M_T}{2BH}$$

其次，求《1》状态的内力。为求两端肋的相对扭角 ϕ ，在盒段两端肋上加一对方向相反的单位扭矩，作为单位《1》状态。显然，只要在《P》状态中，令 $M_T = 1$ ，即得单位状态《1》，因此，单位状态的内力为

$$q_1 = \frac{1}{2BH}$$

根据位移公式(6-4)，可求得两端肋的相对扭角 ϕ

$$\phi = \sum \frac{q_1 q_P F}{Gt} = \frac{M_T L}{2GtB^2 H^2}(H + B)$$

因为求得的 ϕ 为正值，表示扭角 ϕ 的方向与 M_T 方向一致。

(2) 求支柱 1-4 和 2-3 的相对转角 ψ 。

为求支柱 1-4 和 2-3 的相对转角 ψ ，在两个支柱上加一对单位力矩，即在节点 1、4 和 2、3 上各加 $1/H$ 的力，其方向如图 6-28 所示，作为单位状态《1》。

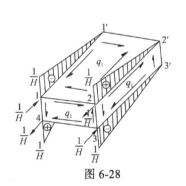

图 6-28

由杆 1-4、2-3、1-2、4-3 的平衡，可知纵向各板剪流相等，用 q_1 表示，方向如图 6-28 所示。由纵向杆 2-2'的平衡，得

$$q_1 = \frac{1}{2LH}$$

根据位移公式(6-4)，可得

$$\psi = \sum \frac{q_1 q_P F}{Gt} = \frac{2}{Gt} \frac{1}{2LH} \frac{M_T}{2BH}(HL - BL) = \frac{M_T}{2GtBH^2}(H - B)$$

由 ψ 的表达式可看出，当 $H = B$ 时，$\psi = 0$，即端面为正方形的盒段时没有翘曲。

例 6-14　求图 6-29(a)所示一端固支的四缘条盒段，上表面无壁板，在端肋上作用扭矩 M_T 时所产生的扭角 ϕ，并求支柱 1-4 和 2-3 的相对转角 ψ。假设端肋在自身平面内绝对刚硬。板厚度为 t，杆截面积为 f，材料的弹性系数为 E、G。

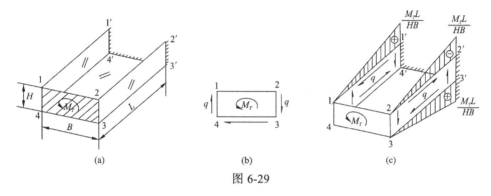

图 6-29

[解]　(1) 求端肋的扭角 ϕ。

首先，求《P》状态下的内力。取端肋作分离体，如图 6-29 (b)所示，由平衡条件得

$$\Sigma X = 0, \qquad q_{34} = 0$$
$$\Sigma Y = 0, \qquad q_{41} = q_{23} = q$$
$$\Sigma M_4 = 0, \qquad q = \frac{M_T}{HB}$$

由纵向杆的平衡，得杆端轴力

$$N_{1'1} = N_{3'3} = \frac{M_T L}{HB}$$

$$N_{2'2} = N_{4'4} = -\frac{M_T L}{HB}$$

《P》状态的内力图如图 6-29(c)所示。

其次，求《1》状态的内力。为求端肋的扭角 ϕ，在端肋上加单位扭矩，作为《1》状态。显然，只要在《P》状态中令 $M_T = 1$，即得《1》状态。单位状态的内力为

$$q_1 = \frac{1}{HB}$$

$$N_1^{(1'1)} = N_1^{(3'3)} = -N_1^{(2'2)} = -N_1^{(4'4)} = \frac{L}{HB}$$

根据位移公式(6-4)，扭角为

$$\phi = \Sigma \int \frac{N_1 N_P \mathrm{d}s}{Ef} + \Sigma \frac{q_1 q_P F}{Gt}$$

$$= 4 \frac{1}{Ef} \left(\frac{1}{2} \frac{M_T L}{HB} L \frac{2}{3} \frac{L}{HB} \right) + 2 \frac{1}{Gt} \frac{1}{HB} \frac{M_T}{HB} HL = \frac{4}{3Ef} \frac{M_T L^3}{H^2 B^2} + \frac{2M_T L}{GtHB^2}$$

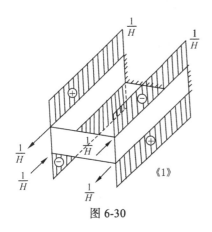

图 6-30

(2) 求支柱 1-4 和 2-3 的相对转角 ψ。

为求支柱 1-4 和 2-3 的相对转角 ψ，其单位状态《1》的内力图如图 6-30 所示。

由位移公式(6-4)，得相对转角 ψ 为

$$\psi = \Sigma \int \frac{N_1 N_P \mathrm{d}s}{Ef} = 4 \frac{1}{Ef} \left(\frac{1}{2} \frac{M_T L}{HB} L \right) \frac{1}{H} = \frac{2M_T L^2}{Ef H^2 B}$$

为了把例 6-13 与本例的结构变形进行比较，我们假设 $M_T = 1000 \mathrm{N \cdot m}$, $L = 300 \mathrm{~cm}$, $B = 100 \mathrm{~cm}$, $H = 20 \mathrm{~cm}$, $f = 5 \mathrm{cm}^2$, $t = 0.2 \mathrm{~cm}$, $E = 7.2 \times 10^6 \mathrm{~N/cm^2}$, $G = 2.7 \times 10^6 \mathrm{~N/cm^2}$。将两例题的计算结果列于表 6-5。

表 6-5

	自由盒段	开口固定盒段
扭转角 ϕ	0.0477°	1.464°
扭翘角 ψ	0.0106°	0.716°

通过对以上两例计算的扭角进行比较，可得出如下结论：

(1) 空间薄壁结构在扭矩作用下，横剖面一般会发生翘曲。即原来的平面截面，在扭转后，截面上的点会产生垂直于截面方向的位移。当各壁板厚度相同，且 $B = H$(正方形截面)的情况下，翘曲角才等于零。

(2) 自由的封闭盒段靠纵向壁板的剪流来承受扭矩，与缘条面积无关。因此，增加纵向壁板的厚度可提高结构的抗扭能力。而开口盒段是靠缘条和腹板组成的两个侧梁的相反方向弯曲(又称参差弯曲)来承受扭矩。因此，增加缘条面积和腹板厚度可提高开口盒段的抗扭能力，且缘条的作用比腹板的作用显著。

(3) 开口盒段比封闭盒段的抗扭能力差得多。

习   题

6-1 试找出题 6-1 图结构中的零力杆(在零力杆上打上"0"记号)。

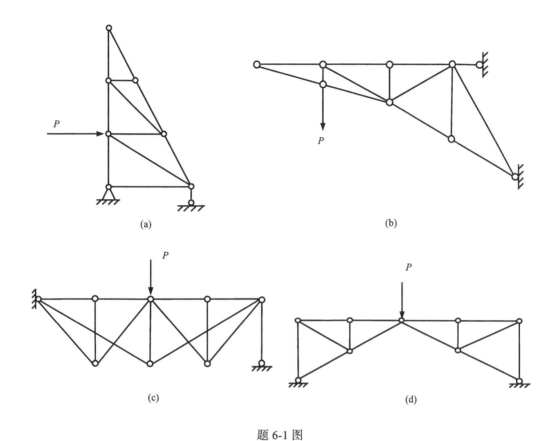

题 6-1 图

6-2　已知平面桁架的几何尺寸和载荷情况如题 6-2 图所示,用节点法计算桁架各杆的
　　　内力。

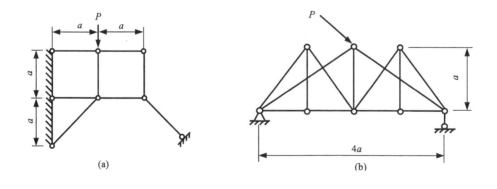

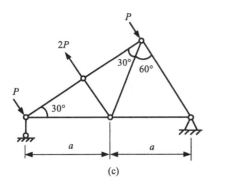

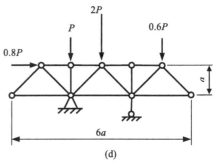

(c)

(d)

题 6-2 图

6-3 用分解成平面桁架的方法求题 6-3 图所示空间桁架各杆的内力。

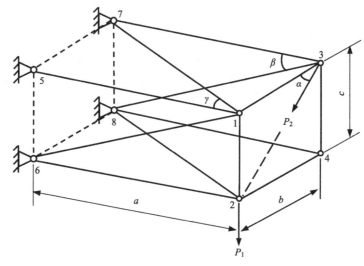

题 6-3 图

6-4 已知平面桁架的几何尺寸和受载情况如题 6-4 图所示。求图中用粗线所示的杆件①、②、③的内力。

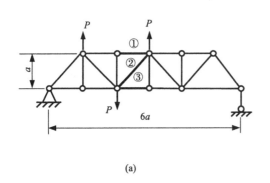

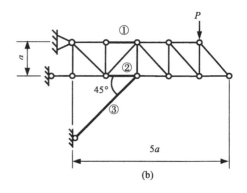

(a)

(b)

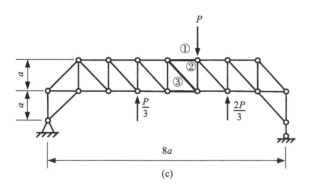

(c)

题 6-4 图

6-5　求题 6-5 图示平面桁架的内力。

6-6　求题 6-6 图所示平面刚架的弯矩图。

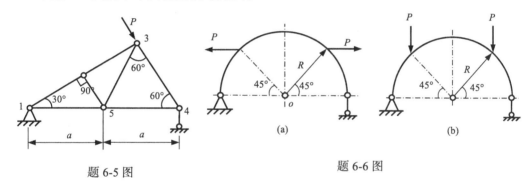

题 6-5 图　　　　　　　　　题 6-6 图

6-7　求题 6-7 图所示各刚架的内力，作弯矩图。

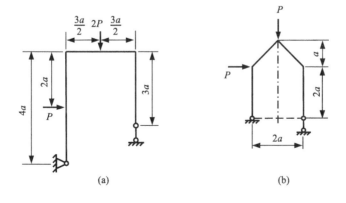

(a)　　　　　　　　　　　(b)

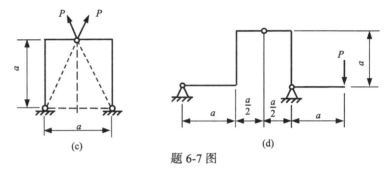

题 6-7 图

6-8　起落架的计算模型尺寸如题 6-8 图所示，长度单位为 cm。机轮对轮轴的作用力 P_1=105 000 N，P_2=80 000 N，求结构内力并作弯矩图。

6-9　求题 6-9 图所示结构内力并作弯矩图。图中 1、4、7 为铰结点，2、3、5、6 为刚结点。

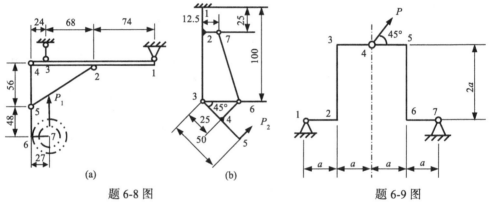

题 6-8 图　　　　　　　　　　　　　　题 6-9 图

6-10　题 6-10 图所示为刚架结构，B、D 为刚结点，A、C、E 为铰结点，在图示载荷作用下试作结构弯矩图。

6-11　求题 6-11 图所示结构的弯矩(弯曲元件)和轴力(杆元件)。

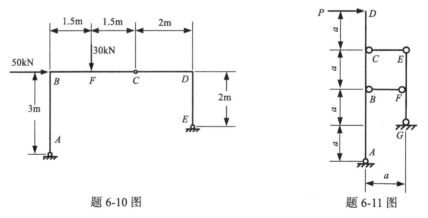

题 6-10 图　　　　　　　　　　　　　　题 6-11 图

6-12　已知平面薄壁结构的形状、尺寸及受载情况如题 6-12 图所示，求各元件内力，并作内力图。其中 $P = 1000\ \text{N}$，$a = 30\ \text{cm}$，$b = 40\ \text{cm}$。

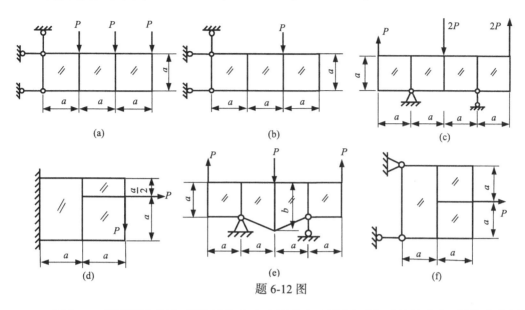

题 6-12 图

6-13　求题 6-13 图所示各平面薄壁结构在自身平衡力系作用下各元件的内力，并作内力图。

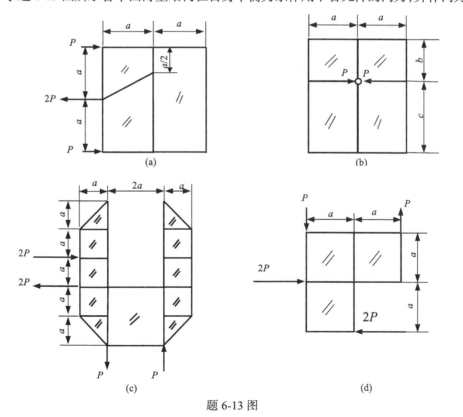

题 6-13 图

6-14　求题 6-14 图所示各平面薄壁结构的内力，并作内力图。

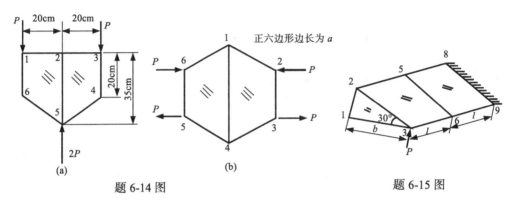

题 6-14 图　　　　　　　　　　　　　　　　题 6-15 图

6-15　求题 6-15 图所示三角形剖面薄壁梁内力并作内力图。已知框截面形状是直角三角形，外力 P 作用在端框平面内，并垂直于杆 1-3。

6-16　求题 6-16 图所示各空间薄壁结构在图示载荷作用下的内力，并作出内力图。

6-17　求题 6-17 图所示各空间薄壁结构在自身平衡力作用下的内力，并作出内力图。

6-18　求题 6-18 图所示薄壁结构内力图，各边长为 a，高为 h，载荷为 P。

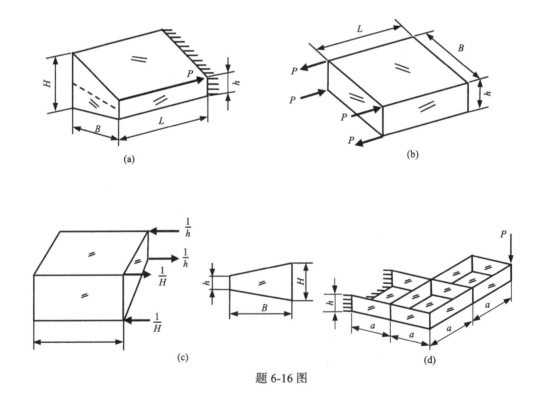

题 6-16 图

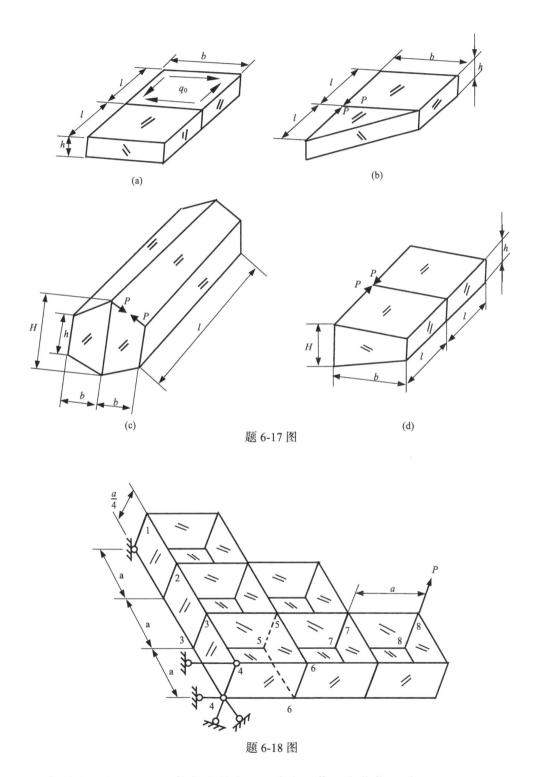

题 6-17 图

题 6-18 图

6-19　求题 6-19 图所示平面桁架在节点 4 垂直向下作用有载荷 P 时：

(1) 节点 5 的垂直位移;

(2) 节点 3 的水平位移;

(3) 节点 2 与 4 的相对位移;

(4) 杆件 2-6 和 3-4 的相对转角。

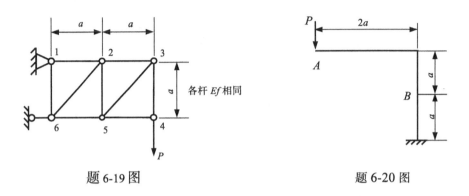

题 6-19 图　　　　　　　　　　　　　　题 6-20 图

6-20　求题 6-20 图所示平面刚架(各构件 EJ 相同)在载荷 P 作用下:

(1) A 点的垂直位移 Δ_A;

(2) A、B 截面的相对转角 φ_{AB}。

6-21　求题 6-21 图所示半圆形刚架,各剖面的抗弯刚度为 EJ,在 P 作用下:

(1) 截面 A 的转角 φ_A;

(2) B 点垂直位移 Δ_B;

(3) A 点水平位移 Δ_A。

6-22　题 6-22 图所示为一半圆形刚架,已知半径为 R,比重为 ρ,截面积为 f,剖面抗弯刚度为 EJ,求刚架在本身重量作用下 A 点的垂直位移。

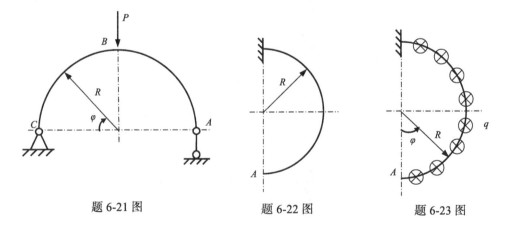

题 6-21 图　　　　　　　　题 6-22 图　　　　　　　题 6-23 图

6-23　题 6-23 图所示为半圆形刚框,在垂直框平面方向作用有均匀载荷 q N/cm,已知剖面及材料参数 E、J、G、J_ρ,求自由端 A 点顺载荷方向的位移。

6-24　题 6-24 图所示为等截面的平面刚架，在 A 点固支，C 为圆心，截面抗弯刚度为 EJ，求 C 点在垂直力 P 作用下的垂直方向的位移。

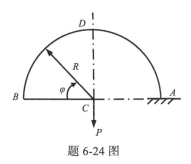

题 6-24 图

6-25　题 6-25 图所示为混合结构，全部构件截面均为 A，弯曲刚度为 EJ，求 P 作用下 A、B 两点间的相对位移。

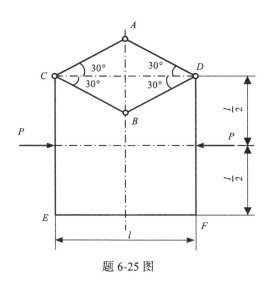

题 6-25 图

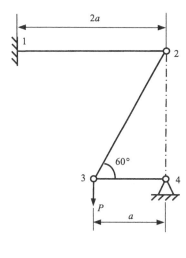

题 6-26 图

6-26　题 6-26 图所示为混合结构，各构件弹性模量为 E，横截面积为 f，惯性矩为 J，求图示载荷 P 作用下 3 点的垂直位移。设结构在 1 点固支，2、3、4 点为铰支。

6-27　题 6-27 图所示薄壁结构，已知载荷 $P = 10\,000$ N，材料弹性系数 $E = 7 \times 10^6$ N/cm²，且 $E/G = 2.6$，壁板厚 $t = 0.1$ cm，支柱（即垂直杆）截面积 $f = 30$ cm²，几何尺寸 $a = 100$ cm，$b = 80$ cm。

(1) 题 6-27(a)图中，上下缘条截面面积均为 $f_1 = 5$ cm²，求节点 7 和 9 之间的相对位移 Δ_{79}；

(2) 题 6-27(b)图中，上下缘条截面面积分别为：1 到 3 之间为 $f_1 = 15$ cm²，3 到 5 之间为 $f_2 = 10$ cm²，5 到 6 之间为 $f_3 = 5$ cm²，求节点 6 的垂直位移 Δ_6。

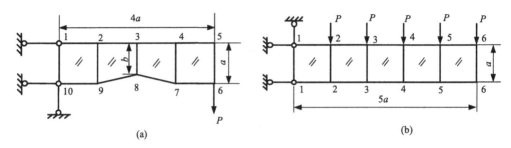

(a)

(b)

题 6-27 图

第7章
静不定结构的内力及弹性位移

7.1 引　言

实际工程结构为了增加刚度和可靠性，经常增加一些构件。这样，使系统增加了"多余"约束，而变成静不定结构。

所谓静不定结构，在组成上是指具有多余约束的几何不变系统，在求解内力时只用静力平衡条件无法求解结构的内力。结构的静不定度 K 就等于该结构的多余约束数，即 $K = C\text{--}N$。应该指出，所谓"多余约束"是从保证结构成为几何不变的观点来说它是多余的，但对于发挥结构的性能、增加结构的刚度和可靠性来说，这些"多余约束"有时是很必要的。

静不定结构和静定结构比较，具有如下重要特性：

(1) 静不定结构是具有多余约束的几何不变系统。其多余约束的数目就是结构的静不定度数。

(2) 静不定结构的内力只满足静力平衡条件的解可以有无穷多组，必须利用变形协调条件才能求得结构的真正内力。所以静不定结构既满足平衡条件又满足变形协调条件的解才是唯一的。

(3) 由于求解静不定结构的内力必须利用变形协调条件，所以，静不定结构的内力不仅与载荷有关，而且与变形有关，即与结构的材料性能、元件截面及其几何尺寸有关。或者说，静不定结构的内力是按元件之间的相对刚度来分配的。

(4) 静不定结构具有多余约束，即使多余约束破坏后，结构常常仍旧是几何不变的，仍能继续承载。所以，一般来说，静不定结构比静定结构有较强的生存力和较大的刚度。

7.2　静不定结构的解法——力法

求解静不定结构的内力，必须依据结构力学的三条基本原则，即结构在给定的外力作用下，其内力必须同时满足平衡条件、变形协调条件和物理方程。

静不定结构的解法，按照基本未知数的选取方法不同，一般可分为三种：

(1) 力法——选取多余约束的内力(或反力)为基本未知数，利用平衡条件和变形协调条件，首先求出这些基本未知力，然后再求出结构的其他内力。

(2) 位移法——选取系统的满足变形连续条件的某些位移(线位移、角位移)为基本未知数，利用平衡条件先求出这些基本位移，然后再求出结构的内力。

(3) 混合法——在选取的基本未知数中，一部分取多余的约束力，另一部分取结构的某些位移，利用平衡条件和变形协调条件混合求解。

本节只研究力法的基本原理和解题的主要步骤。

7.2.1　力法的基本原理

1. 确定结构的静不定度数

首先分析并确定结构的静不定度数，即确定结构所具有的多余约束数 K 值。如图 7-1 所示的桁架，其静不定度数的 K 值为 2。

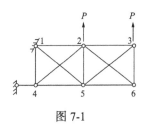

图 7-1

2. 选取基本系统和基本未知数

根据结构的静不定度数，切断结构中多余的约束(相当于解除多余约束)，这样便得到一个静定结构。我们把这个除去多余约束后的静定结构称为"基本系统"。由于多余约束可以有不同的取法，因此，对于同一个静不定结构，可以选取不同形式的基本系统，图 7-1 所示的二度静不定桁架结构所取的不同基本系统如 7-2 所示。解题时可选取其中任何一种。选取基本系统的原则：①基本系统必须是几何不变的静定结构，对于 K 度静不定结构，必须切断 K 个多余约束，而且必须在确定"多余"的地方切断；②选取的基本系统必须使计算尽可能简单。

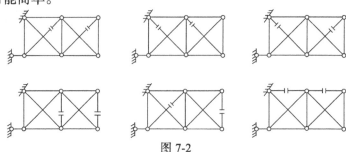

图 7-2

在选好基本系统之后，用多余约束未知内力代替"切口"处的多余约束作用。对于 K 度静不定结构，其多余约束未知内力用 X_1，X_2，$\cdots$，X_K 表示，这样，原来在外载 P 作用下的静不定结构已转化为在外载 P 和"切口"处的多余未知力 X_1，X_2，$\cdots$，X_K 共同作用下的静定结构。这些多余约束未知内力就是力法的基本未知数。图 7-1 所示的二度静不定桁架结构就转化为在外载 P 和多余未知力 X_1 和 X_2 共同作用下的静定结构，如图 7-3 所示。

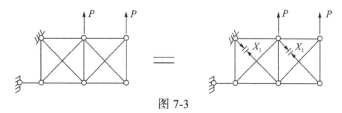

图 7-3

3. 利用平衡条件求出结构中各构件内力

由于基本系统是静定的，利用平衡条件可求出基本系统在外载荷和多余未知力作用下的内力。易知，静不定结构每一根杆的内力可表示为多余未知力 X_1，X_2，$\cdots$，X_K 的函数。

对于图 7-3 所示的桁架结构，则各杆的内力可表示为未知力 X_1 和 X_2 的函数，如下式所示：

$$N = F(X_1, X_2) \tag{7-1}$$

4. 利用变形协调条件求出多余未知力

基本系统在外载荷和多余未知力共同作用下，除了满足平衡条件外，还必须保证在"切口"处不产生相对位移，即在切口处两个相邻截面必须始终贴合在一起，相当于没有开切口的连续系统一样，也即满足系统的变形协调方程。这样才能保证外载作用下的静不定结构等效于外载和基本未知力共同作用下的静定结构。

对于每一个"切口"，可应用虚力原理列出一个和未知力有关的相对位移等于零的变形协调方程。对于图 7-4 的桁架结构，可以取如图 7-4 所示的两个虚力状态《1》和《2》。

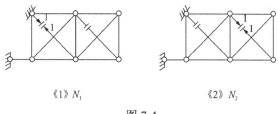

《1》 N_1　　　　　　　　　　《2》 N_2

图 7-4

两个虚力状态《1》和《2》分别作用于图 7-3 所示的真实变形状态，根据变形协调条件，在 P、X_1 和 X_2 共同作用下，"切口 1"和"切口 2"的相对位移必须分别等于零。应用虚力原理，由虚外力余功等于虚内力余功，可以建立如下两个变形协调方程：

$$\sum \frac{N_1 N l}{Ef} = 0$$
$$\sum \frac{N_2 N l}{Ef} = 0$$
$$\tag{7-2}$$

式中 N_1 和 N_2 分别表示虚力状态《1》和《2》下结构中每一根杆的内力；N 为静不定结构每一根杆的内力。将式(7-1)代入式(7-2)，这样就得到以 X_1 和 X_2 为未知量的两个变形协调方程，解此方程，即可求出多余未知力 X_1 和 X_2。

7.2.2　力法典型方程及其系数

以图 7-1 所示的二度静不定桁架结构为例来说明力法典型方程的建立。根据力法的基本原理，图 7-3 所示的桁架结构受力系统可简化为图 7-5 所示的三个基本受力系统。

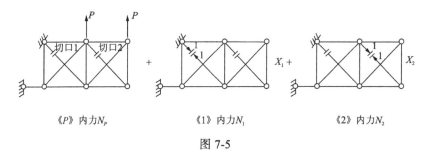

$《P》$ 内力N_P　　　　　　　$《1》$ 内力N_1　　　　　　　$《2》$ 内力N_2

图 7-5

利用叠加原理，即可求得静不定结构的内力，其内力可表示为

$$N = N_P + N_1 X_1 + N_2 X_2 \tag{7-3}$$

式中 N_P 为基本系统在外载作用下各根杆的内力，称为《P》状态下的内力；N_1、N_2 分别表示当多余未知力 $X_1 = 1$、$X_2 = 1$ 单独作用在基本系统上所引起的各根杆的内力，称为单位状态《1》和《2》下的内力。

在 P、X_1 和 X_2 共同作用下的结构真实变形(图 7-3)等同于在 P、X_1 和 X_2 分别作用下的结构变形之和，如图 7-5 所示。

将式(7-3)代入式(7-2)，得

$$\sum \frac{N_1 N l}{Ef} = \sum \frac{N_1(N_P + N_1 X_1 + N_2 X_2)l}{Ef} = X_1 \sum \frac{N_1^2 l}{Ef} + X_2 \sum \frac{N_1 N_2 l}{Ef} + \sum \frac{N_1 N_P l}{Ef} = 0$$

$$\sum \frac{N_2 N l}{Ef} = \sum \frac{N_2(N_P + N_1 X_1 + N_2 X_2)l}{Ef} = X_1 \sum \frac{N_2 N_1 l}{Ef} + X_2 \sum \frac{N_2^2 l}{Ef} + \sum \frac{N_2 N_P l}{Ef} = 0$$

(7-4)

也即

$$\delta_{11} X_1 + \delta_{12} X_2 + \Delta_{1P} = 0$$
$$\delta_{21} X_1 + \delta_{22} X_2 + \Delta_{2P} = 0$$

(7-5)

其中

$$\delta_{11} = \sum \frac{N_1^2 l}{Ef}, \qquad \delta_{12} = \delta_{21} = \sum \frac{N_1 N_2 l}{Ef}, \quad \delta_{22} = \sum \frac{N_2^2 l}{Ef}$$

$$\Delta_{1P} = \sum \frac{N_1 N_P l}{Ef}, \quad \Delta_{2P} = \sum \frac{N_2 N_P l}{Ef}$$

式(7-5)称为力法的典型方程(或正则方程)。δ_{ij} 称为影响系数,表示 $X_j = 1$ 单独作用下,在基本系统"切口 i"处所引起的相对位移;Δ_{iP} 称为载荷系数(或称为常数项),表示外载荷单独作用下,在基本系统"切口 i"处所引起的相对位移。根据位移互等定理,可知 $\delta_{ij} = \delta_{ji}$。

需要指出的是:图 7-4 所示的两个虚力状态分别与图 7-5 所示的两个单位状态相同,因此,在解题时只需要画出图 7-5 所示的两个单位状态。每个单位状态既表示单位虚力状态,当乘以对应的多余未知力时,又表示多余未知力作用下结构的变形状态。

对于不同的结构形式,典型方程的各系数计算公式可按第 6 章求弹性位移的公式求得。

对于桁架结构,各系数计算公式为

$$\delta_{ii} = \sum \frac{N_i^2 l}{Ef}, \qquad \delta_{ij} = \delta_{ji} = \sum \frac{N_i N_j l}{Ef}$$

$$\Delta_{iP} = \sum \frac{N_i N_P l}{Ef}$$

(7-6)

对于平面刚架,各系数计算公式为

$$\delta_{ii} = \sum \int \frac{M_i^2 \mathrm{d}s}{EJ}, \qquad \delta_{ij} = \delta_{ji} = \sum \int \frac{M_i M_j \mathrm{d}s}{EJ}$$

$$\Delta_{iP} = \sum \int \frac{M_i M_P \mathrm{d}s}{EJ}$$

(7-7)

对于空间刚架,各系数计算公式为

$$\delta_{ii} = \sum \int \frac{M_i^2 \mathrm{d}s}{EJ} + \sum \int \frac{T_i^2 \mathrm{d}s}{GJ_\rho}, \qquad \delta_{ij} = \delta_{ji} = \sum \int \frac{M_i M_j \mathrm{d}s}{EJ} + \sum \int \frac{T_i T_j \mathrm{d}s}{GJ_\rho}$$

$$\Delta_{iP} = \sum \int \frac{M_i M_P \mathrm{d}s}{EJ} + \sum \int \frac{T_i T_P \mathrm{d}s}{GJ_\rho} \tag{7-8}$$

对于薄壁结构，各系数计算公式为

$$\delta_{ii} = \sum \int \frac{N_i^2 \mathrm{d}s}{Ef} + \sum \frac{q_i^2 F}{Gt}, \qquad \delta_{ij} = \delta_{ji} = \sum \int \frac{N_i N_j \mathrm{d}s}{Ef} + \frac{q_i q_j F}{Gt}$$

$$\Delta_{iP} = \sum \int \frac{N_i N_P \mathrm{d}s}{Ef} + \sum \frac{q_i q_P F}{Gt} \tag{7-9}$$

对于不同的结构有不同的受力形式，典型方程中相对位移等于零的物理概念是各不相同的。若多余未知力是轴力，则表示切口处相对位移等于零，即表示切口处两截面始终贴合在一起；若多余未知力为力矩，则表示多余约束切口处剖面的相对转角等于零；若多余未知力是剪力，则表示多余约束处剖面没有横向相对位移(剪切位移)，即表示剖面不错开；对于杆板薄壁结构，若把板的剪流作为多余未知力，则表示板四边切口的相对剪切角等于零。

7.2.3 用力法求解静不定结构内力的步骤

(1) 分析结构的静不定度(以 K 度静不定为例)，并选取基本系统。

(2) 求出外载荷单独作用下基本系统各元件的内力 N_P(或 M_P、Q_P、$q_P\cdots$)，即求出《P》状态下的内力，并作内力图。

(3) 分别求出多余未知力 $X_i = 1$ 单独作用下基本系统各元件的内力 N_i(或 M_i、Q_i、$q_i\cdots$)，即求出单位状态《i》的内力(共有 K 个彼此独立的内力状态)，并作内力图。

(4) 求影响系数 δ_{ii} 和 δ_{ij}，载荷系数 Δ_{iP}。

(5) 建立力法典型方程，求解此方程，可得出多余未知力 X_1，X_2，$\cdots$，X_K。

(6) 利用叠加原理，求出静不定结构的真实内力。各种内力的计算公式表示如下：

轴力　　　$N = N_P + N_1 X_1 + N_2 X_2 + \cdots + N_K X_K$

弯矩　　　$M = M_P + M_1 X_1 + M_2 X_2 + \cdots + M_K X_K$

扭矩　　　$T = T_P + T_1 X_1 + T_2 X_2 + \cdots + T_K X_K$

剪力　　　$Q = Q_P + Q_1 X_1 + Q_2 X_2 + \cdots + Q_K X_K$

剪流　　　$q = q_P + q_1 X_1 + q_2 X_2 + \cdots + q_K X_K$

在实际计算时，为便于检查，可列表计算。在叠加时应按内力图进行对应叠加。

例 7-1 求图 7-6(a)所示静不定桁架的内力。已知该桁架水平杆和垂直杆的截面面积均为 f，斜杆的截面面积为 $\sqrt{2}f$。各杆材料相同，弹性模量为 E。

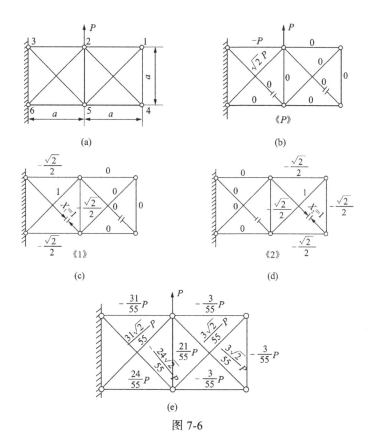

图 7-6

[解] (1) 分析结构的静不定度，用铰接三角形组成法可判断该结构为 $K=2$ 的静不定结构。切断二根斜杆作基本系统，如图 7-6(b)所示。

(2) 求《P》状态的内力 N_P、单位状态《1》的内力 N_1 和单位状态《2》的内力 N_2，它们的内力分别如图 7-6(b)、(c)、(d)所示。

(3) 求影响系数 δ_{ij} 和载荷系数 Δ_{iP}。

$$\delta_{11} = \sum \frac{N_1^2 l_i}{Ef_i} = \frac{7a}{2Ef}$$

$$\delta_{12} = \delta_{21} = \sum \frac{N_1 N_2 l_i}{Ef_i} = \frac{a}{2Ef}$$

$$\delta_{22} = \sum \frac{N_2^2 l_i}{Ef_i} = \frac{4a}{Ef}$$

$$\Delta_{1P} = \sum \frac{N_1 N_P l_i}{Ef_i} = \frac{3\sqrt{2}}{2} \frac{Pa}{Ef}$$

$$\Delta_{2P} = \sum \frac{N_2 N_P l_i}{Ef_i} = 0$$

(4) 建立力法典型方程，求解多余未知力。

$$\delta_{11}X_1 + \delta_{12}X_2 + \Delta_{1P} = 0$$
$$\delta_{21}X_1 + \delta_{22}X_2 + \Delta_{2P} = 0$$

将求得的系数代入力法典型方程，得

$$\frac{7}{2}X_1 + \frac{1}{2}X_2 + \frac{3\sqrt{2}}{2}P = 0$$

$$\frac{1}{2}X_1 + 4X_2 = 0$$

求解力法典型方程，得多余未知力

$$X_1 = -\frac{24\sqrt{2}}{55}P$$

$$X_2 = \frac{3\sqrt{2}}{55}P$$

式中 X_1 为负号，表示 X_1 的实际方向与所假设的方向相反，即 X_1 为压力。

(5) 用叠加原理求出各杆的内力。

$$N = N_P + N_1X_1 + N_2X_2$$

例如，杆 2-5 的轴力为 N_{25}

$$N_{25} = 0 + \left(-\frac{\sqrt{2}}{2}\right)\left(-\frac{24\sqrt{2}}{55}P\right) + \left(-\frac{\sqrt{2}}{2}\right)\left(\frac{3\sqrt{2}}{55}P\right) = \frac{21}{55}P$$

各杆的内力如图 7-6(e)所示。最后，我们可以检查切口 1 和切口 2 处的变形连续条件是否满足，如果满足，则应有

$$\Delta_1 = \sum \frac{N_1Nl_i}{Ef_i} = 0$$

$$\Delta_2 = \sum \frac{N_2Nl_i}{Ef_i} = 0$$

例 7-2 试求图 7-7(a)所示平面刚架的内力。各杆抗弯刚度均为 EJ。

[解] (1) 该平面刚架为三度静不定结构。

(2) 选取基本系统，并作各状态的内力图。

将刚架沿对称轴切开，即解除三个多余约束，得静定的基本系统。在切口处用三个多余未知力(轴力 X_1、剪力 X_2 和弯矩 X_3)代替切口的约束作用，则在 P 作用下的静不定结构已转化为 P 和多余未知力 X_1、X_2、X_3 共同作用下的静定结构，如图 7-7(a)、(b)所示。用平衡条件分别求出载荷状态《P》和各单位状态《1》、《2》、《3》的内力。其弯矩图如图 7-7(c)、(d)、(e)、(f)所示。弯矩图画在构件受压一侧，分别用

M_P、M_1、M_2、M_3 表示。

(3) 求影响系数 δ_{ij} 和载荷系数 Δ_{iP}。

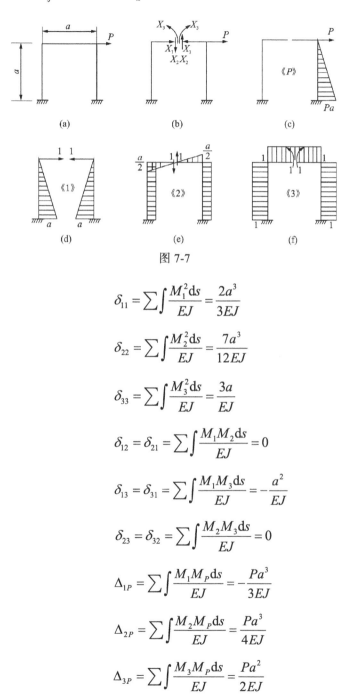

图 7-7

$$\delta_{11} = \sum \int \frac{M_1^2 \mathrm{d}s}{EJ} = \frac{2a^3}{3EJ}$$

$$\delta_{22} = \sum \int \frac{M_2^2 \mathrm{d}s}{EJ} = \frac{7a^3}{12EJ}$$

$$\delta_{33} = \sum \int \frac{M_3^2 \mathrm{d}s}{EJ} = \frac{3a}{EJ}$$

$$\delta_{12} = \delta_{21} = \sum \int \frac{M_1 M_2 \mathrm{d}s}{EJ} = 0$$

$$\delta_{13} = \delta_{31} = \sum \int \frac{M_1 M_3 \mathrm{d}s}{EJ} = -\frac{a^2}{EJ}$$

$$\delta_{23} = \delta_{32} = \sum \int \frac{M_2 M_3 \mathrm{d}s}{EJ} = 0$$

$$\Delta_{1P} = \sum \int \frac{M_1 M_P \mathrm{d}s}{EJ} = -\frac{Pa^3}{3EJ}$$

$$\Delta_{2P} = \sum \int \frac{M_2 M_P \mathrm{d}s}{EJ} = \frac{Pa^3}{4EJ}$$

$$\Delta_{3P} = \sum \int \frac{M_3 M_P \mathrm{d}s}{EJ} = \frac{Pa^2}{2EJ}$$

(4) 建立力法典型方程，求解多余未知力。

$$\delta_{11}X_1 + \delta_{12}X_2 + \delta_{13}X_3 + \Delta_{1P} = 0$$
$$\delta_{21}X_1 + \delta_{22}X_2 + \delta_{23}X_3 + \Delta_{2P} = 0$$
$$\delta_{31}X_1 + \delta_{32}X_2 + \delta_{33}X_3 + \Delta_{3P} = 0$$

上述典型方程的物理意义是：第一式表示切口处的相邻两截面不分开，即轴向相对位移等于零；第二式表示切口处两截面上下不错开，即相对的剪切位移等于零；第三式表示切口处两截面没有相对转角。

将求得的系数代入典型方程，得

$$\frac{2}{3}aX_1 - X_3 - \frac{Pa}{3} = 0$$

$$\frac{7}{12}X_2 + \frac{P}{4} = 0$$

$$-aX_1 + 3X_3 + \frac{Pa}{2} = 0$$

解上述方程组，求得多余未知力

$$X_1 = \frac{P}{2}, \quad X_2 = -\frac{3}{7}P, \quad X_3 = 0$$

(5) 用叠加原理求结构的内力。

　　　弯矩　　　　$M = M_P + M_1X_1 + M_2X_2 + M_3X_3$

　　　剪力　　　　$Q = Q_P + Q_1X_1 + Q_2X_2 + Q_3X_3$

　　　轴力　　　　$N = N_P + N_1X_1 + N_2X_2 + N_3X_3$

计算得出的弯矩 M、剪力 Q、轴力 N 的分布图如图 7-8 所示。

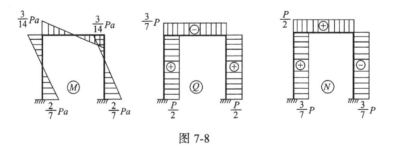

图 7-8

例 7-3　求图 7-9(a)所示平面杆板薄壁结构的内力。已知各杆截面面积为 f，长度为 a，板厚为 t，弹性模量为 E，剪切模量为 G，其有关系式 $Ef = 10Gta$。

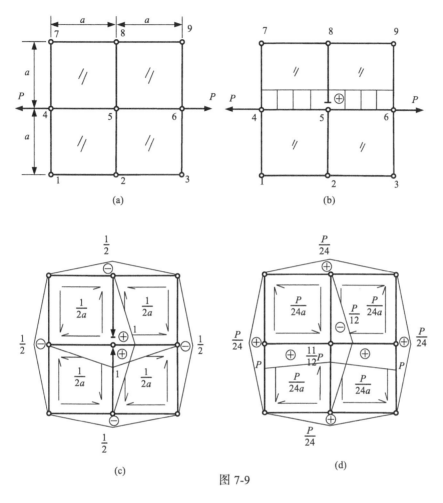

图 7-9

[解]　(1) 该结构有 1 个内部 "+" 字形节点，因此是 $K = 1$ 的静不定薄壁结构。选取中间垂直杆为多余约束，将节点 5 的上方杆切断，得静定的基本系统。

(2) 求载荷状态《P》和单位状态《1》的内力，其内力图如图 7-9(b)、(c)所示。

(3) 计算影响系数 δ_{ij} 和载荷系数 Δ_{iP}。

可用图乘法求得

$$\delta_{11} = \sum \int \frac{N_1^2 \mathrm{d}s}{Ef} + \sum \frac{q_1^2 F}{Gt}$$

$$= \frac{1}{Ef} \left(\frac{1}{2} \cdot a \cdot \frac{1}{2} \cdot \frac{2}{3} \cdot \frac{1}{2} \cdot 8 + \frac{1}{2} \cdot a \cdot 1 \cdot \frac{2}{3} \cdot 1 \cdot 4 \right) + 4 \cdot \frac{(1/2a)^2 \cdot a^2}{Gt} = \frac{2a}{Ef} + \frac{1}{Gt} = \frac{12a}{Ef}$$

$$\Delta_{1P} = \sum \int \frac{N_1 N_P \mathrm{d}s}{Ef} = \frac{1}{Ef} \left(a \cdot P \cdot \frac{1}{2} \cdot 1 \cdot 2 \right) = \frac{Pa}{Ef}$$

(4) 建立力法典型方程，求解多余未知力。

$$\delta_{11}X_1 + \Delta_{1P} = 0$$

将各系数代入典型方程，得

$$\frac{12a}{Ef}X_1 + \frac{Pa}{Ef} = 0$$

求解可得多余未知力为

$$X_1 = -\frac{P}{12}$$

(5) 利用叠加原理求结构元件内力。

杆轴力　　　$N = N_P + N_1 X_1$

板剪流　　　$q = q_P + q_1 X_1$

内力图绘于图 7-9(d)中。

在静不定结构中，由于支座移动、系统元件制造误差以及温度变化等因素，都会在系统中引起内力。用力法也可求出这些初内力，下面将通过具体例子来说明。

例 7-4　图 7-10(a)所示刚架，试求在支座 B 有垂直下沉距离 $d = 0.5$ cm 时，刚架中所产生的弯矩。设刚架各元件为等截面，且有 $EJ = 1.9 \times 10^9$ N·cm², $b = 100$ cm，$h = 60$ cm。

[解]　(1) 该系统为二度静不定，取基本系统如图 7-10(b)所示。

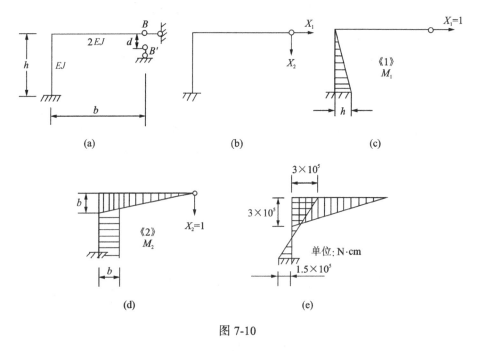

图 7-10

(2) 单位状态《1》和《2》的弯矩图如图 7-10(c)、(d)所示。

(3) 建立变形协调方程。

B 点水平位移应为零，即 $\Delta_1 = 0$；

B 点垂直位移应等于支座下沉量，$\Delta_2 = 0.5$。因此，变形协调方程为

$$\delta_{11}X_1 + \delta_{12}X_2 = 0$$
$$\delta_{21}X_1 + \delta_{22}X_2 = 0.5$$

(4) 求影响系数及解变形协调方程

$$\delta_{11} = \sum\int\frac{M_1^2\mathrm{d}s}{EJ} = \frac{60}{3EJ}\times 60^2 = \frac{72\,000}{EJ}$$

$$\delta_{12} = \sum\int\frac{M_1 M_2\mathrm{d}s}{EJ} = \frac{60\times 60}{2EJ}\times 100 = \frac{180\,000}{EJ}$$

$$\delta_{22} = \sum\int\frac{M_2^2\mathrm{d}s}{EJ} = \frac{100^2\times 60}{EJ} + \frac{100}{2EJ\times 3}\times 100^2 = \frac{2\,300\,000}{3EJ}$$

代入变形协调方程，得

$$72\,000X_1 + 180\,000X_2 = 0$$

$$180\,000X_1\times\frac{2\,300\,000}{3}X_2 = 0.5EJ$$

解上述方程，得多余未知力

$$X_1 = -7500\mathrm{N}, \quad X_2 = 3000\mathrm{N}$$

(5) 叠加后系统的弯矩：

$$M = M_1 X_1 + M_2 X_2$$

弯矩如图 7-10(e)所示。

例 7-5　试求图 7-11(a)所示双盒段薄壁结构在图示变温 T 分布情况下的内力。已知各杆截面面积均为 f，板厚均为 t，弹性系统分别为 E、G，杆的线热胀系数为 α。假设三个隔板绝对刚硬(即不考虑其变形)。

[解]　(1) 该系统为一度静不定。在点 5 处切断杆 1-5，得基本系统。

(2) 作单位状态《1》的内力图，如图 7-11(b)所示。由于结构对称，热载荷也对称，因而内力图也对称。除中间隔板剪流 $q_2 = 1/L$ 外，其余壁板的剪流均为 $q_1 = 1/(2L)$。

(3) 结构的变形协调方程为

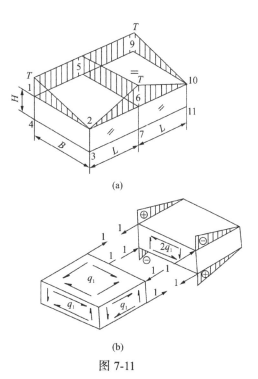

(a)

(b)

图 7-11

$$\delta_{11}X_1 + \Delta_{1T} = 0$$

式中 Δ_{1T} 为变温引起的在基本系统切口处的相对位移，可用单位载荷法计算如下：

$$\Delta_{1T} = \sum \int_0^t N_1 \alpha T \mathrm{d}s$$

$$= 2\alpha \left[\frac{L}{2}T + \frac{L}{3}T(-1) \right] = \frac{1}{3}\alpha TL$$

$$\delta_{11} = \sum \int \frac{N_1^2 \mathrm{d}s}{Ef} + \sum \frac{q_1^2 F}{Gt}$$

$$= 8 \cdot \frac{L}{3Ef} + 4\frac{LB}{Gt}\left(\frac{1}{2L}\right)^2 + 4\frac{LH}{Gt}\left(\frac{1}{2L}\right)^2 = \frac{8L}{3Ef} + \frac{B+H}{GtL}$$

将 δ_{11}、Δ_{1T} 代入典型方程，求解可得

$$X_1 = -\frac{\Delta_{1T}}{\delta_{11}} = -\left(\frac{\alpha TL}{3}\right) \Big/ \left(\frac{8L}{3Ef} + \frac{B+H}{GtL}\right)$$

求得 X_1 值后就可求出系统由变温引起的内力：

$$N = N_1 X_1, \qquad q = q_1 X_1$$

内力分布与图 7-11(b)所示相同，只是扩大了 X_1 倍，而且方向相反。

7.3　对称系统的简化计算

在工程实际结构中，经常遇到对称结构。这时利用对称条件，可使得计算简化。

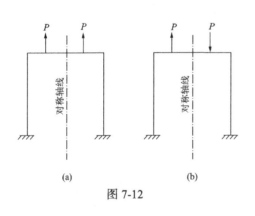

图 7-12

所谓对称结构，是指结构的几何形状、元件的截面尺寸和构件材料性质均对称于某一几何轴线(或平面)，此轴线(或平面)称为对称轴线(或对称面)。对于平面结构，若将结构绕对称轴对折后，处在对称轴两边的结构将完全重合。

在对称结构上，如果所受的载荷，其大小、方向和作用点都对称于结构的对称轴(或对称面)，则称这种载荷为对称载荷，如图 7-12(a)所示。若所受的载荷，其大小和作用点对称于系统的对称轴(或对称面)，而其方向则相反，则称这种载荷为反对称载荷，如图 7-12(b)所示。

对称结构的受力特性：

(1) 对称结构承受对称载荷时，结构的内力和变形必然是对称的。

(2) 对称结构承受反对称载荷时，结构的内力和变形也是反对称的。

(3) 对称结构承受对称载荷时，在对称轴的切口处只有对称的内力，而反对称的内力必为零。如图 7-13(a)所示的平面刚架，在对称轴切口处，其内力只可能有轴力 N 和弯矩 M，而剪力 Q 必为零。因此，若取该系统为基本系统，则原为 $K = 3$ 的静不定结构，就简化为 $K = 2$ 的静不定结构。

(4) 对称结构承受反对称载荷时，在对称轴的切口处只有反对称的内力，而对称的内力必为零。如图 7-13(b)所示的平面刚架，在对称轴的切口处，其内力只可能有剪力 Q，而其轴力 N 和弯矩 M 必为零。因此，若取该系统为基本系统，则原为 $K = 3$ 的静不定结构，就简化为 $K = 1$ 的静不定结构。

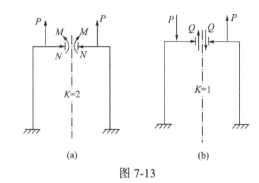

图 7-13

利用上述对称结构的受力特性，可使计算大为简化。倘若作用在对称结构上的载荷是不对称的，则也可把载荷分解成对称部分和反对称部分，利用对称条件分别求出这两种载荷作用下的内力，然后再进行叠加。

例 7-6 图 7-14 所示的圆形平面刚架是连接两个机翼的机身加强框的计算模型。已知两边由机翼传来的力矩 $M = 2PR\sin\theta$。求该加强框的弯矩图。已知框剖面 EJ 为常数，半径为 R。

[解法 1] (1) 分析静不定度及确定基本系统。

该圆框为三度静不定系统，由图 7-14(a)可知，结构有两个对称轴。对于垂直对称轴 $A\text{-}A$，载荷是对称的。对于水平对称轴 $B\text{-}B$，载荷是反对称的。因此，若沿 $A\text{-}A$ 轴切开，则在切口处截面上只有对称内力弯矩和轴力，结构可化为二度静不定系统。若沿 $B\text{-}B$ 轴切开，则切口处的截面上，只有反对称内力剪力，结构可化为一度静不定系统。因此，我们取沿 $B\text{-}B$ 轴切开作为基本系统，在切口处的截面上剪力 X_1 作为多余未知力，如图 7-14(b)所示。

(2) 求《P》状态和《1》状态的弯矩。

因为左右对称，只需对四分之一圆框进行计算。用 φ 角表示任一截面的位置，并取该截面的弯矩以逆时针方向为正，则由平衡条件可得

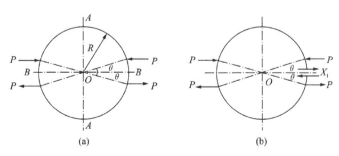

(a)   (b)

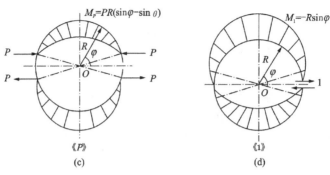

图 7-14

《P》状态：
$$M_P = 0, \qquad\qquad 0 \leqslant \varphi \leqslant \theta$$
$$M_P = PR(\sin\varphi - \sin\theta), \quad \theta \leqslant \varphi \leqslant \frac{\pi}{2}$$

《1》状态：
$$M_1 = -R\sin\varphi, \qquad 0 \leqslant \varphi \leqslant \frac{\pi}{2}$$

《P》状态的弯矩图如图 7-14(c)所示；《1》状态的弯矩图如图 7-14(d)所示。

(3) 计算影响系数 δ_{11} 和载荷系数 Δ_{1P}。

$$\delta_{11} = \int \frac{M_1^2 \mathrm{d}s}{EJ} = \frac{4}{EJ} \int_0^{\frac{\pi}{2}} (-R\sin\varphi)^2 R\mathrm{d}\varphi = \frac{\pi R^3}{EJ}$$

$$\Delta_{1P} = \int \frac{M_1 M_P \mathrm{d}s}{EJ} = \frac{4}{EJ} \int_0^{\frac{\pi}{2}} (-R\sin\varphi)PR(\sin\varphi - \sin\theta)R\mathrm{d}\varphi$$

$$= -\frac{PR^3}{EJ}(\pi - 2\theta - \sin 2\theta)$$

(4) 建立力法典型方程，并求解多余未知力 X_1。

$$X_1 = -\frac{\Delta_{1P}}{\delta_{11}} = \frac{P}{\pi}(\pi - 2\theta - \sin 2\theta)$$

(5) 加强框的弯矩。

$$M = M_1 X_1 = -\frac{PR}{\pi}\sin\varphi(\pi - 2\theta - \sin 2\theta), \qquad (0 \leqslant \varphi \leqslant \theta)$$

$$M = M_P + M_1 X_1 = -PR\left[\sin\theta - \frac{\sin\varphi}{\pi}(2\theta + \sin 2\theta)\right], \quad \left(\theta \leqslant \varphi \leqslant \frac{\pi}{2}\right)$$

若设 $\theta = 10°$，则

$$X_1 = 0.78P$$

$$M = -0.78PR\sin\varphi, \qquad\qquad 0 \leqslant \varphi \leqslant 10°$$

$$M = -PR(0.1736 - 0.22\sin\varphi), \quad 10° \leqslant \varphi \leqslant \frac{\pi}{2}$$

一些特殊截面的弯矩值如表 7-1 所示。

表 7-1　一些特殊截面的弯矩值

φ	0°	10°	30°	45°	52°5'	60°	90°
M	0	$-0.1354PR$	$-0.0636PR$	$-0.0180PR$	0	$0.0169PR$	$0.0464PR$

利用内力上下反对称、左右对称可求得整个结构的弯矩,其弯矩图如图 7-15 所示。

此题还有其他解法,这里简单阐述其中一种。

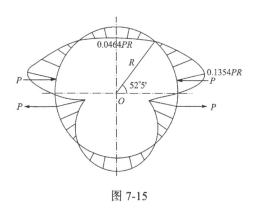

图 7-15

[解法 2]　由于该机身加强框左右对称、上下反对称,所以,也可以沿 *A-A* 轴和沿 *B-B* 轴同时切开。沿 *A-A* 切口处截面上只有对称内力弯矩和轴力,沿 *B-B* 切口处的截面上只有反对称内力剪力,取四分之一的圆框进行分析,如图 7-16(a) 所示。结构垂直方向自动满足力的平衡条件,由水平方向力的平衡和力矩平衡条件,可得

$$X_2 = P - X_1$$
$$X_3 = PR(1-\sin\theta) - X_1 R$$

以上平衡方程中有三个未知量,可知结构为一度静不定。

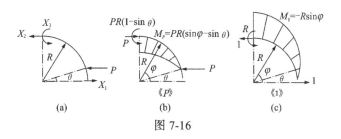

图 7-16

如果将 X_1 作为未知的多余约束,解除这个约束后,得到基本系统。图 7-16(b)为系统的《P》状态,图 7-16(c)为系统的单位状态。

对于《P》状态,由平衡条件易知 *A-A* 切口截面上的轴力和弯矩分别为 *P* 和 $PR(1-\sin\theta)$,如图 7-16(b)所示。对于《1》状态,由平衡条件知 *A-A* 切口截面上的轴力和弯矩分别为 1 和–*R*,如图 7-16(c)所示。用 φ 角表示任一截面的位置,由平衡条件可得《P》状态和《1》状态任一截面处的弯矩表达式(与解法 1 相同),两个状态的弯矩图分别如图 7-16(b)、(c)所示。

以下有关计算影响系数、载荷系数、建立力法典型方程以及求解方程等步骤与[解法 1]类似，此处不再赘述。

7.4　静不定结构的位移

求解静不定结构的位移时仍然可用单位载荷法。单位载荷法中，位移状态取外载荷作用下的真实变形状态；单位力状态是一个虚拟状态，只要求满足平衡条件。所以，对于静不定结构，单位力状态可以用该结构的某个静定的基本系统求得。为了更清楚地了解这一特性，下面来证明。

例如，要求计算图 7-17(a)所示桁架在 P 作用下 i 点的垂直位移。如果取外力 P 作用下的静不定系统的真实变形状态《$\overline{P}$》作位移状态，其内力记为 $\overline{N}_P$；而单位状态《$\overline{i}$》也是取静不定系统，其内力记为 $\overline{N}_i$，如图 7-17(b)所示。在符号上所添加的"一"表示该系统是静不定的，以区别于静定系统。用单位载荷法，即可求得 i 点的垂直位移：

$$\Delta_i = \Delta_{\overline{iP}} = \Sigma \frac{\overline{N}_i \overline{N}_P l}{Ef} \tag{7-10}$$

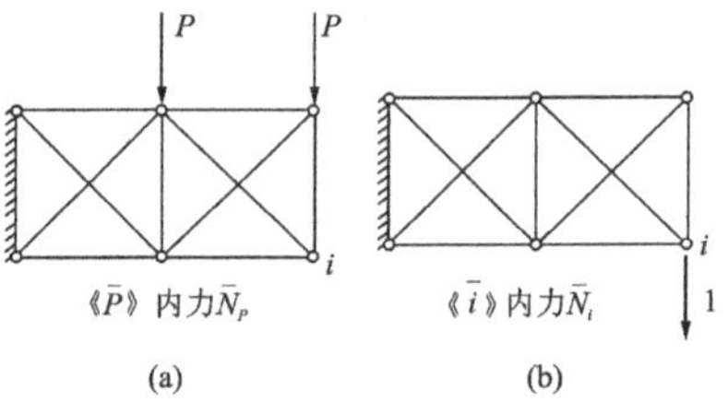

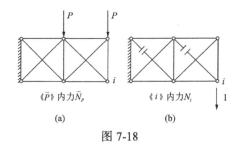

图 7-17

按照这样的方法计算位移时，求真实变形状态《$\overline{P}$》的内力，需解一个静不定系统；求单位力状态《$\overline{i}$》的内力，又要解一个静不定问题，显得很麻烦，而且没有必要。因为单位力状态是一个虚拟状态，它只要求满足平衡条件即可。因此，我们也可以取切去多余约束后的静定系统作为单位力的平衡状态《i》。如图 7-18(b)所示，其内力 N_1 可直接由静力平衡条件求出。

图 7-18

此法只需解一个静不定问题，比较方便。其位移公式为

$$\Delta_i = \Delta_{i\bar{P}} = \Sigma \frac{N_i \bar{N}_P l}{Ef} \tag{7-11}$$

或者,也可这样来求位移,取切去多余约束后在 P 作用下的静定系统为位移状态《P》,其内力 N_P 直接由静力平衡条件求出,如图 7-19(a)所示。而单位力状态取静不定系统《$\bar{i}$》,其内力 $\bar{N}_i$ 由力法求出,如图 7-19(b)所示。此法也只需解一个静不定问题,也较简单。其位移公式为

$$\Delta_i = \Delta_{\bar{i}P} = \Sigma \frac{\bar{N}_i N_P l}{Ef} \tag{7-12}$$

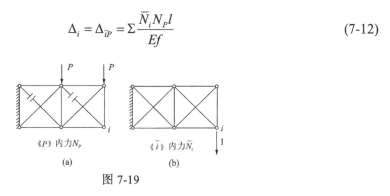

图 7-19

式(7-10)、式(7-11)和式(7-12)所表示的位移公式是一致的, 即

$$\Delta_i = \Delta_{\bar{i}\bar{P}} = \Delta_{\bar{i}P} = \Delta_{i\bar{P}}$$

在应用时可以任选。但以式(7-11)和式(7-12)较简单。现用图 7-20(a)所示桁架为例,来证明位移公式的一致性。

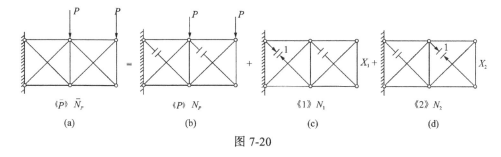

图 7-20

取真实的变形状态《$\bar{P}$》为位移状态,如图 7-20 所示。设多余约束未知力为 X_1 和 X_2,则静不定结构的内力可表示为

$$\bar{N}_P = N_P + N_1 X_1 + N_2 X_2 \tag{7-13}$$

由力法解静不定问题,可知求解 X_1 和 X_2 的典型方程如下:

$$\delta_{11} X_1 + \delta_{12} X_2 + \Delta_{1P} = X_1 \Sigma \frac{N_1^2 l}{Ef} + X_2 \Sigma \frac{N_1 N_2 l}{Ef} + \Sigma \frac{N_1 N_P l}{Ef} = 0$$

$$\delta_{21} X_1 + \delta_{22} X_2 + \Delta_{2P} = X_1 \Sigma \frac{N_1 N_2 l}{Ef} + X_2 \Sigma \frac{N_2^2 l}{Ef} + \Sigma \frac{N_2 N_P l}{Ef} = 0 \tag{7-14}$$

取原静不定系统为单位力平衡状态《$\bar{i}$》，如图 7-21 所示。设多余约束未知力在本情况中为 X_1'和 X_2'，则静不定结构的内力可表示为

$$\bar{N}_i = N_i + N_1 X_1' + N_2 X_2' \tag{7-15}$$

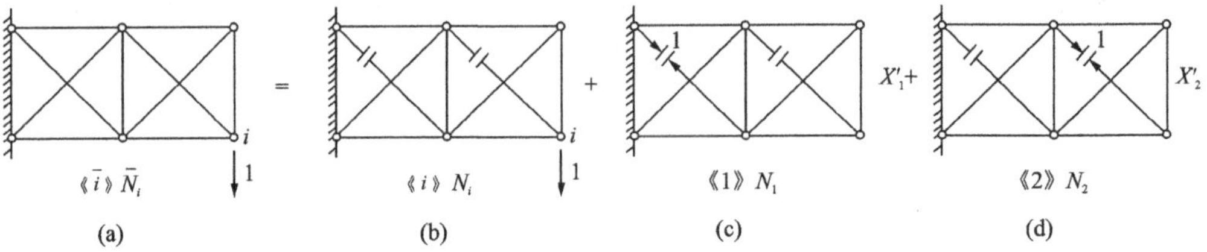

图 7-21

由力法解静不定问题，可知求解 X_1'和 X_2'的典型方程如下：

$$\delta_{11} X_1' + \delta_{12} X_2' + \Delta_{1i} = X_1' \Sigma \frac{N_1^2 l}{Ef} + X_2' \Sigma \frac{N_1 N_2 l}{Ef} + \Sigma \frac{N_1 N_i l}{Ef} = 0$$

$$\delta_{21} X_1' + \delta_{22} X_2' + \Delta_{2i} = X_1' \Sigma \frac{N_1 N_2 l}{Ef} + X_2' \Sigma \frac{N_2^2 l}{Ef} + \Sigma \frac{N_2 N_i l}{Ef} = 0 \tag{7-16}$$

由状态《$\bar{P}$》和状态《$\bar{i}$》互乘，可求得位移。将式(7-13)、式(7-15)代入式(7-10)，得

$$\Delta_i = \Delta_{\bar{iP}} = \Sigma \frac{\bar{N}_i \bar{N}_P l}{Ef} = \Sigma (N_i + N_1 X_1' + N_2 X_2')(N_P + N_1 X_1 + N_2 X_2) \frac{l}{Ef} \tag{7-17}$$

对式(7-17)进行如下组合：

$$\Delta_{\bar{iP}} = \Sigma (N_i + N_1 X_1' + N_2 X_2')(N_P + N_1 X_1 + N_2 X_2) \frac{l}{Ef}$$

$$= \Sigma N_i (N_P + N_1 X_1 + N_2 X_2) \frac{l}{Ef}$$

$$+ \left[\Sigma \frac{N_1 N_P l}{Ef} + X_1 \Sigma \frac{N_1^2 l}{Ef} + X_2 \Sigma \frac{N_1 N_2 l}{Ef} \right] X_1' + \left[\Sigma \frac{N_2 N_P l}{Ef} + X_1 \Sigma \frac{N_1 N_2 l}{Ef} + X_2 \Sigma \frac{N_2^2 l}{Ef} \right] X_2'$$

由式(7-14)可知，上式右边后两项为零，所以

$$\Delta_{\bar{iP}} = \Sigma N_i (N_P + N_1 X_1 + N_2 X_2) \frac{l}{Ef} = \Sigma \frac{N_i \bar{N}_P l}{Ef} = \Delta_{i\bar{P}} \tag{7-18}$$

由上式可知，当载荷状态取静不定《$\bar{P}$》时，虚拟的单位状态可以取静不定《$\bar{i}$》，也可以取静定的《i》，而所得的位移是相等的。

对式(7-17)也可作这样的组合

$$\Delta_i = \Delta_{\overline{i}P} = \Sigma(N_i + N_1 X_1' + N_2 X_2')(N_P + N_1 X_1 + N_2 X_2)\frac{l}{Ef}$$

$$= \Sigma(N_i + N_1 X_1' + N_2 X_2')N_P \frac{l}{Ef}$$

$$+ \left[\Sigma\frac{N_1 N_i l}{Ef} + X_1'\Sigma\frac{N_1^2 l}{Ef} + X_2'\Sigma\frac{N_1 N_2 l}{Ef}\right]X_1 + \left[\Sigma\frac{N_2 N_i l}{Ef} + X_1'\Sigma\frac{N_2 N_1 l}{Ef} + X_2'\Sigma\frac{N_2^2 l}{Ef}\right]X_2$$

由式(7-16)可知，上式右边后两项为零，所以

$$\Delta_{\overline{i}P} = \Sigma(N_i + N_1 X_1' + N_2 X_2')N_P \frac{l}{Ef} = \Sigma\frac{N_P \overline{N}_i l}{Ef} = \Delta_{\overline{i}P} \tag{7-19}$$

由式(7-19)可知，当虚拟的单位状态取静不定《$\overline{i}$》时，载荷作用下的位移状态可取静不定系统，也可取静定系统，而所得的位移是相等的。

式(7-18)和式(7-19)就说明了上面位移公式的一致性。因此，求位移时，不管选用哪一个位移公式，最少必须选用一个静不定系统作为位移状态或作为单位状态，而另一个状态可选用静定的基本系统，解题时可灵活选用。

例 7-7　求图 7-22(a)所示桁架在节点 2 的垂直位移。已知斜杆截面积为 $\sqrt{2}f$ ，其余杆的截面面积为 f ，各杆材料的弹性系数为 E 。

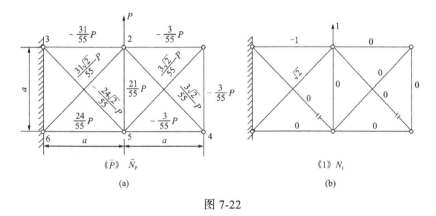

图 7-22

[解]　我们取 P 作用下的静不定结构为位移状态《$\overline{P}$》，其内力已由例 7-1 算出，标于图 7-22(a)上。取静定系统为单位状态《i》，其内力标于图 7-22(b)上。由单位载荷法的位移公式(7-11)，可求得点 2 的垂直位移为

$$\Delta_2 = \Delta_{\overline{i}P} = \Sigma\frac{N_i \overline{N}_P l}{Ef} = \frac{(-1)\left(-\dfrac{31}{55}P\right)a}{Ef} + \frac{\sqrt{2}\dfrac{31\sqrt{2}}{55}\sqrt{2}a}{E\sqrt{2}f} = \frac{93}{55}\frac{Pa}{Ef}$$

例 7-8　求例 7-3 平面杆板薄壁结构中节点 2、8 的相对位移，如图 7-9(a)所示。已知各杆截面面积为 f ，长度为 a ，板厚为 t ，弹性模量为 E ，剪切模量为 G ，其有

关系式 $Ef = 10Gta$。

[解]　取 P 作用下的静不定结构为位移状态《$\bar{P}$》，其内力已由例 7-3 算出，标于图 7-23(a)上。为了求节点 2、8 的相对位移，取图 7-23(b)所示的静定系统为单位状态《1》，内力如图所示。为了简化计算，此处的静定基本系统和例 7-3 求内力的基本系统不同。根据位移计算公式(7-11)，可求得节点 2、8 的相对位移为

$$\Delta_{28} = \sum \int \frac{N_1 \bar{N}_P \mathrm{d}s}{Ef} + \sum \frac{q_1 \bar{q}_P F}{Gt} = -\frac{1}{Ef}\left(\frac{1}{2} \cdot \frac{P}{12} \cdot a \cdot 1 \cdot 2\right) = -\frac{Pa}{12Ef}$$

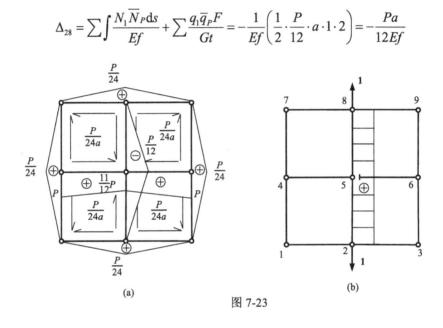

图 7-23

7.5　力法的一般原理和基本系统的选取

在前面推导求解静不定结构内力的方法时，我们采用了物理概念比较明显且容易理解的"切口"概念，将载荷状态《P》和各个状态《i》选取了相同的静定基本系统，利用"切口"的相对位移为零的连续条件建立了力法的典型方程。为了更深入地了解力法的一般原理，本节将进一步说明，载荷状态和各个单位状态的基本系统既可取得相同，也可以取得不相同。而且不用切口的概念，而是直接用虚功原理来建立协调方程。

为了便于说明，我们以如图 7-24(a)所示的桁架结构为例，已知该桁架结构水平杆和垂直杆的截面面积均为 f，斜杆的截面面积均为 $\sqrt{2}f$。

这是一个一度静不定结构。解除 1-3 杆的多余约束，其多余未知内力记为 X_1，如图 7-24(b)所示。由平衡条件可以求得桁架结构中各杆的内力，各杆的内力如图 7-24(c)所示。

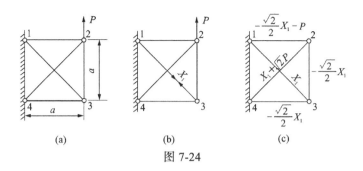

图 7-24

根据力法基本原理，如图 7-24(a)所示的桁架结构的受力状态也可等价为图 7-25 所示的两个基本受力系统。图 7-25(b)是解除 1-3 杆多余约束的基本系统在外载作用下各根杆的受力状态(《P》状态)，图 7-25(b)是基本系统在 $X_1=1$ 作用下各根杆的受力状态(《1》状态)，当该状态乘以 X_1 时，即为在 X_1 作用下各根杆的受力状态。

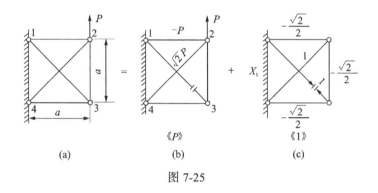

图 7-25

利用叠加原理，静不定桁架结构的内力可表示为

$$N = N_P + N_1X_1 \tag{7-20}$$

式中 N_P 是状态《P》的内力；N_1 是单位状态《1》的内力；X_1 是多余未知内力。

容易验证，图 7-25(b)和(c)对应杆的内力相加与图 7-24(c)中各杆的内力是相同的。

静不定桁架结构各杆的变形为

$$\frac{Nl}{Ef} = \frac{N_Pl}{Ef} + \frac{N_1l}{Ef}X_1 \tag{7-21}$$

静不定桁架结构除了满足平衡条件外，真实的内力还必须满足变形协调方程。为了建立变形协调方程，需要应用虚力原理。在虚力原理中，对虚力状态的要求是必须也只需满足平衡条件。取如图 7-26 所示状态为虚力状态，记为《1′》。容易验证虚力状态满足平衡条件，并且此单位状态与图 7-25(c)表示结构内力的单位状态并不一样。

根据虚力原理，如图 7-26 所示的虚力状态《1′》的平衡力系在如图 7-24(c)或者如图 7-25(b)和(c)相加的真实变形上所做的总

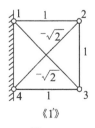

《1′》

图 7-26

虚功应为零，因此有

$$\sum \frac{N_1' N l}{Ef} = 0$$

将式(7-21)代入上式，得

$$\sum \frac{N_1' N_P l}{Ef} + \sum \frac{N_1' N_1 l}{Ef} X_1 = 0 \tag{7-22a}$$

即

$$\Delta_{1'P} + \delta_{1'1} X_1 = 0 \tag{7-22b}$$

其中

$$\Delta_{1'P} = \sum \frac{N_1' N_P l}{Ef} = -\frac{3Pa}{Ef}, \quad \delta_{1'1} = \sum \frac{N_1' N_1 l}{Ef} = -\frac{7\sqrt{2}a}{2Ef}$$

式(7-22b)就是力法的典型方程。求解此方程，得

$$X_1 = -\frac{\Delta_{1'P}}{\delta_{1'1}} = -\frac{3\sqrt{2}}{7} P$$

应用叠加原理，将上式代入式(7-20)，可以求得各杆的内力。各杆的内力如图 7-27 所示。

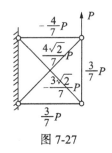

图 7-27

在以上推导中没有应用切口的概念，也没有利用切口的连续条件，《P》状态和《1′》状态的基本系统也不相同。所以，载荷状态和各个单位状态的基本系统既可取得相同，也可以取得不相同。而且不用切口概念，直接用虚功原理同样可以建立变形协调方程。

为了实现计算简便、误差小的目的，基本系统的选取有如下原则。

(1) 载荷状态基本系统的选取。从简单的角度来说，载荷状态的基本系统取得越简单越好。但也有一个合理的选择问题。特别是静不定度很高的结构，典型方程的数目很多，解联立方程的过程必然会产生数字的舍入误差，以致对真实状态的内力精度带来影响。为避免这种影响，一方面可增加计算机有效数字的位数，另一方面可以将载荷状态的基本系统取成尽量接近结构传力路线的静定系统。使得载荷状态的内力与真实内力比较接近，这样，多余未知力 X_i 只起着修正的作用，其误差对真实内力的影响就会减小。

(2) 单位状态基本系统的选取。单位状态是一个内力自身平衡状态，其基本系统应使计算越简单越好。也就是所选取的单位状态其内力所分布的范围越小越好，使系数 δ_{ii} 的计算量最少。另外，还应使各个单位状态之间"叠"得越少越好，使系数 δ_{ij} 的计算量最少。

图 7-28(a)所示为三度静不定桁架结构，其基本系统的取法可以有许多种。如果将三根斜杆作多余约束，取切断三根斜杆的系统作为基本系统，则三个单位状态内力范

围如图 7-28(b)所示。每个单位状态的内力只涉及六根杆，求 δ_{12} 和 δ_{23} 只涉及一根杆，$\delta_{13}=0$。如果取切断三根垂直杆的系统作基本系统，则三个单位状态内力的范围如图 7-28(c)所示。每个单位状态所涉及的杆件较多，如单位状态《1》的内力涉及 14 根杆，每两个单位状态之间重叠的范围也较大。虽然上述两种情况所取的基本系统都是正确的，但计算工作量图 7-28(b)要比图 7-28(c)少得多。

另外，尽量利用结构的对称条件，把对称结构的基本系统也取成对称系统。这样，往往可降低静不定度数，且可只计算一半结构，减少计算工作量。

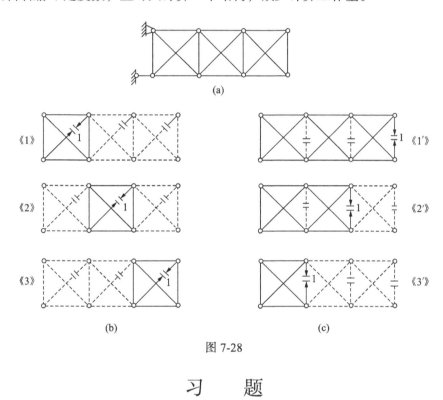

图 7-28

习　题

7-1　题 7-1 图所示平面桁架，各杆 Ef 相同，求在载荷 P 作用下桁架各杆的内力。

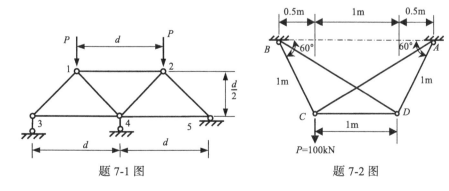

题 7-1 图　　　　题 7-2 图

7-2　题 7-2 图所示平面桁架，杆 AD、BC 和 DC 长为 1 m，杆 AC 和 BD 的截面积为 200 mm²；杆 AD、DC 和 BC 的截面积为 150 mm²，各杆材料均相同，$E = 200$ kN/mm²，当 C 点受垂直载荷 $P = 100$ kN 作用时，求该结构各杆的内力。

7-3　题 7-3 图所示为固定在水平面上的刚架结构，在点 3 有垂直拉杆支持，设刚架构件弯曲刚度 $EI = 1000$ N·cm²，扭转刚度 $GJ = 800$ N·cm²，垂直拉杆 3-4 的抗拉刚度为 $EA = 10$ N，求图示载荷作用下拉杆 3-4 的轴力和刚架构件 1-2、2-3 的弯矩和扭矩(作内力图)。

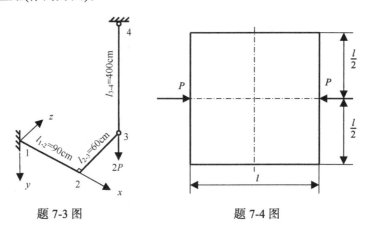

题 7-3 图　　　　　　　　　　题 7-4 图

7-4　用力法求解题 7-4 图所示静不定刚架的内力(作弯矩图)，元件剖面的抗弯刚度 EI 为常数。

7-5　题 7-5 图所示为半径为 R 的刚性圆环，剖面弯曲刚度为 EI，在载荷 P 作用下求剖面内力。

7-6　题 7-6 图所示为固定起落架的机身隔框的计算模型，它受由起落架传来的集中弯矩 m 和机身蒙皮的平衡剪流 $q = \dfrac{m}{2\pi R^2}$ 的作用，求框剖面内力(绘出弯矩图)。设框剖面 EI 为常数。

7-7　题 7-7 图所示为一圆形机身隔框，在集中力 P 作用下，机身蒙皮对隔框的支反剪流为 $q = \dfrac{P}{\pi R}\sin\varphi$，框剖面 EI 为常数，求框剖面的内力，作弯矩图。

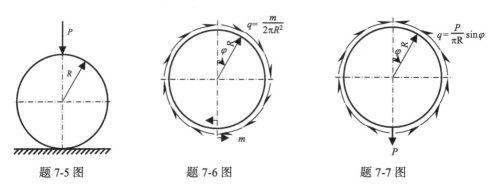

题 7-5 图　　　　　　　　　　题 7-6 图　　　　　　　　　　题 7-7 图

7-8　求题 7-8 图所示圆形隔框在图示载荷作用下的内力(M、Q、N)。

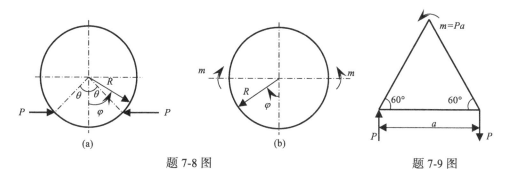

题 7-8 图　　　　　　　　　题 7-9 图

7-9　题 7-9 图所示为三角形刚架，各构件 E、I、a 相同，求弯矩图。

7-10　题 7-10 图所示的刚架处于水平面位置，在 3 点受垂直载荷 P 作用，求内力。构件剖面的弯曲刚度为 EI，扭转刚度为 GJ。

7-11　题 7-11 图为等剖面圆形刚架，半径为 R，剖面弯曲刚度为 EI，求图示载荷作用下剖面的弯矩(A、B 两点作用有集中力 P、框缘作用有分布剪流 $q = \dfrac{P}{\pi R}$)。

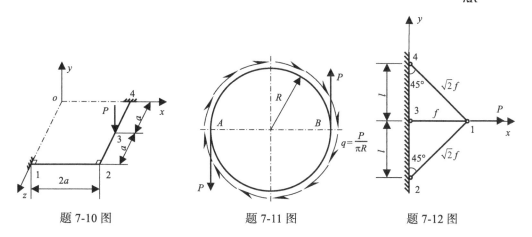

题 7-10 图　　　　　　　　题 7-11 图　　　　　　　　题 7-12 图

7-12　利用对称条件求题 7-12 图所示桁架结构的内力。各杆面积如图所示。

7-13　题 7-13 图所示为一半圆环并处于垂直平面位置，其比重为 ρ N/cm(单位长度上重量)，试利用对称性求半圆环在自重作用下的弯矩。

7-14　题 7-14 图所示为平面刚架结构，剖面弯曲刚度为 EI，利用对称性求结构的内力，作内力图(弯矩图、轴力图和剪力图)。

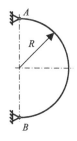

题 7-13 图

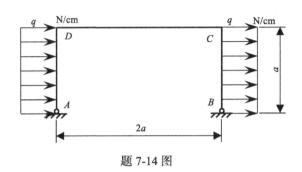

题 7-14 图

7-15 题 7-15 图所示为直角等边的角形刚架，处于水平面位置。其边长为 a，剖面弯曲刚度为 EI，扭转刚度为 GJ，并有关系式 $GJ = EI$。求在均匀分布垂直载荷 q N/cm 作用下的内力(弯矩和扭矩)。

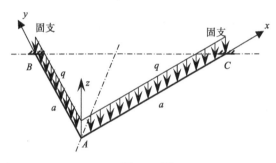

题 7-15 图

7-16 有一圆环垂直支持在地面上，如题 7-16 图所示。设其比重为 ρ N/cm(单位长度上重量)，剖面面积为 f，弯曲刚度为 EI，半径为 R。求环在自重作用下的内力。

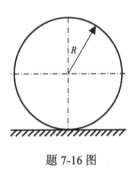

题 7-16 图

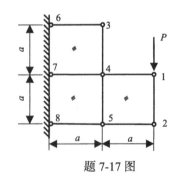

题 7-17 图

7-17　题 7-17 图为平面薄壁结构，已知载荷 $P = 10\,000$ N，各杆长 $a = 20$ cm，各杆截面均为 $f = 0.5$ cm^2，板厚 $t = 0.13$ cm，弹性模量 $E = 7 \times 10^6$ N/cm^2，且有关系式 $E/G = 2.6$。求结构的内力和节点 2 的垂直位移。

7-18　试求题 7-18 图所示各平面薄壁结构的内力图。各杆截面面积均为 f，板厚为 t，杆长均为 a，材料弹性模量为 E、G。

(1) 题 7-18(a)、(b)图中，有关系式 $Gta/Ef = 1$；

(2) 题 7-18(c)、(d)图中，$P = 10\,000$ N，$f = 1$cm^2，$a = 100$cm，$t = 0.1$cm，$E/G = 2.6$。

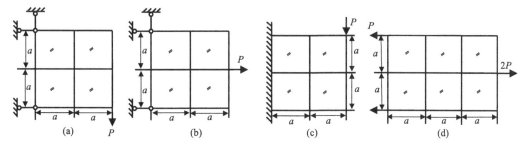

题 7-18 图

7-19　机身隔框的计算模型如题 7-19 图所示。长度单位为 cm，剪流 q 是与框所受集中力相平衡的蒙皮支反力，设 q 沿框周边为常值。框的各元件材料相同，$E/G = 2.6$，板厚 $t = 0.1$cm，$P = 10\,000$ N。

(1) 题 7-19(a)图各杆截面面积 $f = 1.5$cm^2；

(2) 题 7-19 (b)图除杆 1-6 和杆 2-5 的截面面积 $f_1 = 2$ cm^2 外，其余各杆均为 $f_2 = 1$cm^2。求框的内力并作内力图。

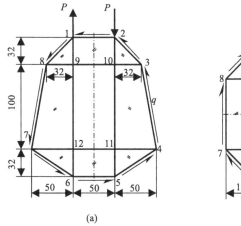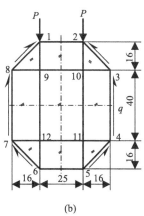

题 7-19 图

7-20 空间薄壁结构的形状、尺寸及受载情况如题 7-20 图所示。各杆截面面积均为 $f = 1\ \text{cm}^2$，板厚 $t = 0.1\text{cm}$，$l = 20\text{cm}$，$b = 20\text{cm}$，$h = 10\text{cm}$，$P = 10\ 000\text{N}$，材料弹性模量为 $E = 7 \times 10^6\text{N/cm}^2$，且有 $E/G = 2.6$。

(1) 分析静不定度；

(2) 绘出解除多余约束的基本系统；

(3) 画出《P》状态和《1》状态的内力图；

(4) 计算力法典型方程的影响系数 δ_{ij} 和载荷系数 Δ_{iP}。

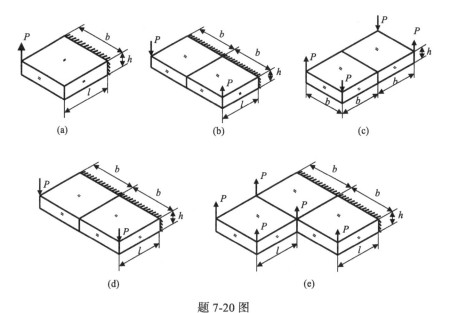

(a)　　　　　(b)　　　　　(c)

(d)　　　　　(e)

题 7-20 图

第 **8** 章

薄壁梁的弯曲和扭转

8.1 引 言

在飞行器构造中常采用梁式薄壁结构。这类结构在几何尺寸方面，结构长度远大于其剖面尺寸。它的外形有棱柱形的，也有锥形的。所谓棱柱形薄壁结构是指其横截面的几何特征与材料沿结构纵向完全一样。结构的剖面周线有开口的、单闭室的和多闭室的。大展弦比的机翼、尾翼和细长的机身，以及它们的组成元件如翼梁、桁条等都是属于这种形式的薄壁梁结构。

以悬臂大展弦比平直机翼为例，如图 8-1 所示。机翼上承受着分布的气动载荷及机翼的质量载荷，还有发动机、油箱等集中载荷，这些载荷使机翼发生弯曲和扭转。在外载荷作用下，各个横截面上的合内力有弯矩 M_x 和 M_y，扭矩 M_z，剪力 Q_x 和 Q_y 以及轴向力 N_z，它们都可由静力平衡方程来确定。但要进一步确定横截面上的应力分布则是一个比较复杂的问题。利用第 7 章的力法按高次静不定问题来求解则必须借助电子计算机才能完成。但是，若采用适当的工程假设，则可使复杂的问题得以简化，得到本章介绍的工

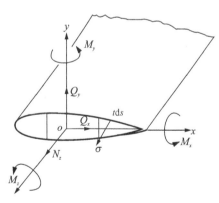

图 8-1

程梁薄壁结构的常规计算方法。利用工程梁计算模型进行计算，计算简单不受计算硬件条件的限制，在一定条件下，可得到满足工程精度要求的计算结果。并且，通过这些常规计算，可以对结构的传力和受力特点有概括的了解，从而为结构的进一步设计提出有价值的参考数据。所以，这些常规计算方法在结构设计中还是很有实际价值的。

梁式薄壁结构在外载荷作用下发生弯曲和扭转，横剖面上纤维可沿纵向伸长或缩

短，我们把横截面上各点沿纵向的相对位移所形成的剖面不再是平面的变形称为"翘曲"。自由端的横截面不受限制可以自由翘曲，靠近固定端横截面的翘曲将受到固定端的限制，这种"限制"越靠近固定端显得越严重，在离开固定端较远的地方，其影响逐渐减弱。机翼固定端附近，由于翘曲受到限制，相应地将产生附加应力，这种应力称为"次应力"，我们把结构在这种情况下的受力状态称为"限制弯曲"和"限制扭转"。对于距离固定端一定长度以外的大部分截面上，固定端对横截面翘曲的限制可以忽略不计，我们把这种情况的受力状态称为"自由弯曲"和"自由扭转"。本章主要研究棱柱形薄壁梁结构在自由弯曲和自由扭转受力状态下的内力和位移计算。对限制弯曲和限制扭转的受力特点仅简要阐明其物理概念。

为了建立薄壁梁的计算模型，除了必须满足线弹性和小变形的基本假设外，根据它的受力和变形的特点，作以下几个工程假设。

(1) 假设剖面没有畸变。即结构在受载荷作用发生变形时，横剖面在自身平面上的投影保持不变，但横剖面沿纵轴方向可以自由翘曲。由于结构中沿纵向有较多的横向加强构件(翼肋或隔框)，以便保持横剖面的形状。这个假设在小变形情况下是符合实际的。

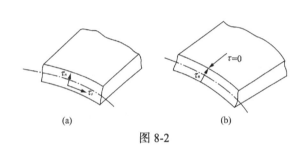

图 8-2

(2) 由于壁板表面没有剪应力，根据剪应力成对定律，可得横剖面上剪应力的方向与壁板中线切线的方向一致，如图 8-2 所示。

(3) 由于壁板很薄，可以假设壁板中的正应力和剪应力沿其厚度均匀分布。并用剪流 q 表示单位长度的剪应力 τ，有 $q = \tau t$，t 为板厚。

(4) 假设横剖面上的线应变 ε_z 符合平面分布规律，可用以下函数表示：

$$\varepsilon_z = ax + by + c$$

式中 x、y 为剖面上各点位置的坐标；a、b、c 为待定常数。

本章计算公式中均采用下述符号规定：横剖面上内力的合力，弯矩为 M_x、M_y，扭矩为 M_z，以按右手螺旋方向确定的矢量与坐标方向一致为正；剪力 Q_x、Q_y，轴力 N_z，它们的正向与坐标轴正向一致。正应力以微元面受拉为正，剪流的方向在有关章节中再指出。

8.2 自由弯曲时的正应力

根据线应变平面分布规律的假设和剖面没有畸变的假设，对于由同一材料制成的薄壁梁，其截面上任一点的正应力为

$$\sigma_z = E\varepsilon_z = E(ax + by + c)$$

令 $A = Ea$ ， $B = Eb$ ， $C = Ec$ ，则

$$\sigma_z = Ax + By + C \qquad (8\text{-}1)$$

式中 A、B、C 仍为待定常数，可由剖面上静力平衡条件来确定。

参看图 8-1，在微分面积 $\mathrm{d}f = t\mathrm{d}s$ 上的轴向力为 $\sigma_z\mathrm{d}f$，根据合内力的关系，可得

$$\int_F \sigma_z y\mathrm{d}f = M_x$$
$$\int_F \sigma_z x\mathrm{d}f = -M_y \qquad (8\text{-}2)$$
$$\int_F \sigma_z \mathrm{d}f = N_z$$

式中 $\int_F$ 表示沿整个剖面全部承受正应力面积的积分。将式(8-1)代入式(8-2)，得到

$$A\int_F xy\mathrm{d}f + B\int_F y^2\mathrm{d}f + C\int_F y\mathrm{d}f = M_x$$
$$A\int_F x^2\mathrm{d}f + B\int_F xy\mathrm{d}f + C\int_F x\mathrm{d}f = -M_y \qquad (8\text{-}3)$$
$$A\int_F x\mathrm{d}f + B\int_F y\mathrm{d}f + C\int_F \mathrm{d}f = N_z$$

联立求解式(8-3)可求得系数 A、B、C。

若把坐标原点 o 取在剖面上全部承受正应力面积的形心上，则

$$\int_F x\mathrm{d}f = 0, \qquad \int_F y\mathrm{d}f = 0, \qquad \int_F \mathrm{d}f = F_o$$
$$\int_F x^2\mathrm{d}f = J_y, \qquad \int_F y^2\mathrm{d}f = J_x, \qquad \int_F xy\mathrm{d}f = J_{xy}$$

由式(8-3)解得系数 A、B、C 为

$$A = -\frac{M_y J_x + M_x J_{xy}}{J_x J_y - J_{xy}^2}, \qquad B = \frac{M_x J_y + M_y J_{xy}}{J_x J_y - J_{xy}^2}, \qquad C = \frac{N_z}{F_o}$$

将求得的 A、B、C 代回式(8-1)，且令

$$\bar{M}_x = \frac{M_x + M_y\dfrac{J_{xy}}{J_y}}{1 - \dfrac{J_{xy}^2}{J_x J_y}}, \qquad\qquad \bar{M}_y = \frac{M_y + M_x\dfrac{J_{xy}}{J_x}}{1 - \dfrac{J_{xy}^2}{J_x J_y}}$$

则正应力表达式为

$$\sigma_z = -\frac{\bar{M}_y}{J_y}x + \frac{\bar{M}_x}{J_x}y + \frac{N_z}{F_o} \qquad (8\text{-}4)$$

式中 J_x、J_y 分别为剖面上承受正应力的面积对过其形心坐标系 x 轴和 y 轴的惯性矩；J_{xy} 为剖面上承受正应力的面积对 xoy 坐标轴的惯性积；F_o 为剖面上承受正应力的面积。

若取坐标轴 xoy 与剖面承受正应力的面积的中心主轴重合时，有 $J_{xy} = 0$，于是式(8-4)简化为

$$\sigma_z = -\frac{M_y}{J_y}x + \frac{M_x}{J_x}y + \frac{N_z}{F_o} \qquad (8\text{-}5)$$

式中 J_x、J_y 分别为剖面上承受正应力的面积对其中心主轴 x 和 y 的惯性矩。

值得指出，我们是在假设组成系统的各元件材料都相同且在比例极限以内受力的前提下，导出式(8-4)或式(8-5)的。实际上，结构经常是由弹性模量不同的许多元件组成的。例如图 8-3 所示的机翼剖面，是由蒙皮和许多桁条和翼梁所组成。它们的材料是各不相同的，虽然仍旧可采用线应变平面分布规律的假设，但其正应力并不按平面规律分布，如果希望仍能应用上述导出的正应力计算公式，则必须加以修正。为此，可以引用"减缩系数"的概念，即将各种不同材料的元件都折算为一种符合线性规律的理想材料，减缩后的结构元件便具有相同的弹性模量，于是式(8-4)和式(8-5)便可应用到不同材料组成的结构了。

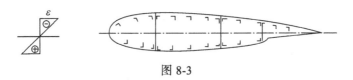

图 8-3

假设图 8-4(a)表示结构各元件均在弹性极限内受力，且各元件的弹性模量不同，其 $\sigma\text{-}\varepsilon$ 关系如图所示。如果取理想材料的弹性模量为 E_0，元件的应变仍然是 ε_i，它在减缩前的应力为 $\sigma = E\varepsilon_i$，减缩为理想材料后的应力为 $\bar{\sigma} = E_0\varepsilon_i$，减缩系数 φ_i 被定义为两个应力之比，即

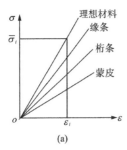

(a)

图 8-4

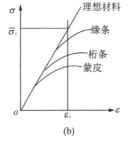

(b)

$$\varphi_i = \frac{\sigma_i}{\bar{\sigma}_i} \quad \text{或} \quad \sigma_i = \varphi\bar{\sigma}_i$$

为了使减缩前后元件承受的内力保持不变，则必须

$$\sigma_i f_i = \bar{\sigma}_i \bar{f}_i$$

式中 f_i 表示 i 元件原来的横截面积；$\bar{f}_i$ 为减缩后 i 元件的横截面积。因此

$$\bar{f}_i = \frac{\sigma_i}{\bar{\sigma}_i}f_i = \varphi_i f_i$$

对于由不同材料组成的结构，但都在弹性极限内工作，因此，减缩系数可表示为

$$\varphi_i = \frac{E_i \varepsilon_i}{E_0 \varepsilon_i} = \frac{E_i}{E_0}$$

归纳起来，用减缩系数法求截面正应力的计算步骤如下：

(1) 分别计算各元件的减缩系数 φ_i。对于在线弹性范围内受力，则 $\varphi_i = E_i/E_0$，E_0 为任何一个理想材料的弹性模量。

(2) 分别计算各元件的减缩面积，$\overline{f_i} = \varphi_i f_i$。

(3) 确定减缩后整个截面的中心轴或中心主轴。

(4) 计算减缩后的截面对坐标轴 $\overline{x} o \overline{y}$ 的惯性矩、惯性积和面积，即

$$J_{\overline{x}} = \sum \overline{f_i} \overline{y_i}^2, \quad J_{\overline{y}} = \sum \overline{f_i} \overline{x_i}^2, \quad J_{\overline{xy}} = \sum \overline{f_i} \overline{x_i} \overline{y_i}, \quad F_0 = \sum \overline{f_i}$$

(5) 由式(8-4)或式(8-5)算出减缩后各元件应力 $\overline{\sigma_i}$。

(6) 求出各元件真实的正应力，即 $\sigma_i = \varphi_i \overline{\sigma_i}$。

当各元件的受力在线弹性范围以外时，如图 8-4(b)所示。减缩系数的计算一般采用逐次逼近法。在计算开始，首先假设一种理想材料 E_0，并为每一个元件假设一个减缩系数，如 $\varphi_i^{(0)} = 1$；按上述减缩系数法的第(2) 到第(5) 步计算求截面正应力，得到减缩为理想材料的各元件正应力 $\overline{\sigma_i}^{(1)}$。再由图 8-4(b)所示的各元件应力-应变关系曲线查得对应的真实材料的应力值 $\sigma_i^{(1)}$。一般减缩前后的应力值 $\sigma_i^{(1)}$ 和 $\overline{\sigma_i}^{(1)}$ 是不相等的，以这两值之比作为下一次计算的减缩系数，即 $\varphi_i^{(1)} = \sigma_i^{(1)}/\overline{\sigma_i}^{(1)}$。重复前面的计算，便可得到 $\varphi_i^{(2)}$，$\varphi_i^{(3)}$，…，直到大多数元件相邻两次的减缩系数 $\varphi_i^{(n-1)}$ 与 $\varphi_i^{(n)}$ 的值接近为止。计算出的正应力将收敛于真实的应力值。

8.3　自由弯曲时开剖面剪流的计算

图 8-5(a)所示结构为长直开剖面薄壁梁。在外载荷作用下，某剖面上的内力为 Q_x、Q_y、M_x 和 M_y。剖面上还可能有扭矩 M_z 和轴力 N_z，由于**开剖面薄壁结构**(open thin-walled tubes)承担扭矩能力很小，而轴力与剪流无关，所以不考虑它们。现在的问题是如何确定剪流 $q = \tau t$ 在剖面上的分布规律和大小。

薄壁梁在弯曲载荷作用下，为什么会产生剪流？

如图 8-5(b)所示，取微元体 $abcd$，由于弯曲载荷的作用，在 cd 边的正应力合力为 $\int_o^s \sigma_z t \mathrm{d}s$，在 ab 边上的正应力合力为 $\int_o^s \left(\sigma_z + \frac{\partial \sigma_z}{\partial z} \mathrm{d}z \right) t \mathrm{d}s$。$ad$ 边为自由边，其上剪流为零，设 bc 处剪流为 $\tilde{q}$，其方向如图 8-5(b)所示。由微元体在 z 方向力的平衡得

$$\int_o^s \left(\sigma_z + \frac{\partial \sigma_z}{\partial z} \mathrm{d}z \right) t \mathrm{d}s - \int_o^s \sigma_z t \mathrm{d}s - \tilde{q} \mathrm{d}z = 0$$

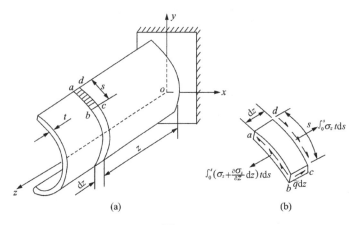

图 8-5

因此

$$\tilde{q} = \int_o^s \frac{\partial \sigma_z}{\partial z} t \mathrm{d}s \tag{8-6}$$

式中 $\tilde{q}$ 就是 s 处沿纵剖面上的剪流。根据剪应力互等定理，这个 $\tilde{q}$ 值也就等于横剖面上 s 处的剪流。它是为了平衡微元体两端的弯曲正应力差而出现的。

当剖面上只有 M_x 和 Q_y 作用时，正应力 σ_z 为

$$\sigma_z = \frac{M_x}{J_x} y$$

将 σ_z 代入式(8-6)，其剪流用 $\tilde{q}_y$ 表示：

$$\tilde{q}_y = \int_o^s \frac{\partial M_x}{\partial z} \frac{y}{J_x} t \mathrm{d}s$$

因为所讨论的是棱柱形开剖面薄壁梁，惯性矩 J_x 沿 z 轴为常值，弯矩 M_x 为 z 的函数，并且有 $\frac{\partial M_x}{\partial z} = Q_y$，故有

$$\tilde{q}_y = \frac{Q_y}{J_x} S_x \tag{8-7}$$

式中 $S_x = \int_o^s yt\mathrm{d}s$，$S_x$ 表示从自由边算起到所求剪流处 s 为止，受正应力的面积对剖面中心主轴 x 轴的静矩。剪流 $\tilde{q}_y$ 沿周边的分布规律与静矩 S_x 一致，因 Q_y/J_x 在同一剖面上为一常数。

如果剖面上只有 M_y 和 Q_x 作用时，同样可以推导出剪流 $\tilde{q}_x$ 的计算式。这时

$$\sigma_z = -\frac{M_y}{J_y} x, \qquad \frac{\partial M_y}{\partial z} = -Q_x$$

所以

$$\tilde{q}_x = \frac{Q_x}{J_y} S_y \qquad (8\text{-}8)$$

式中 $S_y = \int_o^s xt\mathrm{d}s$ 表示从自由边算起到所求剪流处 s 为止，受正应力的面积对中心主轴 y 的静矩。剪流 $\tilde{q}_x$ 沿周边的分布规律与静矩 S_y 一致。

如果剖面上同时作用着 Q_x 和 Q_y，则剖面上总剪流为 $\tilde{q}_y$ 和 $\tilde{q}_x$ 两部分相加，即

$$\tilde{q} = \frac{Q_y}{J_x} S_x + \frac{Q_x}{J_y} S_y \qquad (8\text{-}9)$$

在这里，为了和闭室剖面的剪流 q 相区别，我们用 $\tilde{q}$ 表示开剖面的剪流。

当坐标轴不是中心主轴而是任意形心轴时，则剖面的剪流表达式应为

$$\tilde{q} = \frac{\overline{Q}_y}{J_x} S_x + \frac{\overline{Q}_x}{J_y} S_y \qquad (8\text{-}10)$$

式中

$$\overline{Q}_x = \frac{Q_x - Q_y \dfrac{J_{xy}}{J_x}}{1 - \dfrac{J_{xy}^2}{J_x J_y}}, \qquad \overline{Q}_y = \frac{Q_y - Q_x \dfrac{J_{xy}}{J_y}}{1 - \dfrac{J_{xy}^2}{J_x J_y}}$$

由式(8-9)和式(8-10)可见，剪流 $\tilde{q}$ 与剪力 Q_x 和 Q_y 有关而与弯矩无关。由 Q_x 和 Q_y 引起的剪流的分布规律分别与 S_y 和 S_x 成比例变化，即分布规律只与剖面的几何性质有关。由式(8-7)和式(8-8)可见，剖面上剪流 $\tilde{q}$ 在 x 和 y 方向的合力分别和 Q_x 和 Q_y 相平衡。

上面讨论了剪流大小的计算，下面讨论如何确定剪流的方向。

Q_x 和 Q_y 的方向与坐标轴一致时为正。如果在计算 S_x 和 S_y 时，沿图中 s 方向积分，利用式(8-9)和式(8-10)算得的剪流 $\tilde{q}$ 是正值，$\tilde{q}$ 的方向如图 8-6(a)所示，为了方便起见，通常都不画立体图，而只画出剖面的平面图。这样，剪流的方向就有两种表示法。

第一种表示法是图 8-6(b)所示，即在图中画出的是微元段前面剖面上的剪流，此时，剪流 $\tilde{q}$ 的合力就是作用在该剖面上的总剪力。

第二种表示法是图 8-6(c)所示，即在图中画出的是微元段后面剖面上的剪流，此时，剪流 $\tilde{q}$ 是和作用在该剖面上的剪力相平衡的。

本书采用第二种表示法，即所画剪流都是与剪力相平衡的。由剪流计算公式知，当 Q_y 和 Q_x 与坐标轴方向一致为正时，剪流 $\tilde{q}$ 的正负与相应的静矩一致，而在计算静矩时，计算方向总是从自由边起沿周线坐标 s 的方向积分的。于是由式(8-9)或式(8-10)计算得到的剪流若为正时，它的方向与所取的 s 坐标方向相同；计算剪流 $\tilde{q}$ 若为负时，

其方向与所取的 s 方向相反。计算开剖面弯曲引起的剪流时，所取的坐标轴必须与剖面的中心轴或中心主轴重合，这样在自由边处静矩 S_x 和 S_y 必然是零，该自由边上的剪流也必然为零。剪流的方向总是连续地从剖面的一个自由边流到另一自由边，我们也可用这个简单方法确定剪流方向。

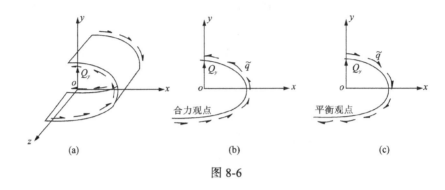

图 8-6

8.4　开剖面的弯心

上一节推导出开剖面的弯曲剪流与剖面上的剪力相平衡，为了平衡，剪力必定作用在和剪流合力作用点相同的位置上。我们把这个剪流合力作用点称为开剖面的剪切中心或弯曲中心，简称弯心。连接结构所有剖面弯心的直线称为弯轴。当剪力通过剖面的弯心时，结构只发生弯曲而不发生扭转，即其扭角为零。如果剪力不通过剖面弯心，那么，它的作用就相当于通过弯心的剪力和一个扭矩，但应用上一节开剖面剪流公式计算的 $\tilde{q}$ 只与过弯心的剪力相平衡，而扭矩则无法平衡。由此可说明，基于薄壁梁假设的开剖面系统不能承受扭矩[①]。

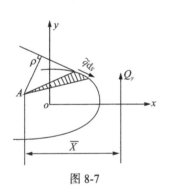

图 8-7

根据以上的讨论可知，开剖面的弯心就是剪流合力的作用点。因此，开剖面的弯心位置很容易由力矩平衡求得。取剖面内任一点 A 为力矩中心，将总剪力 Q 分为 Q_x 和 Q_y 两个分量，先假设只有 Q_y 作用，并作用在弯心上，则由式(8-9)求得剪流 $\tilde{q}$ ，如图 8-7 所示。根据力矩平衡条件，剪力 Q_y 对剖面平面上任一点的力矩应该等于剖面上全部剪流 $\tilde{q}$ 对同一点的力矩，则有

$$Q_y \bar{X} - \int_s \tilde{q} \rho \mathrm{d}s = 0 \tag{8-11}$$

　　[①] 这一结论对壁很薄的结构比较符合实际。对于壁较厚的结构，剪应力沿壁厚均匀分布的假设不能成立，而认为剪应力沿壁厚呈线性变化，可构成分布的扭矩与外载扭矩平衡。所以，对于壁较厚的结构，开剖面梁具有一定的抗扭能力。

式中 ρ 是微段 ds 的剪流合力 $\tilde{q}\,ds$ 到力矩中心的垂直距离。ρ 总是正值。

将 $\tilde{q} = \dfrac{Q_y S_x}{J_x}$ 代入上式，于是得到弯心到力矩中心沿 x 方向的距离 $\overline{X}$ 为

$$\overline{X} = \frac{1}{J_x} \int_s S_x \rho \, \mathrm{d}s \tag{8-12}$$

同样可得到力矩中心沿 y 方向的距离 $\overline{Y}$ 为

$$\overline{Y} = -\frac{1}{J_y} \int_s S_y \rho \, \mathrm{d}s \tag{8-13}$$

式(8-12)和式(8-13)给出的开剖面弯心坐标是从力矩中心算起的。如得到 $\overline{X}$ 和 $\overline{Y}$ 值为正，它们就分别在力矩中心的右方和上方；如为负，则反之。从弯心公式可以看出，弯心的位置只与剖面的几何性质有关，而与载荷无关，它只是剖面的一个几何特征。

对于一些简单的或具有对称轴的剖面，有时可利用一些简单的方法去确定它们的弯心位置。例如，当剖面有一个对称轴时，弯心一定在该对称轴上。当剖面有两个对称轴时，弯心在两对称轴的交点上，即在剖面的形心上。

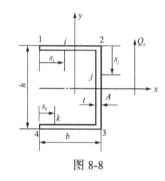

图 8-8

例 8-1 试求图 8-8 所示槽形剖面薄壁梁在剪力 Q_y 作用下的剪流。设壁厚都是 t，而且都能承受正应力。并求该剖面弯心位置。

[解] 首先确定剖面中心主轴。由于剖面上下对称，所以对称轴 x 就是中心主轴。而且因为只有 Q_y 作用，y 轴位置可不必求出。

剖面关于 x 轴的惯性矩为

$$J_x = 2bt \left(\frac{h}{2} \right)^2 + \frac{1}{12} th^3 = \frac{th^2}{2} \left(b + \frac{h}{6} \right)$$

剖面的剪流可根据式(8-9)求得

$$\tilde{q} = \frac{Q_y}{J_x} S_x$$

为求剪流，先求出剖面上静矩 S_x 的分布。上凸缘 1-2 上某点 i 的静矩 S_{xi}^{1-2} 为

$$S_{xi}^{1-2} = \int_o^{s_i} yt \, \mathrm{d}s = \frac{1}{2} hts_i$$

显然 S_x^{1-2} 为直线变化，最大值在点 2 处，即 $s_i = b$ 处，$S_x^{(2)} = \dfrac{1}{2} htb$。

腹板 2-3 上某点 j 的静矩为

$$S_{xj}^{2-3} = \frac{htb}{2} + \int_o^{s_j} yt\mathrm{d}s = \frac{htb}{2} + \int_o^{s_j}\left(\frac{h}{2}-s\right)t\mathrm{d}s = \frac{htb}{2} + \frac{h}{2}ts_j - \frac{t}{2}s_j^2$$

上式表示 S_x^{2-3} 按抛物线变化，其最大值在腹板中点 A 处，即 $S_j = \frac{h}{2}$ 处

$$S_x^{(A)} = \frac{htb}{2} + \frac{1}{8}th^2$$

因为剖面相对 x 轴对称，剖面下半部静矩可由对称关系得到，全部剖面的静矩 S_x 的分布图如图 8-9(a)所示。

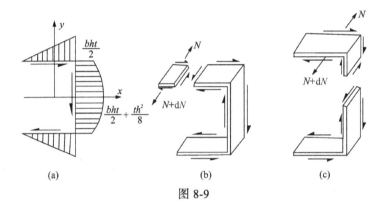

图 8-9

为了说明符号的规则与运用，下凸缘 4-3 的静矩 S_x^{4-3} 也可从自由边 4 算起，其某点 k 的静矩为

$$S_{xk}^{4-3} = \int_o^{s_k} yt\mathrm{d}s = -\frac{h}{2}ts_k$$

可见 S_x^{4-3} 为直线变化，负号表示静矩方向与 s_k 流向相反，这与按对称关系得到的相同。

将 S_x 分布乘以 Q_y/J_x 则得 $\tilde{q}$ 的分布，剪流的方向根据平衡条件很容易确定，如图8-9(b)、(c)所示，其方向是顺时针的。剪流的方向也可按算得的剪流值正负来定，若 s 坐标从上突缘自由边算起，静矩为正，算得的剪流值为正，则表示剪流方向与 s 坐标方向一致，即顺时针；若 s 坐标是从下突缘自由边算起，s 为逆时针，静矩 S_x 为负，算得的剪流是负值，则表示剪流方向与 s 坐标方向相反，故剪流方向也是顺时针的。

求剖面弯心位置。由于 x 轴为剖面对称轴，所以弯心就在 x 轴上。为了求弯心的横坐标，我们取 3 点为力矩中心，弯心至力矩中心的水平距离用 $\overline{X}$ 表示，由式(8-12)得

$$\overline{X} = \frac{1}{J_x}\int_s S_x\rho\mathrm{d}s$$

S_x 和 ρ 的分布图如图 8-10(b)和(c)所示，用图乘法得 $\int_s S_x\rho\mathrm{d}s = \frac{1}{2}\frac{bth}{2}hb = \frac{1}{4}b^2th^2$，代入上式

$$\overline{X} = \frac{b}{2\left(1 + \dfrac{h}{6b}\right)}$$

$\overline{X}$ 为正值，表示弯心在腹板右侧。

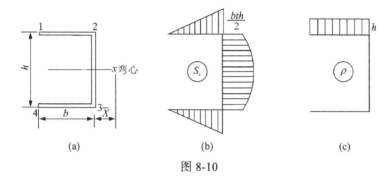

图 8-10

例 8-2　试求图 8-11 所示工字形剖面的薄壁梁在 Q_y 作用下的剪流。设壁板厚度为 t，且能承受正应力。

[解]　因为剖面有两个对称轴，所以坐标轴 ox 和 oy 就是中心主轴。因为剪流 $\tilde{q}$ 与静矩 S_x 成正比关系，所以这里只讨论 S_x 的计算，然后利用式(8-9)求得剪流的大小与分布规律。

S_x 必须从自由边开始计算。左上凸缘 1-2 的 S_x 是从 1 点开始的，按线性变化，其最大值在 2 点的左边，即

$$(S_x^{(2)})_{左} = \frac{1}{2}bht$$

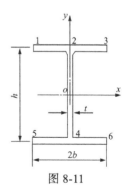

图 8-11

S_x 为正，算得剪流 $\tilde{q}$ 为正，剪流方向从 1 流向 2。右上凸缘 3-2 的 S_x 则应从右边自由边 3 点。开始，同样，可以求出 2 点右边的静矩为

$$(S_x^{(2)})_{右} = \frac{1}{2}bht$$

剪流 $\tilde{q}$ 为正，剪流方向从 3 流向 2，如图 8-12(c)所示。

当计算腹板上 2 点的剪流时，首先计算相应的 S_x。这时，S_x 应包含上凸缘的全部面积和计算点以上的腹板面积对 x 轴的静矩。例如，腹板 2 点的静矩为

$$S_x^{(2)} = (S_x^{(2)})_{左} + (S_x^{(2)})_{右} = bht$$

腹板上任意点 i 的静矩为

$$S_{xi}^{2\text{-}4} = S_x^{(2)} + \frac{hts_i}{2} - \frac{ts_i^2}{2}$$

其最大值在 o 点，其值为

$$S_x^{(o)} = bht + \frac{th^2}{8}$$

腹板的剪流方向从 2 流向 4，如图 8-12(c)所示。剖面上各点的静矩 S_x 如图 8-12(c)所示。剖面上各点剪流 $\tilde{q}$ 的大小，只将 S_x 乘上因子 Q_y/J_x 就可得到。

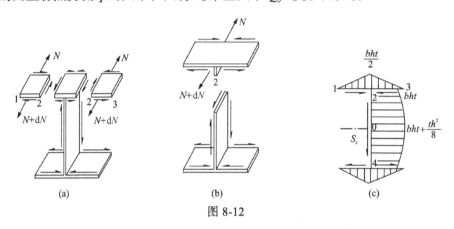

图 8-12

例 8-3 在开剖面圆筒形壳体上作用剪力 Q_y，如图 8-13(a)所示，壁厚为 t 可承受正应力。试求剪流沿周线的分布规律。

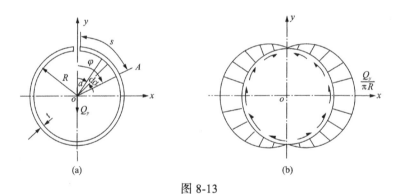

图 8-13

[解] 剖面的坐标系 xoy 原点取在圆心上，即为中心主轴坐标系。由于壁厚 t 与圆的半径 R 相比很小，剖面惯性矩 J_x 近似取为

$$J_x \approx \pi R^3 t$$

从开口自由边计算静矩 S_x，周边上任一点 A 处，与中心角 φ 相应的弧段对 x 轴的静矩为

$$S_x = \int_o^s yt\mathrm{d}s = \int_o^\varphi R\cos\alpha t R\mathrm{d}\alpha = R^2 t\sin\varphi \qquad 0 \leqslant \alpha \leqslant \varphi$$

将 J_x 及 S_x 代入式(8-9)，得

$$\tilde{q} = -\frac{Q_y S_x}{J_x} = -\frac{Q_y}{\pi R}\sin\varphi$$

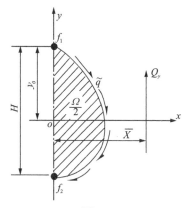

图 8-14

Q_y 方向与 y 轴方向相反，故冠以负号。求得剪流为负值，表示其方向与 s 坐标方向相反，剪流分布如图 8-13(b)所示。左右剪流分布对称。

例 8-4　试求图 8-14 所示具有两缘条而壁板不承受正应力的开剖面的剪流 $\tilde{q}$ 与弯心位置 $\overline{X}$。上缘条面积为 f_1，下缘条面积为 f_2。

[解]　首先求出正应力面积的形心。因为只有 f_1 和 f_2 承受正应力，则形心位置为

$$x_0 = 0, \qquad y_0 = \frac{f_2}{f_1 + f_2}H$$

所以，如图 8-14 所示的坐标轴 xoy 即为中心主轴。剖面惯性矩为

$$J_x = f_1 y_0^2 + f_2(H - y_0)^2 = \frac{f_1 f_2}{f_1 + f_2}H^2$$

由于壁板不受正应力，所以壁板上剪流为常值，f_1 对 x 轴的静矩为

$$S_x = f_1 y_0 = \frac{f_1 f_2}{f_1 + f_2}H$$

壁板剪流为

$$\tilde{q} = \frac{Q_y S_x}{J_x} = \frac{Q_y}{H}$$

为求剖面弯心位置 $\overline{X}$，对 o 点取力矩平衡

$$Q_y \overline{X} = \int \tilde{q}\rho \mathrm{d}s = \frac{Q_y}{H}\Omega$$

$$\overline{X} = \frac{\Omega}{H}$$

式中 $\Omega = \int \rho \mathrm{d}s$ 为周线与连接缘条的直线所围面积的两倍。这种剖面结构只能承受平行弦线的剪力，且剪力作用在周线外侧的弯心上。

例 8-5　图 8-15 所示的薄壁梁剖面，它的壁板不能承受正应力。四个缘条的面积标注在图上，求剖面的弯心位置。

[解]　xoy 坐标轴不是中心主轴，y 轴是正应力面积的对称轴，所以是一个中心主轴，剖面所有缘条面积的形心在 c 点，c 点到圆心的距离为

$$y_{oc} = \frac{3fR - fR}{8f} = \frac{R}{4}$$

另一中心主轴很容易在图中画出。

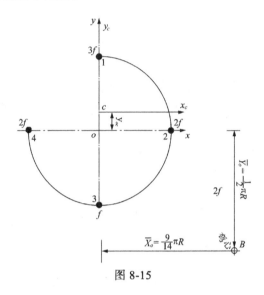

图 8-15

剖面对中心主轴的惯性矩为

$$J_{x_c} = \Sigma f_i y_{ic}^2 = 3f\left(\frac{3}{4}R\right)^2 + 2 \times 2f\left(\frac{R}{4}\right)^2 + f\left(\frac{5}{4}R\right)^2 = \frac{7}{2}fR^2$$

$$J_{y_c} = \Sigma f_i x_{ic}^2 = 2 \times 2fR^2 = 4fR^2$$

各壁板的静矩为

$$S_{x_c}^{1-2} = 3f\frac{3}{4}R = \frac{9}{4}fR \qquad\qquad S_{y_c}^{1-2} = 0$$

$$S_{x_c}^{2-3} = \frac{9}{4}fR - 2f\frac{R}{4} = \frac{7}{4}fR \qquad S_{y_c}^{2-3} = 2fR$$

$$S_{x_c}^{3-4} = \frac{7}{4}fR - f\frac{5}{4}R = \frac{1}{2}fR \qquad S_{y_c}^{3-4} = 2fR$$

由式(8-12)、式(8-13)可求得弯心位置，可选 o 点为力矩中心，于是可得

$$\overline{X}_o = \frac{1}{J_{x_c}}\int S_{x_c}\rho\mathrm{d}s = \frac{2}{7fR^2}\left(\frac{9}{4}fR + \frac{7}{4}fR + \frac{1}{2}fR\right)\frac{\pi R^2}{2} = \frac{9\pi R}{14}$$

$$\overline{Y}_o = -\frac{1}{J_{y_c}}\int S_{y_c}\rho\mathrm{d}s = -\frac{1}{4fR^2}(2fR + 2fR)\frac{\pi R^2}{2} = -\frac{\pi R}{2}$$

弯心位置表示在图 8-15 中。

8.5　单闭室剖面剪流的计算

图 8-16(a)表示的是剖面周线闭合的薄壁梁，因为剖面只有一个闭室，又称为**单闭室薄壁梁**(single cell closed tubes)。这种结构能承受任意形式的外载荷，而产生弯曲和扭转。因为纯弯矩和轴力不会产生剪流，所以只需考虑剪力和扭矩。

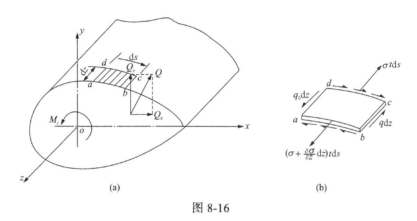

图 8-16

从图 8-16(a)所示结构中任取一微元体 *abcd*，则此微元体将在正应力 σ 和剪流 q 作用下处于平衡，其受力如图 8-16(b)所示。微元体垂直 z 轴的两个端面上正应力合力之差，必将由壁板内引起的相应剪流来平衡。由微元体在 z 轴方向的平衡条件 $\Sigma Z = 0$ 可得

$$q = \int_0^s \frac{\partial \sigma}{\partial z} t \mathrm{d}s + q_0 \tag{8-14}$$

式中 q_0 为所选定的积分起点处(即 $s = 0$ 处)的剪流值。而式中第一项相当于在 $s = 0$ 处沿母线切开一缝隙，所得到的开剖面系统的剪流 $\widetilde{q}$。于是，单闭室剖面的剪流为

$$q = \widetilde{q} + q_0 \tag{8-15}$$

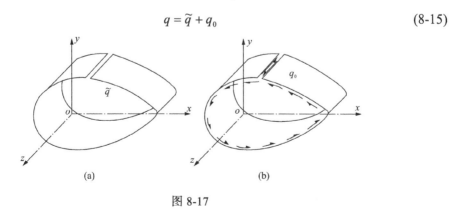

图 8-17

这样就可以把单闭室剖面的受力情况，看成是由图 8-17 所表示的两种受力情况

的叠加。图 8-17(a)相当于剪力 Q 作用在假想的开剖面的弯心上，在剖面上引起的开剖面剪流 $\tilde{q}$；图 8-17(b)相当于剪力 Q 从假想开剖面的弯心移到实际作用点时所构成的扭矩，与原来的扭矩 M_z 共同作用下引起的剪流 q_0，q_0 在单闭室的周线上为常值。$\tilde{q}$ 用开剖面剪流的计算公式(8-9)或式(8-10)求得，若 xoy 坐标轴是剖面的中心主轴，则

$$\tilde{q} = \frac{Q_y}{J_x}S_x + \frac{Q_x}{J_y}S_y$$

若 xoy 坐标轴是剖面形心坐标轴，则

$$\tilde{q} = \frac{\overline{Q_y}}{J_x}S_x + \frac{\overline{Q_x}}{J_y}S_y$$

常剪流 q_0 之值与计算 $\tilde{q}$ 的起点(即切口)有关。对于闭剖面来说，这个起始点是可以任意选择的。利用力矩平衡条件可求出 q_0。任选一点 A 作为矩心，如用 M_0 表示全部外载荷(包括剪力 Q 和扭矩 M_z)对力矩中心产生的力矩，以符合右手定则为正。剖面上剪流($\tilde{q}+q_0$)对矩心的力矩(以顺时针为正)与 M_0 相平衡，因此有

$$M_0 = \int_s q\rho\mathrm{d}s$$

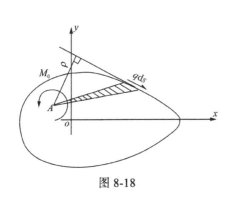

图 8-18

式中 ρ 表示剖面周线上的剪流到力矩中心的垂直距离；$\int_s$ 表示沿整个剖面周线积分(图 8-18)。把式(8-15)代入上式，得

$$M_0 = \int_s (\tilde{q}+q_0)\rho\mathrm{d}s = \int_s \tilde{q}\rho\mathrm{d}s + q_0\oint \rho\mathrm{d}s$$

上式中第二项常剪流 q_0 只在剖面中闭合周线部分内存在，而在非闭合部分剖面上不存在。q_0 可以提在积分号外面，其积分范围只包括周线中闭合部分，用 $\oint$ 表示。积分 $\oint \rho\mathrm{d}s$ 正好等于闭合周线所围面积的两倍，通常用 Ω 来表示，于是上式又可写为

$$M_0 = \int_s \tilde{q}\rho\mathrm{d}s + q_0\Omega \tag{8-16}$$

从而可求得 q_0 的表达式

$$q_0 = \frac{1}{\Omega}\left(M_0 - \int_s \tilde{q}\rho\mathrm{d}s\right) \tag{8-17}$$

计算出的剪流 q_0 为正值时，表示 q_0 的方向绕力矩中心为顺时针方向；q_0 为负值时，则其方向反之。最后将 q_0 和 $\tilde{q}$ 两部分剪流叠加，即得到单闭室剖面的剪流 q。

由以上分析可知，单闭室剖面的薄壁梁可以承受任意形式的外载荷。而且在求剪流时只用了静力平衡条件，因此单闭室剖面薄壁梁对于剪流来说是几何不变的静定

系统。

倘若在单闭室剖面上只有扭矩 M_z 作用，而没有剪力作用，则 $\tilde{q} = 0$，并且 $M_0 = M_z$，于是得到纯扭矩作用下单闭室剖面的剪流为

$$q = q_0 = M_z / \Omega \tag{8-18}$$

这公式称为**布雷特(Bredt)公式**，在飞机结构设计中经常用到。单闭室剖面结构在扭转时所产生的剪流沿剖面周线是常值，并且剪流的大小与剖面周线的形状无关，仅与闭室周线所围成的面积有关。当剖面周线长度一定时，若要使剖面上剪应力最小，则必须使周线所围的面积为最大。

例 8-6　图 8-19(a)所示为四缘条单闭室剖面的薄壁梁，剖面的几何尺寸在图上注明，假设壁板不承受正应力，试求在 Q_y 作用下剖面的剪流 q。

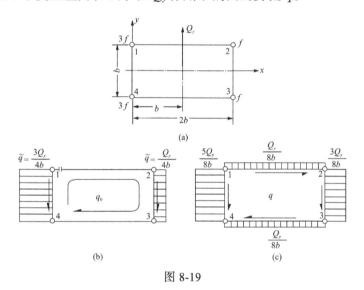

图 8-19

[解]　因为剖面上下对称，所以 x 轴是剖面的中心主轴。剖面对 x 轴的惯性矩为

$$J_x = \Sigma f_i y_i^2 = 2(3f + f)\left(\frac{b}{2}\right)^2 = 2fb^2$$

在缘条 1 右侧开口，开口处剪流为 q_0，如图 8-19(b)所示。先求开口剖面剪流 $\tilde{q}$。

$$\tilde{q}_{1-2} = 0$$

$$\tilde{q}_{2-3} = \frac{Q_y}{2fb^2}\frac{fb}{2} = \frac{Q_y}{4b}$$

$$\tilde{q}_{3-4} = 0$$

$$\tilde{q}_{4-1} = -\frac{3Q_y}{4b}$$

$\tilde{q}$ 的大小及方向标注在图 8-19(b)中。

利用力矩平衡求 q_0。对 4 点取力矩平衡，得

$$q_0 = \frac{1}{\Omega}\left[M - \int \tilde{q}\rho \mathrm{d}s\right] = \frac{1}{4b^2}\left[Q_y b - \frac{Q_y}{4b}b \cdot 2b\right] = \frac{Q_y}{8b}$$

剪流 q_0 为正，表示方向如图 8-19(b)所示。最后，将 $\tilde{q}$ 与 q_0 叠加，则得剖面剪流 q，如图 8-19(c)所示。

8.6　单闭室剖面薄壁梁的扭角

单闭室剖面结构在外载作用下的弹性位移，可用以虚力原理为基础的单位载荷法计算。为了求得远离固定端 $z = l_1$ 处剖面上某点 i 的位移 Δ_{iP}，需在 i 点加上与欲求位移相应的单位载荷。用 σ_1 和 τ_1 表示在单位载荷作用下结构内产生的正应力和剪应力，称为单位状态《1》的内力。用 σ_P 和 τ_P 表示在外载荷作用下结构内产生的正应力和剪应力，称为载荷状态《P》的内力。将《P》状态所对应的变形作为真实变形状态，将《1》状态下的外力和内力作为虚力状态，由虚力原理可得

$$1 \cdot \Delta_{iP} = \int_0^{l_1}\int_s \frac{\sigma_1 \sigma_P t \mathrm{d}s\mathrm{d}z}{E} + \int_0^{l_1}\int_s \frac{\tau_1 \tau_P t \mathrm{d}s\mathrm{d}z}{G}$$

式中的剪应力 τ 用剪流 q/t 表示，则上式可写为

$$\Delta_{iP} = \int_0^{l_1}\int_s \frac{\sigma_1 \sigma_P}{E} t \mathrm{d}s\mathrm{d}z + \int_0^{l_1}\int_s \frac{q_1 q_P}{Gt}\mathrm{d}s\mathrm{d}z \tag{8-19}$$

式中 t 表示壁板的厚度；$\int_s$ 表示沿结构剖面周线积分；$\int_0^{l_1}$ 表示沿结构长度积分；E 和 G 分别是材料的线弹性模量和剪切弹性模量。

例如，欲求结构自由端的总扭角 φ，就必须在端部剖面上加单位扭矩，则可得

$$\sigma_1 = 0, \quad q_1 = \frac{1}{\Omega}$$

式中 Ω 为剖面闭室周线所围面积的两倍。代入式(8-11)，得扭角 φ 为

$$\varphi = \frac{1}{\Omega}\int_0^{l_1}\oint \frac{q_P \mathrm{d}s}{Gt}\mathrm{d}z \tag{8-20}$$

式中，由于 q_1 只在闭室周线部分存在，所以，$\oint$ 只沿闭室周线积分。

由上式还可进一步推出单位长度上的扭角(也称相对扭角) θ 为

$$\theta = \frac{\mathrm{d}\varphi}{\mathrm{d}z} = \frac{1}{\Omega}\oint \frac{q_P \mathrm{d}s}{Gt} \tag{8-21}$$

倘若由式(8-20)或式(8-21)算得的扭角 φ 或 θ 是正值，则表示扭角方向与所施加的单位扭矩方向相同，否则相反。

有时需要计算单闭室剖面的扭转刚度。扭转刚度是指产生单位相对扭角时所需施加的外扭矩，扭转刚度用 C 表示。利用在悬臂梁自由端受一集中扭矩 M_z 作用所产生的相对扭角，可推导出扭转刚度。将 $q_P = \dfrac{M_z}{\Omega}$ 代入式(8-21)，则得扭矩 M_z 所产生的相对扭角为

$$\theta = \frac{M_z}{\Omega^2} \oint \frac{\mathrm{d}s}{Gt}$$

由扭转刚度的定义得单闭室剖面的扭转刚度为

$$C = \frac{M_z}{\theta} = \frac{\Omega^2}{\oint \dfrac{\mathrm{d}s}{Gt}} \tag{8-22}$$

可见，若想提高单闭室结构的抗扭刚度，当剖面周线长度一定时，应增加壁板的厚度 t 和使周线所围面积为最大。

8.7 单闭室剖面的弯心

所谓剖面的弯心，就是剖面上具有这样性质的一点，当剖面上的剪力作用线通过该点时，剖面只产生平行移动而不产生转动，即剖面的相对扭角等于零。利用这个性质，就可决定闭室剖面的弯心位置。

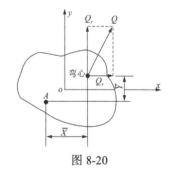

图 8-20

为了决定单闭室剖面的弯心位置，可假定任意剪力 Q_x 和 Q_y 作用在弯心上，如图 8-20 所示，图中的 xoy 轴是剖面的中心主轴。设弯心到任意选定的力矩中心 A 的距离为 $\overline{X}$ 和 $\overline{Y}$。根据力作用的互不相关原理，利用相对扭角为零的条件，即

$$\theta = \frac{1}{\Omega} \oint \frac{q}{Gt} \mathrm{d}s = 0 \tag{8-23}$$

分别求出 Q_y 和 Q_x 作用时，弯心的位置 $\overline{X}$ 和 $\overline{Y}$。

假定 Q_y 作用在剖面的弯心上，求出剖面的剪流 q。Q_y 作用在弯心时的 q_0 值用 q_0^B 表示，则单闭室剖面的剪流为

$$q = \tilde{q} + q_0^B \tag{8-24}$$

用 $\theta = 0$ 的条件，可求得 q_0^B，将式(8-24)代入式(8-23)，有

$$\oint(\tilde{q} + q_0^B)\frac{\mathrm{d}s}{Gt} = 0$$

得

$$q_0^B = -\frac{\oint\dfrac{\tilde{q}}{Gt}\mathrm{d}s}{\oint\dfrac{\mathrm{d}s}{Gt}}$$

为了求弯心位置 $\overline{X}$，以 A 为力矩中心，列出平衡方程

$$Q_y\overline{X} = \int_s q\rho\mathrm{d}s \tag{8-25}$$

将式(8-24)代入上式，且 $\tilde{q} = \dfrac{Q_y}{J_x}S_x$，化简后得

$$\overline{X} = \frac{1}{J_x}\left(\int_s S_x\rho\mathrm{d}s - \varOmega\frac{\oint\dfrac{S_x}{Gt}\mathrm{d}s}{\oint\dfrac{\mathrm{d}s}{Gt}}\right) \tag{8-26}$$

同理假定 Q_x 过弯心作用，可求得弯心位置 $\overline{Y}$

$$\overline{Y} = -\frac{1}{J_y}\left(\int_s S_y\rho\mathrm{d}s - \varOmega\frac{\oint\dfrac{S_y}{Gt}\mathrm{d}s}{\oint\dfrac{\mathrm{d}s}{Gt}}\right) \tag{8-27}$$

式(8-26)和式(8-27)中，$\int_s$ 表示剖面全部周线积分；$\oint$ 表示剖面中闭合周线部分积分。

式(8-26)和式(8-27)为单闭室剖面弯心的计算公式。由上式可见，弯心位置与载荷无关，而只取决于剖面的几何性质。

在机翼和尾翼的实际计算工作中，经常是先算出结构在给定外载荷作用下的内力，然后为了计算振动特性才需要确定剖面的弯心位置。在这种情况下，确定弯心位置用下列方法比较方便。

设已经求得剪力 Q_y 作用于 o 点时剖面中的剪流 q，由于 Q_y 并不通过弯心，使剖面产生相对扭角 θ_{Q_y}（逆时针为正），可由式(8-21)

$$\theta_{Q_y} = \frac{1}{\varOmega}\oint\frac{q\mathrm{d}s}{Gt}$$

求得。倘若 Q_y 通过弯心 B，则剖面将不产生扭转，即 $\theta = 0$。为求弯心 B 到 o 点的距离 $\overline{X}$，我们可把通过弯心 B 的剪力 Q_y 用通过 o 点的剪力 Q_y 和一力矩 $M_z = Q_y\overline{X}$ 来代替，如图 8-21 所示。于是在这力和力矩共同作用下，剖面的相对扭角为 0，即

$$\theta = \theta_{Q_y} + \theta_1 M_z = 0 \qquad 或 \qquad \theta_{Q_y} + \theta_1 M_z = 0 \tag{8-28}$$

式中 θ_1 表示单位扭矩所产生的相对扭角(逆时针方向为正)。其值为

$$\theta_1 = \frac{1}{\Omega^2} \oint \frac{\mathrm{d}s}{Gt}$$

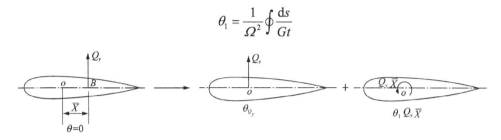

图 8-21

代入式(8-28)，得

$$\bar{X} = -\frac{\theta_{Q_y}}{\theta_1} \frac{1}{Q_y} \tag{8-29}$$

同理可得

$$\bar{Y} = \frac{\theta_{Q_x}}{\theta_1} \frac{1}{Q_x} \tag{8-30}$$

$\bar{X}$ 和 $\bar{Y}$ 是正时，表示弯心在 o 点的右边和上边。

　　因此，倘若剪流 q 已经求得，为求弯心，只要再求出剪力作用下的相对扭角 θ_{Q_y} 及单位扭矩作用下产生的相对扭角 θ_1，代入式(8-29)和式(8-30)即可得到。这种方法尤其便于计算多闭室剖面的弯心。

　　此外，由弯心的特性，根据位移互等定理可以证明剖面的弯心与扭心重合。所谓扭心，就是当纯扭矩作用时，剖面的转动中心。所以闭剖面的弯心就是扭心，也称刚心。

　　例 8-7　试求例 8-6 所示单闭室剖面结构的相对扭角 θ 和剖面的弯心位置。

　　[解]　在例 8-6 中已求得单闭室的剪流，如图 8-19(c)所示。

(1) 求相对扭角：

$$\theta = \frac{1}{\Omega} \oint \frac{q\mathrm{d}s}{Gt}$$

假设材料剪切弹性模量 G 和壁板厚 t 为常值，则

$$\theta = \frac{1}{Gt \cdot 2 \cdot 2b \cdot b} \left(\frac{Q_y}{8b} \cdot 2b \cdot 2 + \frac{3Q_y}{8b} b - \frac{5Q_y}{8b} b \right)$$

$$= \frac{Q_y}{16b^2 Gt}$$

求得 θ 为正，扭角是逆时针方向。

(2) 求弯心：

x 轴是中心主轴，又是对称轴，弯心在 x 轴上。假定剪力 Q_y 通过弯心 B，B 距 y 轴为 $\overline{X}$。

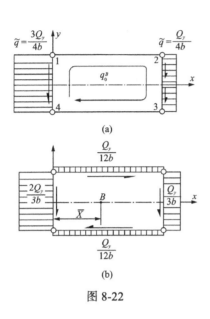

图 8-22

①求剪力通过弯心时的剪流 $q = \tilde{q} + q_0^B$，由例 8-6 求得 $\tilde{q}$ (图 8-19(b))。

利用相对扭角为零的条件求得

$$q_0^B = -\frac{\oint \dfrac{\tilde{q}}{Gt}\,\mathrm{d}s}{\oint \dfrac{\mathrm{d}s}{Gt}} = -\frac{-\dfrac{3Q_y}{4b}b + \dfrac{Q_y}{4b}b}{2(b+2b)} = \frac{Q_y}{12b}$$

所以 $q = \tilde{q} + q_0^B$，如图 8-22 所示。

②求弯心：对 4 点取力矩平衡得

$$Q_y \overline{X} = \frac{Q_y}{12b} \cdot 2b \cdot b + \frac{Q_y}{3b} \cdot b \cdot 2b$$

所以

$$\overline{X} = \frac{5}{6}b$$

求得 $\overline{X}$ 为正，即弯心在 y 轴右边。

如果利用式(8-29)求弯心位置，Q_y 作用下已求得相对扭角为

$$\theta_{Q_y} = \frac{Q_y}{16b^2 Gt}$$

单位扭矩产生的相对扭角为

$$\theta_1 = \frac{1}{\Omega^2}\oint \frac{\mathrm{d}s}{Gt} = \frac{(2b+b)\times 2}{(2\times 2b \times b)^2 Gt} = \frac{3}{8b^3 Gt}$$

则

$$\overline{X}' = -\frac{\theta_{Q_y}}{\theta_1 Q_y} = -\frac{\dfrac{Q_y}{16b^2 Gt}}{\dfrac{3}{8b^3 Gt}Q_y} = -\frac{b}{6}$$

$\overline{X}'$ 为负，表示弯心在剪力 Q_y 作用点左边 $\dfrac{b}{6}$ 处，其结果和 $\overline{X} = \dfrac{5b}{6}$ 相同。

例 8-8 试求图 8-23 所示剖面的弯心位置。设壁板不承受正应力，壁厚均为 t，缘条面积均为 f。

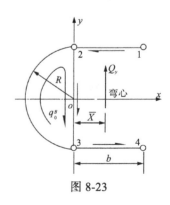

图 8-23

[解]　弯心在对称轴 x 上，设弯心矩 y 轴为 $\overline{X}$，假定在弯心上作用剪力 Q_y。

首先，求剪流 $\tilde{q}$。在缘条 2 左边开口，求 $\tilde{q}$：

$$\tilde{q}_{1-2} = \frac{Q_y fR}{4fR^2} = \frac{Q_y}{4R} = \tilde{q}_{3-4}$$

$$\tilde{q}_{2-3} = \frac{Q_y}{2R}$$

$$\tilde{q}_{曲板} = 0$$

其次，求 q_0^B。因为剪力过弯心，故

$$\theta = \frac{1}{\Omega} \oint \frac{q\mathrm{d}s}{Gt} = 0$$

而 $q = \tilde{q} + q_0^B$，并注意上式中 $\oint$ 仅沿闭室周线积分，因此

$$\tilde{q}_{2-3}\frac{2R}{Gt} + \tilde{q}_0^B \frac{\pi R + 2R}{Gt} = 0 , \quad 得 \ q_0^B = -\frac{Q_y}{\pi R + 2R}$$

最后，由力矩平衡方程求弯心位置。以 3 点为力矩中心得

$$Q_y \overline{X} + \tilde{q}_{1-2}b2R - q_0^B \pi R^2 = 0 , \quad 得 \ \overline{X} = -\left(\frac{b}{2} + \frac{\pi R}{\pi + 2}\right)$$

所以，剖面的弯心位置在图 8-23 所示的 y 轴另一侧。

8.8　多闭室剖面剪流的计算

在单闭室剖面剪流的计算中，我们只用了平衡条件，而未引入变形协调关系，因此它是静定问题。对于双闭室剖面系统，如图 8-24 所示。如果假想在剖面任一点 a 沿结构纵向切开一裂缝，形成单闭室剖面，则其剪流可由平衡条件确定。但实际上双闭室剖面 a 处是没有切口的，a 处剪流也不等于零。为了确定 a 处的剪流，必须补充一个变形协调条件。因此，求双闭室剖面中的剪流是一度静不定的问题。依此类推，对于**多闭室**(multicell tubes)剖面的剪流求解，n 个闭室的剖面系统有 $(n-1)$ 度静不定。仅用平衡方程是不够的，还必须补充 $(n-1)$ 个变形协调条件。

我们用如图 8-25 所示的三闭室剖面的机翼结构，来说明多闭室剖面内剪流的求解过程。

求三闭室剖面中的剪流是一个二度静不定问题。从解静不定的观点，我们只需在任意两个闭室上切口，形成的单闭室剖面剪流可用平衡条件确定，而切口处的剪流用变形协调条件确定。我们知道，在计算单闭室剖面的剪流时，仍要将单闭室切开，求得

图 8-24

图 8-25

开剖面系统的剪流和切口处的剪流，只不过这两个剪流用平衡条件就可决定。因此，为计算方便，在计算多闭室剖面中的剪流时，我们把每个闭室同时都沿纵向切开，形成开剖面系统，该开剖面的剪流 $\tilde{q}$ 可用式(8-9)或式(8-10)求出，即

$$\tilde{q} = \frac{Q_y}{J_x}S_x + \frac{Q_x}{J_y}S_y$$

$\tilde{q}$ 只与剪力 Q 相平衡，尚未满足力矩平衡条件。

为了保证切口处的变形连续，可以设想在各切口处分别施加未知剪流 q_{01}、q_{02}、q_{03}。根据剪应力成对定理，剖面上各闭室周线上也将产生相应的剪流，如图 8-26 所示。在 I 闭室的壁上剪流为 q_{01}，在 I - II 室相邻的直壁上的剪流应等于两边剪流之差，即 $q_{02} - q_{01}$。

多闭室剖面中的剪流 q 应等于 $\tilde{q}$、q_{01}、q_{02}、q_{03} 对应叠加。用平衡观点的平面图表示的剪流如图 8-27 所示，剪流公式可表示为

$$q = \tilde{q} + q_{01} + q_{02} + q_{03} \qquad (8\text{-}31)$$

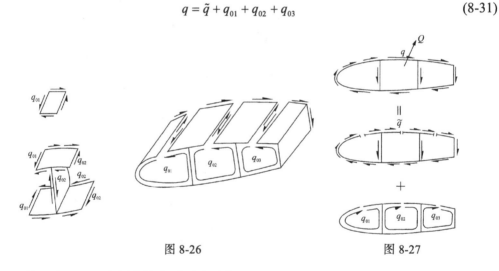

图 8-26　　　　　　　　　　　　　图 8-27

在使用式(8-31)时应看剪流图对应叠加。

对于 I 闭室：$q = \tilde{q} + q_{01} + q_{02}$

对于 II 闭室：$q = \tilde{q} + q_{01} + q_{02} + q_{03}$

对于 III 闭室：$q = \tilde{q} + q_{02} + q_{03}$

剖面中的剪流 q 应与外载相平衡，而求 $\tilde{q}$ 时只满足了与剪力 Q 的平衡方程，所以，q 还应满足力矩平衡方程，可取剖面上任意一点为力矩中心，列出力矩平衡方程为

$$M_0 = \int_s q\rho\mathrm{d}s$$

将式(8-31)代入上式，得

$$M_0 = \int_s \tilde{q}\rho \mathrm{d}s + \Omega_1 q_{01} + \Omega_2 q_{02} + \Omega_3 q_{03} \tag{8-32}$$

式中 M_0 为剖面上全部外力(包括剪力和扭矩)对力矩中心的力矩；Ω_1、Ω_2、Ω_3 分别为闭室 I、II、III 周线所围面积的两倍。

为了求出未知剪流 q_{01}、q_{02}、q_{03}，还应补充变形协调条件。根据横剖面无畸变的假设，我们利用的变形协调条件就是：各闭室的相对扭角必须相等，且都等于整个剖面的相对扭角，即

$$\theta_1 = \theta_2 = \theta_3 = \theta \tag{8-33}$$

求多闭室剖面的相对扭角是一个静不定结构的位移求解问题，可用单位载荷法求得。单位力状态可取任意的静定系统。为求 i 闭室剖面的相对扭角，可取除第 i 闭室外的其他闭室都沿纵向切开的单闭室系统作为基本系统，并在该闭室上加单位扭矩，作为单位力状态。在单位扭矩作用下，仅在这个闭室的周线上存在平衡剪流。

$$q_i = 1/\Omega_i$$

将载荷作用下的静不定系统的变形作为位移状态，由式(8-21)可得多闭室剖面的相对扭角为

$$\theta = \int_s \frac{q_i q_P}{Gt} \mathrm{d}s = \frac{1}{\Omega_i} \oint_i \frac{q \mathrm{d}s}{Gt} \tag{8-34}$$

式中 $\oint_i$ 仅沿第 i 闭室积分，上式也就是第 i 闭室相对扭角的公式。我们分别选取图 8-28 中的三个单位力状态，可得各闭室的相对扭角，且都等于整个剖面的相对扭角。

$$\theta = \theta_1 = \frac{1}{\Omega_1} \oint_1 \frac{q}{Gt} \mathrm{d}s$$

$$\theta = \theta_2 = \frac{1}{\Omega_2} \oint_2 \frac{q}{Gt} \mathrm{d}s$$

$$\theta = \theta_3 = \frac{1}{\Omega_3} \oint_3 \frac{q}{Gt} \mathrm{d}s$$

图 8-28

将式(8-31)代入上式，在具体计算各闭室的相对扭角时，应注意相邻闭室的腹板中的剪流，为避免发生错误，常将多闭室分解为单闭室，如图 8-29 所示，再列出各个闭室的相对扭角表达式，得

$$\theta = \frac{1}{\Omega_1}\left(\oint_1 \frac{\tilde{q}}{Gt}ds + q_{01}\oint_1 \frac{ds}{Gt} - q_{02}\int_{1-2}\frac{ds}{Gt}\right)$$

$$\theta = \frac{1}{\Omega_2}\left(\oint_2 \frac{\tilde{q}}{Gt}ds - q_{01}\int_{1-2}\frac{ds}{Gt} + q_{02}\oint_2 \frac{ds}{Gt} - q_{03}\int_{2-3}\frac{ds}{Gt}\right) \qquad (8-35)$$

$$\theta = \frac{1}{\Omega_3}\left(\oint_3 \frac{\tilde{q}}{Gt}ds - q_{02}\int_{2-3}\frac{ds}{Gt} + q_{03}\oint_3 \frac{ds}{Gt}\right)$$

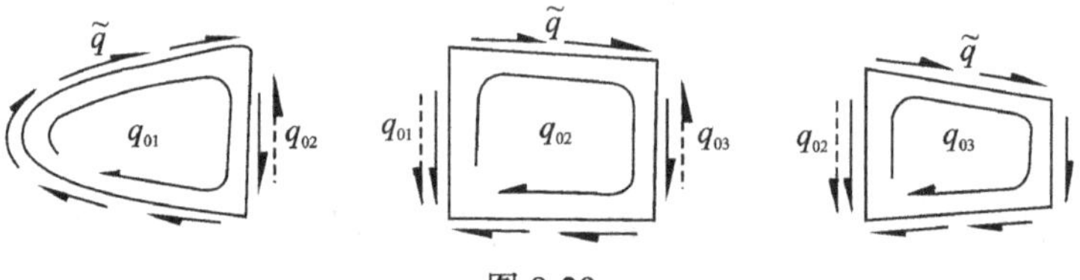

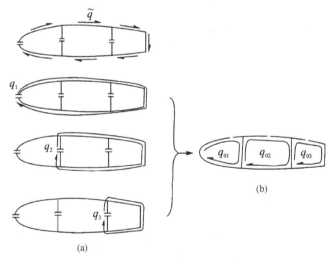

图 8-29

　　由式(8-35)表示的变形协调方程和式(8-32)表示的力矩平衡方程联立求解，可求出三个未知剪流 q_{01}、q_{02}、q_{03}，同时还可求出剖面的相对扭角 θ。将算出的结果代入式(8-31)，便可求得剖面中的真实剪流 q。

　　另外还需指出，为了计算方便，求 $\tilde{q}$ 时剖面的切口可与求 q_{01}、q_{02}、q_{03} 时剖面的切口取不同的位置。例如，当腹板不承受正应力时，将切口取在腹板上求 $\tilde{q}$ 比较方便。剖面中的真正剪流，等于 $\tilde{q}$ 加上切口处的未知剪流 q_1、q_2、q_3，如图 8-30(a)所示。由于 q_1 和 q_2 分别涉及三个闭室和两个闭室，因而在求解这些剪流时，将会遇到相当繁杂的计算。

图 8-30

　　如果我们用分别只沿一个闭室作用的三个未知剪流代替 q_1、q_2、q_3 的作用，计算将会较前简单。设有三个未知剪流 q_{01}、q_{02}、q_{03}，它们分别只沿一个闭室作用。如

图 8-30(b)所示。比较图 8-30(a)和图 8-30(b)，可见，各闭室蒙皮上的剪流分别为

$$q_{01} = q_1, \qquad q_{02} = q_1 + q_2, \qquad q_{03} = q_1 + q_2 + q_3$$

而相邻两闭室的腹板上的剪流分别为

$$q_{1-2} = q_{02} - q_{01} = q_2, \qquad q_{2-3} = q_{03} - q_{02} = q_3$$

因此，分别沿一个闭室作用的三个未知剪流 q_{01}、q_{02}、q_{03} 作用的结果确实与原来的三个剪流 q_1、q_2、q_3 作用的总和相同。用剪流 q_{01}、q_{02}、q_{03} 来表示未知剪流就相当于把切口放在每个闭室的蒙皮上。这种做法使我们在解多闭室剖面剪流时有更大的灵活性。

例 8-9　试求图 8-31 所示双闭室剖面结构在剪力 Q_y 作用下的剪流。设壁板不承受正应力。已知结构上下对称，$f_a = 2\text{cm}^2$，$f_b = f_d = 0.5\text{cm}^2$，$f_c = f_e = 1\text{cm}^2$，$H = 100\text{cm}$，$B = 50\text{cm}$，$t_1 = 0.15\text{cm}$ (蒙皮厚)，$t_2 = 0.25\text{cm}$ (板 aa' 厚)，$t_3 = 0.15\text{cm}$ (腹板 cc' 厚)，$t_4 = 0.2\text{cm}$ (腹板 ee' 厚)，$Q_y = 10\,000\text{N}$。

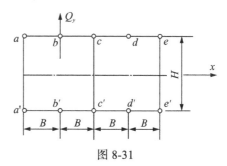

图 8-31

[解]　由于结构上下对称，对称轴 x 为中心主轴。剖面对 x 轴的惯性矩为

$$J_x = 2(f_a + f_b + f_c + f_d + f_e)\left(\frac{H}{2}\right)^2 = 25\,000\text{cm}^4$$

(1) 在上蒙皮 bc 之间和 cd 之间开切口，求开剖面剪流

$$\tilde{q} = \frac{Q_y}{J_x} S_x$$

从开口处自由边作为 s 坐标起始点，计算静矩 S_x 和剪流 $\tilde{q}$：

$$S_x^{cb} = 0, \quad S_x^{cd} = 0$$

$$S_x^{ba} = f_b \frac{H}{2} = 25, \quad S_x^{de} = f_d \frac{H}{2} = 25$$

$$S_x^{aa'} = (f_b + f_a)\frac{H}{2} = 125, \quad S_x^{ee'} = (f_d + f_e)\frac{H}{2} = 75$$

$$S_x^{ce'} = f_c \frac{H}{2} = 50$$

所以

$$\tilde{q}_{cb} = 0, \qquad \tilde{q}_{cd} = 0$$
$$\tilde{q}_{ba} = 10\text{N/cm}, \quad \tilde{q}_{de} = 10\text{N/cm}$$
$$\tilde{q}_{aa'} = 50\text{N/cm}, \quad \tilde{q}_{ee'} = 30\text{N/cm}$$
$$\tilde{q}_{cc'} = 20\text{N/cm}$$

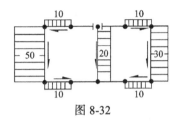

图 8-32

利用对称关系，可得出下蒙皮剪流。开剖面剪流分布如图 8-32 所示。

(2) 设第 I 闭室常剪流 q_{01}，第 II 闭室常剪流 q_{02}，且为顺时针方向。利用扭角一致条件和力矩平衡条件可求得 q_{01} 和 q_{02}。扭角一致条件为

$$\theta = \frac{1}{\Omega_1}\left(\oint_1 \frac{\tilde{q}}{Gt}\mathrm{d}s + q_{01}\oint_1 \frac{\mathrm{d}s}{Gt} - q_{02}\int_{1\text{-}2}\frac{\mathrm{d}s}{Gt}\right)$$
$$\theta = \frac{1}{\Omega_2}\left(\oint_2 \frac{\tilde{q}}{Gt}\mathrm{d}s - q_{01}\int_{1\text{-}2}\frac{\mathrm{d}s}{Gt} + q_{02}\oint_2 \frac{\mathrm{d}s}{Gt}\right)$$

(8-36)

式中

$$\Omega_1 = \Omega_2 = 2\times 2B \times H = 20\,000\,\mathrm{cm}^2$$

$$\oint_1 \frac{\tilde{q}}{t}\mathrm{d}s = \frac{20\times 100}{0.15} - 2\times\frac{10\times 50}{0.15} - \frac{50\times 100}{0.25} = -\frac{40\,000}{3}$$

$$\oint_2 \frac{\tilde{q}}{t}\mathrm{d}s = 2\times\frac{10\times 50}{0.15} + \frac{30\times 100}{0.2} - \frac{20\times 100}{0.15} = \frac{25\,000}{3}$$

$$\oint_1 \frac{\mathrm{d}s}{t} = \frac{100}{0.15} + 2\times\frac{100}{0.15} + \frac{100}{0.25} = 2400$$

$$\oint_2 \frac{\mathrm{d}s}{t} = \frac{100}{0.2} + 2\times\frac{100}{0.15} + \frac{100}{0.15} = 2500$$

$$\int_{1\text{-}2}\frac{\mathrm{d}s}{t} = \frac{100}{0.15} = \frac{2000}{3}$$

力矩平衡方程(以 c' 点为力矩中心)

$$-Q_y B = \int_s \tilde{q}\rho\mathrm{d}s + q_{01}\Omega_1 + q_{02}\Omega_2$$

(8-37)

式中

$$\int_s \tilde{q}\rho\mathrm{d}s = 10\times 50\times 100 + 30\times 100\times 100 - 10\times 50\times 100 - 50\times 100\times 100 = -200\,000\,\mathrm{N\cdot cm}$$

$$Q_y B = 10000\times 50 = 500\,000\,\mathrm{N\cdot cm}$$

将式(8-36)和式(8-37)化简联立求解，得

$$G\theta = -\frac{2}{3} + \frac{3}{25}q_{01} - \frac{1}{30}q_{02}$$

$$G\theta = \frac{5}{12} - \frac{1}{30}q_{01} + \frac{1}{8}q_{02}$$

$$-15 = q_{01} + q_{02}$$

得

$$q_{01} = -4.144 \, \text{N/cm}$$

$$q_{02} = -10.856 \, \text{N/cm}$$

$$\theta = -0.8022 / G \quad (\text{顺时针方向})$$

(3) 将 $\tilde{q}$ 与 q_{01}、q_{02} 叠加得到剖面剪流图，见图 8-33。

例 8-10 求例 8-9 的双闭室剖面系统在 10 000N·cm 扭矩作用下，剖面中的剪流和相对扭角。

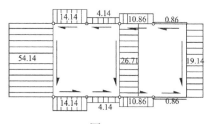

图 8-33

[解] 由于剖面上只有扭矩作用，所以 $\tilde{q} = 0$，变形一致条件和力矩平衡条件简化为

$$\theta = \frac{1}{\Omega_1} \left(q_{01} \oint_1 \frac{\mathrm{d}s}{Gt} - q_{02} \int_{1-2} \frac{\mathrm{d}s}{Gt} \right)$$

$$\theta = \frac{1}{\Omega_2} \left(-q_{01} \int_{1-2} \frac{\mathrm{d}s}{Gt} + q_{02} \oint_2 \frac{\mathrm{d}s}{Gt} \right)$$

$$M_0 = q_{01} \Omega_1 + q_{02} \Omega_2$$

将具体数值代入，得

$$20\,000 G\theta = 2400 q_{01} - \frac{2000}{3} q_{02}$$

$$20\,000 G\theta = -\frac{2000}{3} q_{01} + 2500 q_{02}$$

$$10\,000 = 20\,000 q_{01} + 20\,000 q_{02}$$

解该联立方程，得

$$q_{01} = 0.254 \, \text{N/cm}$$

$$q_{02} = 0.246 \, \text{N/cm}$$

$$\theta = 0.02228 / G \, (\text{逆时针方向})$$

剖面中的剪流见图 8-34。

由例 8-9 和例 8-10 的计算结果，很容易求得剖面的弯心位置。假定弯心距剪力作用线的距离为 $\overline{X}$，如图 8-35 所示。

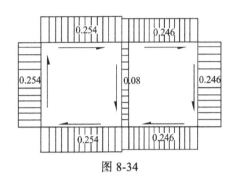

图 8-34

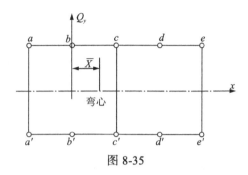

图 8-35

从上两例已知

$$\theta_{Qy} = -0.8022/G$$

$$\theta_1 = 0.02228/10000G$$

由剪力过弯心时扭角应为零，故

$$\theta_{Q_y} + \theta_1 Q_y \overline{X} = 0$$

所以 $\overline{X} = 36\text{cm}$ 。

8.9　限制扭转的概念

　　当非圆剖面直杆受扭时，其剖面将出现翘曲现象。如果所有剖面都自由翘曲，则在剖面上不会产生法向应力，这称为自由扭转。这时，杆件所有横剖面的翘曲量都相同，因此，在横剖面上只产生与外扭矩相平衡的剪应力。然而，这种情况是很少出现的。只有当等剖面直杆的两端作用大小相等、方向相反的力偶且无任何约束时，才可能发生自由扭转，如图 8-36 所示。图 8-36(b)表示该杆变形后的情况，垂直于杆轴的剖面 ABCD，由于扭转而发生翘曲，剖面 ABCD 不再是平面。但由于各剖面均能自由翘曲，且翘曲量沿纵向相同，故纵向纤维长度不变，剖面上就不会产生正应力。

　　如果杆件受扭时，剖面不能自由翘曲，即翘曲受到支承条件或载荷的限制，称为限制扭转。这时由于各剖面的翘曲量不等，使纵向纤维长度发生变化，剖面上产生附加正应力。在实心杆件中，限制扭转产生的这种附加正应力一般很小，可以不予考虑。但在薄壁杆件中，限制扭转所产生的附加正应力可能达到相当大的数值，因而必须加以重视。图 8-37 所示的"工"字形剖面杆件，在自由扭矩 M_z 作用下，固定端剖面始终保持平面，不允许发生翘曲。这种情况属于限制扭转，而在自由端"工"字形剖面的两缘板在自身平面内做相反方向的弯曲，因此限制扭转又称为弯曲扭转。

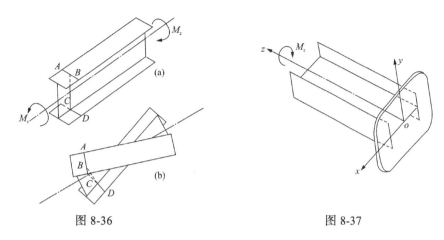

图 8-36　　　　　　　　　　　　　图 8-37

"工"字形剖面杆件限制扭转时，由于各横剖面翘曲沿纵向不同，两缘板在其自身平面内做相反方向的弯曲，因此在缘板内产生附加的正应力，用 σ_ω 表示，在腹板上附加正应力为零，σ_ω 在剖面上形成自身平衡力系，如图 8-38(a)所示。由于正应力沿纵向是变化的，因而在剖面上又有附加的剪应力，用 τ_ω 表示，腹板上的 τ_ω 也为零，如图 8-38(b)所示。这种附加的剪应力 τ_ω 只能平衡一部分外扭矩 M_ω，其余的外扭矩 $M_k = M - M_\omega$ 将由自由扭转剪应力来平衡，这部分剪应力用 τ_k 表示，如图 8-38(c)所示。

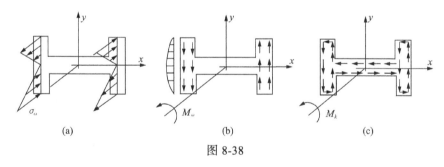

图 8-38

　　在 8.3 节中，讨论开剖面薄壁梁的自由扭转时曾指出，在采用剪应力沿壁厚均匀分布的假设下，开剖面薄壁结构是不能承受扭矩的。而这个结论并不适合限制扭转情况。另外，当壁板厚度较大时，剪应力沿壁厚均匀分布的假设也不适用，剪应力沿壁厚呈线性分布，自由扭转的剪应力 τ_k 沿壁厚分布如图 8-39(b)所示。由此可知，限制扭转时，剖面上将产生三种应力，即

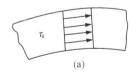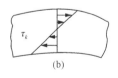

图 8-39

限制扭转附加正应力 σ_ω、限制扭转附加剪应力 τ_ω 和自由扭转的剪应力 τ_k。根据静力平衡条件，σ_ω 在剖面内自身平衡，而扭矩 M_z 由 τ_ω 和 τ_k 来平衡。

　　闭剖面薄壁结构在扭矩 M_z 作用下也存在限制扭转问题，如图 8-40 所示，由于扭转，剖面将发生翘曲，在固定端翘曲受到限制，于是在剖面上引起相应的正应力 σ_ω

和剪应力 τ_ω，其分布规律分别如图 8-41(a)和(b)所示。而自由端的翘曲不受限制，自由端的 σ_ω 和 τ_ω 均为零。显然，越靠近固定端限制扭转的效应越严重，而自由端则不会出现限制扭转现象。因而附加法向应力 σ_ω 和剪应力 τ_ω 沿纵向是变化的。实验与理论分析表明，正应力 σ_ω 沿纵向的变化规律按指数衰减，在固定端附近正应力 σ_ω 变化急剧，其值也较大。

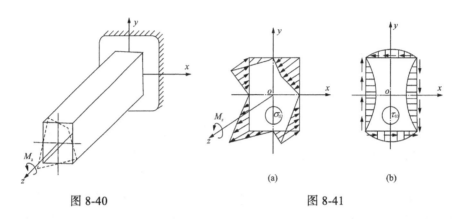

图 8-40　　　　　　　　　　　　　图 8-41

　　关于限制弯曲和限制扭转问题的分析与计算是很复杂的，在前面所做的正应变平面分布假设已不再适用。目前，由于计算机的广泛应用，用有限单元法使这类问题能够容易地得到解决，有关有限元的理论方法将在第三部分有限元基础的章节中介绍。

习　　题

8-1　题 8-1 图所示为各种形式的薄壁梁剖面，设缘条(集中面积)承受正应力，壁板只受剪切，试求：

(1) 剖面各点对 x 轴的静矩 S_x；

(2) 剖面对 x 轴的惯性矩；

(3) 剖面的弯心位置。

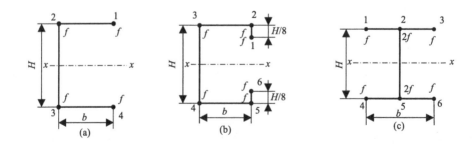

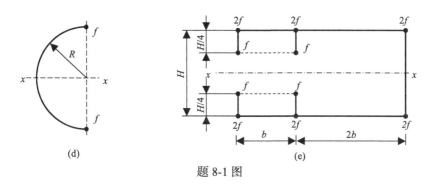

题 8-1 图

8-2　题 8-2 图所示薄壁梁剖面，缘条承受正应力，其截面积为 $f = 2\text{cm}^2$。壁板只受剪切，已知过剖面弯心的剪力 $Q_x = 5000\text{N}$，$Q_y = 6000\text{N}$，求剖面剪流。

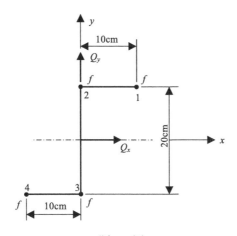

题 8-2 图

8-3　求题 8-3 图所示薄壁剖面在剪力 Q_y 作用下的剪流分布。Q_y 通过剖面的弯心。设壁板能承受正应力，壁板厚 $t = 0.1\text{cm}$，$Q_y = 10\,000\text{N}$。

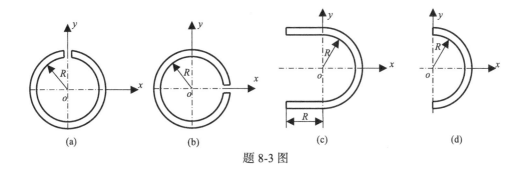

题 8-3 图

8-4 求题 8-4 图所示薄壁剖面在通过剖面弯心的剪力 Q_y 作用下的剪流分布,并求剖面的弯心位置。设壁板能承受正应力,壁板厚度为 t。

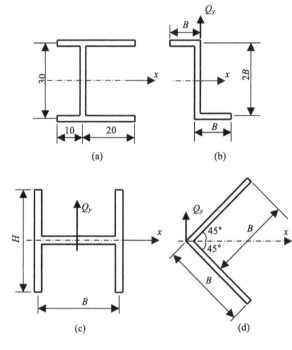

题 8-4 图

8-5 求题 8-5 图所示剖面的弯心位置。壁板不承受正应力,缘条面积为 f。

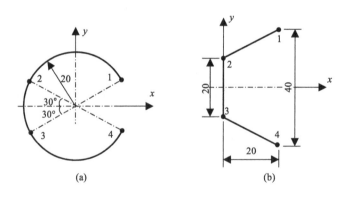

题 8-5 图

8-6 求题 8-6 图所示剖面的剪流分布、弯心位置和扭转角。

(1) 图(a)、(b)剖面的壁板承受正应力,壁板厚 $t = 0.1\text{cm}$,$Q_y = 10\,000\text{N}$;

(2) 图(c)、(d)、(f)剖面的壁板不承受正应力,缘条面积 $f = 2\text{cm}^2$,$Q_y = Q_x = 10\,000\text{N}$;

(3) 图(e)剖面的壁板承受正应力,壁板厚度 $t = 0.1\text{cm}$,缘条面积 $f = 1\text{cm}^2$, $Q_y =$ 10 000N。

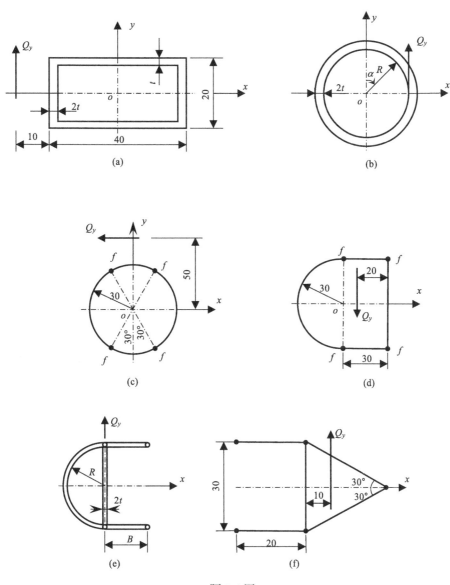

题 8-6 图

8-7　一双梁式机翼的翼剖面尺寸如题 8-7 图所示(略去了前后缘部分),缘条面积 $f_1 =$ 5 cm^2, $f_2 = 3\text{ cm}^2$,桁条面积 $f = 0.5\text{ cm}^2$,设蒙皮与梁腹板均不承受正应力,厚度 $t = 0.1\text{ cm}$。

(1) 当弯矩 $M = 15 \times 10^4\text{ N} \cdot \text{m}$,其矢量方向如图示, $\theta = 30°$,求梁缘条和桁条的正应力;

(2) 求 $Q_y = 15 \times 10^4 \mathrm{N}$ 作用下各壁板的剪流。

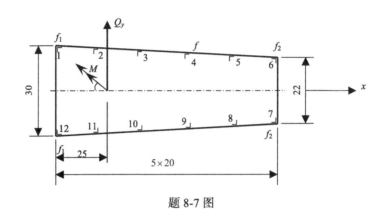

题 8-7 图

8-8 求题 8-6 图所示剖面的弯心位置和相对扭角。

8-9 一双梁长直机翼的翼剖面形状和尺寸如题 8-9 图所示，受剪力 $Q_y = 4.5 \times 10^4 \mathrm{N}$ 的作用。蒙皮厚 $t_1 = 0.1 \mathrm{cm}$，前梁缘条面积 $f_1 = 10 \mathrm{cm}^2$，后梁缘条面积 $f_2 = 5 \mathrm{cm}^2$，梁腹板厚均为 $t_2 = 0.2 \mathrm{cm}$。设蒙皮和腹板均不承受正应力，只承受剪应力。求：

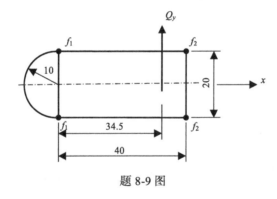

题 8-9 图

(1) 剖面各壁板的剪流；

(2) 剖面的相对扭角；

(3) 剖面的弯心位置；

(4) 单位扭矩产生的扭角、抗扭刚度。

8-10 题 8-10 图所示菱形翼剖面，蒙皮和腹板不承受正应力，蒙皮厚度为 t，腹板厚度为 $2t$。各缘条面积均为 f。求在剪力 Q_y 作用下各壁板的剪流和剖面的相对扭角。

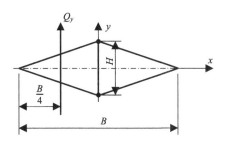

题 8-10 图

8-11 题 8-11 图所示三闭室薄壁梁剖面，剖面上作用扭矩 $M_T = 25 \times 10^4 \mathrm{N} \cdot \mathrm{cm}$，求各壁板的剪流和剖面的相对扭角。蒙皮厚度为 $t = 0.06 \mathrm{cm}$，腹板厚度 $t_1 = 0.1 \mathrm{cm}$，$t_2 = 0.06 \mathrm{cm}$，$t_3 = 0.08 \mathrm{cm}$。图中长度尺寸单位为 cm。

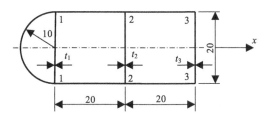

题 8-11 图

第 **9** 章

结构的稳定

9.1 引 言

本章主要研究结构稳定问题的有关理论和计算方法。

在刚体力学中,一个处于平衡状态的刚体,可以有三种性质不同的平衡状态:稳定平衡、不稳定平衡和随遇平衡。如图 9-1(a)、(b)、(c)中所示的刚球,它们所处的平衡状态具有不同的性质。图 9-1(a)中所示的凹面中处于平衡状态的刚球,当它受到侧向干扰而稍离其平衡位置后,它仍能回复到原来的平衡位置,这种平衡称为稳定平衡。图 9-1(b)所示在凸面顶点处于平衡的刚球,如果受到微小侧向干扰而偏离平衡位置,则刚球将继续沿着凸面滚动,不能再恢复到原来的平衡位置,这种在凸面顶点的平衡是不稳定的。图 9-1(c)所示在平面上处于平衡的刚球,如果刚球偏离原来的平衡位置,则它既不回到原来的位置,又不继续偏离,而是能在任何一个新的位置处于平衡,这种平衡叫随遇平衡。显然,上述刚球的平衡稳定性决定于它所处位置的几何形状。

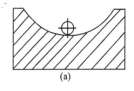 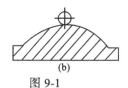 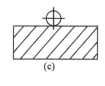

(a)　　　　　　　　　(b)　　　　　　　(c)

图 9-1

弹性系统也有三种平衡状态。现以受轴向压力作用的直杆为例,如图 9-2 所示。

(1) 当轴向压力 P 小于某一临界值 P_{cr} 时,杆轴是挺直的,倘若有一微小的横向干扰力使杆轴产生微小的弯曲,而当横向力除去后,杆轴仍能恢复到直线形状。在这种情况下,杆的直线形式的平衡是稳定的。

(2) 当轴向压力 P 大于临界值 P_{cr} 时,只要有任一微小的横向力使杆产生微小弯曲,那么,即使在横向力消除后,杆轴仍将继续弯曲而平衡于某一弯曲位置。在这种情况下,杆原来的直线形式的平衡是不稳定的。

（3）当轴向压力 P 等于临界值 P_{cr} 时，杆轴由于微小横向力引起微小弯曲，不管横向力是否消除，杆轴仍能保持任一微小弯曲状态，这种平衡称为随遇平衡。

由上述可知，当轴向压力 P 超过某一临界值时，杆件将由原来的稳定平衡状态突然转变为不稳定平衡状态。此载荷的临界值称为临界载荷。

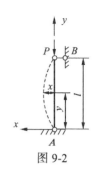

图 9-2

在飞机结构中，由于要满足最小重量的要求，采用了大量的薄壁元件(薄壁杆、板、壳等)。当它们受到压力或剪力时，常常会出现稳定问题。

研究结构稳定问题的目的，就是要找出结构失稳的临界载荷，分析结构失稳的有关因素，以指导结构设计和强度计算。

求临界载荷的方法有很多，其中主要是静力法和能量法。静力法是根据结构处于临界状态时的静力特征而提出的方法。能量法是根据临界状态时结构的能量特征而提出的方法。

本章主要讨论静力法。而且在研究的问题中，均假设系统的失稳是在小变形的弹性范围内发生，属于线性稳定问题。

9.2　压杆的稳定性

材料力学中已讨论过压杆的稳定性，其临界载荷 P_{cr} 可表示为

$$P_{cr} = \frac{C\pi^2 EJ}{l^2} \tag{9-1}$$

式中 J 为截面惯性矩；l 为压杆的长度；E 为材料弹性模量；C 为压杆两端支持系数。两端简支时，$C = 1$；两端固支时，$C = 4$；一端简支一端固支时，$C = 2$；一端自由一端固支时，$C = 0.25$。

在应用式(9-1)时，必须注意满足下列条件：
（1）失稳发生在弹性范围，临界应力不能超过材料的比例极限；
（2）压杆为等剖面的直杆；
（3）压力沿杆轴线作用。

压杆在其他支持情况下的稳定性公式，可查《飞机设计手册》强度计算分册的有关公式或曲线。

9.3　薄板压曲的基本微分方程

在第 3 章中，我们假定薄板只受横向载荷，而且假定薄板的挠度很小，可以不计中面内各点平行于中面的位移。这时，薄板的弹性曲面是中性面，不发生正应变和剪

应变。这是薄板在横向载荷作用下的小挠度弯曲问题。

当薄板在边界上受到纵向载荷时，由于板很薄，我们可以假定只发生平行于中面的应力，而这些应力不沿薄板厚度而变化。这就是第 2 章中所述的薄板在纵向载荷作用下的平面应力问题。这时，薄板每单位宽度上的平面应力将合成如下的所谓中面内力：

$$N_x = t\sigma_x, \quad N_y = t\sigma_y$$
$$N_{xy} = t\tau_{xy}, \quad N_{yx} = t\tau_{yx}$$

(9-2)

式中 t 是薄板厚度；N_x 和 N_y 是单位宽度上的拉压力；N_{xy} 和 N_{yx} 是单位宽度上的纵向剪力。

当薄板同时受到横向载荷和纵向载荷作用时，如果纵向载荷较小，因而中面内力也较小，它对于薄板弯曲的影响可以忽略不计。那么，我们就可以分别计算两种载荷引起的应力，然后叠加。但是，如果中面内力并非很小，那就必须考虑中面内力对弯曲的影响。下面来导出薄板在这种情况下的弹性曲面微分方程。

试考虑薄板任一微元体的平衡，如图 9-3 所示，为简明起见，只画出该微元体的中面，并将横向载荷及薄板横截面上的内力用力矢和矩矢表示在中面上。

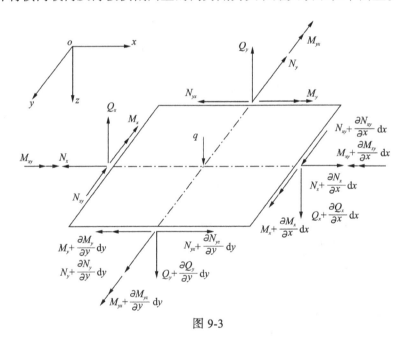

图 9-3

首先，以通过微元体中心而平行于 z 轴的直线为矩轴，建立力矩平衡方程，略去高阶项可得

$$N_{xy} = N_{yx}$$

这也可根据剪应力互等关系 $\tau_{xy} = \tau_{yx}$ 直接导出。

其次，将所有力投影到 x 轴和 y 轴上，建立 x 和 y 轴向的平衡方程，简化后可得

$$\frac{\partial N_x}{\partial x} + \frac{\partial N_{yx}}{\partial y} = 0$$

$$\frac{\partial N_{xy}}{\partial x} + \frac{\partial N_y}{\partial y} = 0$$

再次，将所有的力投影到 z 轴上。横向载荷的投影是

$$q\mathrm{d}x\mathrm{d}y$$

横向剪力的投影是

$$\left(Q_x + \frac{\partial Q_x}{\partial x}\mathrm{d}x\right)\mathrm{d}y - Q_x\mathrm{d}y + \left(Q_y + \frac{\partial Q_y}{\partial y}\mathrm{d}y\right)\mathrm{d}x - Q_y\mathrm{d}x = \left(\frac{\partial Q_x}{\partial x} + \frac{\partial Q_y}{\partial y}\right)\mathrm{d}x\mathrm{d}y$$

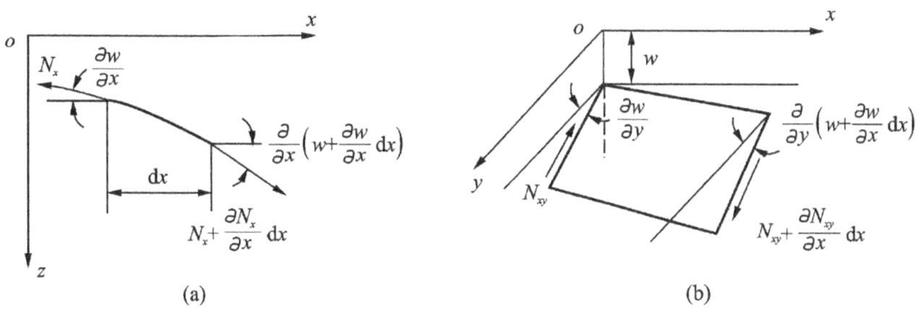

图 9-4

由图 9-4(a)可见，左右两边拉压力的投影是

$$-N_x\mathrm{d}y\frac{\partial w}{\partial x} + \left(N_x + \frac{\partial N_x}{\partial x}\mathrm{d}x\right)\mathrm{d}y\frac{\partial}{\partial x}\left(w + \frac{\partial w}{\partial x}\mathrm{d}x\right) = \left(N_x\frac{\partial^2 w}{\partial x^2} + \frac{\partial N_x}{\partial x}\frac{\partial w}{\partial x} + \frac{\partial N_x}{\partial x}\frac{\partial^2 w}{\partial x^2}\mathrm{d}x\right)\mathrm{d}x\mathrm{d}y$$

在略去高阶微量以后就得到投影

$$\left(N_x\frac{\partial^2 w}{\partial x^2} + \frac{\partial N_x}{\partial x}\frac{\partial w}{\partial x}\right)\mathrm{d}x\mathrm{d}y$$

同理，由前后两边上的拉压力将得到投影

$$\left(N_y\frac{\partial^2 w}{\partial y^2} + \frac{\partial N_y}{\partial y}\frac{\partial w}{\partial y}\right)\mathrm{d}x\mathrm{d}y$$

又由图 9-4(b)可见，左右两边上纵向剪力的投影是

$$-N_{xy}\mathrm{d}y\frac{\partial w}{\partial y} + \left(N_{xy} + \frac{\partial N_{xy}}{\partial x}\mathrm{d}x\right)\mathrm{d}y\frac{\partial}{\partial y}\left(w + \frac{\partial w}{\partial x}\mathrm{d}x\right) = \left(N_{xy}\frac{\partial^2 w}{\partial x\partial y} + \frac{\partial N_{xy}}{\partial x}\frac{\partial w}{\partial y} + \frac{\partial N_{xy}}{\partial x}\frac{\partial^2 w}{\partial x\partial y}\mathrm{d}x\right)\mathrm{d}x\mathrm{d}y$$

在略去高阶微量以后就得到投影

$$\left(N_{xy}\frac{\partial^2 w}{\partial x \partial y} + \frac{\partial N_{xy}}{\partial x}\frac{\partial w}{\partial y} \right)\mathrm{d}x\mathrm{d}y$$

同理，由前后两边上的纵向剪力将得到投影

$$\left(N_{yx}\frac{\partial^2 w}{\partial x \partial y} + \frac{\partial N_{yx}}{\partial y}\frac{\partial w}{\partial x} \right)\mathrm{d}x\mathrm{d}y$$

将上述各项投影相加，由于 z 向平衡，故合力等于零，并除以 $\mathrm{d}x\mathrm{d}y$，即得

$$q + \frac{\partial Q_x}{\partial x} + \frac{\partial Q_y}{\partial y} + N_x\frac{\partial^2 w}{\partial x^2} + \frac{\partial N_x}{\partial x}\frac{\partial w}{\partial x} + N_y\frac{\partial^2 w}{\partial y^2} + \frac{\partial N_y}{\partial y}\frac{\partial w}{\partial y}$$

$$+ N_{xy}\frac{\partial^2 w}{\partial x \partial y} + \frac{\partial N_{xy}}{\partial x}\frac{\partial w}{\partial y} + N_{yx}\frac{\partial^2 w}{\partial x \partial y} + \frac{\partial N_{yx}}{\partial y}\frac{\partial w}{\partial x} = 0$$

利用微元体 x 和 y 轴向的平衡方程以及剪力互等条件，上式可简化为

$$q + \frac{\partial Q_x}{\partial x} + \frac{\partial Q_y}{\partial y} + N_x\frac{\partial^2 w}{\partial x^2} + 2N_{xy}\frac{\partial^2 w}{\partial x \partial y} + N_y\frac{\partial^2 w}{\partial y^2} = 0$$

再利用第 2 章中的关系式

$$\frac{\partial Q_x}{\partial x} + \frac{\partial Q_y}{\partial y} = -D\left(\frac{\partial^2}{\partial x^2} + \frac{\partial^2}{\partial y^2} \right)\left(\frac{\partial^2}{\partial x^2} + \frac{\partial^2}{\partial y^2} \right)w = -D\nabla^4 w$$

则可进一步简化为

$$D\nabla^4 w - \left(N_x\frac{\partial^2 w}{\partial x^2} + 2N_{xy}\frac{\partial^2 w}{\partial x \partial y} + N_y\frac{\partial^2 w}{\partial y^2} \right) = q \tag{9-3}$$

上式即为薄板在横向和纵向载荷耦合作用下的平衡微分方程式，可应用于求解薄板的稳定问题。

薄板在边界上作用有纵向载荷时，板内将产生一定的中面内力。当纵向载荷很小时，那么，不论中面内力是拉力还是压力，薄板的平面平衡状态都是稳定的。但是，如果纵向载荷所引起的中面内力是压力，则当这一纵向载荷达到临界载荷时，薄板的平面平衡状态将是不稳定的。此时，薄板受到横向干扰力，就会发生弯曲，而且，即使这一干扰力被除去，薄板也不再恢复到原来的平面平衡状态，而将处于某一弯曲平衡状态，薄板在纵向载荷作用下而处于弯曲平衡状态，这种现象称为**失稳**(instability)或**屈曲**(buckling)。

在分析薄板的压曲问题或求临界载荷时，我们总是假定纵向载荷的分布规律是指定的，而它的大小是未知的。然后我们来考察为使薄板可能发生压曲，上述纵向载荷的最小数值是多大，而这个最小值就是临界载荷的数值。利用前面导出的微分方程 (9-3)，令 $q = 0$，得如下的薄板压曲微分方程：

$$D\nabla^4 w - \left(N_x \frac{\partial^2 w}{\partial x^2} + 2N_{xy}\frac{\partial^2 w}{\partial x \partial y} + N_y \frac{\partial^2 w}{\partial y^2} \right) = 0 \tag{9-4}$$

这是挠度 w 的齐次微分方程,其中系数 N_x、N_y 和 N_{xy} 是用已知分布而未知大小的纵向载荷表示的,而所谓"薄板可能发生压曲",是以这一微分方程具有"满足边界条件的非零解"表示的。于是求临界载荷的问题就成为:为使压曲微分方程(9-4)具有满足边界条件的非零解,纵向载荷的最小值是多大。

9.4　薄板的临界载荷

我们以单向受压的四边简支矩形板为例,说明薄板临界载荷的求法。

图 9-5 所示为一四边简支矩形板,两对边受均布压力 N 作用。于是中面内力为

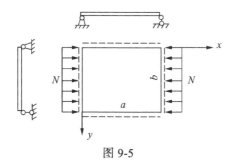

图 9-5

$$N_x = -N, \quad N_y = 0, \quad N_{xy} = 0$$

代入压曲微分方程(9-4),得出

$$D\nabla^4 w + N\frac{\partial^2 w}{\partial x^2} = 0$$

与薄板小挠度弯曲问题的求解一样,取挠度表达式为

$$w = \sum_{m=1}^{\infty} \sum_{n=1}^{\infty} A_{mn} \sin\frac{m\pi x}{a}\sin\frac{n\pi y}{b}$$

它满足四边简支的边界条件(即挠度和弯矩等于零)。代入压曲微分方程,得

$$D\sum_{m=1}^{\infty}\sum_{n=1}^{\infty} A_{mn}\left(\frac{m^2\pi^2}{a^2}+\frac{n^2\pi^2}{b^2}\right)^2 \sin\frac{m\pi x}{a}\sin\frac{n\pi y}{b} - N\sum_{m=1}^{\infty}\sum_{n=1}^{\infty} A_{mn}\frac{m^2\pi^2}{a^2}\sin\frac{m\pi x}{a}\sin\frac{n\pi y}{b}=0$$

除以 π^4 后得

$$\sum_{m=1}^{\infty}\sum_{n=1}^{\infty} A_{mn}\left[D\left(\frac{m^2}{a^2}+\frac{n^2}{b^2}\right)^2 - N\frac{m^2}{\pi^2 a^2}\right]\sin\frac{m\pi x}{a}\sin\frac{n\pi y}{b}=0$$

由上式可见,如果纵向载荷 N 很小,则不论 m 及 n 取任何整数值,方括号内的

数值总是大于零，因而所有系数 A_{mn} 都必须等于零。这就表示上述假设的挠度等于零，它对应于薄板的平面平衡状态。但当 N 增大，使某一方括号内的数值成为零，因而系数 A_{mn} 可以不为零而又能满足上式，此时，薄板可能压曲，而它的挠度为

$$w = A_{mn} \sin \frac{m\pi x}{a} \sin \frac{n\pi y}{b}$$

式中 m 及 n 分别表示薄板压曲以后沿 x 及 y 方向的正弦半波数。

由此可见，纵向载荷 N 的临界值一定满足如下的压曲条件：

$$D\left(\frac{m^2}{a^2} + \frac{n^2}{b^2}\right)^2 - N\frac{m^2}{\pi^2 a^2} = 0$$

得

$$N = \frac{\pi^2 a^2 D\left(\dfrac{m^2}{a^2} + \dfrac{n^2}{b^2}\right)^2}{m^2} \qquad (9\text{-}5)$$

现在来进一步考察，在一切具有这种条件的纵向载荷中，具有最小值的就是**屈曲临界载荷**(buckling critical load)。由式(9-5)可见，应当取 $n = 1$。这表示压曲后的薄板沿 y 方向只有一个正弦半波。于是得临界载荷

$$N_{cr} = \frac{\pi^2 D}{b^2}\left(\frac{mb}{a} + \frac{a}{mb}\right)^2$$

或

$$N_{cr} = k\frac{\pi^2 D}{b^2} \qquad (9\text{-}6)$$

其中

$$k = \left(\frac{mb}{a} + \frac{a}{mb}\right)^2 \qquad (9\text{-}7)$$

依次令 $m=1$，2，3，$\cdots$，由式(9-7)算出 a/b 取不同数值时的 k 值，得出如图 9-6 所示的一组曲线。每根曲线起决定性作用的部分用实线表示(这部分所给出的 k 值小

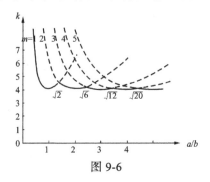

图 9-6

于其他曲线所给出的 k 值)。邻近两曲线间的交点极易求出。例如,相应于 $m=1$ 及 $m=2$ 的两曲线交点,我们有

$$\frac{b}{a}+\frac{a}{b}=\frac{2b}{a}+\frac{a}{2b}$$

由此得出 $a/b=\sqrt{2}$。同样,相应于 $m=2$ 和 $m=3$,将得出 $a/b=\sqrt{6}$;相应于 $m=3$ 和 $m=4$,将得出 $a/b=2\sqrt{3}$;等等。

由图9-6可见,在 $a/b\leqslant\sqrt{2}$ 的范围内,最小临界载荷总是相应于 $m=1$,由式(9-7)得

$$k=\left(\frac{b}{a}+\frac{a}{b}\right)^2 \tag{9-8}$$

在 $a/b\geqslant\sqrt{2}$ 的情况下,起决定性部分的曲线都在 $k=4.0$ 到 $k=4.5$ 的范围内。在工程计算中,k 值的取法如下:

当 $a/b\leqslant1$ 时,$k=\left(\dfrac{b}{a}+\dfrac{a}{b}\right)^2$;

当 $a/b\geqslant1$ 时,$k=4$。

有了临界载荷 N_{cr},就可以求临界应力

$$\sigma_{cr}=\frac{N_{cr}}{t}=k\frac{\pi^2 E}{12(1-\mu^2)}\frac{1}{\left(\dfrac{b}{t}\right)^2}$$

式中 t 为板的厚度;b 为受压边宽度。对于常用的金属来说,$\mu=0.3$,于是

$$\sigma_{cr}=0.9\frac{kE}{\left(\dfrac{b}{t}\right)^2} \tag{9-9}$$

上面我们只讨论了四边简支、单向受压矩形板的临界载荷。对于其他情况,也可得出与式(9-9)一样的公式,只是临界应力系数 k 值不同而已。系数 k 值决定于下列条件:

(1) 载荷形式,例如受压或受剪;

(2) 四边支持情况;

(3) 板的边长比。

对于矩形板在各种载荷形式和各种支持情况下的 k 值,可在《飞机设计手册》强度计算分册的有关公式和曲线中查到。这里摘录了一部分最常用的图表,图 9-7 是单向受压各种边界条件下矩形板的临界应力系数曲线,表 9-1 是单向受压或四边受剪矩形

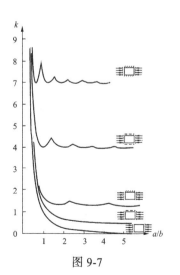

图 9-7

板在各种边界条件下临界应力系数的计算公式。

表 9-1

	单向均布压力 $\sigma_{cr} = k \dfrac{0.9E}{\left(\dfrac{b}{t}\right)^2}$	
	支持情况	系数 k 值
一	四边简支	当 $\dfrac{a}{b} \leqslant 1$ 时，$k = \left(\dfrac{a}{b} + \dfrac{b}{a}\right)^2$ 当 $\dfrac{a}{b} > 1$ 时，$k = 4$
	四边固支	当 $\dfrac{a}{b} = 1$ 时，$k = 9.5$ 当 $\dfrac{a}{b} = 3$ 时，$k = 7.5$
	三边简支，与载荷平行的一边自由	$k = 0.425 + \dfrac{1}{\left(\dfrac{a}{b}\right)^2}$
	四边受剪 $\tau_{cr} = k \dfrac{0.9E}{\left(\dfrac{b}{t}\right)^2}$	
二	四边简支	$k = 5.6 + \dfrac{3.78}{\left(\dfrac{a}{b}\right)^2}$
	四边固支	当 $\dfrac{a}{b} = 1$，$k = 15.8$ 当 $\dfrac{a}{b} = 2$，$k = 11.7$ 当 $\dfrac{a}{b} > 3$，$k = 9.3$

9.5 板在比例极限以外的临界应力

板的临界应力公式(9-9)与欧拉杆受压失稳的临界应力公式类似。按式(9-9)画出 σ_{cr} 与 b/t 的关系曲线，也称欧拉曲线，见图 9-8。式(9-9)是利用材料在线弹性范围内的物理方程导出的，因此，它仅适用于计算出的临界应力 σ_{cr} 低于材料的比例极限 σ_p 的情况。若按式(9-9)计算出的 $\sigma_{cr} > \sigma_p$ 时，经常采用一些经验公式来确定临界应力。

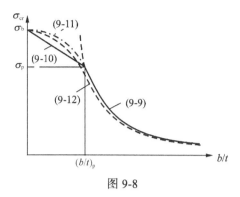

图 9-8

常用的经验公式之一是直线公式，即将比例极限以上部分曲线用直线代替，直线通过材料的极限压应力 σ_b 和比例极限 σ_p 两点，该直线可用下式描述：

$$\sigma_{cr} = \sigma_b - \frac{\sigma_b - \sigma_p}{(b/t)_p}\left(\frac{b}{t}\right) \tag{9-10}$$

式中 $(b/t)_p$ 是临界应力等于 σ_p 时的值，可由下式确定：

$$\left(\frac{b}{t}\right)_p = \sqrt{\frac{0.9kE}{\sigma_p}}$$

由于这条直线与欧拉曲线连接不光滑，而实际上应该是光滑的，因而，有人建议用抛物线连接这两点，这样就得抛物线公式

$$\sigma_{cr} = \sigma_b\left[1 - \left(1 - \frac{\sigma_p}{\sigma_b}\right)\frac{(b/t)^2}{(b/t)_p^2}\right] \tag{9-11}$$

另一常用的经验公式是

$$\sigma_{cr} = \sigma_b\frac{1+\gamma}{1+\gamma+\gamma^2} \tag{9-12}$$

式中 $\gamma = \sigma_b/\sigma_e$；　$\sigma_e = \dfrac{0.9kE}{(b/t)^2}$。

由图 9-8 可以看出：式(9-12)表示的曲线在比例极限以外接近抛物线式(9-11)，在比例极限以下渐近于欧拉曲线式(9-9)，在比例极限以内或以外都适用。

9.6　薄壁杆的稳定性

飞机结构中的桁条、梁缘条广泛采用薄壁杆件。其截面形状有各种不同的形式，有些是挤压型材，如图 9-9(a)所示，有些是板弯制成的型材，如图 9-9(b)所示。挤压型材各壁板的连接处比板弯型材刚硬，因此，在同样条件下，挤压型材的临界应力比板弯型材高。

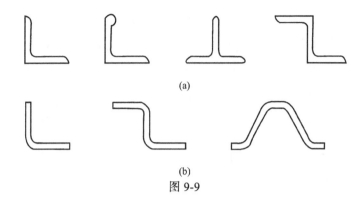

(a)

(b)

图 9-9

9.6.1　薄壁杆的总体失稳

倘若薄壁杆较长，受轴压作用可能发生整个轴线弯曲失稳，通常称总体失稳。其临界应力可用压杆的欧拉公式来确定

$$\sigma_{cr} = \frac{C\pi^2 E}{\left(\dfrac{l}{i}\right)^2} \tag{9-13}$$

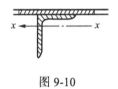

图 9-10

式中 E 为材料的弹性模量；l 为杆长；i 为杆截面的惯性半径；C 为支持系数。两端铰支时，$C = 1$；两端固支时，$C = 4$。

在飞机结构中，桁条两端为弹性支持，一般取 $C = 1.5 \sim 2$。桁条与蒙皮、腹板铆接在一起，桁条受板的牵制，其总体失稳只能发生在与板中线平行的轴上，如图 9-10 中的 x-x 轴。其惯性半径近似取为

$$i = \sqrt{\frac{J_{xx}}{F}}$$

式中 F 为桁条截面积与板的有效面积之和；J_{xx} 为组合面积 F 对过其形心而平行于板的 x-x 轴的惯性矩。

9.6.2　薄壁杆的局部失稳

对于较短的杆，杆两端受压时，其壁板可能失去稳定而压曲，而杆轴仍然保持直线，这种失稳称为杆的局部失稳，如图 9-11 所示。薄壁杆局部失稳与 9.4 节中讲的平板失稳类似，其局部失稳的临界应力可用平板相应的公式来确定。

当薄壁杆受轴压时，最弱的壁板(厚度较小或宽度

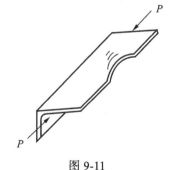

图 9-11

较大，或支持条件较弱等原因)首先失稳，该壁板承载能力不再增加。这时杆轴并不弯曲，其余较强的壁板尚未失稳，杆仍然能继续承受载荷，但截面上的应力呈不均匀分布，继续增加的载荷由尚未失稳的壁板承受，直到所有的壁板都失稳，我们就认为杆已经没有承载能力了。所以薄壁杆局部失稳的应力一般是指截面的平均应力。对于由 n 个壁板组成的板弯型材薄壁杆，其临界应力为

$$\sigma_{cr} = \frac{\Sigma \sigma_{cri} f_i}{\Sigma f_i} \tag{9-14}$$

式中 f_i 为第 i 个壁板的截面面积；σ_{cri} 为第 i 个壁板失稳临界应力。

每个壁板的失稳临界应力 σ_{cri}，可按 9.4 节中表 9-1 给出的各种支持情况的矩形板在单向受压时的临界应力公式计算。例如"乛"型材，上下缘板可认为是三边简支一边自由的矩形板，中间腹板可看成是四边简支板。这样算得的临界应力仅是粗糙的估算值。一般多利用经验公式或通过试验确定。《飞机设计手册》强度计算分册中给出一些常用型材的试验曲线和经验公式，可供确定薄壁杆临界应力时查阅。

9.7　加劲板受压失稳后的工作情况——有效宽度概念

飞机结构中所采用的薄壁结构，一般都是由纵向和横向骨架加强的加劲板。图 9-12 表示的是加劲板件的典型结构。

对于纵向受压的平板，如果两侧边是自由边界，当板失去稳定后，该板就不能承受继续增加的外载荷，认为该板已达到破坏。但是，如果板四边支持在骨架上，板被桁条加强，而

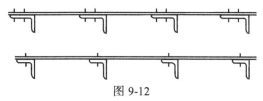

图 9-12

桁条的临界应力远高于板的临界应力。所以，当板件受压的平均应力小于板的临界应力时，板件的应力是均匀分布的。压应力随外载荷的增加而增大，直到平均应力等于板的临界应力，板开始出现压曲现象。因为板支持在桁条上，所以靠近桁条附近的板并不失稳，还可以承受增加的外载荷，这时板中间部分的应力不再增加，增加的外载荷由靠近桁条处的部分承受，横截面上的压应力呈不均匀分布，其分布规律如图 9-13(a)所示。在桁条支持处的应力最大，这个值随外载荷的增加而增加。直到桁条应力达到失稳临界应力，我们才认为整个板件失去了承载能力。

板所受的总载荷为

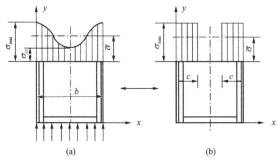

图 9-13

$$P = \int_0^b \sigma t \mathrm{d}s$$

式中 t 为板厚；b 为板宽。

实际上，应力的分布是较复杂的，它与桁条对板所提供的支持程度以及板的几何参数有关。为计算方便，这里引入"有效宽度"概念。即假设板截面上的应力是均匀分布的，其大小等于 $\sigma_{\max}$，但应力不是分布在整个宽度 b 上，而只分布在靠近桁条的一段宽度上，我们用 $2c(2c<b)$ 表示，其余部分应力为零，如图 9-13(b) 所示。这个宽度 $2c$ 被称为板的"有效宽度"。这也就是说，我们假想失去稳定后的板仍像未失稳的平板那样承受载荷，其应力为 $\sigma_{\max}$，但不再用全部剖面面积 $F = bt$，而是其中的一部分面积 $F_c = 2ct$ 承受应力，这部分面积称为减缩面积。减缩面积与全部面积之比称为板的减缩系数 φ，即

$$\varphi = \frac{F_c}{F} = \frac{2c}{b} \tag{9-15}$$

有时也采用平均应力概念，用 $\bar{\sigma}$ 表示板的平均应力，由图 9-13(a) 所示。减缩前后板的总载荷保持不变，故有

$$P = bt\bar{\sigma} = 2ct\sigma_{\max}$$

所以，又可得到 $\varphi = \dfrac{\bar{\sigma}}{\sigma_{\max}}$。

有效宽度 $2c$ 可由式(9-9)来确定。如果取板的宽度等于 $2c$，其临界应力就等于 $\sigma_{\max}$，根据式(9-9)，有

$$\sigma_{\max} = \frac{0.9kE}{\left(\dfrac{2c}{t}\right)^2}$$

所以

$$2c = t\sqrt{\frac{0.9kE}{\sigma_{\max}}} \tag{9-16}$$

在计算机翼或机身的强度时，经常粗略地取蒙皮的有效宽度 $2c = 40t$。这是因为一般桁条的临界应力取 $16\,000\text{N/cm}^2$，硬铝的 $E = 7\times10^6\text{N/cm}^2$，蒙皮看成四边简支，$k = 4$，代入式(9-16)即可求得有效宽度约等于蒙皮厚度的 40 倍。

由于板的临界应力为 σ_{cr0}，比较式(9-9)、式(9-16)可得

$$2c = b\sqrt{\frac{\sigma_{\text{cr0}}}{\sigma_{\max}}}$$

根据式(9-15)的定义，可得

$$\varphi = \sqrt{\frac{\sigma_{\text{cr}0}}{\sigma_{\max}}} \tag{9-17}$$

如果桁条与板的材料相同，板与桁条的连接处应变相同，其应力也必然相同。此时板的 $\sigma_{\max}$ 应等于桁条的应力，用 σ_{st} 表示，则

$$\varphi = \sqrt{\frac{\sigma_{\text{cr}0}}{\sigma_{\text{st}}}} \tag{9-18}$$

当减缩系数 φ 已知时，由式(9-15)可求得板的有效宽度 $2c = \varphi b$，即可求得板件能承受的总载荷

$$P = \sigma_{\text{st}}\Sigma(f + \varphi bt) \tag{9-19}$$

式中 f 为桁条的面积；σ_{st} 为桁条的应力；Σ 表示对所有桁条的面积与板的有效面积求和。

例 9-1　试计算图 9-14(a)所示加劲板件的最大受压载荷。已知板的几何尺寸如图所示，桁条为等边角材 $30\text{cm}\times30\text{cm}\times2\text{cm}$，板与桁条材料相同，材料弹性模量为 $E = 7\times10^6\,\text{N/cm}^2$。

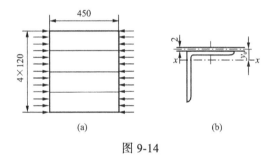

图 9-14

[解]　板的临界应力为

$$\sigma_{\text{cr}0} = \frac{0.9kE}{\left(\dfrac{b}{t}\right)^2} = \frac{0.9\times4\times7\times10^6}{\left(\dfrac{12}{0.2}\right)^2} = 7000\,\text{N/cm}^2$$

桁条截面积

$$f = (3 + 2.8)\times0.2 = 1.16\,\text{cm}^2$$

等边角材、两缘板均可看成三边简支一边自由的受压板，其 k 值由表 9-1 得

$$k = 0.425 + \frac{1}{\left(\dfrac{a}{b}\right)^2} = 0.425 + \frac{1}{\left(\dfrac{45}{3}\right)^2} = 0.429$$

桁条局部失稳临界应力为

$$\sigma_{st} = \frac{0.9 \times 0.429 \times 7 \times 10^6}{\left(\dfrac{3}{0.2}\right)^2} = 12\,012\,\text{N/cm}^2$$

蒙皮的减缩系数为

$$\phi = \sqrt{\frac{\sigma_{cr0}}{\sigma_{st}}} = \sqrt{\frac{7000}{12\,012}} = 0.763$$

加劲板件可承受的最大载荷为

$$P = \sigma_{st}(5 \times f + \varphi \times 48 \times 0.2) = 12\,012 \times (5 \times 1.16 + 0.763 \times 48 \times 0.2) = 157\,700\,\text{N}$$

上式是根据桁条局部失稳临界应力求得的加劲板件最大承载力。下面，再根据桁条若发生总体失稳时计算板件的最大承载力。

借用已算出的板的减缩系数 $\varphi = 0.763$ 计算板件横截面的有效面积、形心位置以及截面对平行于板中心线的形心轴的惯性矩。

$$F = \Sigma(f + \varphi bt) = 5 \times 1.16 + 0.763 \times 48 \times 0.2 = 13.125\,\text{cm}^2$$

$$y_0 = \frac{\Sigma f_i y_i}{F} = \frac{5 \times (3 \times 0.2 \times 1.6 + 2.8 \times 0.2 \times 0.2)}{13.125} = 0.408\,\text{cm}$$

$$J_x = 5 \times \left[\frac{0.2 \times 3^3}{12} + 3 \times 0.2 \times (1.6 - 0408)^2 + 2.8 \times 0.2 \times (0.2 - 0.408)^2\right]$$
$$+ 0.763 \times 48 \times 0.2 \times 0.408^2 = 7.853\,\text{cm}^4$$

$$\sigma_{cr总} = \frac{\pi^2 E J_x}{L^2 F} = \frac{\pi^2 \times 7 \times 10^6 \times 7.853}{45^2 \times 13.125} = 20\,413\,\text{N/cm}^2$$

根据总体失稳算得板件所承受的最大载荷为

$$P = \sigma_{cr总} F = 267\,923\text{N}$$

可见，该板件总体失稳比桁条局部失稳所承受的最大载荷高。所以取桁条局部失稳时板件的最大承载为该结构的最大破坏载荷 $P_{max} = 157\,700\,\text{N}$。

有时，已知板件承受的总载荷，此载荷由桁条和板共同承受，要求计算桁条的应力和板的减缩系数。

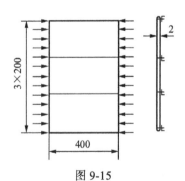

图 9-15

例 9-2　已知图 9-15 所示加劲板件受压力 $P = 3 \times 10^5\text{N}$ 作用，桁条截面积 $f = 3\text{cm}^2$，板与桁条的材料相同，其弹性模量 $E = 7 \times 10^6\text{N/cm}^2$，试求桁条的应力和板的减缩系数 φ。

[解]　板的临界应力为

$$\sigma_{cr0} = \frac{0.9kE}{\left(\dfrac{b}{t}\right)^2} = \frac{0.9 \times 4 \times 7 \times 10^6}{\left(\dfrac{20}{0.2}\right)^2} = 2520 \, \text{N/cm}^2$$

桁条的应力 σ_{st} 为

$$\sigma_{st} = \frac{P}{4f + \varphi bt} \tag{a}$$

板的减缩系数 φ 为

$$\varphi = \sqrt{\frac{\sigma_{cr0}}{\sigma_{st}}} \tag{b}$$

可以用逐次逼近的方法解出式(a)和式(b)中的桁条应力 σ_{st} 和板的减缩系数 φ。我们选 $\varphi^{(1)}=1$，也就是板没有失稳，则

$$\sigma_{st}^{(1)} = \frac{3 \times 10^5}{4 \times 3 + 60 \times 0.2} = 12\,500 \, \text{N/cm}^2$$

$$\varphi^{(2)} = \sqrt{\frac{2520}{12500}} = 0.449, \qquad \sigma_{st}^{(2)} = \frac{3 \times 10^5}{4 \times 3 + 0.449 \times 60 \times 0.2} = 172\,53 \, \text{N/cm}^2$$

$$\varphi^{(3)} = \sqrt{\frac{2520}{17253}} = 0.382, \qquad \sigma_{st}^{(3)} = \frac{3 \times 10^5}{4 \times 3 + 0.382 \times 60 \times 0.2} = 18\,090 \, \text{N/cm}^2$$

$$\varphi^{(4)} = \sqrt{\frac{2520}{18090}} = 0.372, \qquad \sigma_{st}^{(4)} = \frac{3 \times 10^5}{4 \times 3 + 0.372 \times 60 \times 0.2} = 18\,221 \, \text{N/cm}^2$$

由以上计算结果可看出：$\sigma_{st}^{(2)}$ 与 $\sigma_{st}^{(1)}$ 的相对误差为 27%，而 $\sigma_{st}^{(3)}$ 与 $\sigma_{st}^{(2)}$ 的相对误差为 4.6%，$\sigma_{st}^{(4)}$ 与 $\sigma_{st}^{(3)}$ 的相对误差仅为 0.7%。经过逐次逼近计算，可得桁条的应力为 18 221 N/cm²，板的减缩系数为 0.372。

9.8　加劲板受剪失稳后的工作情况——张力场梁概念

对于承受剪切的板，当板内剪应力达到临界应力 τ_{cr} 时，板就失去稳定发生皱损。飞机结构中的板，一般在其四周边缘都由有一定抗弯刚度的桁条支持着。因而，在板受剪失去稳定后，仍能承担继续增加的外载荷，直到周缘桁条破坏或者板被拉坏，板件才失去承载能力。

例如图 9-16(a)所示薄壁梁，受载荷 P 作用，在板内引起剪应力 τ。

当剪应力小于临界剪应力时，即 $\tau < \tau_{cr}$，板是平的。外载荷 P 产生的弯矩由上下缘条的轴向力来承担，剪力由板的剪应力来承担，如图 9-16(b)所示。此时，板处于纯剪状态，在板的 45°方向有主应力 $\sigma_1 = -\sigma_2 = \tau$。板的这种受力状态称为"剪力场"状态。这种由剪应力来承担外载荷的薄壁梁，称它为"剪力场梁"。

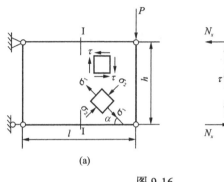

图 9-16

随外载荷 P 继续增加，板内剪应力也相应增加，当剪应力达到临界应力时(即

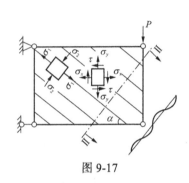

图 9-17

$\tau = \tau_{cr}$)，板就失去稳定。这时，由于在板的主平面上的压应力 σ_2 的作用，而使板在其主应力 σ_1 的方向上形成大致互相平行的波纹，波纹的母线与 σ_1 的方向平行，与水平线成倾角 α，称为波纹角，如图 9-17 所示。这时，板虽失稳，但是由于在板的四周有具有一定抗弯刚度的骨架支持，板件仍能承受继续增加的外载荷。在剪应力大于临界应力的情况下，板的受力形式将发生变化。随着外载荷 P 的增加，因板失去稳定，σ_2 大致保持不变，只有 σ_1 继续增加，板像斜条一样承受张力，直到其张力 σ_1 达到材料的破坏应力时，板才被拉坏。板的这种受力状态称为"张力场"状态，这种靠板的张力来承担外载荷的薄壁梁称为"张力场梁"。

板在张力场状态下，由于 $|\sigma_1| > |\sigma_2|$，因此，在板的垂直截面和水平截面上，不但有剪应力 τ，而且有正应力 σ_x 和 σ_y，如图 9-17 所示。这些正应力使得板四周的杆子受到局部弯曲和产生附加的轴力。

下面分析张力场的应力状态。设波纹角为 α，可以由图 9-18 所示的三角形微元体的平衡条件找出应力 σ_1、σ_2 和 σ_x、σ_y、τ 之间的关系。

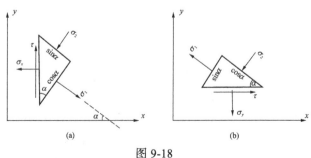

图 9-18

由图 9-18(a)所示的三角形微元体的平衡条件 $\Sigma X = 0$ 和 $\Sigma Y = 0$，得

$$-\sigma_x t + \sigma_1 t \cos^2 \alpha - \sigma_2 t \sin^2 \alpha = 0，\text{得} \ \sigma_x = \sigma_1 \cos^2 \alpha - \sigma_2 \sin^2 \alpha \tag{a}$$

$$\tau t - \sigma_1 t \cos\alpha \sin\alpha - \sigma_2 t \sin\alpha \cos\alpha = 0，\text{得} \ \sigma_1 + \sigma_2 = 2\tau / \sin 2\alpha \tag{b}$$

由图 9-18(b)所示的三角形微元体的平衡条件 $\Sigma Y = 0$，得

$$\sigma_y t - \sigma_1 t \sin^2 \alpha + \sigma_2 t \cos^2 \alpha = 0，\text{得} \ \sigma_y = \sigma_1 \sin^2 \alpha - \sigma_2 \cos^2 \alpha \tag{c}$$

当板达到临界状态时 $\tau = \tau_{cr}$，$|\sigma_1| = |\sigma_2|$ 由式(b)得

$$\sigma_2 = \tau_{cr} / \sin 2\alpha \tag{9-20}$$

板失稳后，板呈张力场状态，σ_2 不再变化，始终等于板失稳时的值，由式(9-20)给出。而 σ_1 随载荷增加，由式(b)和式(9-20)得

$$\sigma_1 = (2\tau - \tau_{cr}) / \sin 2\alpha \tag{9-21}$$

将式(9-20)和式(9-21)代入式(a)和式(c)，得到 σ_x 和 σ_y：

$$\begin{aligned} \sigma_x &= \tau \cot\alpha - \tau_{cr} / \sin 2\alpha \\ \sigma_y &= \tau \tan\alpha - \tau_{cr} / \sin 2\alpha \end{aligned} \tag{9-22}$$

式中 τ 是工作剪应力，由外载荷平衡求得。在本例中，板的工作应力为

$$\tau = \frac{P}{ht} > \tau_{cr}$$

波纹角 α 与薄壁梁的材料及几何尺寸有关。在《飞机设计手册》中给出一些经验公式和试验曲线可供查阅。也可用下式计算：

$$\tan^4 \alpha = \frac{1 + \dfrac{ht}{2f_{st}} \dfrac{E_0}{E_{st}}}{1 + \dfrac{lt}{f_c} \dfrac{E_0}{E_c}} \tag{9-23}$$

式中 E_0、E_{st}、E_c 分别为板、缘条、支柱的材料弹性模量；f_{st}、f_c 分别为缘条、支柱的横截面积。当缘条和支柱非常刚硬时，由式(9-23)可得 $\alpha = 45°$。

对于板的厚度较小的薄壁梁，可以近似地认为 $\tau_{cr} \approx 0$，也就是说，板一开始受力就进入张力场状态，我们称这种梁为完全张力场梁，式(9-21)和式(9-22)可以简化为

$$\sigma_1 = 2\tau / \sin 2\alpha，\qquad \sigma_x = \tau \cot\alpha \qquad \sigma_y = \tau \tan\alpha \tag{9-24}$$

对于板较厚的情况，板在开始受载时是剪力场，在板受剪失稳后才转为张力场，这种薄壁梁称为非完全张力场梁。

在计算张力场梁的内力时，为了计算方便，我们将张力场梁分成两种状态，如图 9-19 所示。然后再将两种状态叠加。

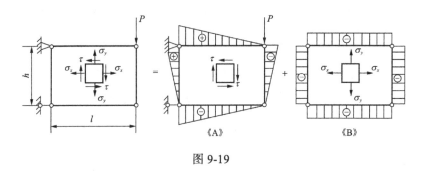

图 9-19

《A》状态与外载荷平衡。

《B》状态是由 σ_x 和 σ_y 作用的自身平衡状态。σ_x 和 σ_y 由式(9-22)确定。

由于 σ_x 的作用，梁缘条承受的轴向压力为 $N_x = \dfrac{1}{2}\sigma_x th$，如图 9-20(a)所示。由于 σ_y 的作用，支柱受轴向压力为 $N_y = \dfrac{1}{2}\sigma_y tl$，如图 9-20(b)所示。

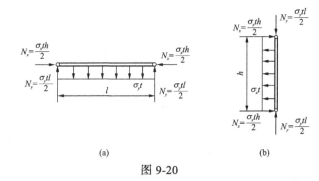

（a）　　　　　　　　　　（b）

图 9-20

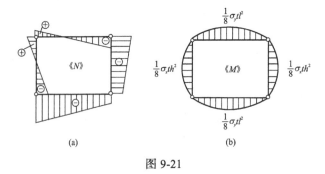

（a）　　　　　　（b）

图 9-21

缘条和支柱中的真正轴力将由《A》和《B》两种状态的轴力叠加，其轴力图如图 9-21(a)所示。由于 σ_x 和 σ_y 的作用，分别在支柱和缘条中产生局部弯矩。缘条和支柱像一个受均布载荷的双支点梁，其弯矩图如图 9-21(b)所示。缘条中最大弯矩为

$$M_{\max} = \frac{1}{8}\sigma_y tl^2$$

支柱中最大弯矩为

$$M_{\max} = \frac{1}{8}\sigma_x t h^2$$

对于图 9-22 所示的多跨薄壁梁，若 $\tau > \tau_{cr}$，则对该结构应进行张力场计算。

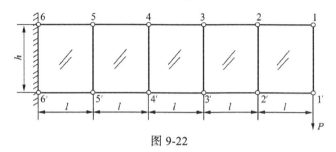

图 9-22

这薄壁梁中各板尺寸相同，且只受载荷 P 作用，因此，各板剪应力 τ、临界剪应力 τ_{cr}、失稳后的波纹角 α 以及张力 σ_x、σ_y 都相同。在张力场状态，梁的上下缘条将受到均布载荷 $\sigma_y t$ 的作用，如图 9-23(a)所示，其局部弯矩可按材料力学中多支点连续梁的三弯矩方程进行计算。如设缘条端点为固定支持，其弯矩图如图 9-23(b)所示，支点处的弯矩值为

$$M = \frac{\sigma_y t l^2}{12}$$

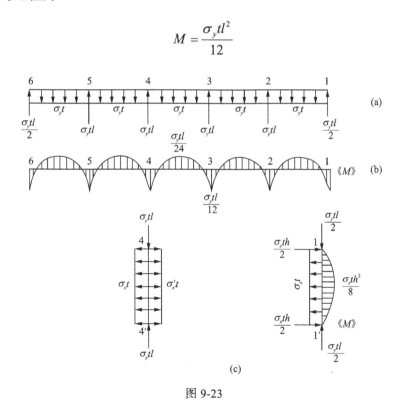

图 9-23

支柱仍可认为是受均布载荷的双支点梁，其最大弯矩发生在杆的中点，其值为

$$M = \frac{\sigma_x th^2}{8}$$

至于跨度中间的支柱，如杆 2-2′、杆 3-3′……，因左右两相邻壁板的 σ_x、σ_x' 同时作用在支柱上，如图 9-23(c)所示，其所受的均布载荷为 $(\sigma_x' - \sigma_x)t$。

对于薄壁结构，当计算得到的板的剪应力超过板受剪失稳临界应力时，必须进一步进行张力场计算。当张力场梁的腹板的拉应力达到材料的破坏应力，或缘条、支柱中的正应力达到材料的破坏应力时，我们就认为此梁已被破坏。

在飞机设计中，为了减轻质量，提高结构承载效率，越来越多地采用了张力场梁。在设计中采用张力场梁时，可使腹板厚度取得较小。但由于张力场受力使缘条受到了附加的轴力，且还有局部弯曲应力，因此，缘条的截面面积应适当加大。此外，由于板壁受剪失稳出现波纹，其挠度较大，所以，在高速飞机以及对气动外形要求较高部位的蒙皮，不宜采用张力场的受力形式。

习　题

9-1　四边简支的正方形薄板，在两对边上受大小相等而方向相反的均布纵向压力，如题 9-1 图(a)所示。为了增强薄板的稳定性，也就是提高它的临界载荷，在薄板中间布置一根支持杆，垂直于载荷方向，如题 9-1 图(b)所示，或平行于载荷方向，如题 9-1 图(c)所示。问临界载荷分别可提高多少？

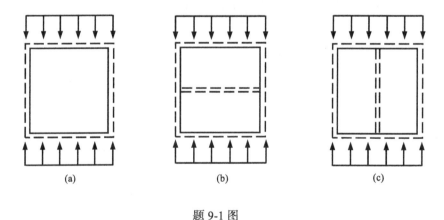

(a)	(b)	(c)

题 9-1 图

9-2　题 9-2 图所示的四边简支正方形薄板，试求：(1) $P_y = P_x$；(2) $P_y = \frac{1}{2}P_x$；(3) $P_y = -\frac{1}{2}P_x$ 时的临界载荷。

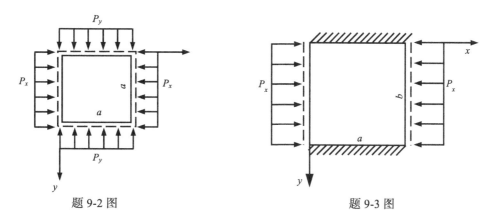

题 9-2 图   题 9-3 图

9-3 题 9-3 图示矩形薄板,两对边简支,两对边固支。在简支边上受均布压力 P_x,

试取压曲后的挠度表达式为 $w = A\sin\dfrac{m\pi x}{a}\left(1 - \cos\dfrac{2\pi y}{b}\right)$,求临界载荷。

9-4 四边简支的矩形薄板,受载荷如题 9-4 图所示,试取压曲后的挠度表达式为

$$w = A\sin\frac{\pi x}{a}\sin\frac{\pi y}{b}$$

求临界载荷。

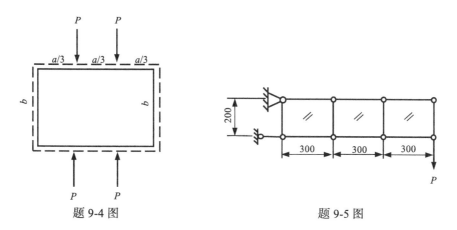

题 9-4 图   题 9-5 图

9-5 设有一薄壁梁,在自由端承受一集中载荷 $P = 5000\text{N}$,如题 9-5 图所示。已知各
元件材料均相同,其弹性模量 $E = 7\times10^6\text{N/cm}^2$,$\sigma_b = 38\,000\ \text{N/cm}^2$,缘条的截面
面积 $f_1 = 1.25\ \text{cm}^2$,抗弯断面系数 $W_1 = 1.25\ \text{cm}^3$。支柱的截面面积 $f_2 = 0.64\ \text{cm}^2$,
抗弯断面系数 $W_2 = 0.8\ \text{cm}^3$。壁板厚 $t = 0.05\text{cm}$。试求板的应力状态和缘条、支
柱中的最大正应力。

第三篇　有限元基础

第**10**章

有限单元法概述

10.1 引　　言

　　第一篇介绍了弹性力学的基本理论，以及平面问题和薄板弯曲问题的求解。弹性力学问题的求解在数学上就是微分方程边值问题的求解，一般情况下，要求得弹性力学问题的精确解是十分困难的，有时甚至是不可能的。能量原理将微分方程边值问题的求解转化为能量泛函的极值问题求解，如基于最小势能原理发展的里茨解法。但对于较复杂的问题要在弹性体全域假设位移场函数常常是困难的，这类方法依然只适用于简单问题的求解。

　　第二篇介绍了飞行器结构力学最基本的力法原理和计算方法。这些方法在 20 世纪 60 年代以前是结构分析的主要方法，它们概念清晰、计算简单，有一定的工程精度。这部分内容是结构力学最基本的内容，在今后的结构设计和结构分析中仍将起着重要的作用。但此种方法只适用于简单的杆系结构分析。

　　随着变分原理理论研究的突破，特别是计算机的发展和应用，人们发展了一种新的结构分析方法——**有限单元法**(finite element method)。有限单元法这个术语自 Clough 等学者于 1960 年在研究弹性力学平面应力问题求解的论文中首次提出后使用至今。这种方法由于解决实际问题的能力远远超过了常规的经典方法，现已成为结构分析特别是大型复杂结构分析的主要方法。

　　有限元方法的基本思想是：先拆分分析，后组装求解。以静力学问题为例，有限单元法进行结构分析的具体步骤为：

　　(1) 结构离散化——将连续体离散成有限个互不重叠仅通过节点相互连接的子域 (即单元)的离散域，建立有限元计算模型。

　　(2) 单元分析——首先在单元内假设合适的近似函数来分片逼近实际的位移场函数，由于只要在较小的局部域中假设位移场函数，从而解决了全域场假设位移场函数的困难。然后应用最小势能原理建立单元刚度方程和单元刚度矩阵。

　　(3) 结构分析——应用最小势能原理组集建立结构刚度方程和总刚度矩阵。

(4) 约束处理——引入外部约束，进行约束处理。

(5) 解线性方程组——求得节点位移。

(6) 应力和内力求解——根据求得的节点位移求出各单元的应力和内力等。

10.2　结构离散化

所谓结构的**离散化**(discretization)，就是将结构人为地划分为若干个有限大小的单元，单元与单元之间以点相连，这些连接点称为节点。这样，整个结构就成为由若干个单元通过节点连接起来的组合体，这就是结构的有限元计算模型。

结构离散化需要考虑合理地选择单元的形状和划分网格的方案，确定单元和节点的数目、节点的位置和自由度等问题。概括地说，结构离散化应遵循的基本原则有两条：

(1) 几何近似——计算模型在几何方面应近似于真实结构；

(2) 物理近似——计算模型各单元的力学特性应近似于真实结构该区域的力学特性。

对于一般桁架、刚架及受剪杆板薄壁这类离散型结构来说，结构离散化是十分自然的，因为它们本身就是由杆、梁、受剪板等简单单元件组成的。桁架结构以铰为单元节点，铰之间的杆离散为一个个杆单元，杆单元通过节点相连，如图 10-1(a)所示；刚架结构以刚结点为节点，将刚架离散成一个个梁单元，如图 10-1(b)所示；杆板薄壁结构以铰为单元节点，铰之间的杆离散为杆单元、杆中间的板为受剪板单元，如图 10-1(c)所示。

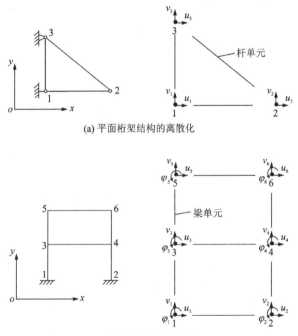

(a) 平面桁架结构的离散化

(b) 平面刚架结构的离散化

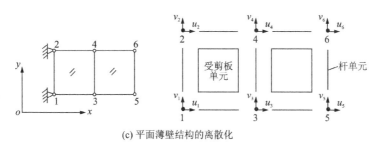

(c) 平面薄壁结构的离散化

图 10-1

　　对于连续结构，它没有自然的节点和单元的分界面，需要人为地划分单元和选择节点。图 10-2(a)为一带孔的受拉平面应力板，用有限元计算时，经常把它离散为三角形平面应力单元，采用三角形单元不仅能很好地适应孔的几何边界，而且能反映原弹性体的受力特性。在孔附近，由于有应力集中，需要将单元划分得更细，以反映孔边应力的急剧变化。本例还有一个特殊情况，那就是结构和载荷都是对称的，有两个对称面。因此，在结构分析时，只需取整个结构的 1/4 即可。在对称面上，没有垂直于对称面方向的位移，因此，在对称面上的各节点处可设置相应的支座链杆作为边界约束。载荷则按静力等效原则移置到节点上。这样就构成了带孔受拉薄板离散化的有限单元计算模型，如图 10-2(b)所示。

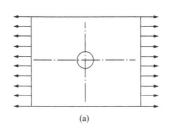

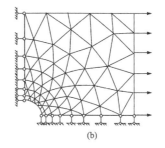

图 10-2

　　图 10-3 所示为一承受横向载荷的悬臂板。在用有限单元法计算时，可以将它离散为矩形或三角形弯曲板单元。

　　图 10-4(a)所示为大展弦比的机翼结构，它的有限单元计算模型可以离散为由杆单元和受剪板单元组成的杆板薄壁结构。图 10-4(b)为桁梁式机身，它的桁条、梁缘等可离散化为杆单元，蒙皮可离散化为受剪板单元，从而构成杆板薄壁结构的有限元计算模型。对于不同形

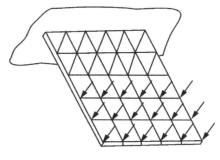

图 10-3

式的机翼和机身结构，根据其受力特点，也可以离散为其他形式的有限元计算模型。

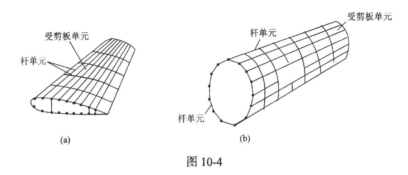

图 10-4

　　要建立一个好的结构有限单元计算模型，不但需要熟悉结构的设计思想、主要传力路径，掌握有限元理论等结构分析方法，同时还应不断积累结构有限元建模和分析的实际经验。

10.3　离散系统的最小势能原理

　　有限单元法的基本思想是：先拆分分析，后组装求解。那么如何保证这种做法的正确性呢？这就要先阐述离散系统的最小势能原理。

　　当连续体域离散成有限单元域后，单元交界面处会增加相邻单元的位移和应力边界条件，所以，要求得单元内真实的位移、应变和应力场，除了要满足弹性体原有的三类方程和两类边界条件外，还要满足相邻单元交界面处的位移和应力边界条件。

　　相邻单元交界面处的位移和应力边界条件表述如下。

　　(1) 在相邻单元间的交界面上位移的连续性条件

$$u^e = u^{e'}, \quad v^e = v^{e'}, \quad w^e = w^{e'} \tag{10-1}$$

　　(2) 在相邻单元间的交界面上，应力矢量的平衡条件

$$
\begin{aligned}
\left(l\sigma_x + m\tau_{yx} + n\tau_{zx} \right)^e &= \left(l\sigma_x + m\tau_{yx} + n\tau_{zx} \right)^{e'} \\
\left(l\tau_{xy} + m\sigma_y + n\tau_{zy} \right)^e &= \left(l\tau_{xy} + m\sigma_y + n\tau_{zy} \right)^{e'} \\
\left(l\tau_{xz} + m\tau_{yz} + n\sigma_z \right)^e &= \left(l\tau_{xz} + m\tau_{yz} + n\sigma_z \right)^{e'}
\end{aligned}
\tag{10-2}
$$

式中上标 e 或 e' 分别表示两个相邻的第 e 单元或第 e' 单元。

　　当连续体域离散成 m 个有限单元域后，离散系统的最小势能原理泛函可表示为

$$
\begin{aligned}
\Pi &= \sum_{e=1}^{m} \Pi^e = \sum_{e=1}^{m} \left[\int_{V^e} \left(\frac{1}{2}\{\varepsilon\}^{\mathrm{T}}\{\sigma\} - \{u\}^{\mathrm{T}}\{X\} \right) \mathrm{d}V - \int_{S_p^e} \{u\}^{\mathrm{T}}\{\bar{X}\} \mathrm{d}S \right] \\
&= \sum_{e=1}^{m} \left[\int_{V^e} \left(\frac{1}{2}\{\varepsilon\}^{\mathrm{T}}[D]\{\varepsilon\} - \{u\}^{\mathrm{T}}\{X\} \right) \mathrm{d}V - \int_{S_p^e} \{u\}^{\mathrm{T}}\{\bar{X}\} \mathrm{d}S \right]
\end{aligned}
\tag{10-3}
$$

可以看出连续体的总势能等于各个单元总势能之和, 而每个单元的总势能是自变函数单元位移场函数的泛函。单元位移函数除了要满足单元内的几何方程(1-3)、单元界面上的位移边界条件(1-5)外, 还要满足相邻单元间交界面上的位移连续性条件(10-1)。

　　下面证明离散系统的总势能泛函取极值就等同于单元内的平衡微分方程(1-1)、单元界面上的应力边界条件(1-8)以及相邻单元间交界面上的应力平衡条件(10-2)。

　　对式(10-3)求一阶变分, 得

$$\delta\Pi = \sum_{e=1}^{m}\left(\int_{V^e}\{\delta\varepsilon\}^{\mathrm{T}}\{\sigma\}\mathrm{d}V - \int_{V^e}\{\delta u\}^{\mathrm{T}}\{X\}\mathrm{d}V - \int_{S_p^e}\{\delta u\}^{\mathrm{T}}\{\bar{X}\}\mathrm{d}S\right) \tag{10-4}$$

由于

$$\int_{V^e}\{\delta\varepsilon\}^{\mathrm{T}}\{\sigma\}\mathrm{d}V = \int_{V^e}\left[\sigma_x\frac{\partial\delta u}{\partial x} + \sigma_y\frac{\partial\delta v}{\partial y} + \sigma_z\frac{\partial\delta w}{\partial z} + \tau_{yz}\left(\frac{\partial\delta v}{\partial z} + \frac{\partial\delta w}{\partial y}\right)\right.$$
$$\left. + \tau_{zx}\left(\frac{\partial\delta w}{\partial x} + \frac{\partial\delta u}{\partial z}\right) + \tau_{xy}\left(\frac{\partial\delta u}{\partial y} + \frac{\partial\delta v}{\partial x}\right)\right]\mathrm{d}V$$

上式右端共有9项, 3个一组分成三组, 其中一组应用高斯公式可作如下变换:

$$\int_{V^e}\left(\sigma_x\frac{\partial\delta u}{\partial x} + \tau_{yx}\frac{\partial\delta u}{\partial y} + \tau_{zx}\frac{\partial\delta u}{\partial z}\right)\mathrm{d}V$$
$$= \int_{V^e}\left[\frac{\partial}{\partial x}(\sigma_x\delta u) + \frac{\partial}{\partial y}(\tau_{yx}\delta u) + \frac{\partial}{\partial z}(\tau_{zx}\delta u)\right]\mathrm{d}V - \int_{V^e}\left(\frac{\partial\sigma_x}{\partial x} + \frac{\partial\tau_{yx}}{\partial y} + \frac{\partial\tau_{zx}}{\partial z}\right)\delta u\mathrm{d}V$$
$$= \int_{S^e}\left[\left(\sigma_x l + \tau_{yx}m + \tau_{zx}n\right)\delta u\right]\mathrm{d}S - \int_{V^e}\left(\frac{\partial\sigma_x}{\partial x} + \frac{\partial\tau_{yx}}{\partial y} + \frac{\partial\tau_{zx}}{\partial z}\right)\delta u\mathrm{d}V$$

同理, 其他两组经变换后, 得

$$\int_{V^e}\left(\tau_{xy}\frac{\partial\delta v}{\partial x} + \sigma_y\frac{\partial\delta v}{\partial y} + \tau_{zy}\frac{\partial\delta v}{\partial z}\right)\mathrm{d}V$$
$$= \int_{S^e}\left[\left(\tau_{xy}l + \sigma_y m + \tau_{zy}n\right)\delta v\right]\mathrm{d}S - \int_{V^e}\left(\frac{\partial\tau_{xy}}{\partial x} + \frac{\partial\sigma_y}{\partial y} + \frac{\partial\tau_{zy}}{\partial z}\right)\delta v\mathrm{d}V$$

$$\int_{V^e}\left(\tau_{xz}\frac{\partial\delta w}{\partial x} + \tau_{yz}\frac{\partial\delta w}{\partial y} + \sigma_z\frac{\partial\delta w}{\partial z}\right)\mathrm{d}V$$
$$= \int_{S^e}\left[\left(\tau_{xz}l + \tau_{yz}m + \sigma_z n\right)\delta w\right]\mathrm{d}S - \int_{V^e}\left(\frac{\partial\tau_{xz}}{\partial x} + \frac{\partial\tau_{yz}}{\partial y} + \frac{\partial\sigma_z}{\partial z}\right)\delta w\mathrm{d}V$$

以上三组相加, 得

$$\int_{V^e} \{\delta\varepsilon\}^{\mathrm{T}} \{\sigma\} \mathrm{d}V = \int_{S^e} [(\sigma_x l + \tau_{yx} m + \tau_{zx} n)\delta u + (\tau_{xy} l + \sigma_y m + \tau_{zy} n)\delta v + (\tau_{xz} l + \tau_{yz} m + \sigma_z n)\delta w]\mathrm{d}S$$

$$- \int_{V^e} \left[\left(\frac{\partial \sigma_x}{\partial x} + \frac{\partial \tau_{yx}}{\partial y} + \frac{\partial \tau_{zx}}{\partial z} \right)\delta u + \left(\frac{\partial \tau_{xy}}{\partial x} + \frac{\partial \sigma_y}{\partial y} + \frac{\partial \tau_{zy}}{\partial z} \right)\delta v \right.$$

$$\left. + \left(\frac{\partial \tau_{xz}}{\partial x} + \frac{\partial \tau_{yz}}{\partial y} + \frac{\partial \sigma_z}{\partial z} \right)\delta w \right]\mathrm{d}V$$

式中 S^e 为单元的所有边界，$S^e = S_p^e + S_u^e + S^{ee'}$，$S^{ee'}$ 表示相邻单元 (e) 与 (e') 之间的交界面。由于位移在交界面上连续，在 $S^{ee'}$ 上位移变分都相等。

将上式代入式(10-4)，在位移边界上，由于位移变分等于零，可得

$$\delta\Pi = -\sum_{e=1}^{m} \left\{ \int_{V^e} \left[\left(\frac{\partial \sigma_x}{\partial x} + \frac{\partial \tau_{yx}}{\partial y} + \frac{\partial \tau_{zx}}{\partial z} + X \right)\delta u + \left(\frac{\partial \tau_{xy}}{\partial x} + \frac{\partial \sigma_y}{\partial y} + \frac{\partial \tau_{zy}}{\partial z} + Y \right)\delta v \right. \right.$$

$$\left. + \left(\frac{\partial \tau_{xz}}{\partial x} + \frac{\partial \tau_{yz}}{\partial y} + \frac{\partial \sigma_z}{\partial z} + Z \right)\delta w \right]\mathrm{d}V$$

$$- \int_{S_p^e} \left\{ [\bar{X} - (\sigma_x l + \tau_{yx} m + \tau_{zx} n)]\delta u + [\bar{Y} - (\tau_{xy} l + \sigma_y m + \tau_{zy} n)]\delta v \right.$$

$$\left. + [\bar{Z} - (\tau_{xz} l + \tau_{yz} m + \sigma_z n)]\delta w \right\}\mathrm{d}S \right\}$$

$$+ \sum_{ee'} \left\{ \int_{S^{ee'}} \left\{ [(\sigma_x l + \tau_{yx} m + \tau_{zx} n)^e - (\sigma_x l + \tau_{yx} m + \tau_{zx} n)^{e'}]\delta u^{ee'} \right. \right.$$

$$+ [(\tau_{xy} l + \sigma_y m + \tau_{zy} n)^e - (\tau_{xy} l + \sigma_y m + \tau_{zy} n)^{e'}]\delta v^{ee'}$$

$$\left. \left. + [(\tau_{xz} l + \tau_{yz} m + \sigma_z n)^e - (\tau_{xz} l + \tau_{yz} m + \sigma_z n)^{e'}]\delta w^{ee'} \right\}\mathrm{d}S \right\} \tag{10-5}$$

由于位移变分在 V^m 中、在 S_p^e 上和相邻单元间的交界面上，都是独立的变量。式(10-5)依据弹性体总势能的一阶变分等于零，即 $\delta\Pi = 0$，可推得

$$\frac{\partial \sigma_x}{\partial x} + \frac{\partial \tau_{yx}}{\partial y} + \frac{\partial \tau_{zx}}{\partial z} + X = 0 \qquad\qquad l\sigma_x + m\tau_{yx} + n\tau_{zx} = \bar{X}$$

$$\frac{\partial \tau_{xy}}{\partial x} + \frac{\partial \sigma_y}{\partial y} + \frac{\partial \tau_{zy}}{\partial z} + Y = 0 \qquad\qquad l\tau_{xy} + m\sigma_y + n\tau_{zy} = \bar{Y}$$

$$\qquad\qquad\qquad\qquad\qquad\qquad\qquad\qquad\qquad l\tau_{xz} + m\tau_{yz} + n\sigma_z = \bar{Z}$$

$$\frac{\partial \tau_{xz}}{\partial x} + \frac{\partial \tau_{yz}}{\partial y} + \frac{\partial \sigma_z}{\partial z} + Z = 0$$

$$\left(l\sigma_x + m\tau_{yx} + n\tau_{zx} \right)^e = \left(l\sigma_x + m\tau_{yx} + n\tau_{zx} \right)^{e'}$$

$$\left(l\tau_{xy} + m\sigma_y + n\tau_{zy} \right)^e = \left(l\tau_{xy} + m\sigma_y + n\tau_{zy} \right)^{e'}$$

$$\left(l\tau_{xz} + m\tau_{yz} + n\sigma_z \right)^e = \left(l\tau_{xz} + m\tau_{yz} + n\sigma_z \right)^{e'}$$

由以上三式可知，离散系统总势能泛函取极值，即等同于满足了每个单元域内的平衡微分方程、单元边界上的应力边界条件以及相邻单元间交界面上的应力连续条件。反之，如果在弹性体单元域内满足平衡微分方程，在单元边界上满足应力边界条件和单元交界面上的平衡条件，则离散系统总势能的一阶变分式(10-5)等于零，即离散系统的总势能泛函取极值。所以，离散系统的最小势能原理与弹性体每个单元域内的平衡微分方程、单元应力边界上的应力边界条件以及相邻单元间交界面上的应力平衡条件等价。

上述证明的离散系统最小势能原理告诉我们：在有限单元域内，假如能假设出满足几何方程、在单元位移边界上满足位移边界条件、在单元间的交界面上满足单元间位移连续性条件的单元位移场时(位移场含有待定系数)，那么应用离散系统最小势能原理就一定能满足单元域内的平衡微分方程、在单元应力边界上满足应力边界条件、在单元交界面上满足单元间的应力平衡条件。也就是说，保证了有限单元法解的正确性。

以单元位移为自变函数，基于离散的最小势能原理推导出的有限元称为位移协调元。位移协调元是工程结构分析中应用最广的有限元。

10.4　有限元法的一般列式

本节将从离散系统最小势能原理出发，阐述静力学问题的有限单元法基本原理，推导单元刚度方程和单元刚度矩阵，以及结构总体刚度方程和总刚度矩阵的计算公式。

10.4.1　选择单元位移函数

在整个弹性体域内，由于位移场的复杂性，一般很难选取一个恰当的位移场函数来描述复杂变化的真实位移场。在有限单元法中，已将弹性体整域离散成许多细小的单元，这样，在每个单元的子域内，就可以选取比较简单的函数来近似描述单元的真实位移场。根据离散系统的最小势能原理，选取的单元位移场函数，必须满足单元域内的几何方程、单元边界的位移边界条件以及单元与单元交界面上的连续性条件。那么，如何才能满足这些条件呢？一种很好的方法就是以节点位移为基本变量，选用适当的插值函数来构造单元内的位移场，鉴于数学运算的简便，常用的函数为多项式函数。

如图 10-1 所示的桁架结构，每个杆单元可用杆端的 2 个节点位移由插值函数来构造杆单元的位移场。由于杆与杆之间有 1 个共同的节点相连，节点位移相同，所以容易保证单元间的位移连续性条件。再看如图 10-2(b)所示的平面应力板，其中任一个三角形单元有 3 个节点，单元与单元之间由 2 个共同节点连成的边界相连。单元的位移场可以用单元的 3 个节点的位移由插值函数构造，同时，由于相邻单元有 2 个相同的节点，所以容易满足单元间的位移连续性条件，并且也容易满足单元边界的位移边界条件。同时插值函数是连续可导的，所以也容易在单元内满足几何方程。

设任一单元的节点力和节点位移列阵分别为

$$\{\overline{S}^e\} = \left\{ S_1 \quad S_2 \quad \cdots \quad S_n \right\}^{\mathrm{T}}$$

$$\{\overline{\delta}^e\} = \left\{ \delta_1 \quad \delta_2 \quad \cdots \quad \delta_n \right\}^{\mathrm{T}} \tag{10-6}$$

以单元的节点位移 $\{\overline{\delta}^e\}$ 作为基本变量，引入适当的位移插值函数，可以构造出单元的位移场函数，其表达式为

$$\{u\} = [N]\{\overline{\delta}^e\} \tag{10-7}$$

式中 $\{u\}$ 表示单元内任一点的位移场函数列阵；$[N]$ 称为**形函数矩阵**(shape function matrix)。如何选取位移插值函数，对于各种单元是不同的，这将在具体的单元中分别讨论。

为保证计算结果能满足工程要求的精确度，必须使所选取的位移函数尽可能反映单元的真实位移状态。换句话说，选取的位移函数必须满足一定的条件，使得当单元划分越来越细小时，所得的解答能收敛于精确解。这些条件是：

(1) **完备性条件**(completeness condition)：所选取的位移场函数必须包含刚体位移项和反映常量应变的项。一般每个单元各点的位移包括两部分，一部分是由该单元的变形引起的；另一部分是与单元变形无关的刚体位移。因此，为了正确地反映单元的位移状态，位移场函数中必须包含有刚体位移项。另外，位移场函数必须反映常量应变，这从力学意义上看是很明显的，当单元的尺寸取得越来越小时，单元中各点的应变值相差逐渐降低而趋于均匀，常应变部分就成为单元应变的主要部分。

(2) **协调性条件**(compatibility condition)：所选取的位移场函数不仅在单元内部和节点处保证连续，而且在相邻单元的公共边界上，位移也是连续的。

为保证位移在单元内部连续，只需取单值连续的位移函数即可，而要使位移在单元之间的公共边上保持连续也并不困难。相邻单元之间总有若干个公共节点相连，如果单元间公共边上有两个节点位移，则只需选择线性位移函数；如果有三个节点位移，则需要取二次多项式作为位移函数就可保证单元之间在整个公共边上连续，依此类推。

10.4.2　应变和节点位移的关系

一维问题、二维问题和三维问题的几何方程分别如下：

$$\varepsilon_x = \frac{\partial}{\partial x} u \tag{10-8a}$$

$$\left\{ \begin{array}{c} \varepsilon_x \\ \varepsilon_y \\ \gamma_{xy} \end{array} \right\} = \left\{ \begin{array}{cc} \dfrac{\partial}{\partial x} & 0 \\ 0 & \dfrac{\partial}{\partial y} \\ \dfrac{\partial}{\partial y} & \dfrac{\partial}{\partial x} \end{array} \right\} \left\{ \begin{array}{c} u \\ v \end{array} \right\} \tag{10-8b}$$

$$
\begin{Bmatrix} \varepsilon_x \\ \varepsilon_y \\ \varepsilon_z \\ \gamma_{yz} \\ \gamma_{zx} \\ \gamma_{xy} \end{Bmatrix} = \begin{Bmatrix} \dfrac{\partial}{\partial x} & 0 & 0 \\ 0 & \dfrac{\partial}{\partial y} & 0 \\ 0 & 0 & \dfrac{\partial}{\partial z} \\ 0 & \dfrac{\partial}{\partial z} & \dfrac{\partial}{\partial y} \\ \dfrac{\partial}{\partial z} & 0 & \dfrac{\partial}{\partial x} \\ \dfrac{\partial}{\partial y} & \dfrac{\partial}{\partial x} & 0 \end{Bmatrix} \begin{Bmatrix} u \\ v \\ w \end{Bmatrix} \tag{10-8c}
$$

对于任一种类型的几何方程都可写成如下的统一形式:

$$
\{\varepsilon\} = [\nabla]\{u\} \tag{10-9}
$$

式中[∇]是微分算子矩阵。将假设的位移场函数式(10-7)代入上式,得

$$
\{\varepsilon\} = [\nabla][N]\{\bar{\delta}^e\} = [B]\{\bar{\delta}^e\} \tag{10-10}
$$

其中

$$
[B] = [\nabla][N] \tag{10-11}
$$

[B]称为**应变-位移矩阵**(strain-displacement matrix),也称几何矩阵。

10.4.3　应力和节点位移的关系

将物理方程写成矩阵形式,有

$$
\{\sigma\} = [D]\{\varepsilon\} \tag{10-12}
$$

将式(10-10)代入上式,得

$$
\{\sigma\} = [D][B]\{\bar{\delta}^e\} \tag{10-13}
$$

式中[D]为弹性模量矩阵。

10.4.4　单元刚度方程和单元刚度矩阵

根据离散系统最小势能原理,单元的总势能为

$$
\Pi^e = \int_{V^e} \frac{1}{2}\{\varepsilon\}^{\mathrm{T}}\{\sigma\}\mathrm{d}V - \{\bar{\delta}^e\}^{\mathrm{T}}\{\bar{S}^e\} \tag{10-14}
$$

式中{$\bar{S}^e$}是单元等效节点载荷列阵,其表达式将在后面阐述。

将式(10-10)和式(10-13)代入上式，得

$$\Pi^e = \frac{1}{2}\{\overline{\delta}^e\}^{\mathrm{T}}\left(\int_{V^e}[B]^{\mathrm{T}}[D][B]\mathrm{d}V\right)\{\overline{\delta}^e\} - \{\overline{\delta}^e\}^{\mathrm{T}}\{\overline{S}^e\} \tag{10-15}$$

由于单元处于平衡状态，根据最小势能原理，单元的总势能的一阶变分为零，即 $\delta\Pi^e = 0$，从而得

$$\frac{\partial\Pi^e}{\partial\{\delta^e\}^{\mathrm{T}}} = \left(\int_{V^e}[B]^{\mathrm{T}}[D][B]\mathrm{d}V\right)\{\delta^e\} - \{\overline{S}^e\} = 0 \tag{10-16}$$

令

$$[\overline{k}^e] = \int_{V^e}[B]^{\mathrm{T}}[D][B]\mathrm{d}V \tag{10-17}$$

$[\overline{k}^e]$ 称为**单元刚度矩阵**(elemental stiffness matrix)。则式(10-16)可以写成

$$\{\overline{S}^e\} = [\overline{k}^e]\{\overline{\delta}^e\} \tag{10-18}$$

上式就是描述单元节点力与节点位移关系的单元刚度方程。

10.4.5　结构刚度矩阵的组集

一个结构的离散化计算模型由许多单元组成，结构的总势能等于各离散单元的总势能之和，即

$$\Pi = \sum_{e=1}^{m}\int_{V^e}\frac{1}{2}\{\varepsilon\}^{\mathrm{T}}\{\sigma\}\mathrm{d}V - \sum_{e=1}^{m}\left(\int_{V^e}\{u\}^{\mathrm{T}}\{X\}\mathrm{d}V + \int_{S_p^e}\{u\}^{\mathrm{T}}\{\overline{X}\}\mathrm{d}S + \{\overline{\delta}^e\}^{\mathrm{T}}\{\overline{P}^e\}\right) \tag{10-19}$$

式中 m 是单元总数；$\{X\}$ 是单元的体力；$\{\overline{X}\}$ 是单元的面力；$\{\overline{P}^e\}$ 是单元节点处的外载荷列阵；S_p^e 表示单元应力边界；V^e 表示单元体域。

把方程(10-7)、式(10-10)和式(10-13)代入式(10-19)，得

$$\Pi = \sum_{e=1}^{m}\frac{1}{2}\{\overline{\delta}^e\}^{\mathrm{T}}(\int_{V^e}[B]^{\mathrm{T}}[D][B]\mathrm{d}V)\{\overline{\delta}^e\}$$

$$- \sum_{e=1}^{m}(\{\overline{\delta}^e\}^{\mathrm{T}}\int_{V^e}[N]^{\mathrm{T}}\{X\}\mathrm{d}V + \{\overline{\delta}^e\}^{\mathrm{T}}\int_{S_p^e}[N]^{\mathrm{T}}\{\overline{X}\}\mathrm{d}S + \{\overline{\delta}^e\}^{\mathrm{T}}\{\overline{P}^e\}) \tag{10-20}$$

令等效节点载荷列阵为

$$\{\overline{S}^e\} = \{\overline{P}_V^e\} + \{\overline{P}_S^e\} + \{\overline{P}^e\} \tag{10-21}$$

式中 $\{\overline{P}_V^e\}$ 和 $\{\overline{P}_S^e\}$ 分别为体力和面力的等效节点力，其表达式为

$$\{\overline{P}_V^e\} = \int_{V^e}[N]^{\mathrm{T}}\{X\}\mathrm{d}V \tag{10-22a}$$

$$\{\bar{P}_S^e\} = \int_{S^e} [N]^T \{\bar{X}\} dS \tag{10-22b}$$

于是式(10-20)可以写成

$$\Pi = \sum_{e=1}^{m} \frac{1}{2} \{\bar{\delta}^e\}^T [\bar{k}^e] \{\bar{\delta}^e\} - \sum_{e=1}^{m} \{\bar{\delta}^e\}^T \{\bar{S}^e\} \tag{10-23}$$

式(10-23)表示结构的总势能,是各单元的应变能之和加上各单元的等价节点力势能之和。若该式中的$\{\bar{k}^e\}$和$\{\bar{S}^e\}$都是建立在各单元的局部坐标系下的,则必须把它们转换到统一的总体坐标系下,才能进行单元的组集。设局部坐标和总体坐标的坐标变换矩阵为$[\lambda]$,则有

$$\{\bar{\delta}^e\} = [\lambda]\{\delta^e\} \qquad 或 \qquad \{S^e\} = [\lambda]^T\{\bar{S}^e\} \tag{10-24}$$

式中$\{\bar{\delta}^e\}$和$\{\delta^e\}$分别是局部坐标和总体坐标下的单元节点位移列阵;$\{\bar{S}^e\}$和$\{S^e\}$分别是局部坐标和总体坐标下的单元等效节点载荷列阵。

将式(10-24)代入式(10-23),则

$$\begin{aligned}
\Pi &= \sum_{e=1}^{m} \frac{1}{2} \{\delta^e\}^T [\lambda]^T [\bar{k}^e] [\lambda] \{\delta^e\} - \sum_{e=1}^{m} \{\delta^e\}^T [\lambda]^T \{\bar{S}^e\} \\
&= \sum_{e=1}^{m} \frac{1}{2} \{\delta^e\}^T [k^e] \{\delta^e\} - \sum_{e=1}^{m} \{\delta^e\}^T \{S^e\}
\end{aligned} \tag{10-25}$$

其中

$$[k^e] = [\lambda^e]^T [\bar{k}^e] [\lambda^e] \tag{10-26}$$

式中$[\bar{k}^e]$和$[k^e]$分别是局部坐标和总体坐标下的单元刚度矩阵。

将$[k^e]$和$\{S^e\}$按结构节点位移列阵$\{\Delta\}$的自由度数和排列顺序添零升阶,则式(10-25)可以整理写成

$$\begin{aligned}
\Pi &= \sum_{e=1}^{m} \frac{1}{2} \{\Delta\}^T [k^e] \{\Delta\} - \sum_{e=1}^{m} \{\Delta\}^T \{S^e\} \\
&= \frac{1}{2} \{\Delta\}^T (\sum_{e=1}^{m} [k^e]) \{\Delta\} - \{\Delta\}^T \sum_{e=1}^{m} \{S^e\} \\
&= \frac{1}{2} \{\Delta\}^T [K] \{\Delta\} - \{\Delta\}^T \{R\}
\end{aligned} \tag{10-27}$$

式中$[K]$称为结构的**总刚度矩阵**(global stiffness matrix),它是由单元刚度矩阵按结构节点位移总自由度顺序"对号入座"的方式直接叠加而成的;$\{R\}$称为结构的等效节点外载荷列阵。它们的计算公式为

$$[K] = \sum_{e=1}^{m} [k^e] \tag{10-28}$$

$$\{R\} = \sum_{e=1}^{m} \{S^e\} \tag{10-29}$$

根据离散系统最小势能原理，总势能的一阶变分为零，即 $\delta \varPi = 0$ ，得

$$\{R\} = [K]\{\Delta\} \tag{10-30}$$

式(10-30)就是由最小势能原理推导出来的结构的总体刚度方程。

10.5　约　束　处　理

结构总刚度矩阵是针对解除了外部约束的自由结构建立的，因而总刚度矩阵是奇异的，不能求逆。为了排除结构的刚体位移，使结构刚度矩阵非奇异，从而求解出结构的节点位移，必须引入足够的约束以消除结构的刚体位移，使得结构的刚度方程可以求解。下面介绍引入约束处理的一般方法。

10.5.1　对结构的刚度方程分块求解

将结构的节点位移$\{\Delta\}$分成两部分，其中$\{\Delta_R\}$是受约束节点的给定位移，$\{\Delta_P\}$是自由节点的待求位移。结构的刚度方程式(10-30)也相应地写成分块形式：

$$\begin{Bmatrix} \{R_R\} \\ \{R_P\} \end{Bmatrix} = \begin{bmatrix} [K_{RR}] & [K_{RP}] \\ [K_{PR}] & [K_{PP}] \end{bmatrix} \begin{Bmatrix} \{\Delta_R\} \\ \{\Delta_P\} \end{Bmatrix} \tag{10-31}$$

式中$\{R_R\}$为约束节点的支反力列阵；$\{R_P\}$为非约束节点的给定外载荷列阵。将式(10-30)展开，得

$$\{R_R\} = [K_{RR}]\{\Delta_R\} + [K_{RP}]\{\Delta_P\} \tag{10-32}$$

$$\{R_P\} = [K_{PR}]\{\Delta_R\} + [K_{PP}]\{\Delta_P\} \tag{10-33}$$

由式(10-33)得

$$\{\Delta_P\} = [K_{PP}]^{-1}\big(\{R_P\} - [K_{PR}]\{\Delta_R\}\big) \tag{10-34}$$

若结构完全消除了刚体位移，则$[K_{PP}]$是非奇异的，它的逆矩阵存在。于是，由式(10-34)可解出未知的节点位移列阵$\{\Delta_P\}$。

若约束节点的位移为零位移时，即$\{\Delta_R\}=0$，则式(10-34)为

$$\{\Delta_P\} = [K_{PP}]^{-1}\{R_P\} \tag{10-35}$$

这相当于在自由结构刚度矩阵$[K]$中，删去零位移对应的行和列各元素，使原刚度矩阵压缩降阶得到$[K_{PP}]$，$[K_{PP}]$是非奇异的，由式(10-35)可解得节点位移列阵$\{\Delta_P\}$。

但是，对结构进行节点编号时，很难将约束节点的位移排列在一起，而是分散在节点位移列阵之中。在计算机运算中，改变编号次序、重新排列方程是非常麻烦的，因此，常采用下面介绍的方法处理。

10.5.2　结构刚度矩阵的主元素置大数法

设给定的节点位移为 u_i^*，即 $u_i = u_i^*$，只需将结构矩阵中对应 u_i 的行的主元素 K_{ii} 换成计算机所能允许的大数，例如 10^{20}，其他元素均保持不变，同时，将该行的载荷项 P_i 用 $10^{20}u_i^*$ 替换。于是，结构刚度方程为

$$
\begin{Bmatrix} P_1 \\ P_2 \\ \vdots \\ 10^{20}u_i^* \\ \vdots \\ P_n \end{Bmatrix} = \begin{bmatrix} K_{11} & K_{12} & \cdots & K_{1i} & \cdots & K_{1n} \\ K_{21} & K_{22} & \cdots & K_{2i} & \cdots & K_{2n} \\ \vdots & \vdots & & \vdots & & \vdots \\ K_{i1} & K_{i2} & \cdots & 10^{20} & \cdots & K_{in} \\ \vdots & \vdots & & \vdots & & \vdots \\ K_{n1} & K_{n2} & \cdots & K_{ni} & \cdots & K_{nn} \end{bmatrix} \begin{Bmatrix} u_1 \\ u_2 \\ \vdots \\ u_i \\ \vdots \\ u_n \end{Bmatrix} \tag{10-36}
$$

将上式中第 i 行方程展开为

$$
10^{20}u_i^* = K_{i1}u_1 + K_{i2}u_2 + \cdots + 10^{20}u_i + \cdots + K_{in}u_n
$$

将上式两边同除以 10^{20}，得

$$
u_i^* = \frac{K_{i1}}{10^{20}}u_1 + \frac{K_{i2}}{10^{20}}u_2 + \cdots + u_i + \cdots + \frac{K_{in}}{10^{20}}u_n
$$

由于 $10^{20} \gg K_{ij}\,(j \neq i)$，除了第 i 项外，其余各项均接近于零。因此，推得 $u_i = u_i^*$。

"置大数法"是处理约束条件的近似方法，但是这个大数非常大，将不影响计算结果的精确度。它的优点是仍然保持了原有刚度矩阵中各元素的排列次序，仅对其中某些项进行替换，这在计算机程序中是十分简便的。当给定位移为零位移时，载荷项可不变，运算更为简便。

10.5.3　结构刚度矩阵的主元素置 1 法

若给定位移为 u_i^*。将原刚度矩阵中第 i 行的主元素 K_{ii} 以数 "1" 代之，而将第 i 行和第 i 列的其他各元素均以零代之，这样调整后的刚度矩阵中的各元素仍保持原来的次序，且仍具有对称性，便于计算机运算。为了不改变原方程，载荷列阵各项要相应地改变如下式：

$$
\begin{Bmatrix} P_1 - K_{1i}u_i^* \\ P_2 - K_{2i}u_i^* \\ \vdots \\ u_i^* \\ \vdots \\ P_n - K_{ni}u_i^* \end{Bmatrix} = \begin{bmatrix} K_{11} & K_{12} & \cdots & 0 & \cdots & K_{1n} \\ K_{21} & K_{22} & \cdots & 0 & \cdots & K_{2n} \\ \vdots & \vdots & & \vdots & & \vdots \\ 0 & 0 & 0 & 1 & 0 & 0 \\ \vdots & \vdots & & \vdots & & \vdots \\ K_{n1} & K_{n2} & \cdots & 0 & \cdots & K_{nn} \end{bmatrix} \begin{Bmatrix} u_1 \\ u_2 \\ \vdots \\ u_i \\ \vdots \\ u_n \end{Bmatrix} \tag{10-37}
$$

用"置 1 法"处理的方程，展开后所得到的第 i 个方程为 $u_i = u_i^*$。显然，这是一个准确考虑边界条件的方法。

"置大数法"和"置 1 法"都是在计算机运算中，处理几何约束条件经常用到的方法。

10.6　大型线性方程组的求解

在结构有限元分析中，形成结构刚度矩阵和求解线性的刚度方程组这两个步骤是整个计算的关键部分。形成结构刚度矩阵的关键在于它在计算机中如何存储。而刚度矩阵的存储既与求解方程组的方法有关，又与计算机的容量有关。由于刚度矩阵的存储和方程组的求解是编制有限元分析程序所要考虑的核心问题，因此，在这一节中，对这些问题作一些简要的介绍。

10.6.1　结构刚度矩阵的特点

(1) 正定性——由线弹性系统应变能表达式 $U = \{\Delta\}^{\mathrm{T}}[K]\{\Delta\}/2$ ，可知不论位移列阵 $\{\Delta\}$ 取何种数值，除 $\{\Delta\} = 0$ 外，应变能 U 总是正值，故证明刚度矩阵 $[K]$ 为正定矩阵。

(2) 对称性——由位移互等定理可证明单元刚度矩阵是对称矩阵，而结构刚度矩阵 $[K]$ 是由各单元刚度矩阵组集而成的，因而，结构刚度矩阵也一定具有对称性。对于具有 n 个自由度结构，$[K]$ 的阶数为 n，其元素的总数是 n^2。利用刚度矩阵的对称性，只需储存其下三角部分的元素，其元素个数为 $n(n+1)/2$ 。

(3) 高度稀疏性——所谓稀疏，是指结构刚度矩阵中含有大量的零元素。大型结构离散模型的节点数一般都在数千个，甚至上万个，但每个节点只与少数几个单元相连。因此，在 $[K]$ 中每行非零元素的数目，比 $[K]$ 的阶数要少得多。每行中所含非零元素的个数与矩阵的阶数之比的平均数，表示矩阵的稀疏性。矩阵阶数越高，其稀疏程度也越大。

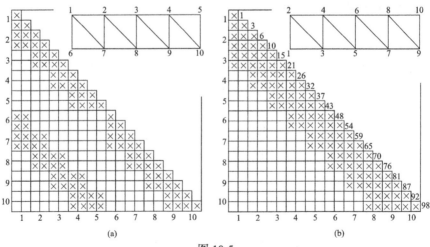

图 10-5

(4) 带状分布——合理地编排节点的号码，可使[K]中的非零元素尽量集中在对角线附近，使矩阵[K]呈带状分布。这可用图 10-5 所示平面桁架来说明。图中对同一桁架采取两种编号顺序，并给出相应的刚度矩阵中非零元素的分布情况(非零元素用符号"×"表示)，十分明显，在图 10-5(b)中非零元素都集中在对角线附近，使刚度矩阵[K]具有带状特点。矩阵中每一行第一个非零元素到主对角元素之间的元素个数称为该行的半带宽。半带宽的大小除与相关节点的自由度数有关外，还与每个单元最大节点号与最小节点号的差值有关。

刚度矩阵的这些性质，对于矩阵的存储和选择方程组的解法极为有用。

10.6.2　刚度矩阵的下三角变带宽一维存储

结构刚度矩阵的形成和在计算机中的存储方式与选择求解方程的计算方法有关。这里结合下面介绍的改进平方根法来说明。

存[K]的下三角元素通常用一维数组存储。注意到[K]中每一行半带宽是不同的，所以按一维变带宽方式存储。显然，这是一种十分节省计算机内存的方法。

[K]元素的一维变带宽储存顺序是按行的次序排列的，而第一行又是从第一个非零元素所在列开始，从左到右排到主对角元素所在的列为止，由此形成的一个一维数组，用 $AK(NN)$ 来表示。NN 表示刚度矩阵[K]用下三角变带宽一维存储的容量。

为了指明[K]中元素 K_{ij} 在一维数组 AK 中的位置，需要建立一个辅助数组 $LD(N)$，用以存放指示[K]中主元素 K_{ii} 在 AK 中的序号。如图 10-5(b)所示的刚度矩阵，存放刚度矩阵[K]中主元素的序号的数组 $LD(20)$ 为 $LD(20) = \{1,3,6,10,\cdots,98\}$。而任一个元素 K_{ij} 在 AK 中的序号 ij，可用下式求得

$$ij = LD(i) - i + j \tag{10-38}$$

LD 数组的建立可以用累加法形成。例如第 i 行主元的序号可以根据第 $i{-}1$ 行主元素的序号加上第 i 行的半带宽 di。

$$LD(i) = LD(i-1) + di \tag{10-39}$$

第 i 行的半带宽 di 则可由此行的对应节点与相关的最小节点编号的差值乘以节点自由度求得。这样按照上式即可得到 LD 数组。

10.6.3　线性代数方程组的直接解法(改进平方根法)

求解线性代数方程组的方法有很多，在此只介绍一种直接解法——改进平方根法。对结构刚度方程进行约束处理后，即可求解方程。这种解法可分成三个步骤。

1. 分解矩阵[K]法——Cholesky 法

由结构刚度矩阵[K]的对称正定性质，它可以唯一地分解为如下三个矩阵相乘的

形式：

$$[K]=[L][D][L]^{\mathrm{T}} \tag{10-40}$$

式中[L]为主对角线元素全部为 1 的下三角矩阵，即

$$[L] = \begin{bmatrix} 1 & & & & & \\ l_{21} & 1 & & & 0 & \\ \vdots & \vdots & & & & \\ l_{i1} & l_{i2} & \cdots & 1 & & \\ \vdots & \vdots & & & \ddots & \\ l_{n1} & l_{n2} & \cdots & l_{ni} & \cdots & 1 \end{bmatrix} \tag{10-41}$$

$[L]^{\mathrm{T}}$ 是矩阵[L]的转置矩阵。[D]为对角矩阵，即

$$[D] = \begin{bmatrix} d_{11} & & & & & \\ & d_{22} & & & 0 & \\ & & \ddots & & & \\ & & & d_{ii} & & \\ & 0 & & & \ddots & \\ & & & & & d_{nn} \end{bmatrix} \tag{10-42}$$

将式(10-41)和式(10-42)代入式(10-40)，作矩阵相乘运算，可以得到矩阵[K]中的元素与矩阵[L]和[D]中元素的关系式为

$$K_{ij} = \sum_{t=1}^{n} l_{it} l_{jt} d_{tt} = \sum_{t=1}^{j-1} l_{it} l_{jt} d_{tt} + l_{ij} l_{jj} d_{jj} + \sum_{t=j+1}^{n} l_{it} l_{jt} d_{tt} = \sum_{t=1}^{j-1} l_{it} l_{jt} d_{tt} + l_{ij} d_{jj} \tag{10-43}$$

由上式得到

$$l_{ij} = \left(K_{ij} - \sum_{t=1}^{j-1} l_{it} l_{jt} d_{tt} \right) \bigg/ d_{jj} \qquad \left(\begin{matrix} i = 1, 2, \cdots, n \\ j = 1, 2, \cdots, i-1 \end{matrix} \right) \tag{10-44}$$

当 $j=i$ 时，上式变为

$$l_{ii} = 1 = \left(K_{ii} - \sum_{t=1}^{i-1} l_{it}^2 d_{tt} \right) \bigg/ d_{ii} \tag{10-45}$$

由此得到

$$d_{ii} = K_{ii} - \sum_{t=1}^{i-1} l_{it}^2 d_{tt} \qquad (i = 1, 2, \cdots, n) \tag{10-46}$$

由式(10-44)和式(10-46)，可以依次求出[L]和[D]中的全部元素

$$d_{11} = K_{11}$$
$$l_{21} = K_{21} / d_{11}, \quad d_{22} = K_{22} - l_{21}^2 d_{11}$$
$$l_{31} = K_{31} / d_{11}, \quad l_{32} = (K_{32} - l_{31} l_{21} d_{11}) / d_{22}, \quad d_{33} = K_{33} - l_{31}^2 d_{11} - l_{32}^2 d_{22} \tag{10-47}$$
$$\cdots\cdots$$

这就完成了矩阵[K]的分解。

由以上分解过程可以看到，在计算得到 l_{ij} 后，再也不需要 K_{ij} 了。因此，在计算机中，可将 l_{ij} 存放在 K_{ij} 的位置上。$l_{ii}=1$ 可不用存储，而将算得的 d_{ii} 存放在 K_{ii} 的位置上。这样，可利用[K]的内存存放分解得到的[L]和[D]。且可证明，矩阵[L]与矩阵[K]具有相同的半带宽，即

当 $K_{i1}=0$ 时，得 $l_{i1}=0$；

当 $K_{i1}=K_{i2}=0$ 时，得 $l_{i1}=l_{i2}=0$；

依次类推，当 $K_{i1}=K_{i2}=\cdots=K_{ij}=0$，得 $l_{i1}=l_{i2}=\cdots=l_{ij}=0$。这样，可将刚度矩阵[K]用下三角变带宽一维存储，节省了计算机的容量。

令 m_i 表示[K]中第 i 行第一个非零元素的列号，m_j 表示第 j 行第一个非零元素的列号。这样，在式(10-44)和式(10-46)中，当 $t<m_i$ 时有 $l_{it}=0$，$t<m_j$ 时有 $l_{jt}=0$，设 m_{ij} 是 m_i、m_j 中的大者，则式(10-44)和式(10-46)分别应写成

$$l_{ij}=\left(K_{ij}-\sum_{t=m_{ij}}^{j-1}l_{it}l_{jt}d_{tt}\right)\Bigg/d_{jj}\qquad\left(\begin{matrix}i=1,2,\cdots,n\\ j=m_i,m_i+1,\cdots,i-1\end{matrix}\right)\tag{10-48}$$

$$d_{ii}=K_{ii}-\sum_{t=m_i}^{i-1}l_{it}^2d_{tt}\qquad(i=1,2,\cdots,n)\tag{10-49}$$

2. 载荷列阵的分解

在求得[L]和[D]后，结构刚度方程可写成

$$\{P\}=[L][D][L]^{\mathrm{T}}\{\Delta\}\tag{10-50}$$

现设

$$\{R\}=[L]^{\mathrm{T}}\{\Delta\}\tag{10-51}$$

则式(10-50)可写成

$$\{P\}=[L][D]\{R\}\tag{10-52}$$

矩阵[L][D]也是一个下三角矩阵，由式(10-52)很容易求得$\{R\}$，将式(10-52)展开

$$\begin{bmatrix}d_{11}\\ l_{21}d_{11}&d_{22}&&0\\ \vdots&\vdots\\ l_{i1}d_{11}&l_{i2}d_{22}&\cdots&d_{ii}\\ \vdots&\vdots&&\vdots\\ l_{n1}d_{11}&l_{n2}d_{22}&\cdots&l_{ni}d_{ii}&\cdots&d_{nn}\end{bmatrix}\begin{bmatrix}r_1\\ r_2\\ \vdots\\ r_i\\ \vdots\\ r_n\end{bmatrix}=\begin{Bmatrix}P_1\\ P_2\\ \vdots\\ P_i\\ \vdots\\ P_n\end{Bmatrix}\tag{10-53a}$$

或

$$P_i=\sum_{t=1}^{n}l_{it}d_{tt}r_t=\sum_{t=1}^{i-1}l_{it}d_{tt}r_t+d_{ii}r_i\tag{10-53b}$$

当 $t<m_i$ 时有 $l_{it}=0$，故由上式得到

$$r_i = (P_i - \sum_{t=m_i}^{i-1} l_{it} d_{tt} r_t) / d_{ii} \qquad (i = 1, 2, \cdots, n) \tag{10-54}$$

用式(10-54)可以由上到下依次求出所有的 r_i。当利用上式求得 r_i 后，P_i 就不再被调用，为了节省存储，可将求得的 r_i 存放在 P_i 的位置上。

3. 回代求解

求得列阵 $\{R\}$ 后，通过求解方程组(10-51)，就可得到节点位移 $\{\Delta\}$。

$$\begin{Bmatrix} r_1 \\ r_2 \\ \vdots \\ r_1 \\ \vdots \\ r_n \end{Bmatrix} = \begin{bmatrix} 1 & l_{21} & \cdots & l_{i1} & \cdots & l_{n1} \\ & 1 & \cdots & l_{i2} & \cdots & l_{n2} \\ & & & \vdots & & \vdots \\ & & & 1 & \cdots & l_{ni} \\ & 0 & & & & \vdots \\ & & & & & 1 \end{bmatrix} \begin{Bmatrix} u_1 \\ u_2 \\ \vdots \\ u_i \\ \vdots \\ u_n \end{Bmatrix} \tag{10-55a}$$

或

$$r_i = \sum_{t=1}^{n} l_{ti} u_t = u_i + \sum_{t=i+1}^{n} l_{ti} u_t \qquad (i = n, n-1, \cdots, 1) \tag{10-55b}$$

由上式可得到

$$u_i = r_i - \sum_{t=i+1}^{n} l_{ti} u_t \qquad (i = n, n-1, \cdots, 1) \tag{10-56}$$

用上式可以依次求出所有的节点位移，即得到节点位移列阵 $\{\Delta\}$。到此完成了全部求解过程。

习　　题

10-1　离散系统最小势能原理与连续系统最小势能原理有哪些相同点？有哪些不同点？

10-2　以静力学问题为例，有限元分析的主要步骤有哪些？

10-3　结构离散化需要满足的基本原则是什么？

10-4　假设的单元位移场需要满足哪些条件才能保证有限元解的收敛性条件？

10-5　写出基于最小势能原理推导单元刚度矩阵的一般列式过程。

10-6　阐述结构总刚度矩阵和节点等效载荷计算的原理，写出相关的计算公式。

10-7　求解结构总体刚度方程时，为什么要对结构总刚度矩阵进行约束处理？常用计算机约束处理方法有哪些？

10-8　结构总刚度矩阵有哪些特点？

第 11 章

杆系结构有限元

11.1 引　言

杆系结构是指由杆、轴和梁等通过节点连接而成的结构，在工程结构中有广泛应用。杆承受拉压力，轴承受扭矩，梁承受弯矩和剪力载荷。本章将应用第 10 章的有限元一般列式方法推导杆、轴、梁和受剪板单元的刚度矩阵，并通过一些实例说明有限元方法在结构分析中的应用。

11.2 杆　单　元

图 11-1 所示为任意一个杆单元，取杆轴为坐标轴 $\bar{x}$，建立杆的局部坐标。单元两端的节点分别记为 i 和 j，相应的单元节点力和节点位移分别为

图 11-1

$$\{\bar{S}^e\} = \{\bar{S}_i \quad \bar{S}_j\}^T \tag{11-1}$$

$$\{\bar{\delta}^e\} = \{\bar{u}_i \quad \bar{u}_j\}^T \tag{11-2}$$

11.2.1 位移函数

对于杆来说，轴向位移 $\bar{u}$ 的位移模式可以表示为坐标 $\bar{x}$ 的一次函数，即

$$\bar{u}(\bar{x}) = \alpha_1 + \alpha_2 \bar{x} \tag{11-3}$$

式中 α_1 和 α_2 为待定系数。将两个节点的节点位移和坐标代入上式，可得

$$\begin{cases} \bar{u}_i = \bar{u}(0) = \alpha_1 \\ \bar{u}_j = \bar{u}(l) = \alpha_1 + \alpha_2 l \end{cases} \tag{11-4}$$

解上述方程可得

$$
\begin{cases}
\alpha_1 = \bar{u}_i \\
\alpha_2 = \left(\bar{u}_j - \bar{u}_i \right) / l
\end{cases}
\tag{11-5}
$$

将求得的 α_1 和 α_2 代入式(11-3)，经整理，单元位移场可以表示为节点位移的插值函数形式，即

$$
\bar{u}(\bar{x}) = \left[1 - \frac{\bar{x}}{l} \quad \frac{\bar{x}}{l} \right] \begin{Bmatrix} \bar{u}_i \\ \bar{u}_j \end{Bmatrix} = [N]\{\bar{\delta}^e\}
\tag{11-6}
$$

容易验证，式(11-3)中的常数项表示杆的刚体位移，一次项表示杆的常应变项。又由于相连接的两个杆单元有共用的节点，也即节点位移连续，所以，杆单元的位移模式能满足有限元解的收敛性要求。

11.2.2　应变和节点位移的关系

应用杆的几何方程，并将位移模式(11-6)代入，可以导出单元的应变与单元节点位移的关系

$$
\varepsilon_x(\bar{x}) = \frac{\mathrm{d}\bar{u}(\bar{x})}{\mathrm{d}\bar{x}} = \left[-\frac{1}{l} \quad \frac{1}{l} \right] \begin{Bmatrix} \bar{u}_i \\ \bar{u}_j \end{Bmatrix} = [B]\{\bar{\delta}^e\}
\tag{11-7}
$$

其中

$$
[B] = \left[-\frac{1}{l} \quad \frac{1}{l} \right]
\tag{11-8}
$$

式中[B]称为几何矩阵。可见，[B]是一个常数矩阵，因而杆单元内应变为常数。

11.2.3　应力和节点位移的关系

利用物理方程，并将式(11-7)代入，可以导出单元的应力与单元节点位移的关系式

$$
\sigma_x(\bar{x}) = E \cdot \varepsilon_x(\bar{x}) = E[B]\{\bar{\delta}^e\}
\tag{11-9}
$$

11.2.4　单元刚度方程和单元刚度矩阵

利用最小势能原理建立单元节点力与节点位移之间的关系，即单元的刚度方程。

若将杆单元视为一个独立的弹性力学问题，单元只作用节点力 $\{\bar{s}^e\}$，对于杆单元，单元的总势能泛函可表示为

$$\Pi^e = \int_{V^e} \frac{1}{2} \varepsilon_x^T \sigma_x dV - \left\{ \overline{\delta}^e \right\}^T \left\{ \overline{S}^e \right\} = \frac{A}{2} \int_0^l \varepsilon_x^T \sigma_x dx - \left\{ \overline{\delta}^e \right\}^T \left\{ \overline{S}^e \right\} \tag{11-10}$$

将式(11-7)和式(11-9)代入上式，可得

$$\Pi^e = \frac{EA}{2} \left\{ \overline{\delta}^e \right\}^T \left(\int_0^l [B]^T [B] dx \right) \left\{ \overline{\delta}^e \right\} - \left\{ \overline{\delta}^e \right\}^T \left\{ \overline{S}^e \right\} \tag{11-11}$$

根据最小势能原理 $\delta\Pi^e = 0$ ，得单元节点力与节点位移之间的关系

$$\left\{ \overline{S}^e \right\} = \left[\overline{k}^e \right] \left\{ \overline{\delta}^e \right\} \tag{11-12}$$

式中 $\left[\overline{k}^e \right]$ 称为杆单元的刚度矩阵，其表达式为

$$\left[\overline{k}^e \right] = \frac{EA}{2} \int_0^l [B]^T [B] dx = \frac{EA}{l} \begin{bmatrix} 1 & -1 \\ -1 & 1 \end{bmatrix} \tag{11-13}$$

由式(11-12)易知，单元刚度矩阵式(11-13)中任一个刚度系数 k_{ij} 的物理含义是：当 $\overline{u}_i = 1$ 、 $\overline{u}_j = 0$ 时，施加在单元的节点 i 上的节点力 $\overline{S}_i$ 。而单元刚度矩阵具有如下性质：

(1) 对称，且主对角元恒为正；

(2) 仅与单元的几何尺寸及材料的物理性质有关；

(3) 奇异，逆矩阵不存在。这是由于单元刚度矩阵是建立在单元自由状态的，为此，必须引入必要的约束消除其刚体位移。

以上对单元进行分析时，单元的节点力和节点位移的方向都取各单元的局部坐标方向，因而所得的单元刚度矩阵也是建立在局部坐标系下的。然而，组成结构的各单元的方位各不相同，各单元的局部坐标也是不同的，这样，在同一个节点处相连的几个单元的节点力和节点位移方向一般也是不同的。因此，必须把

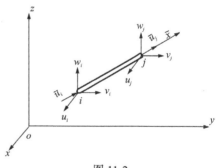

图 11-2

它们变换到统一的结构总体坐标系下，得到在总体坐标系下的单元刚度矩阵。

在总体坐标系 $oxyz$ 下，任一杆单元 i-j 的节点位移如图 11-2 所示，单元节点力的方向与节点位移相对应。节点力和节点位移为

$$\{ S^e \} = \left\{ S_{ix} \quad S_{iy} \quad S_{iz} \quad S_{jx} \quad S_{jy} \quad S_{jz} \right\}^T$$
$$\{ \delta^e \} = \left\{ u_i \quad v_i \quad w_i \quad u_j \quad v_j \quad w_j \right\}^T \tag{11-14}$$

由两个坐标系之间的几何关系，可得

$$\overline{u}_i = u_i \lambda_{\overline{x}x} + v_i \lambda_{\overline{x}y} + w_i \lambda_{\overline{x}z}$$
$$\overline{u}_j = u_j \lambda_{\overline{x}x} + v_j \lambda_{\overline{x}y} + w_j \lambda_{\overline{x}z} \tag{11-15}$$

式中 $\lambda_{\bar{x}x}$、$\lambda_{\bar{x}y}$ 和 $\lambda_{\bar{x}z}$ 分别表示坐标轴 $\bar{x}$ 与总体坐标 x、y 和 z 轴夹角的方向余弦。这样就得到两个坐标系下单元节点位移的变换式

$$\{\bar{\delta}^e\} = [\lambda^e]\{\delta^e\} \tag{11-16}$$

式中

$$[\lambda^e] = \begin{bmatrix} \lambda_{\bar{x}x} & \lambda_{\bar{x}y} & \lambda_{\bar{x}z} & 0 & 0 & 0 \\ 0 & 0 & 0 & \lambda_{\bar{x}x} & \lambda_{\bar{x}y} & \lambda_{\bar{x}z} \end{bmatrix} \tag{11-17}$$

式中 $[\lambda^e]$ 称为杆单元坐标变换矩阵。

对于单元节点力的变换，根据力的投影关系，有

$$\{S^e\} = [\lambda^e]^{\mathrm{T}}\{\bar{S}^e\} \tag{11-18}$$

由式(11-18)、式(11-12)和式(11-16)，得

$$\{S^e\} = [\lambda^e]^{\mathrm{T}}\{\bar{S}^e\} = [\lambda^e]^{\mathrm{T}}[\bar{k}^e]\{\bar{\delta}^e\} = [\lambda^e]^{\mathrm{T}}[\bar{k}^e][\lambda^e]\{\delta^e\} \tag{11-19}$$

在总体坐标系下，单元节点力和节点位移的关系，即刚度方程为

$$\{S^e\} = [k^e]\{\delta^e\} \tag{11-20}$$

因此，总体坐标系下的单元刚度矩阵为

$$[k^e] = [\lambda^e]^{\mathrm{T}}[\bar{k}^e][\lambda^e] \tag{11-21}$$

11.3 梁 单 元

刚架结构是由能承受轴力、扭矩、剪力和弯矩的元件构成的结构，如图 11-3(a)所示。此空间刚架结构离散后，刚架结构中的任一个元件 1-2、1-3、1-4 常称为梁单元。从图 11-3(a)中取出任一个梁单元，建立单元的局部坐标系，取 $\bar{x}$ 轴与梁的轴线重合，由 i 指向 j，而 $\bar{y}$ 轴和 $\bar{z}$ 轴分别与截面的形心主轴一致，坐标系符合右手法则，节点位移和转角的正方向如图 11-3(b)所示。

空间梁单元每个节点有六个节点位移，根据欧拉梁(或称细长梁)理论，其中转角 $\bar{\varphi}_{\bar{y}}$ 和 $\bar{\varphi}_{\bar{z}}$ 不是独立的位移，它们与位移 $\bar{w}$、$\bar{v}$ 的关系分别为 $\bar{\varphi}_{\bar{y}} = -\mathrm{d}\bar{w}/\mathrm{d}x$ 和 $\bar{\varphi}_{\bar{z}} = \mathrm{d}\bar{v}/\mathrm{d}x$。由于轴力依赖于梁的轴向位移 $\bar{u}$，扭矩只取决于梁绕形心轴的扭角 $\bar{\theta}$，$\bar{x}\bar{y}$ 平面内弯曲的弯矩和剪力依赖于梁的位移 $\bar{v}$，$\bar{x}\bar{z}$ 平面内的弯曲的弯矩和剪力依赖于梁的位移 $\bar{w}$，四个位移彼此相互独立，因此，梁单元的刚度矩阵可采用叠加原理，先分别推导与位移 $\bar{u}$、$\bar{\theta}$、$\bar{v}$ 和 $\bar{w}$ 相关的单元刚度矩阵，然后再组合得到空间梁单元的刚度矩阵。与位移 $\bar{u}$ 相关的就是 11.2 节推导的杆单元的刚度矩阵，见式(11-13)，下面依次推导与位移 $\bar{\theta}$、$\bar{v}$ 和 $\bar{w}$ 相关的单元刚度矩阵。

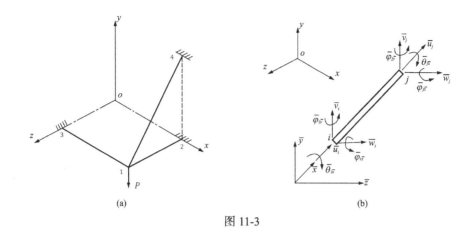

图 11-3

11.3.1　轴单元

取任意一个轴单元，横截面积的极惯性矩
为 $J_{\bar{x}}$，材料剪切弹性模量为 G，长度为 l，如
图 11-4 所示。取轴方向为坐标轴 $\bar{x}$，建立轴的
局部坐标。单元两端的节点分别记为 i 和 j，相
应的单元节点扭矩和节点扭转角分别为

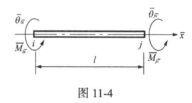

图 11-4

$$\{\bar{S}^e\} = \left\{\begin{matrix}\bar{M}_{\bar{i}\bar{x}} & \bar{M}_{\bar{j}\bar{x}}\end{matrix}\right\}^{\mathrm{T}} \tag{11-22}$$

$$\{\bar{\delta}^e\} = \left\{\begin{matrix}\bar{\theta}_{\bar{i}\bar{x}} & \bar{\theta}_{\bar{j}\bar{x}}\end{matrix}\right\}^{\mathrm{T}} \tag{11-23}$$

1. 位移函数

对于轴来说，与杆相似，轴的转角位移场可以选取坐标一次函数，并可以表示为节
点转角的插值函数形式，即

$$\bar{\theta}(\bar{x}) = \left[1 - \frac{\bar{x}}{l} \quad \frac{\bar{x}}{l}\right]\left\{\begin{matrix}\bar{\theta}_{\bar{i}\bar{x}} \\ \bar{\theta}_{\bar{j}\bar{x}}\end{matrix}\right\} = [N]\{\bar{\delta}^e\} \tag{11-24}$$

容易验证，轴单元的位移模式满足有限元解的收敛性条件。

2. 应变和节点位移的关系

应用轴扭转的几何方程，并将轴的转角场函数式(11-24)代入，可得

$$\gamma(\bar{x}) = r\frac{\mathrm{d}\bar{\theta}}{\mathrm{d}\bar{x}} = r\left[-\frac{1}{l} \quad \frac{1}{l}\right]\left\{\begin{matrix}\bar{\theta}_{\bar{i}\bar{x}} \\ \bar{\theta}_{\bar{j}\bar{x}}\end{matrix}\right\} = r[B]\{\bar{\delta}^e\} \tag{11-25}$$

其中

$$[B] = \begin{bmatrix} -\dfrac{1}{l} & \dfrac{1}{l} \end{bmatrix} \tag{11-26}$$

3. 应力和节点位移的关系

利用物理方程，并将式(11-25)代入，可以导出单元的剪应力与单元节点转角的关系式：

$$\tau(\bar{x}) = G \cdot \gamma(\bar{x}) = Gr[B]\{\bar{\delta}^e\} \tag{11-27}$$

4. 单元刚度方程

轴单元的总势能泛函为

$$\Pi^e = \int_{V^e} \frac{1}{2}\gamma^{\mathrm{T}}\tau \mathrm{d}V - \{\bar{\delta}^e\}^{\mathrm{T}}\{\bar{S}^e\} \tag{11-28}$$

将式(11-25)和式(11-27)代入上式，可得

$$\Pi^e = \frac{1}{2}\{\bar{\delta}^e\}^{\mathrm{T}}\left(\int_{V^e}[B]^{\mathrm{T}}Gr^2[B]\mathrm{d}V\right)\{\bar{\delta}^e\} - \{\bar{\delta}^e\}^{\mathrm{T}}\{\bar{S}^e\} \tag{11-29}$$

由最小势能原理，上式一阶变分等于零，可得如下单元刚度矩阵表达式：

$$[\bar{k}^e] = \frac{G}{2}\int_0^l [B]^{\mathrm{T}}[B]\left(\int_{A^e}r^2\mathrm{d}A\right)\mathrm{d}x = \frac{GJ_{\bar{x}}}{l}\begin{bmatrix} 1 & -1 \\ -1 & 1 \end{bmatrix} \tag{11-30}$$

11.3.2 $\overline{xoy}$ 平面内的弯曲梁单元

如图 11-5 所示为 $\overline{xoy}$ 平面内的任一个梁单元，材料弹性模量为 E，横截面积绕 $\bar{z}$ 轴的惯性矩为 $I_{\bar{z}}$，长度为 l，单元两端节点为 i、j。单元节点力和节点位移为

$$\{\bar{S}^e\} = \left\{\bar{Y}_i \quad \bar{M}_{i\bar{z}} \quad \bar{Y}_j \quad \bar{M}_{j\bar{z}}\right\}^{\mathrm{T}} \tag{11-31}$$

$$\{\bar{\delta}^e\} = \left\{\bar{v}_i \quad \bar{\varphi}_{i\bar{z}} \quad \bar{v}_j \quad \bar{\varphi}_{j\bar{z}}\right\}^{\mathrm{T}} \tag{11-32}$$

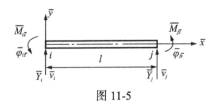

图 11-5

1. 位移函数

梁挠度 $\bar{v}$ 的位移模式可以表示为坐标 $\bar{x}$ 的三次函数，即

$$\bar{v}(\bar{x}) = \alpha_1 + \alpha_2\bar{x} + \alpha_3\bar{x}^2 + \alpha_4\bar{x}^3 \tag{11-33}$$

式中 α_1、α_2、α_3、α_4 为待定系数。将两端节点的四个节点位移和坐标代入上式，则可求得 α_1、α_2、α_3、α_4，代回上式，可得用节点位移插值函数表示的单元位移场，即

$$\overline{v}(\overline{x}) = \begin{bmatrix} N_1 & N_2 & N_3 & N_4 \end{bmatrix}\{\overline{\delta}^e\} = [N]\{\overline{\delta}^e\} \tag{11-34}$$

其中

$$[N] = \left[1 - 3\frac{\overline{x}^2}{l^2} + 2\frac{\overline{x}^3}{l^3} \quad \overline{x} - 2\frac{\overline{x}^2}{l} + \frac{\overline{x}^3}{l^2} \quad 3\frac{\overline{x}^2}{l^2} - 2\frac{\overline{x}^3}{l^3} \quad -\frac{\overline{x}^2}{l} + \frac{\overline{x}^3}{l^2} \right] \tag{11-35}$$

容易验证，式(11-33)表示的梁单元位移模式能满足有限元解的收敛性条件。

2. 应变和节点位移的关系

由几何方程及位移模式(11-34)，可导出单元的应变与单元节点位移的关系

$$\varepsilon_x(\overline{x}) = -\overline{y}\frac{\mathrm{d}\overline{v}^2(\overline{x})}{\mathrm{d}\overline{x}^2} = -\overline{y}\begin{bmatrix} B_1 & B_2 & B_3 & B_4 \end{bmatrix}\{\overline{\delta}^e\} = -\overline{y}[B]\{\overline{\delta}^e\} \tag{11-36}$$

其中

$$[B] = \left[-\frac{6}{l^2} + \frac{12\overline{x}}{l^3} \quad -\frac{4}{l} + \frac{6\overline{x}}{l^2} \quad \frac{6}{l^2} - \frac{12\overline{x}}{l^3} \quad -\frac{2}{l} + \frac{6\overline{x}}{l^2} \right] \tag{11-37}$$

3. 应力和节点位移的关系

使用物理方程和式(11-36)，可导出单元的应力与单元节点位移的关系式：

$$\sigma_x(\overline{x}) = E \cdot \varepsilon_x(\overline{x}) = -\overline{y}E[B]\{\overline{\delta}^e\} \tag{11-38}$$

4. 单元刚度方程

由最小势能原理可建立单元节点力与节点位移之间的关系，求出单元刚度矩阵。
梁杆单元的总势能泛函可表示为

$$\begin{aligned} \Pi^e &= \int_{V^e} \frac{1}{2}\varepsilon_x^{\mathrm{T}}\sigma_x\mathrm{d}V - \{\overline{\delta}^e\}^{\mathrm{T}}\{\overline{s}^e\} \\ &= \frac{E}{2}\{\overline{\delta}^e\}^{\mathrm{T}}\left[\int_0^l [B]^{\mathrm{T}}[B]\left(\int_{A^e} \overline{y}^2\mathrm{d}A \right)\mathrm{d}\overline{x} \right]\{\overline{\delta}^e\} - \{\overline{\delta}^e\}^{\mathrm{T}}\{\overline{s}^e\} \\ &= \frac{EI_{\overline{z}}}{2}\{\overline{\delta}^e\}^{\mathrm{T}}\left(\int_0^l [B]^{\mathrm{T}}[B]\mathrm{d}\overline{x} \right)\{\overline{\delta}^e\} - \{\overline{\delta}^e\}^{\mathrm{T}}\{\overline{s}^e\} \end{aligned} \tag{11-39}$$

根据最小势能原理 $\delta\Pi^e = 0$，可求得单元刚度矩阵

$$[\overline{k}^e] = \frac{EI_{\overline{z}}}{l^3}\begin{pmatrix} 12 & & & \mathrm{sym} \\ 6l & 4l^2 & & \\ -12 & -6l & 12 & \\ 6l & 2l^2 & -6l & 4l^2 \end{pmatrix} \tag{11-40}$$

11.3.3　$\overline{xoz}$ 平面内的弯曲梁单元

如图 11-6 所示为 $\overline{xoz}$ 平面内的任一个梁单元，材料弹性模量为 E，截面积绕 $\overline{y}$ 轴的惯性矩为 $I_{\overline{y}}$，长度为 l。梁单元的节点力和节点位移为

$$\{\overline{S}^e\} = \left\{\begin{matrix} \overline{Z}_i & \overline{M}_{\overline{iy}} & \overline{Z}_j & \overline{M}_{\overline{jy}} \end{matrix}\right\}^{\mathrm{T}} \tag{11-41}$$

$$\{\overline{\delta}^e\} = \left\{\begin{matrix} \overline{w}_i & \overline{\varphi}_{\overline{iy}} & \overline{w}_j & \overline{\varphi}_{\overline{jy}} \end{matrix}\right\}^{\mathrm{T}} \tag{11-42}$$

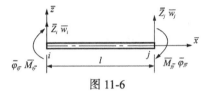

图 11-6

单元节点力和节点位移的正向如图 11-6 所示，其刚度矩阵可比照 $\overline{xoy}$ 平面内的弯曲梁求得。不过，由于采用如图 11-6 所示的节点位移和转角的正方向规定法则，即 $\overline{\varphi}_{\overline{y}} = -\mathrm{d}\overline{w}/\mathrm{d}x$，与 $\overline{xoy}$ 平面的刚度矩阵相比，$\overline{xoz}$ 平面的刚度矩阵中有些项的刚度系数改变了正负号。$\overline{xoz}$ 平面内弯曲的梁单元刚度矩阵为

$$[\overline{k}^e] = \frac{EI_{\overline{y}}}{l^3} \begin{pmatrix} 12 & & & \mathrm{sym} \\ -6l & 4l^2 & & \\ -12 & 6l & 12 & \\ -6l & 2l^2 & 6l & 4l^2 \end{pmatrix} \tag{11-43}$$

11.3.4　空间梁单元

如果空间梁单元的单元节力点和节点位移的排序列阵为

$$\{\overline{S}^e\} = \left\{\begin{matrix} \overline{X}_i & \overline{Y}_i & \overline{Z}_i & \overline{M}_{\overline{ix}} & \overline{M}_{\overline{iy}} & \overline{M}_{\overline{iz}} & \overline{X}_j & \overline{Y}_j & \overline{Z}_j & \overline{M}_{\overline{jx}} & \overline{M}_{\overline{jy}} & \overline{M}_{\overline{jz}} \end{matrix}\right\}^{\mathrm{T}} \tag{11-44}$$

$$\{\overline{\delta}^e\} = \left\{\begin{matrix} \overline{u}_i & \overline{v}_i & \overline{w}_i & \overline{\theta}_{\overline{ix}} & \overline{\varphi}_{\overline{iy}} & \overline{\varphi}_{\overline{iz}} & \overline{u}_j & \overline{v}_j & \overline{w}_j & \overline{\theta}_{\overline{jx}} & \overline{\varphi}_{\overline{jy}} & \overline{\varphi}_{\overline{jz}} \end{matrix}\right\}^{\mathrm{T}} \tag{11-45}$$

那么，能同时承受轴力、扭矩、剪力和弯矩的空间梁的刚度矩阵可由式(11-13)、式(11-30)、式(11-40)与式(11-43)按空间梁单元的节点力和节点位移的次序组集而成，得

$$
\left[\bar{k}^e\right] =
\begin{bmatrix}
\dfrac{EA}{l} & & & & & & & & & & & \\
0 & \dfrac{12EI_{\bar{z}}}{l^3} & & & & & & & & & & \\
0 & 0 & \dfrac{12EI_{\bar{y}}}{l^3} & & & & & \text{sym} & & & & \\
0 & 0 & 0 & \dfrac{GJ_{\bar{x}}}{l} & & & & & & & & \\
0 & 0 & -\dfrac{6EI_{\bar{y}}}{l^2} & 0 & \dfrac{4EI_{\bar{y}}}{l} & & & & & & & \\
0 & \dfrac{6EI_{\bar{z}}}{l^2} & 0 & 0 & 0 & \dfrac{4EI_{\bar{z}}}{l} & & & & & & \\
-\dfrac{EA}{l} & 0 & 0 & 0 & 0 & 0 & \dfrac{EA}{l} & & & & & \\
0 & -\dfrac{12EI_{\bar{z}}}{l^3} & 0 & 0 & 0 & -\dfrac{6EI_{\bar{z}}}{l^2} & 0 & \dfrac{12EI_{\bar{z}}}{l^3} & & & & \\
0 & 0 & \dfrac{12EI_{\bar{y}}}{l^3} & 0 & \dfrac{6EI_{\bar{y}}}{l^2} & 0 & 0 & 0 & \dfrac{12EI_{\bar{y}}}{l^3} & & & \\
0 & 0 & 0 & -\dfrac{GJ_{\bar{x}}}{l} & 0 & 0 & 0 & 0 & 0 & \dfrac{GJ_{\bar{x}}}{l} & & \\
0 & 0 & -\dfrac{6EI_{\bar{y}}}{l^2} & 0 & \dfrac{2EI_{\bar{y}}}{l} & 0 & 0 & 0 & \dfrac{6EI_{\bar{y}}}{l^2} & 0 & \dfrac{4EI_{\bar{y}}}{l} & \\
0 & \dfrac{6EI_{\bar{z}}}{l^2} & 0 & 0 & 0 & \dfrac{2EI_{\bar{z}}}{l} & 0 & -\dfrac{6EI_{\bar{z}}}{l^2} & 0 & 0 & 0 & \dfrac{4EI_{\bar{z}}}{l}
\end{bmatrix}
$$

$$(11\text{-}46)$$

11.4 受剪板单元

受剪板是指仅能承受剪力的薄板。如图 11-7 所示为一梯形受剪板，其板厚为 t，剪切弹性模量为 G。

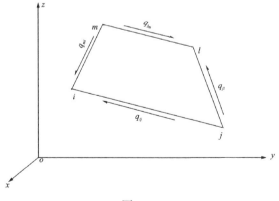

图 11-7

设板的四个角点为节点，分别记为 i、j、l、m。选取任一直角坐标系 $oxyz$ 为总体坐标，四个节点的坐标为 $i(x_i, y_i, z_i)$、$j(x_j, y_j, z_j)$、$l(x_l, y_l, z_l)$、$m(x_m, y_m, z_m)$，梯形板四边的剪流分别为非平行边剪流 $q_{jl} = q_{mi} = \bar{q}$，平行边剪流 $q_{ij} = \bar{q}L_{lm}/L_{ij}$，$q_{lm} = \bar{q}L_{ij}/L_{lm}$，$L$ 表示梯形板的边长。从第 6 章已经知道，梯形受剪板的受力与变形可用几何平均剪流 $\bar{q}$ 和对应的广义剪应变 γ 来描述，即

$$\bar{q} = Gt\gamma \tag{11-47}$$

为了便于满足单元间的位移连续性条件，位移场常常表示为节点位移的插值函数。为此，必须把剪应力和剪应变的关系转换为单元节点力和节点位移的关系。

现将每边剪流的合力平均分配到该边两端的节点上。这样，每个节点上都有两个这样的分力，合成后得到四个节点力，用 S_i、S_j、S_l 和 S_m 表示。根据板的平衡，一定有 $S_i = S_l$ 和 $S_j = S_m$，作用线分别沿梯形的对角线。利用三角形相似，如图 11-8 中阴影线所示，求得节点力与几何平均剪流的关系为

$$S_i = S_l = \frac{1}{2}q_{mi}L_{il} = \frac{1}{2}\bar{q}L_{il}$$

$$\tag{11-48}$$

$$S_j = S_m = \frac{1}{2}q_{jl}L_{jm} = \frac{1}{2}\bar{q}L_{jm}$$

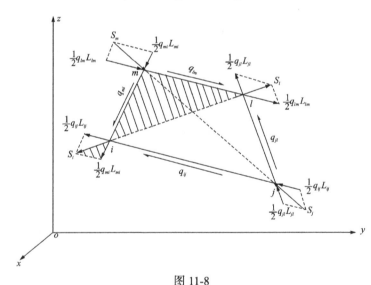

图 11-8

将这四个节点力分别分解到 x、y、z 方向，如图 11-9 所示，即得到在总体坐标下的节点力为

$$\{S^e\} = \begin{Bmatrix} S_{ix} \\ S_{iy} \\ S_{iz} \\ \hline S_{jx} \\ S_{jy} \\ S_{jz} \\ \hline S_{lx} \\ S_{ly} \\ S_{lz} \\ \hline S_{mx} \\ S_{my} \\ S_{mz} \end{Bmatrix} = \begin{Bmatrix} -S_i x_{il}/L_{il} \\ -S_i y_{il}/L_{il} \\ -S_i z_{il}/L_{il} \\ \hline S_j x_{jm}/L_{jm} \\ S_j y_{jm}/L_{jm} \\ S_j z_{jm}/L_{jm} \\ \hline S_l x_{il}/L_{il} \\ S_l y_{il}/L_{il} \\ S_l z_{il}/L_{il} \\ \hline -S_m x_{jm}/L_{jm} \\ -S_m y_{jm}/L_{jm} \\ -S_m z_{jm}/L_{jm} \end{Bmatrix} = \frac{1}{2}\bar{q}\{a\}^{\mathrm{T}} \tag{11-49}$$

式中

$$\{a\} = \left\{ -x_{il} \quad -y_{il} \quad -z_{il} \quad x_{jm} \quad y_{jm} \quad z_{jm} \quad x_{il} \quad y_{il} \quad z_{il} \quad -x_{jm} \quad -y_{jm} \quad -z_{jm} \right\} \tag{11-50}$$

而

$$\begin{aligned} x_{il} &= x_l - x_i, & y_{il} &= y_l - y_i, & z_{il} &= z_l - z_i \\ x_{jm} &= x_m - x_j, & y_{jm} &= y_m - y_j, & z_{jm} &= z_m - z_j \end{aligned} \tag{11-51}$$

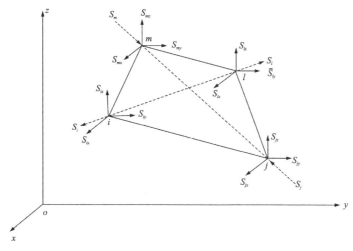

图 11-9

与节点力 $\{S^e\}$ 相对应的节点位移为

$$\{\delta^e\} = \left\{ u_i \quad v_i \quad w_i \quad u_j \quad v_j \quad w_j \quad u_l \quad v_l \quad w_l \quad u_m \quad v_m \quad w_m \right\}^{\mathrm{T}} \tag{11-52}$$

由于从几何关系推导梯形板节点位移 $\{\delta^e\}$ 与广义剪应变 γ 之间的关系十分烦琐,我们利用虚功原理来导出这个关系。以单元节点位移$\{\delta^e\}$作为虚位移，并设与之相对应的广义剪应变为γ，根据虚功原理，有

$$\{S^e\}^{\mathrm{T}}\{\delta^e\} = \bar{q}\gamma F \tag{11-53}$$

式中F是梯形板的面积，它等于

$$F = \frac{1}{2}|\overline{il} \times \overline{jm}| = \frac{1}{2}\sqrt{(y_{il}z_{jm} - y_{jm}z_{il})^2 + (z_{il}x_{jm} - z_{jm}x_{il})^2 + (x_{il}y_{jm} - x_{jm}y_{il})^2} \tag{11-54}$$

将式(11-49)代入式(11-53)，可得

$$\gamma = \frac{1}{2F}\{a\}\{\delta^e\} \tag{11-55}$$

这样就得到了用节点位移表示的剪应变。

对于梯形受剪板来说，它的总势能泛函为

$$\Pi^e = \int_{V^e} \frac{1}{2}\tau\gamma \mathrm{d}V - \{\delta^e\}^{\mathrm{T}}\{S^e\} = \int_{A^e} \frac{Gt}{2}\gamma^2 \mathrm{d}A - \{\delta^e\}^{\mathrm{T}}\{S^e\} \tag{11-56}$$

将式(11-55)代入式(11-56)，得

$$\begin{aligned}
\Pi^e &= \frac{Gt}{2}\int_{A^e}\{\delta^e\}^{\mathrm{T}}\{a\}^{\mathrm{T}}\frac{1}{4F^2}\{a\}\{\delta^e\}\mathrm{d}A - \{\delta^e\}^{\mathrm{T}}\{S^e\} \\
&= \{\delta^e\}^{\mathrm{T}}\{a\}^{\mathrm{T}}\frac{Gt}{8F}\{a\}\{\delta^e\} - \{\delta^e\}^{\mathrm{T}}\{S^e\}
\end{aligned} \tag{11-57}$$

根据最小势能原理$\delta\Pi^e = 0$，可求得单元刚度矩阵

$$[k^e] = \{a\}^{\mathrm{T}}\frac{Gt}{4F}\{a\} \tag{11-58}$$

对于平面薄壁结构，总体坐标取xoy，则单元节点力和节点位移列阵分别简化为

$$\begin{aligned}
\{S^e\} &= [S_{ix} \quad S_{iy} \quad S_{jx} \quad S_{jy} \quad S_{lx} \quad S_{ly} \quad S_{mx} \quad S_{my}]^{\mathrm{T}} \\
\{\delta^e\} &= [u_i \quad v_i \quad u_j \quad v_j \quad u_l \quad v_l \quad u_m \quad v_m]^{\mathrm{T}}
\end{aligned} \tag{11-59}$$

相应的单元刚度矩阵仍按式(11-58)确定，其$\{a\}$则按下式计算：

$$\{a\} = \{-x_{il} \quad -y_{il} \quad x_{jm} \quad y_{jm} \quad x_{il} \quad y_{il} \quad -x_{jm} \quad -y_{jm}\} \tag{11-60}$$

11.5　结构总刚度矩阵的组集

在有限元结构分析中，把结构划分成单元的过程称为结构的离散化。通过结构的离散化，建立单元的刚度方程和刚度矩阵。然后，再把所有的单元装配成结构，这个过程称为单元的**组集**(assemblage)。具体地说，就是把单元的刚度矩阵组集成结构的总体刚

度矩阵，建立结构的总体刚度方程。由结构的总势能极值可推出结构的总体刚度方程和刚度矩阵，以及等效的节点载荷列阵的计算公式，见式(10-28)和式(10-29)。而其本质就是保证了单元组集时，单元之间的平衡条件。

　　为了清楚起见，以桁架为例来说明这个组集过程。图 11-10(a)表示一个由三杆组成的桁架结构。取三个铰结点为节点。给节点和单元分别编号，并在结构上建立总体坐标系 xoy。

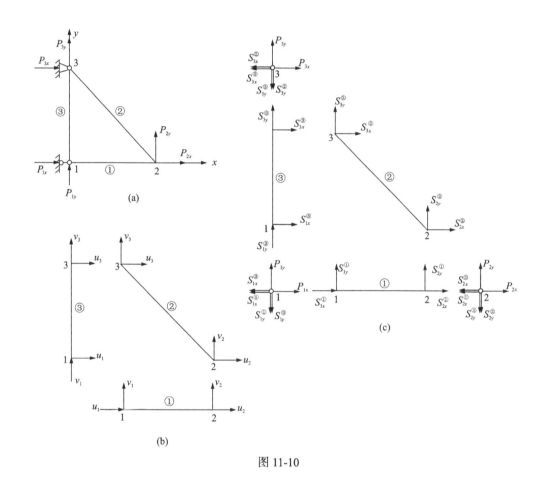

图 11-10

　　单元集合时，必须同时满足两个条件，即平衡条件和变形协调条件。变形协调条件就是保证单元内部以及单元之间的连续，这些条件由假设的单元位移场来保证，前者在建立应变与节点位移的关系时已得到体现，后者各单元之间的连续则由节点位移来保证，如图 11-10(b)所示。平衡条件则由整体结构的最小势能原理来保证，当整个结构在外力作用下处于平衡状态时，结构的任何一部分也处于平衡状态，如图 11-10(c)所示，各单元在节点力作用下，各节点在节点力和外力作用下都应处于平衡。因此，可以建立与节点自由度数相同的平衡方程式数。

　　根据节点的平衡条件，可以写出

$$P_{1x} = S_{1x}^{①} + S_{1x}^{③}, \quad P_{2x} = S_{2x}^{①} + S_{2x}^{②}, \quad P_{3x} = S_{3x}^{②} + S_{3x}^{③}$$
$$P_{1y} = S_{1y}^{①} + S_{1y}^{③}, \quad P_{2y} = S_{2y}^{①} + S_{2y}^{②}, \quad P_{3y} = S_{3y}^{②} + S_{3y}^{③}$$

(11-61)

写成矩阵形式

$$\begin{Bmatrix} P_{1x} \\ P_{1y} \\ P_{2x} \\ P_{2y} \\ P_{3x} \\ P_{3y} \end{Bmatrix} = \begin{Bmatrix} S_{1x}^{①} \\ S_{1y}^{①} \\ S_{2x}^{①} \\ S_{2y}^{①} \\ 0 \\ 0 \end{Bmatrix} + \begin{Bmatrix} 0 \\ 0 \\ S_{2x}^{②} \\ S_{2y}^{②} \\ S_{3x}^{②} \\ S_{3y}^{②} \end{Bmatrix} + \begin{Bmatrix} S_{1x}^{③} \\ S_{1y}^{③} \\ 0 \\ 0 \\ S_{3x}^{③} \\ S_{3y}^{③} \end{Bmatrix}$$

(11-62)

式中上标①、②、③表示单元编号。在总体坐标下，三个单元的刚度矩阵分别为

$$\{S^{①}\} = \begin{Bmatrix} S_{1x}^{①} \\ S_{1y}^{①} \\ S_{2x}^{①} \\ S_{2y}^{①} \end{Bmatrix} = \begin{bmatrix} k_{11}^{①} & k_{12}^{①} & k_{13}^{①} & k_{14}^{①} \\ k_{21}^{①} & k_{22}^{①} & k_{23}^{①} & k_{24}^{①} \\ k_{31}^{①} & k_{32}^{①} & k_{33}^{①} & k_{34}^{①} \\ k_{41}^{①} & k_{42}^{①} & k_{43}^{①} & k_{44}^{①} \end{bmatrix} \begin{Bmatrix} u_1 \\ v_1 \\ u_2 \\ v_2 \end{Bmatrix}$$

(11-63a)

$$\{S^{②}\} = \begin{Bmatrix} S_{2x}^{②} \\ S_{2y}^{②} \\ S_{3x}^{②} \\ S_{3y}^{②} \end{Bmatrix} = \begin{bmatrix} k_{11}^{②} & k_{12}^{②} & k_{13}^{②} & k_{14}^{②} \\ k_{21}^{②} & k_{22}^{②} & k_{23}^{②} & k_{24}^{②} \\ k_{31}^{②} & k_{32}^{②} & k_{33}^{②} & k_{34}^{②} \\ k_{41}^{②} & k_{42}^{②} & k_{43}^{②} & k_{44}^{②} \end{bmatrix} \begin{Bmatrix} u_2 \\ v_2 \\ u_3 \\ v_3 \end{Bmatrix}$$

(11-63b)

$$\{S^{③}\} = \begin{Bmatrix} S_{3x}^{③} \\ S_{3y}^{③} \\ S_{1x}^{③} \\ S_{1y}^{③} \end{Bmatrix} = \begin{bmatrix} k_{11}^{③} & k_{12}^{③} & k_{13}^{③} & k_{14}^{③} \\ k_{21}^{③} & k_{22}^{③} & k_{23}^{③} & k_{24}^{③} \\ k_{31}^{③} & k_{32}^{③} & k_{33}^{③} & k_{34}^{③} \\ k_{41}^{③} & k_{42}^{③} & k_{43}^{③} & k_{44}^{③} \end{bmatrix} \begin{Bmatrix} u_3 \\ v_3 \\ u_1 \\ v_1 \end{Bmatrix}$$

(11-63c)

对于整体结构来说，节点外载荷和节点位移的排序为

$$\{P\} = \begin{Bmatrix} P_{1x} & P_{1y} & P_{2x} & P_{2y} & P_{3x} & P_{3y} \end{Bmatrix}^{\mathrm{T}}$$
$$\{\Delta\} = \begin{Bmatrix} u_1 & v_1 & u_2 & v_2 & u_3 & v_3 \end{Bmatrix}^{\mathrm{T}}$$

(11-64)

为了便于使用式(11-61)的等式进行相加，将式(11-63a)、式(11-63b)和式(11-63c)的单元刚度矩阵按式(11-64)所示的结构节点外载荷和节点位移的顺序重新排列，添零升阶，于是得到

$$
\begin{Bmatrix} S_{1x}^{①} \\ S_{1y}^{①} \\ S_{2x}^{①} \\ S_{2y}^{①} \\ 0 \\ 0 \end{Bmatrix} =
\begin{bmatrix}
k_{11}^{①} & k_{12}^{①} & k_{13}^{①} & k_{14}^{①} & 0 & 0 \\
k_{21}^{①} & k_{22}^{①} & k_{23}^{①} & k_{24}^{①} & 0 & 0 \\
k_{31}^{①} & k_{32}^{①} & k_{33}^{①} & k_{34}^{①} & 0 & 0 \\
k_{41}^{①} & k_{42}^{①} & k_{43}^{①} & k_{44}^{①} & 0 & 0 \\
0 & 0 & 0 & 0 & 0 & 0 \\
0 & 0 & 0 & 0 & 0 & 0
\end{bmatrix}
\begin{Bmatrix} u_1 \\ v_1 \\ u_2 \\ v_2 \\ u_3 \\ v_3 \end{Bmatrix}
\tag{11-65a}
$$

$$
\begin{Bmatrix} 0 \\ 0 \\ S_{2x}^{②} \\ S_{2y}^{②} \\ S_{3x}^{②} \\ S_{3y}^{②} \end{Bmatrix} =
\begin{bmatrix}
0 & 0 & 0 & 0 & 0 & 0 \\
0 & 0 & 0 & 0 & 0 & 0 \\
0 & 0 & k_{11}^{②} & k_{12}^{②} & k_{13}^{②} & k_{14}^{②} \\
0 & 0 & k_{21}^{②} & k_{22}^{②} & k_{23}^{②} & k_{24}^{②} \\
0 & 0 & k_{31}^{②} & k_{32}^{②} & k_{33}^{②} & k_{34}^{②} \\
0 & 0 & k_{41}^{②} & k_{42}^{②} & k_{43}^{②} & k_{44}^{②}
\end{bmatrix}
\begin{Bmatrix} u_1 \\ v_1 \\ u_2 \\ v_2 \\ u_3 \\ v_3 \end{Bmatrix}
\tag{11-65b}
$$

$$
\begin{Bmatrix} S_{1x}^{③} \\ S_{1y}^{③} \\ 0 \\ 0 \\ S_{3x}^{③} \\ S_{3y}^{③} \end{Bmatrix} =
\begin{bmatrix}
k_{33}^{③} & k_{34}^{③} & 0 & 0 & k_{31}^{③} & k_{32}^{③} \\
k_{43}^{③} & k_{44}^{③} & 0 & 0 & k_{41}^{③} & k_{42}^{③} \\
0 & 0 & 0 & 0 & 0 & 0 \\
0 & 0 & 0 & 0 & 0 & 0 \\
k_{13}^{③} & k_{14}^{③} & 0 & 0 & k_{11}^{③} & k_{12}^{③} \\
k_{23}^{③} & k_{24}^{③} & 0 & 0 & k_{21}^{③} & k_{22}^{③}
\end{bmatrix}
\begin{Bmatrix} u_1 \\ v_1 \\ u_2 \\ v_2 \\ u_3 \\ v_3 \end{Bmatrix}
\tag{11-65c}
$$

把以上三式代入式(11-61)，得

$$
\begin{Bmatrix} P_{1x} \\ P_{1y} \\ P_{2x} \\ P_{2y} \\ P_{3x} \\ P_{3y} \end{Bmatrix} =
\begin{bmatrix}
k_{11}^{①}+k_{33}^{③} & k_{12}^{①}+k_{34}^{③} & k_{13}^{①} & k_{14}^{①} & k_{31}^{③} & k_{32}^{③} \\
k_{21}^{①}+k_{43}^{③} & k_{22}^{①}+k_{44}^{③} & k_{23}^{①} & k_{24}^{①} & k_{41}^{③} & k_{42}^{③} \\
k_{31}^{①} & k_{32}^{①} & k_{33}^{①}+k_{11}^{②} & k_{34}^{①}+k_{12}^{②} & k_{13}^{②} & k_{14}^{②} \\
k_{41}^{①} & k_{42}^{①} & k_{43}^{①}+k_{21}^{②} & k_{44}^{①}+k_{22}^{②} & k_{23}^{②} & k_{24}^{②} \\
k_{13}^{③} & k_{14}^{③} & k_{31}^{②} & k_{32}^{②} & k_{33}^{②}+k_{11}^{③} & k_{34}^{②}+k_{12}^{③} \\
k_{23}^{③} & k_{24}^{③} & k_{41}^{②} & k_{42}^{②} & k_{43}^{②}+k_{21}^{③} & k_{44}^{②}+k_{22}^{③}
\end{bmatrix}
\begin{Bmatrix} u_1 \\ v_1 \\ u_2 \\ v_2 \\ u_3 \\ v_3 \end{Bmatrix}
\tag{11-66}
$$

或写成矩阵形式

$$
\{P\}=[K]\{\Delta\} \tag{11-67}
$$

这就是结构的刚度方程。式中$[K]$为结构的总刚度矩阵。

从上面集合的过程可以看到，结构的刚度矩阵可以由单元刚度矩阵直接叠加而成。因此，今后求结构刚度矩阵时，只需将单元和节点编上号码，然后把单元刚度矩阵按"对号入座"的方式进行叠加即可。

11.6　结构分析实例

在研究了结构离散化、单元刚度矩阵和结构刚度矩阵的组集之后,我们来举一些实例,说明有限元法在结构分析中的应用。

11.6.1　平面桁架结构分析

图 11-11(a)所示为一平面桁架结构,在外力 P 作用下,求节点位移和各杆内力。已知杆的弹性模量 $E = 2 \times 10^7 \, \text{N/cm}^2$,水平杆和竖直杆的横截面积为 $1 \, \text{cm}^2$,斜杆的横截面积为 $\sqrt{2}/2 \, \text{cm}^2$。

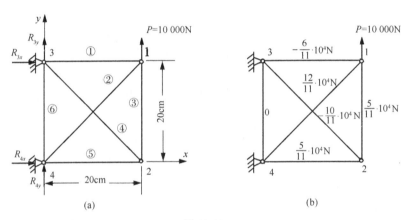

图 11-11

[解] (1) 结构离散化——把结构离散为杆单元,节点和单元的编号如图 11-11(a)所示。建立总体坐标系 xy,计算中所需要的原始数据列于表 11-1 中。

表 11-1

单元号		节点坐标							方向余弦	
编号	i-j	x_i /cm	y_i /cm	x_j /cm	y_j /cm	l /cm	A /cm²	E /(N/cm²)	$\lambda_{\bar{x}x}$	$\lambda_{\bar{x}y}$
①	3-1	0	20	20	20	20	1	2×10^7	1	0
②	4-1	0	0	20	20	$20\sqrt{2}$	$\sqrt{2}/2$	2×10^7	$\sqrt{2}/2$	$\sqrt{2}/2$
③	1-2	20	20	20	0	20	1	2×10^7	0	-1
④	3-2	0	20	20	0	$20\sqrt{2}$	$\sqrt{2}/2$	2×10^7	$\sqrt{2}/2$	$-\sqrt{2}/2$
⑤	4-2	0	0	20	0	20	1	2×10^7	1	0
⑥	3-4	0	20	0	0	20	1	2×10^7	0	-1

(2) 单元刚度矩阵。

① 求各单元在局部坐标系下的刚度矩阵

$$[\bar{k}^①]=[\bar{k}^③]=[\bar{k}^⑤]=[\bar{k}^⑥]=\begin{bmatrix}1&-1\\-1&1\end{bmatrix}\cdot10^6,\qquad[\bar{k}^②]=[\bar{k}^④]=\begin{bmatrix}1&-1\\-1&1\end{bmatrix}\cdot5\cdot10^5$$

② 各单元的坐标变换矩阵——对于杆单元，在 xy 平面中，简化为

$$[\lambda^①]=[\lambda^⑤]=\begin{bmatrix}1&0&0&0\\0&0&1&0\end{bmatrix},\qquad[\lambda^③]=[\lambda^⑥]=\begin{bmatrix}0&-1&0&0\\0&0&0&-1\end{bmatrix}$$

$$[\lambda^②]=\begin{bmatrix}1&1&0&0\\0&0&1&1\end{bmatrix}\cdot\sqrt{2}/2,\qquad[\lambda^④]=\begin{bmatrix}1&-1&0&0\\0&0&1&-1\end{bmatrix}\cdot\sqrt{2}/2$$

③ 各单元在总体坐标下的刚度矩阵

$$[k^①]=[\lambda^①]^{\mathrm{T}}[\bar{k}^①][\lambda^①]=\begin{bmatrix}1&0&-1&0\\0&0&0&0\\-1&0&1&0\\0&0&0&0\end{bmatrix}\cdot10^6$$

$$[k^②]=[\lambda^②]^{\mathrm{T}}[\bar{k}^②][\lambda^②]=\begin{bmatrix}1&1&-1&-1\\1&1&-1&-1\\-1&-1&1&1\\-1&-1&1&1\end{bmatrix}\cdot0.25\cdot10^6$$

$$[k^③]=[\lambda^③]^{\mathrm{T}}[\bar{k}^③][\lambda^③]=\begin{bmatrix}0&0&0&0\\0&1&0&-1\\0&0&0&0\\0&-1&0&1\end{bmatrix}\cdot10^6$$

$$[k^④]=[\lambda^④]^{\mathrm{T}}[\bar{k}^④][\lambda^④]=\begin{bmatrix}1&-1&-1&1\\-1&1&1&-1\\-1&1&1&-1\\1&-1&-1&1\end{bmatrix}\cdot0.25\cdot10^6$$

$$[k^⑤]=[\lambda^⑤]^{\mathrm{T}}[\bar{k}^⑤][\lambda^⑤]=\begin{bmatrix}1&0&-1&0\\0&0&0&0\\-1&0&1&0\\0&0&0&0\end{bmatrix}\cdot10^6$$

$$[k^⑥]=[\lambda^⑥]^{\mathrm{T}}[\bar{k}^⑥][\lambda^⑥]=\begin{bmatrix}0&0&0&0\\0&1&0&-1\\0&0&0&0\\0&-1&0&1\end{bmatrix}\cdot10^6$$

(3) 组集结构刚度矩阵——结构的总刚度矩阵

$$[K]\{\Delta\} = \{P\}$$

式中，

$$\{\Delta\} = \{u_1 \quad v_1 \quad u_2 \quad v_2 \quad u_3 \quad v_3 \quad u_4 \quad v_4\}^{\mathrm{T}}, \quad \{P\} = \{0 \quad P \quad 0 \quad 0 \quad R_{3x} \quad R_{3y} \quad R_{4x} \quad R_{4y}\}^{\mathrm{T}} \, .$$

把各单元刚度矩阵按"对号入座"的方法叠加，于是，得结构的总刚度矩阵

$$[K] = \begin{bmatrix} 5 & & & & & & & \\ 1 & 5 & & & & \text{sym} & & \\ 0 & 0 & 5 & & & & & \\ 0 & -4 & -1 & 5 & & & & \\ -4 & 0 & -1 & 1 & 5 & & & \\ 0 & 0 & 1 & -1 & -1 & 5 & & \\ -1 & -1 & -4 & 0 & 0 & 0 & 5 & \\ -1 & -1 & 0 & 0 & 0 & -4 & 1 & 5 \end{bmatrix} \cdot 0.25 \cdot 10^6$$

(4) 约束处理——上面求得的刚度矩阵是自由结构的刚度矩阵，它是奇异的，需要进行约束处理，引入边界条件，然后再进行求解。

本例中的边界条件是

$$u_3 = v_3 = u_4 = v_4 = 0$$

把它代入 $[K]\{\Delta\} = \{P\}$，得

$$\begin{Bmatrix} 0 \\ 10^4 \\ 0 \\ 0 \\ R_{3x} \\ R_{3y} \\ R_{4x} \\ R_{4y} \end{Bmatrix} = 0.25 \cdot 10^6 \cdot \begin{bmatrix} 5 & & & & & & & \\ 1 & 5 & & & & \text{sym} & & \\ 0 & 0 & 5 & & & & & \\ 0 & -4 & -1 & 5 & & & & \\ -4 & 0 & -1 & 1 & 5 & & & \\ 0 & 0 & 1 & -1 & -1 & 5 & & \\ -1 & -1 & -4 & 0 & 0 & 0 & 5 & \\ -1 & -1 & 0 & 0 & 0 & -4 & 1 & 5 \end{bmatrix} \begin{Bmatrix} u_1 \\ v_1 \\ u_2 \\ v_2 \\ 0 \\ 0 \\ 0 \\ 0 \end{Bmatrix}$$

(5) 解方程求位移——对上面方程组分块求解，可得

$$\begin{Bmatrix} 0 \\ 10^4 \\ 0 \\ 0 \end{Bmatrix} = 0.25 \cdot 10^6 \cdot \begin{bmatrix} 5 & 1 & 0 & 0 \\ 1 & 5 & 0 & -4 \\ 0 & 0 & 5 & -1 \\ 0 & -4 & -1 & 5 \end{bmatrix} \begin{Bmatrix} u_1 \\ v_1 \\ u_2 \\ v_2 \end{Bmatrix} \tag{a}$$

$$\begin{Bmatrix} R_{3x} \\ R_{3y} \\ R_{4x} \\ R_{4y} \end{Bmatrix} = 0.25 \cdot 10^6 \cdot \begin{bmatrix} -4 & 0 & -1 & -1 \\ 0 & 0 & -1 & -1 \\ -1 & -1 & -4 & 0 \\ -1 & -1 & 0 & 0 \end{bmatrix} \begin{Bmatrix} u_1 \\ v_1 \\ u_2 \\ v_2 \end{Bmatrix} \qquad \text{(b)}$$

解方程(a)，得

$$\begin{Bmatrix} u_1 \\ v_1 \\ u_2 \\ v_2 \end{Bmatrix} = \frac{1}{0.25 \cdot 10^6} \cdot \begin{bmatrix} 5 & 1 & 0 & 0 \\ 1 & 5 & 0 & -4 \\ 0 & 0 & 5 & -1 \\ 0 & -4 & -1 & 5 \end{bmatrix}^{-1} \begin{Bmatrix} 0 \\ 10^4 \\ 0 \\ 0 \end{Bmatrix} = \frac{1}{1100} \begin{Bmatrix} -6 \\ 30 \\ 5 \\ 25 \end{Bmatrix} \text{cm}$$

把节点位移代入式(b)，得支反力

$$\begin{Bmatrix} R_{3x} \\ R_{3y} \\ R_{4x} \\ R_{4y} \end{Bmatrix} = 0.25 \cdot 10^6 \cdot \begin{bmatrix} -4 & 0 & -1 & -1 \\ 0 & 0 & -1 & -1 \\ -1 & -1 & -4 & 0 \\ -1 & -1 & 0 & 0 \end{bmatrix} \frac{1}{1100} \begin{Bmatrix} -6 \\ 30 \\ 5 \\ 25 \end{Bmatrix} = \begin{Bmatrix} 11 \\ -5 \\ -11 \\ -6 \end{Bmatrix} \cdot \frac{1}{11} \cdot 10^4 \text{N}$$

求得的位移和支反力，正号表示方向与坐标正方向相同，负号则相反。

(6) 求单元内力——在求得总体坐标下的节点位移后，就可以进一步求单元的内力。

$$\{\bar{S}^e\} = [\bar{k}^e]\{\bar{\delta}^e\} = [\bar{k}^e][\lambda^e]\{\delta^e\}$$

$$\begin{Bmatrix} \bar{S}_3^{①} \\ \bar{S}_1^{①} \end{Bmatrix} = 10^6 \cdot \begin{bmatrix} 1 & -1 \\ -1 & 1 \end{bmatrix} \begin{bmatrix} 1 & 0 & 0 & 0 \\ 0 & 0 & 1 & 0 \end{bmatrix} \begin{Bmatrix} 0 \\ 0 \\ -6 \\ 30 \end{Bmatrix} \cdot \frac{1}{1100} = \frac{10^4}{11} \cdot \begin{Bmatrix} 6 \\ -6 \end{Bmatrix}$$

$$\begin{Bmatrix} \bar{S}_4^{②} \\ \bar{S}_1^{②} \end{Bmatrix} = \frac{10^6}{2} \cdot \begin{bmatrix} 1 & -1 \\ -1 & 1 \end{bmatrix} \begin{bmatrix} 1 & 1 & 0 & 0 \\ 0 & 0 & 1 & 1 \end{bmatrix} \begin{Bmatrix} 0 \\ 0 \\ -6 \\ 30 \end{Bmatrix} \cdot \frac{1}{1100} = \frac{5 \cdot 10^3}{11} \cdot \begin{Bmatrix} -24 \\ 24 \end{Bmatrix}$$

$$\begin{Bmatrix} \bar{S}_1^{③} \\ \bar{S}_2^{③} \end{Bmatrix} = 10^6 \cdot \begin{bmatrix} 1 & -1 \\ -1 & 1 \end{bmatrix} \begin{bmatrix} 0 & -1 & 0 & 0 \\ 0 & 0 & 0 & -1 \end{bmatrix} \begin{Bmatrix} -6 \\ 30 \\ 5 \\ 25 \end{Bmatrix} \cdot \frac{1}{1100} = \frac{10^4}{11} \cdot \begin{Bmatrix} -5 \\ 5 \end{Bmatrix}$$

$$\begin{Bmatrix} \bar{S}_3^{④} \\ \bar{S}_2^{④} \end{Bmatrix} = \frac{10^6}{2} \cdot \begin{bmatrix} 1 & -1 \\ -1 & 1 \end{bmatrix} \begin{bmatrix} 1 & -1 & 0 & 0 \\ 0 & 0 & 1 & -1 \end{bmatrix} \begin{Bmatrix} 0 \\ 0 \\ 5 \\ 25 \end{Bmatrix} \cdot \frac{1}{1100} = \frac{5 \cdot 10^3}{11} \cdot \begin{Bmatrix} 20 \\ -20 \end{Bmatrix}$$

$$\left\{\begin{matrix} \bar{S}_4^{⑤} \\ \bar{S}_2^{⑤} \end{matrix}\right\} = 10^6 \cdot \begin{bmatrix} 1 & -1 \\ -1 & 1 \end{bmatrix} \begin{bmatrix} 1 & 0 & 0 & 0 \\ 0 & 0 & 1 & 0 \end{bmatrix} \left\{\begin{matrix} 0 \\ 0 \\ 5 \\ 25 \end{matrix}\right\} \cdot \frac{1}{1100} = \frac{10^4}{11} \cdot \left\{\begin{matrix} -5 \\ 5 \end{matrix}\right\}$$

$$\left\{\begin{matrix} \bar{S}_3^{⑥} \\ \bar{S}_4^{⑥} \end{matrix}\right\} = 10^6 \cdot \begin{bmatrix} 1 & -1 \\ -1 & 1 \end{bmatrix} \begin{bmatrix} 0 & -1 & 0 & 0 \\ 0 & 0 & 0 & -1 \end{bmatrix} \left\{\begin{matrix} 0 \\ 0 \\ 0 \\ 0 \end{matrix}\right\} = \left\{\begin{matrix} 0 \\ 0 \end{matrix}\right\}$$

所求得的节点力，正号表示节点力沿局部坐标正向，负号则相反。若要判断各单元是受压或受拉，只要看单元第二个节点的节点力的正负，若正则受拉，反之受压。因此各杆的内力为

$$N^{①} = \frac{-6}{11} \cdot 10^4 \text{N} , \quad N^{②} = \frac{12}{11} \cdot 10^4 \text{N}$$

$$N^{③} = \frac{5}{11} \cdot 10^4 \text{N} , \quad N^{④} = -\frac{10}{11} \cdot 10^4 \text{N}$$

$$N^{⑤} = \frac{5}{11} \cdot 10^4 \text{N} , \quad N^{⑥} = 0$$

内力如图 11-11(b)所示。

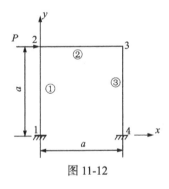

图 11-12

11.6.2　平面刚架结构分析

求图 11-12 所示刚架的节点位移和内力。各杆材料和几何尺寸均相同。$E = 2×10^7 \text{ N/cm}^2$, $a = 100 \text{ cm}$, $A = 10 \text{ cm}^2$, $J_z = 25 \text{ cm}^4$, $P = 10\,000 \text{ N}$。

[解] (1) 结构的离散化——根据平面刚架受力特点，将它离散为"受轴力的平面梁单元"。所取的总体坐标、节点和单元的编号如图 11-12 所示。

计算所需原始数据列表如表 11-2 所示。

表 11-2

单元号		节 点 坐 标								方 向 余 弦			
编号	i-j	x_i /cm	y_i /cm	x_j /cm	y_j /cm	L /cm	A /cm²	J /cm⁴	E /(N/cm²)	$\lambda_{\bar{x}x}$	$\lambda_{\bar{x}y}$	$\lambda_{\bar{y}x}$	$\lambda_{\bar{y}y}$
①	1-2	0	0	0	100	100	10	25	2×10^7	0	1	-1	0
②	2-3	0	100	100	100	100	10	25	2×10^7	1	0	0	1
③	3-4	100	100	100	0	100	10	25	2×10^7	0	-1	1	0

(2) 单元刚度矩阵——单元节点力和节点位移列阵为

$$\{\overline{S}^e\} = \left\{ \overline{X}_i \quad \overline{Y}_i \quad \overline{M}_{i\overline{z}} \quad \overline{X}_j \quad \overline{Y}_j \quad \overline{M}_{j\overline{z}} \right\}^{\mathrm{T}}$$

$$\{\overline{\delta}^e\} = \left\{ \overline{u}_i \quad \overline{v}_i \quad \overline{\varphi}_{i\overline{z}} \quad \overline{u}_j \quad \overline{v}_j \quad \overline{\varphi}_{j\overline{z}} \right\}^{\mathrm{T}}$$

① 各单元在局部坐标系下的刚度矩阵——由式(11-46)只考虑轴力和 xy 平面内的弯曲，得

$$[\overline{k}^①] = [\overline{k}^②] = [\overline{k}^②] = \begin{bmatrix} 2\cdot10^6 & & & & & \\ 0 & 6000 & & & \mathrm{sym} & \\ 0 & 3\cdot10^5 & 2\cdot10^7 & & & \\ -2\cdot10^6 & 0 & 0 & 2\cdot10^6 & & \\ 0 & -6000 & -3\cdot10^5 & 0 & 6000 & \\ 0 & 3\cdot10^5 & 10^7 & 0 & -3\cdot10^5 & 2\cdot10^7 \end{bmatrix}$$

② 各单元的坐标变换矩阵——对于带轴力的平面梁单元，在 xy 平面中，简化为

$$[\lambda^e] = \begin{bmatrix} \lambda_{\overline{x}x} & \lambda_{\overline{x}y} & 0 & 0 & 0 & 0 \\ \lambda_{\overline{y}x} & \lambda_{\overline{y}y} & 0 & 0 & 0 & 0 \\ 0 & 0 & 1 & 0 & 0 & 0 \\ 0 & 0 & 0 & \lambda_{\overline{x}x} & \lambda_{\overline{x}y} & 0 \\ 0 & 0 & 0 & \lambda_{\overline{y}x} & \lambda_{\overline{y}y} & 0 \\ 0 & 0 & 0 & 0 & 0 & 1 \end{bmatrix}$$

于是

$$[\lambda^①] = \begin{bmatrix} 0 & 1 & 0 & 0 & 0 & 0 \\ -1 & 0 & 0 & 0 & 0 & 0 \\ 0 & 0 & 1 & 0 & 0 & 0 \\ 0 & 0 & 0 & 0 & 1 & 0 \\ 0 & 0 & 0 & -1 & 0 & 0 \\ 0 & 0 & 0 & 0 & 0 & 1 \end{bmatrix}, \quad [\lambda^②] = \begin{bmatrix} 1 & 0 & 0 & 0 & 0 & 0 \\ 0 & 1 & 0 & 0 & 0 & 0 \\ 0 & 0 & 1 & 0 & 0 & 0 \\ 0 & 0 & 0 & 1 & 0 & 0 \\ 0 & 0 & 0 & 0 & 1 & 0 \\ 0 & 0 & 0 & 0 & 0 & 1 \end{bmatrix},$$

$$[\lambda^③] = \begin{bmatrix} 0 & -1 & 0 & 0 & 0 & 0 \\ 1 & 0 & 0 & 0 & 0 & 0 \\ 0 & 0 & 1 & 0 & 0 & 0 \\ 0 & 0 & 0 & 0 & -1 & 0 \\ 0 & 0 & 0 & 1 & 0 & 0 \\ 0 & 0 & 0 & 0 & 0 & 1 \end{bmatrix}$$

③ 各单元在总体坐标下的刚度矩阵——$[k^e] = [\lambda^e]^{\mathrm{T}}[\overline{k}^e][\lambda^e]$

$$[k^{①}] = \begin{bmatrix} 6000 & & & & & \\ 0 & 2 \cdot 10^6 & & & \text{sym} & \\ -3 \cdot 10^5 & 0 & 2 \cdot 10^7 & & & \\ -6000 & 0 & 3 \cdot 10^5 & 6000 & & \\ 0 & -2 \cdot 10^6 & 0 & 0 & 2 \cdot 10^6 & \\ -3 \cdot 10^5 & 0 & 10^7 & 3 \cdot 10^5 & 0 & 2 \cdot 10^7 \end{bmatrix}$$

$$[k^{②}] = \begin{bmatrix} 2 \cdot 10^6 & & & & & \\ 0 & 6000 & & & \text{sym} & \\ 0 & 3 \cdot 10^5 & 2 \cdot 10^7 & & & \\ -2 \cdot 10^6 & 0 & 0 & 2 \cdot 10^6 & & \\ 0 & -6000 & -3 \cdot 10^5 & 0 & 6000 & \\ 0 & 3 \cdot 10^5 & 10^7 & 0 & -3 \cdot 10^5 & 2 \cdot 10^7 \end{bmatrix}$$

$$[k^{③}] = \begin{bmatrix} 6000 & & & & & \\ 0 & 2 \cdot 10^6 & & & \text{sym} & \\ 3 \cdot 10^5 & 0 & 2 \cdot 10^7 & & & \\ -6000 & 0 & -3 \cdot 10^5 & 6000 & & \\ 0 & -2 \cdot 10^6 & 0 & 0 & 2 \cdot 10^6 & \\ 3 \cdot 10^5 & 0 & 10^7 & -3 \cdot 10^5 & 0 & 2 \cdot 10^7 \end{bmatrix}$$

(3) 组集结构刚度矩阵——将各单元刚度矩阵$[k^e]$按$\{P\}$和$\{\Delta\}$的排列顺序进行"对号入座"叠加形成结构刚度矩阵

$$[K] = 10^5 \begin{bmatrix}
0.06 & & & & & & & & & & & \\
0 & 20 & & & & & & & & & & \\
-3 & 0 & 200 & & & & & \text{sym} & & & & \\
-0.06 & 0 & 3 & 20.06 & & & & & & & & \\
0 & -20 & 0 & 0 & 20.06 & & & & & & & \\
-3 & 0 & 100 & 3 & 3 & 400 & & & & & & \\
0 & 0 & 0 & -20 & 0 & 0 & 20.06 & & & & & \\
0 & 0 & 0 & 0 & -0.06 & -3 & 0 & 20.06 & & & & \\
0 & 0 & 0 & 0 & 3 & 100 & 3 & -3 & 400 & & & \\
0 & 0 & 0 & 0 & 0 & 0 & -0.06 & 0 & -3 & 0.06 & & \\
0 & 0 & 0 & 0 & 0 & 0 & 0 & -20 & 0 & 0 & 20 & \\
0 & 0 & 0 & 0 & 0 & 0 & 3 & 0 & 100 & -3 & 0 & 200
\end{bmatrix}$$

结构刚度矩阵对应的节点外载荷列阵和节点位移列阵分别为

$$\{P\} = \left\{ P_{1x} \quad P_{1y} \quad M_1 \quad P_{2x} \quad P_{2y} \quad M_2 \quad P_{3x} \quad P_{3y} \quad M_3 \quad P_{4x} \quad P_{4y} \quad M_4 \right\}^{\mathrm{T}}$$

$$\{\Delta\} = \left\{ u_1 \quad v_1 \quad \varphi_1 \quad u_2 \quad v_2 \quad \varphi_2 \quad u_3 \quad v_3 \quad \varphi_3 \quad u_4 \quad v_4 \quad \varphi_4 \right\}^{\mathrm{T}}$$

(4) 约束处理——将外载荷和几何边界条件引进刚度方程，得载荷列阵和位移列阵

$$\{P\} = \left\{ R_{1x} \quad R_{1y} \quad M_1 \mid P \quad 0 \quad 0 \quad 0 \quad 0 \quad 0 \mid R_{4x} \quad R_{4y} \quad M_4 \right\}^{\mathrm{T}}$$

$$\{\Delta\} = \left\{ 0 \quad 0 \quad 0 \mid u_2 \quad v_2 \quad \varphi_2 \quad u_3 \quad v_3 \quad \varphi_3 \mid 0 \quad 0 \quad 0 \right\}^{\mathrm{T}}$$

(5) 解线性方程组——将上列刚度方程分块可得

$$\begin{Bmatrix} P \\ 0 \\ 0 \\ 0 \\ 0 \\ 0 \end{Bmatrix} = 10^5 \begin{bmatrix} 20.06 & & & & & \\ 0 & 20.06 & & & \text{sym} & \\ 3 & 3 & 400 & & & \\ -20 & 0 & 0 & 20.06 & & \\ 0 & -0.06 & -3 & 0 & 20.06 & \\ 0 & 3 & 100 & 3 & -3 & 400 \end{bmatrix} \begin{Bmatrix} u_2 \\ v_2 \\ \varphi_2 \\ u_3 \\ v_3 \\ \varphi_3 \end{Bmatrix}$$

当 $P = 10^4 \mathrm{N}$ 时，解得节点位移为

$$\begin{Bmatrix} u_2 \\ v_2 \\ \varphi_2 \\ u_3 \\ v_3 \\ \varphi_3 \end{Bmatrix} = \begin{Bmatrix} 1.194095\mathrm{cm} \\ 0.002144\mathrm{cm} \\ -0.007190\mathrm{rad} \\ 1.191599\mathrm{cm} \\ -0.002144\mathrm{cm} \\ -0.007190\mathrm{rad} \end{Bmatrix}$$

根据求得的节点位移，可得支座反力

$$\begin{Bmatrix} R_{1x} \\ R_{1y} \\ M_1 \\ R_{4x} \\ R_{4y} \\ M_4 \end{Bmatrix} = \begin{bmatrix} -6000 & 0 & -3 \cdot 10^5 & & & \\ 0 & -2 \cdot 10^6 & 0 & & 0 & \\ 3 \cdot 10^5 & 0 & 10^7 & & & \\ & & & -6000 & 0 & -3 \cdot 10^5 \\ & 0 & & 0 & -2 \cdot 10^6 & 0 \\ & & & 3 \cdot 10^5 & 0 & 10^7 \end{bmatrix} \begin{Bmatrix} 1.194095 \\ 0.002144 \\ -0.007190 \\ 1.191599 \\ -0.002144 \\ -0.007190 \end{Bmatrix}$$

解得

$$\begin{Bmatrix} R_{1x} \\ R_{1y} \\ M_1 \\ R_{4x} \\ R_{4y} \\ M_4 \end{Bmatrix} = \begin{Bmatrix} -5008\,\mathrm{N} \\ -4288\,\mathrm{N} \\ 286328\,\mathrm{N \cdot cm} \\ -4992\,\mathrm{N} \\ 4288\,\mathrm{N} \\ 285580\,\mathrm{N \cdot cm} \end{Bmatrix}$$

(6) 求单元内力——梁在局部坐标下的节点力按下式求得，参考图 11-13。

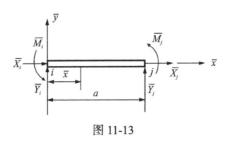

图 11-13

$$\{\bar{S}^e\} = [\bar{k}^e]\{\bar{\delta}^e\} = [\bar{k}^e][\lambda^e]\{\delta^e\}$$

对梁单元 1-2

$$
\begin{Bmatrix} \bar{X}_1 \\ \bar{Y}_1 \\ \bar{M}_1 \\ \bar{X}_2 \\ \bar{Y}_2 \\ \bar{M}_2 \end{Bmatrix} =
\begin{bmatrix}
2 \cdot 10^6 & & & & & \\
0 & 6000 & & & & \\
0 & 3 \cdot 10^5 & 2 \cdot 10^7 & & & \\
-2 \cdot 10^6 & 0 & 0 & 2 \cdot 10^6 & & \\
0 & -6000 & -3 \cdot 10^5 & 0 & 6000 & \\
0 & 3 \cdot 10^5 & 10^7 & 0 & -3 \cdot 10^5 & 2 \cdot 10^7
\end{bmatrix}
$$

$$
\times \left\{
\begin{array}{ccc|ccc}
0 & 1 & 0 & & & \\
-1 & 0 & 0 & & [0] & \\
0 & 0 & 1 & & & \\
\hline
 & & & 0 & 1 & 0 \\
 & [0] & & -1 & 0 & 0 \\
 & & & 0 & 0 & 1
\end{array}
\right\} \times
\begin{Bmatrix} 0 \\ 0 \\ 0 \\ 1.194095 \\ 0.002144 \\ -0.007190 \end{Bmatrix} =
\begin{Bmatrix} -4288 \\ 5008 \\ 286328 \\ 4288 \\ -5008 \\ 214428 \end{Bmatrix}
$$

梁的轴力、剪力和弯矩分别为

$$N_{12} = \bar{X}_2 = 4288\,\text{N}$$

$$Q_{12} = \bar{Y}_1 = 5008\,\text{N}$$

$$\text{M}_{12} = \bar{Y}_1\bar{x} - \bar{M}_1 = 5008\bar{x} - 286\,328\,\text{N} \cdot \text{cm}$$

同样可求得其他梁单元内力，对梁单元 2-3

$$
\begin{Bmatrix} \bar{X}_2 \\ \bar{Y}_2 \\ \bar{M}_2 \\ \bar{X}_3 \\ \bar{Y}_3 \\ \bar{M}_3 \end{Bmatrix} =
\begin{Bmatrix} 4992 \\ -4288 \\ -214414 \\ -4992 \\ 4288 \\ -214414 \end{Bmatrix}
\qquad
\begin{array}{l}
N_{23} = \bar{X}_3 = -4992\text{N} \\[4pt]
Q_{23} = \bar{Y}_2 = -4288\text{N} \\[4pt]
M_{23} = \bar{Y}_2\bar{x} - \bar{M}_2 = -4288\bar{x} + 214\,414\text{N} \cdot \text{cm}
\end{array}
$$

梁单元 3-4 的内力为

$$\begin{Bmatrix} \overline{X}_3 \\ \overline{Y}_3 \\ \overline{M}_3 \\ \overline{X}_4 \\ \overline{Y}_4 \\ \overline{M}_4 \end{Bmatrix} = \begin{Bmatrix} 4288 \\ 4992 \\ 213680 \\ -4288 \\ -4992 \\ 285580 \end{Bmatrix}$$

$N_{34} = \overline{X}_4 = -4288\text{N}$

$Q_{34} = \overline{Y}_3 = 4992\text{N}$

$M_{34} = \overline{Y}_3\overline{x} - \overline{M}_3 = 4992\overline{x} - 213\,680\text{N}\cdot\text{cm}$

结构的轴力图、剪力图和弯矩图如图 11-14 所示。

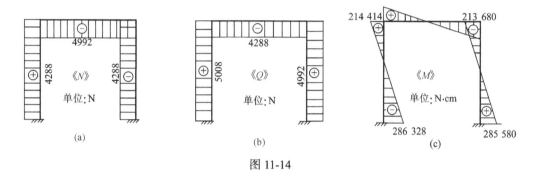

图 11-14

11.6.3　平面薄壁结构分析

图 11-15 所示平面薄壁结构，在外力 P 作用下，求各节点位移和各元件内力。设材料的弹性模量为 E、G，且 $E/G = 2.6$。各杆长度均为 a，横截面积均为 A。壁板厚为 t，且有 $at/A = 2.6$。

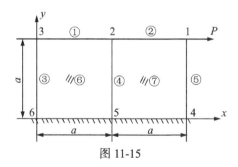

图 11-15

[解]　(1) 结构离散化——将结构离散为杆单元和受剪板单元。节点编号、单元编号如图 11-15 所示。并将单元编号和节点坐标列于表 11-3 和表 11-4 中。

表 11-3

单元号	①	②	③	④	⑤	⑥	⑦
编号	杆 3-2	杆 2-1	杆 6-3	杆 5-2	杆 4-1	板 6-5-2-3	板 5-4-1-2

表 11-4

节点号	1	2	3	4	5	6
X	$2a$	a	0	$2a$	a	0
y	a	a	a	0	0	0

(2) 单元刚度矩阵。

① 各杆单元在局部坐标下的刚度矩阵，由式(11-13)得

$$[\bar{k}^e] = \frac{EA}{a}\begin{bmatrix} 1 & -1 \\ -1 & 1 \end{bmatrix}$$

各杆单元的坐标变换矩阵，由式(11-17)得

$$[\lambda^{①}] = [\lambda^{②}] = \begin{bmatrix} 1 & 0 & 0 & 0 \\ 0 & 0 & 1 & 0 \end{bmatrix}, \quad [\lambda^{③}] = [\lambda^{④}] = [\lambda^{⑤}] = \begin{bmatrix} 0 & 1 & 0 & 0 \\ 0 & 0 & 0 & 1 \end{bmatrix}$$

各杆单元在总体坐标下的刚度矩阵，由式(11-21)得

$$[k^{①}] = [k^{②}] = \frac{EA}{a}\begin{bmatrix} 1 & 0 & -1 & 0 \\ 0 & 0 & 0 & 0 \\ -1 & 0 & 1 & 0 \\ 0 & 0 & 0 & 0 \end{bmatrix}, \quad [k^{③}] = [k^{④}] = [k^{⑤}] = \frac{EA}{a}\begin{bmatrix} 0 & 0 & 0 & 0 \\ 0 & 1 & 0 & -1 \\ 0 & 0 & 0 & 0 \\ 0 & -1 & 0 & 1 \end{bmatrix}$$

② 板单元刚度矩阵

由式(11-60)，得

$$\{a\} = a\{-1 \quad -1 \quad -1 \quad 1 \quad 1 \quad 1 \quad 1 \quad -1\}$$

由式(11-58)，$[k^e] = \dfrac{Gt}{4F}\{a\}^{\mathrm{T}}\{a\}$ 得

$$[k^{⑥}] = [k^{⑦}] = \frac{Gt}{4}\begin{bmatrix} 1 & 1 & 1 & -1 & -1 & -1 & -1 & 1 \\ 1 & 1 & 1 & -1 & -1 & -1 & -1 & 1 \\ 1 & 1 & 1 & -1 & -1 & -1 & -1 & 1 \\ -1 & -1 & -1 & 1 & 1 & 1 & 1 & -1 \\ -1 & -1 & -1 & 1 & 1 & 1 & 1 & -1 \\ -1 & -1 & -1 & 1 & 1 & 1 & 1 & -1 \\ -1 & -1 & -1 & 1 & 1 & 1 & 1 & -1 \\ 1 & 1 & 1 & -1 & -1 & -1 & -1 & 1 \end{bmatrix}$$

(3) 结构刚度矩阵——把各单元刚度矩阵按"对号入座"的方法叠加，并考虑到 $EA/a = Gt$，得结构刚度矩阵

$$[K] = \frac{Gt}{4} \begin{bmatrix} 5 & & & & & & & & & & & \\ 1 & 5 & & & & & & & & & & \\ -3 & 1 & 1\bar{0} & & & & & \text{sym} & & & \\ -1 & -1 & 0 & 6 & & & & & & & & \\ 0 & 0 & -3 & 1 & 5 & & & & & & & \\ 0 & 0 & -1 & -1 & -1 & 5 & & & & & & \\ -1 & -1 & -1 & 1 & 0 & 0 & 1 & & & & & \\ 1 & -3 & 1 & -1 & 0 & 0 & -1 & 5 & & & & \\ -1 & -1 & -2 & 0 & -1 & 1 & 1 & -1 & 2 & & & \\ -1 & -1 & 0 & -2 & 1 & -1 & 1 & -1 & 0 & 6 & & \\ 0 & 0 & -1 & -1 & -1 & 1 & 0 & 0 & 1 & -1 & 1 & \\ 0 & 0 & -1 & -1 & -1 & -3 & 0 & 0 & 1 & -1 & 1 & 5 \end{bmatrix} \quad \text{(a)}$$

于是，结构的刚度方程为

$$\{P\} = [K]\{\Delta\} \quad \text{(b)}$$

式中

$$\{P\} = \begin{Bmatrix} P & 0 & 0 & 0 & 0 & 0 & R_{4x} & R_{4y} & R_{5x} & R_{5y} & R_{6x} & R_{6y} \end{Bmatrix}^{\mathrm{T}}$$

$$\{\Delta\} = \begin{Bmatrix} u_1 & v_1 & u_2 & v_2 & u_3 & v_3 & u_4 & v_4 & u_5 & v_5 & u_6 & v_6 \end{Bmatrix}^{\mathrm{T}}$$

(4) 约束处理——上面得到的式(a)是自由结构的刚度矩阵，它是奇异的，因而方程(b)不能直接求解。需要进行约束处理，引进位移边界条件，然后再进行求解。

位移边界条件是

$$u_4 = v_4 = u_5 = v_5 = u_6 = v_6 = 0$$

将它代入方程(b)，得

$$\begin{Bmatrix} P \\ 0 \\ 0 \\ 0 \\ 0 \\ 0 \\ \hline R_{4x} \\ R_{4y} \\ R_{5x} \\ R_{5y} \\ R_{6x} \\ R_{6y} \end{Bmatrix} = \frac{Gt}{4} \begin{bmatrix} 5 & & & & & & & & & & & \\ 1 & 5 & & & & & & & & & & \\ -3 & 1 & 10 & & & & & \text{sym} & & & \\ -1 & -1 & 0 & 6 & & & & & & & & \\ 0 & 0 & -3 & 1 & 5 & & & & & & & \\ 0 & 0 & -1 & -1 & -1 & 5 & & & & & & \\ \hline -1 & -1 & -1 & 1 & 0 & 0 & 1 & & & & & \\ 1 & -3 & 1 & -1 & 0 & 0 & -1 & 5 & & & & \\ -1 & -1 & -2 & 0 & -1 & 1 & 1 & -1 & 2 & & & \\ -1 & -1 & 0 & -2 & 1 & -1 & 1 & -1 & 0 & 6 & & \\ 0 & 0 & -1 & -1 & -1 & 1 & 0 & 0 & 1 & -1 & 1 & \\ 0 & 0 & -1 & -1 & -1 & -3 & 0 & 0 & 1 & -1 & 1 & 5 \end{bmatrix} \begin{Bmatrix} u_1 \\ v_1 \\ u_2 \\ v_2 \\ u_3 \\ v_3 \\ \hline 0 \\ 0 \\ 0 \\ 0 \\ 0 \\ 0 \end{Bmatrix}$$

(5) 解方程求节点位移——对上述方程组按已知外力和已知位移分块，然后展开成两个方程

$$\begin{Bmatrix} P \\ 0 \\ 0 \\ 0 \\ 0 \\ 0 \end{Bmatrix} = \frac{Gt}{4} \begin{bmatrix} 5 & 1 & -3 & -1 & 0 & 0 \\ 1 & 5 & 1 & -1 & 0 & 0 \\ -3 & 1 & 10 & 0 & -3 & -1 \\ -1 & -1 & 0 & 6 & 1 & -1 \\ 0 & 0 & -3 & 1 & 5 & -1 \\ 0 & 0 & -1 & -1 & -1 & 5 \end{bmatrix} \begin{Bmatrix} u_1 \\ v_1 \\ u_2 \\ v_2 \\ u_3 \\ v_3 \end{Bmatrix} \tag{c}$$

$$\begin{Bmatrix} R_{4x} \\ R_{4y} \\ R_{5x} \\ R_{5y} \\ R_{6x} \\ R_{6y} \end{Bmatrix} = \frac{Gt}{4} \begin{bmatrix} -1 & -1 & -1 & 1 & 0 & 0 \\ 1 & -3 & 1 & -1 & 0 & 0 \\ -1 & -1 & -2 & 0 & -1 & 1 \\ -1 & -1 & 0 & -2 & 1 & -1 \\ 0 & 0 & -1 & -1 & -1 & 1 \\ 0 & 0 & -1 & -1 & -1 & -3 \end{bmatrix} \begin{Bmatrix} u_1 \\ v_1 \\ u_2 \\ v_2 \\ u_3 \\ v_3 \end{Bmatrix} \tag{d}$$

解方程(c)，得节点位移

$$\{u_1 \quad v_1 \quad u_2 \quad v_2 \quad u_3 \quad v_3\}^{\mathrm{T}} = \frac{4P}{Gt}\{0.2969 \quad -0.0781 \quad 0.1250 \quad 0.0313 \quad 0.0781 \quad 0.0469\}^{\mathrm{T}}$$

把求得的节点位移代入式(d)，求得支反力

$$\begin{Bmatrix} R_{4x} \\ R_{4y} \\ R_{5x} \\ R_{5y} \\ R_{6x} \\ R_{6y} \end{Bmatrix} = \frac{Gt}{4} \begin{bmatrix} -1 & -1 & -1 & 1 & 0 & 0 \\ 1 & -3 & 1 & -1 & 0 & 0 \\ -1 & -1 & -2 & 0 & -1 & 1 \\ -1 & -1 & 0 & -2 & 1 & -1 \\ 0 & 0 & -1 & -1 & -1 & 1 \\ 0 & 0 & -1 & -1 & -1 & -3 \end{bmatrix} \frac{4P}{Gt} \begin{Bmatrix} 0.2969 \\ -0.0781 \\ 0.1250 \\ 0.0313 \\ 0.0781 \\ 0.0469 \end{Bmatrix} = \begin{Bmatrix} -0.3125 \\ 0.6250 \\ -0.5000 \\ -0.2500 \\ -0.1875 \\ -0.3750 \end{Bmatrix} \cdot P$$

上面求得的位移和支反力，正的表示与坐标正向相同，负的则表示相反。

(6) 求各单元内力。

首先，由式(11-47)和式(11-55)可得 $q = \dfrac{Gt}{2F}\{a\}\{\delta^e\}$，则各壁板剪流为

板 6-5-2-3 的剪流　$q^{⑥} = 0.375\,P/a$

板 5-4-1-2 的剪流　$q^{⑦} = 0.625\,P/a$

板的剪流方向，正号表示剪头指向板编号的第 1、3 节点。

其次，求各杆单元内力。

杆单元的节点力公式为

$$\{\bar{S}^e\} = [\bar{k}^e][\lambda^e]\{\delta^e\} \tag{e}$$

式(e)求出的是等轴力杆单元的杆端轴力。薄壁结构中杆的轴力是呈线性分布的，如
图 11-16(a)所示。每根杆除了受到等轴力作用外，如
图 11-16(b)所示，还受到受剪板的剪流作用(板对杆的剪流
方向与受剪板的剪流方向相反)，如图 11-16(c)所示。因
此，杆单元的节点力是等轴力杆的杆端轴力和与板剪流
相平衡的等效节点力之和，用下面的公式表示：

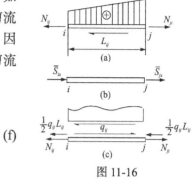

图 11-16

$$N_{ij} = -\bar{S}_{ix} + \frac{1}{2}q_{ij}L_{ij}$$
$$N_{ji} = \bar{S}_{jx} - \frac{1}{2}q_{ij}L_{ij}$$

(f)

式中 N_{ij} 和 N_{ji} 分别表示杆单元两端的轴力，受拉为正；q_{ij}
是板对杆作用的剪流；L_{ij} 是杆的长度。应该注意的是，当杆的节点号若是受剪板编号的
第 1、3 节点时，杆端轴力应加上该边剪流合力的一半；杆的节点号若是受剪板编号的
第 2、4 节点时，杆端轴力应减去二分之一的剪流合力。

由式(e)和式(f)，可求出各杆的杆端轴力。

$$\left\{ \begin{array}{c} \bar{S}_{3x} \\ \bar{S}_{2x} \end{array} \right\}^{①} = \frac{Ef}{a} \begin{bmatrix} 1 & -1 \\ -1 & 1 \end{bmatrix} \begin{bmatrix} 1 & 0 & 0 & 0 \\ 0 & 0 & 1 & 0 \end{bmatrix} \frac{4P}{Gt} \left\{ \begin{array}{c} 0.0781 \\ 0.0469 \\ 0.1250 \\ 0.0313 \end{array} \right\} = \left\{ \begin{array}{c} -0.1875P \\ 0.1875P \end{array} \right\}$$

$$N_{32} = -\bar{S}_{3x} - \frac{1}{2}q^{⑥}a = 0.1875P - \frac{1}{2}0.375\frac{P}{a}a = 0$$

$$N_{23} = \bar{S}_{2x} + \frac{1}{2}q^{⑥}a = 0.1875P + \frac{1}{2}0.375\frac{P}{a}a = 0.375P$$

$$\left\{ \begin{array}{c} \bar{S}_{2x} \\ \bar{S}_{1x} \end{array} \right\}^{②} = \frac{Ef}{a} \begin{bmatrix} 1 & -1 \\ -1 & 1 \end{bmatrix} \begin{bmatrix} 1 & 0 & 0 & 0 \\ 0 & 0 & 1 & 0 \end{bmatrix} \frac{4P}{Gt} \left\{ \begin{array}{c} 0.1250 \\ 0.0313 \\ 0.2969 \\ -0.0781 \end{array} \right\} = \left\{ \begin{array}{c} -0.6875P \\ 0.6875P \end{array} \right\}$$

$$N_{21} = -\bar{S}_{2x} - \frac{1}{2}q^{⑦}a = 0.6875P - \frac{1}{2}0.625\frac{P}{a}a = 0.375P$$

$$N_{12} = \bar{S}_{1x} + \frac{1}{2}q^{⑦}a = 0.6875P + \frac{1}{2}0.625\frac{P}{a}a = P$$

$$\left\{ \begin{array}{c} \bar{S}_{6x} \\ \bar{S}_{3x} \end{array} \right\}^{③} = \frac{Ef}{a} \begin{bmatrix} 1 & -1 \\ -1 & 1 \end{bmatrix} \begin{bmatrix} 0 & 1 & 0 & 0 \\ 0 & 0 & 0 & 1 \end{bmatrix} \frac{4P}{Gt} \left\{ \begin{array}{c} 0 \\ 0 \\ 0.0781 \\ 0.0469 \end{array} \right\} = \left\{ \begin{array}{c} -0.1875P \\ 0.1875P \end{array} \right\}$$

$$N_{63} = -\overline{S}_{6x} + \frac{1}{2}q^{⑥}a = 0.1875P + \frac{1}{2}0.375\frac{P}{a} = 0.375P$$

$$N_{36} = \overline{S}_{6x} - \frac{1}{2}q^{⑥}a = 0.1875P - \frac{1}{2}0.375\frac{P}{a} = 0$$

$$\left\{ \begin{array}{c} \overline{S}_{5x} \\ \overline{S}_{2x} \end{array} \right\}^{④} = \frac{Ef}{a}\begin{bmatrix} 1 & -1 \\ -1 & 1 \end{bmatrix}\begin{bmatrix} 0 & 1 & 0 & 0 \\ 0 & 0 & 0 & 1 \end{bmatrix}\frac{4P}{Gt}\left\{ \begin{array}{c} 0 \\ 0 \\ 0.1250 \\ 0.0313 \end{array} \right\} = \left\{ \begin{array}{c} -0.1250P \\ 0.1250P \end{array} \right\}$$

$$N_{52} = -S_{5x} - \frac{1}{2}q^{⑥}a + \frac{1}{2}q^{⑦}a = 0.1250P - \frac{1}{2}0.375\frac{P}{a}a + \frac{1}{2}0.625\frac{P}{a}a = 0.25P$$

$$N_{25} = S_{2x} + \frac{1}{2}q^{⑥}a - \frac{1}{2}q^{⑦}a = 0.1250P + \frac{1}{2}0.375\frac{P}{a}a - \frac{1}{2}0.625\frac{P}{a}a = 0$$

$$\left\{ \begin{array}{c} \overline{S}_{4x} \\ \overline{S}_{1x} \end{array} \right\}^{⑤} = \frac{Ef}{a}\begin{bmatrix} 1 & -1 \\ -1 & 1 \end{bmatrix}\begin{bmatrix} 0 & 1 & 0 & 0 \\ 0 & 0 & 0 & 1 \end{bmatrix}\frac{4P}{Gt}\left\{ \begin{array}{c} 0 \\ 0 \\ 0.2969 \\ -0.0781 \end{array} \right\} = \left\{ \begin{array}{c} 0.3125P \\ -0.3125P \end{array} \right\}$$

$$N_{41} = -\overline{S}_{4x} - \frac{1}{2}q^{⑦}a = -0.3125P - \frac{1}{2}0.625\frac{P}{a}a = -0.625P$$

$$N_{14} = \overline{S}_{1x} + \frac{1}{2}q^{⑦}a = -0.3125P + \frac{1}{2}0.625\frac{P}{a}a = 0$$

将以上计算所得结果绘在图 11-17 中。

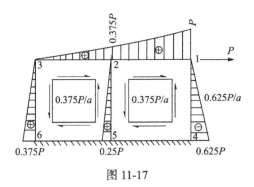

图 11-17

习　题

11-1　单元刚度矩阵中元素 k_{ij} 的物理含义是什么？基于这种物理含义，应用材料力学或结构力学的力法方法推导杆单元和平面弯曲梁单元的单元刚度矩阵。

11-2　利用等轴力杆单元和平面梁单元组集题 11-2 图所示混合杆系的结构刚度矩阵。各杆材料均相同，横截面为 f。梁的截面惯性矩为 J。

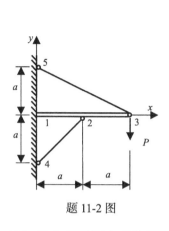
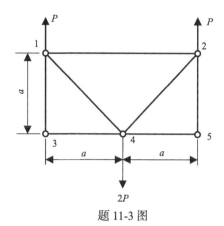

题 11-2 图　　　　　　　　　　　　　　题 11-3 图

11-3　已知受自身平衡力系作用下的自由平面桁架结构，各杆纵向刚度 Ef 均相同，其他尺寸如题 11-3 图所示。求桁架的结构刚度矩阵，如何消除自由结构刚度矩阵的奇异性？

11-4　推导出题 11-4 图所示变截面杆单元刚度矩阵。设截面面积 A_x 的变化规律为

(a)　$A_x = A_i + (A_j - A_i)\dfrac{x}{l}$

(b)　$\dfrac{1}{A_x} = \dfrac{1}{A_i} + \left(\dfrac{1}{A_j} - \dfrac{1}{A_i}\right)\dfrac{x}{l}$

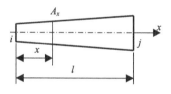

题 11-4 图

11-5　求题 11-5 图所示各平面桁架的各节点位移和各杆内力。各杆 Ef 均相同。

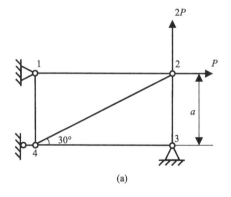
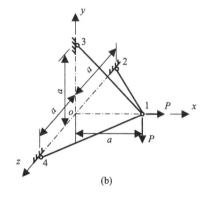

(a)　　　　　　　　　　　　　　　　　(b)

题 11-5 图

11-6　题 11-6 图所示空间刚架，各元件的纵向刚度为 Ef，弯曲刚度为 EJ_1、EJ_2，扭转刚度为 GJ_ρ。求结构刚度矩阵和如何考虑位移边界条件。

11-7 求题 11-7 图所示刚架结构节点 1 的位移和各元件内力。$a = 8$ m，$P = 12$ T，$E = 2\times10^6$ kg/cm^2，刚架各杆件均系"工"字钢 I30a。

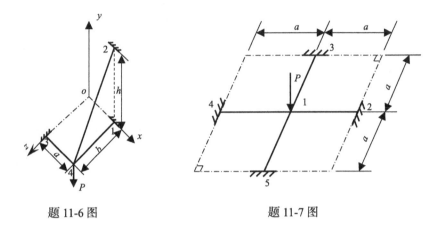

题 11-6 图　　　　　　　　　　题 11-7 图

11-8 求题 11-8 图所示各平面薄壁结构的各节点位移和各元件内力，并绘内力图。已知各杆纵向刚度为 Ef，板厚度为 t，剪切模量为 G，设 $Gt = Ef/a$。

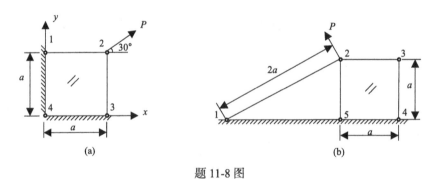

(a)　　　　　　　　　　(b)

题 11-8 图

11-9 试求题 11-9 图所示各平面桁架的结构刚度矩阵，并考虑对这些结构如何进行约束处理。

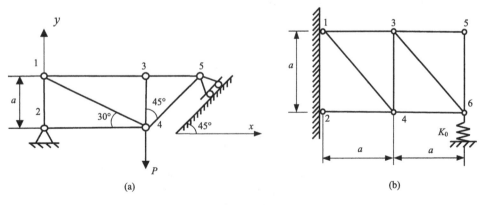

(a)　　　　　　　　　　(b)

题 11-9 图

11-10　试求题 11-10 图所示平面梁单元的分布载荷 $q(x)$的等效节点载荷。

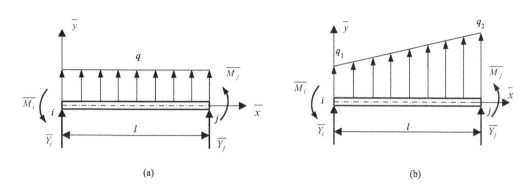

题 11-10 图

11-11　编制杆单元、平面梁单元和平面杆板薄壁结构的有限单元程序，并对 11.6 节中的算例进行有限元分析。

第 **12** 章

平面问题有限元

12.1 引　言

当弹性体具有某些特殊的形状，且承受特殊的载荷作用时，这样的空间问题往往可以简化为平面问题。平面问题又可以分为平面应力问题和平面应变问题两大类。平面问题是工程结构中经常遇到的问题。

弹性力学方法可以求解一些简单的平面问题，但更一般的适合工程结构分析的方法则是有限元方法。为此，本章首先讲解平面问题有限元的理论基础，然后分别介绍平面问题有限元中广泛应用的三节点三角形单元、四节点矩形单元以及四节点任意四边形等参单元的刚度方程和单元刚度矩阵的建立方法。

12.2　平面问题的有限元理论

第 2 章建立了弹性力学平面问题的平衡方程、几何方程、物理方程、位移边界条件和应力边界条件。下面以平面应力问题为例，应用几何方程式(2-3)、物理方程式(2-6b)以及第 4 章的总势能泛函式(4-34)，则可建立平面应力问题最小势能原理的总势能泛函表达式

$$
\begin{aligned}
\varPi &= U + V \\
&= \frac{E}{2(1-\mu^2)} \int_A \left[\left(\frac{\partial u}{\partial x} \right)^2 + 2\mu \left(\frac{\partial u}{\partial x} \right) \left(\frac{\partial v}{\partial y} \right) + \left(\frac{\partial v}{\partial y} \right)^2 + \frac{1-\mu}{2} \left(\frac{\partial u}{\partial y} + \frac{\partial v}{\partial x} \right)^2 \right] t \mathrm{d}A \\
&\quad - \int_V \{X\}^{\mathrm{T}} \{u\} \mathrm{d}V - \int_{S_p} \{\bar{X}\}^{\mathrm{T}} \{u\} \mathrm{d}S
\end{aligned}
\tag{12-1}
$$

对于平面应变问题，只需将弹性模量进行变换，即将 E 换成 $E/(1-\mu^2)$、将 μ 换成 $\mu/(1-\mu)$，则上式将变为平面应变问题的总势能泛函表达式。

在有限单元法中，如图 12-1(a)所示的连续平面应力板可由三角形的平面应力单元离

散，如图 12-1(b)所示。单元与单元之间通过边界相互连接，以节点位移构造的单元位移场能保证相邻单元之间的位移连续以及应力的传递。

依据第 10 章离散系统的最小势能原理，离散后平面应力板的最小势能原理总势能泛函可表示为

$$\varPi = \sum_{e=1}^{N} \varPi^{e} = \sum_{e=1}^{N} \left(U^{e} + V^{e} \right) \tag{12-2}$$

对于每一个单元来说，其总势能泛函为

$$\varPi^{e} = \sum_{e=1}^{N} \frac{E}{2\left(1-\mu^{2}\right)} \int_{A^{e}} \left[\left(\frac{\partial u}{\partial x}\right)^{2} + 2\mu \left(\frac{\partial u}{\partial x}\right)\left(\frac{\partial v}{\partial y}\right) + \left(\frac{\partial v}{\partial y}\right)^{2} + \frac{1-\mu}{2}\left(\frac{\partial u}{\partial y} + \frac{\partial v}{\partial x}\right)^{2} \right] t \mathrm{d}A$$
$$- \int_{V^{e}} \{X\}^{\mathrm{T}}\{u\}\mathrm{d}V - \int_{S_{p}^{e}} \{\bar{X}\}^{\mathrm{T}}\{u\}\mathrm{d}S \tag{12-3}$$

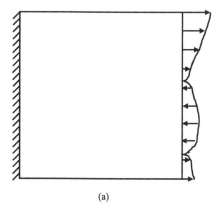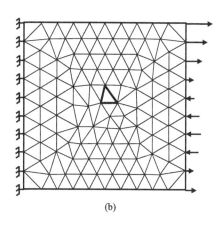

(a)　　　　　　　　　　　(b)

图 12-1

由上式可以看出单元的总势能泛函是以单元内的位移函数为基本变量的。假如能假设满足几何方程式(2-3)、位移边界条件式(2-5)以及单元与单元交界面上位移连续性条件的位移场函数，则可基于上式建立平面应力问题的结构有限元刚度方程，以及相关的单元刚度矩阵和结构总体刚度矩阵。

12.3　三节点三角形单元

对于平面问题，最简单也最常用的单元是三角形单元，从图 12-1(b)中任取一个单元，三个角点 i、j、m 为节点，按逆时针方向编号，如图 12-2 所示。在三角形平面内取直角坐标系 xoy，节点坐标分别为 $i(x_i, y_i)$、$j(x_j, y_j)$、$m(x_m, y_m)$。单元节点力和节点位移列阵分别为

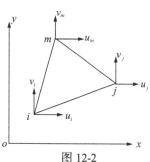

图 12-2

$$\{S^{e}\} = \left\{ X_i \quad Y_i \quad X_j \quad Y_j \quad X_m \quad Y_m \right\}^{\mathrm{T}} \tag{12-4}$$

$$\{\delta^e\} = \left\{ u_i \quad v_i \quad u_j \quad v_j \quad u_m \quad v_m \right\}^{\mathrm{T}} \tag{12-5}$$

12.3.1 位移函数

位移函数通常都选用多项式为位移函数。对于三节点三角形平面应力板单元，位移函数可假设为 x、y 的一次多项式

$$\begin{aligned} u &= \alpha_1 + \alpha_2 x + \alpha_3 y \\ v &= \alpha_4 + \alpha_5 x + \alpha_6 y \end{aligned} \tag{12-6}$$

式中 $\alpha_1 \sim \alpha_6$ 为六个待定系数。

先来分析一下，这个位移函数是否满足有限元解的收敛性条件。

(1) 位移函数包括了单元的刚体位移，也反映了常量应变。

当单元没有任何应变时，即 $\varepsilon_x = \varepsilon_y = \gamma_{xy} = 0$，由平面问题的几何方程，积分可得

$$\begin{aligned} u &= u_0 - \omega_z y \\ v &= v_0 + \omega_z x \end{aligned} \tag{12-7}$$

上式即为单元的刚体位移，式中，u_0 和 v_0 分别表示单元沿 x 和 y 方向的平动位移；ω_z 表示单元绕 z 轴的转动角位移。

如果将式(12-6)改写成

$$\begin{aligned} u &= \alpha_1 + \alpha_2 x - \frac{\alpha_5 - \alpha_3}{2} y + \frac{\alpha_5 + \alpha_3}{2} y \\ v &= \alpha_4 + \alpha_6 y + \frac{\alpha_5 - \alpha_3}{2} x + \frac{\alpha_5 + \alpha_3}{2} x \end{aligned} \tag{12-8}$$

对比式(12-7)和式(12-8)，可见

$$u_0 = \alpha_1, \quad v_0 = \alpha_4, \quad \omega_z = (\alpha_5 - \alpha_3)/2 \tag{12-9}$$

式(12-9)表明：在假设的位移场中系数 α_1、α_4 和 $(\alpha_5 - \alpha_3)/2$ 反映了单元的刚体位移。

此外，将假设的位移场代入几何方程式(2-3)，可得

$$\varepsilon_x = \alpha_2, \quad \varepsilon_y = \alpha_6, \quad \gamma_{xy} = \alpha_3 + \alpha_5 \tag{12-10}$$

上式说明所假设的位移函数中系数 α_2、α_6 和 $\alpha_3 + \alpha_5$ 反映了单元的三个常应变状态。

(2) 位移函数满足位移连续条件。

在单元内部，因为所假设的位移函数 u、v 都是坐标 x、y 的单值线性函数，从而保证了单元内部位移是连续的。

在单元与单元之间，节点处的位移连续性是由单元节点位移来保证的，而节点间交界线的位移 u、v 都是线性的。由于相邻的两个单元有两个公共节点，公共节点具有相

同的节点位移，所以，两个公共节点位移能唯一确定相邻单元边界上的线性位移场，即在相邻两个单元的边界上满足协调性条件。

由以上分析可见，三节点三角形平面应力单元所假设的位移函数满足了有限元解答收敛的充分和必要条件。

下面利用三个节点的六个位移分量来确定式(12-6)中的六个待定系数，即可把单元位移函数表示为节点位移的插值函数。把节点坐标和节点位移代入式(12-6)，得

$$\begin{cases} u_i = \alpha_1 + \alpha_2 x_i + \alpha_3 y_i \\ u_j = \alpha_1 + \alpha_2 x_j + \alpha_3 y_j \\ u_m = \alpha_1 + \alpha_2 x_m + \alpha_3 y_m \end{cases} \quad \begin{cases} v_i = \alpha_4 + \alpha_5 x_i + \alpha_6 y_i \\ v_j = \alpha_4 + \alpha_5 x_j + \alpha_6 y_j \\ v_m = \alpha_4 + \alpha_5 x_m + \alpha_6 y_m \end{cases} \quad (12\text{-}11)$$

分别求解这两组方程，可求得 $\alpha_1 \sim \alpha_3$ 和 $\alpha_4 \sim \alpha_6$，再将这六个系数代回式(12-6)，得

$$u = \frac{1}{2\Delta}[(a_i + b_i x + c_i y)u_i + (a_j + b_j x + c_j y)u_j + (a_m + b_m x + c_m y)u_m]$$
$$v = \frac{1}{2\Delta}[(a_i + b_i x + c_i y)v_i + (a_j + b_j x + c_j y)v_j + (a_m + b_m x + c_m y)v_m] \quad (12\text{-}12)$$

式中

$$a_i = x_j y_m - x_m y_j, \quad b_i = y_i - y_m, \quad c_i = x_m - x_j \quad (12\text{-}13)$$

式(12-12)中 a_j、b_j 和 c_j 等其他系数可按下标 i、j、m 的顺序，将上式作一循环替换即可得到。

$$2\Delta = \begin{vmatrix} 1 & x_i & y_i \\ 1 & x_j & y_j \\ 1 & x_m & y_m \end{vmatrix} \quad (12\text{-}14)$$

式中 Δ 是三角形 ijm 的面积。为了使得到的面积 Δ 为正值，三角形的三个节点 i、j、m 的顺序必须是逆时针编号的。

把式(12-12)写成矩阵表示式，则有

$$\begin{Bmatrix} u \\ v \end{Bmatrix} = \begin{bmatrix} N_i & 0 & N_j & 0 & N_m & 0 \\ 0 & N_i & 0 & N_j & 0 & N_m \end{bmatrix} \{\delta^e\} = [N]\{\delta^e\}$$
$$(12\text{-}15)$$

式中[N]称为形函数矩阵，形函数矩阵中任一个子矩阵为

$$N_i = \frac{1}{2\Delta}(a_i + b_i x + c_i y) \quad (i、j、m) \quad (12\text{-}16)$$

由式(12-16)可以看到[N]的几何意义。例如，N_i 表示当 $u_i = 1$，其余的节点位移均为零时，单元内各

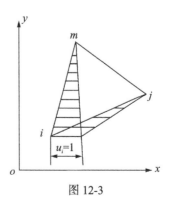

图 12-3

点的 u 值，如图 12-3 所示。

12.3.2 几何矩阵

将式(12-15)代入平面应力问题的几何方程式(2-3)，即可得到应变和节点位移的关系式

$$\begin{Bmatrix} \varepsilon_x \\ \varepsilon_y \\ \gamma_{xy} \end{Bmatrix} = \begin{bmatrix} \dfrac{\partial}{\partial x} & 0 \\ 0 & \dfrac{\partial}{\partial y} \\ \dfrac{\partial}{\partial y} & \dfrac{\partial}{\partial x} \end{bmatrix} [N]\{\delta^e\} = [B]\{\delta^e\} \tag{12-17}$$

式中[B]称为单元的几何矩阵或应变矩阵，其表达式为

$$[B] = [\nabla][N] = \frac{1}{2\Delta} \begin{bmatrix} b_i & 0 & b_j & 0 & b_m & 0 \\ 0 & c_i & 0 & c_j & 0 & c_m \\ c_i & b_i & c_j & b_j & c_m & b_m \end{bmatrix} \tag{12-18}$$

可见，它是一个常数矩阵。所以三节点三角形单元也称为常应变或常应力单元。

12.3.3 弹性模量矩阵

由式(2-6b)可知平面应力问题的弹性模量矩阵为

$$[D] = \frac{E}{1-\mu^2} \begin{bmatrix} 1 & \mu & 0 \\ \mu & 1 & 0 \\ 0 & 0 & \dfrac{1-\mu}{2} \end{bmatrix} \tag{12-19}$$

对于平面应变问题，只需将 E 换成 $E/(1-\mu^2)$、将 μ 换成 $\mu/(1-\mu)$，则上式将变为平面应变问题的弹性模量矩阵。

12.3.4 单元刚度矩阵

应用单元最小势能原理，由式(12-3)可推得单元刚度矩阵，其公式见式(10-17)，将单元的矩阵[B]和[D]代入，可得

$$[k^e] = \int_{V_e} [B]^{\mathrm{T}}[D][B]\mathrm{d}V = [B]^{\mathrm{T}}[D][B]t\Delta = \begin{bmatrix} [k_{ii}] & [k_{ij}] & [k_{im}] \\ [k_{ji}] & [k_{jj}] & [k_{jm}] \\ [k_{mi}] & [k_{mj}] & [k_{mm}] \end{bmatrix} \tag{12-20}$$

$[k^e]$ 为单元刚度矩阵，其中任一个子阵为

$$[k_{rs}] = [B_r]^T[D][B_s]t\Delta = \frac{Et}{4\Delta\left(1-\mu^2\right)}\begin{bmatrix} b_rb_s + \dfrac{1-\mu}{2}c_rc_s & \mu b_rc_s + \dfrac{1-\mu}{2}c_rb_s \\ \mu c_rb_s + \dfrac{1-\mu}{2}b_rc_s & c_rc_s + \dfrac{1-\mu}{2}b_rb_s \end{bmatrix} \tag{12-21}$$

式中 t 为单元的厚度。对于平面应变问题，需将上式中的 E 换成 $E/(1-\mu^2)$、将 μ 换成 $\mu/(1-\mu)$。

由于三角形单元的坐标系 xoy 是任选的，可与总体坐标一致，所以单元刚度矩阵不必进行坐标变换。

12.3.5　算例

现举例说明应用三角形平面应力板单元进行结构分析的过程。如图 12-4(a)所示为一正方形薄板，对角线上作用着沿厚度均布的载荷 $P=20$ kN/m 的平衡力系。已知板厚为 1 cm，$\mu=0$，求应力。

[解]　由于结构在外载荷作用下，两条对角线是结构的两个对称面，所以可以将结构沿对称面取出 1/4 结构进行计算，如图 12-4(b)所示。将它划分成四个三角形单元，节点编号和单元编号、对称面上的约束、所取的总体坐标等均标在图上。

(1) 求单元刚度矩阵——从图 12-4(b)看到，单元①、②、④是一种类型，它们的刚度矩阵相同，节点编号如图 12-4(c)所示；单元③是另一种类型，节点编号如图 12-4(d)所示。

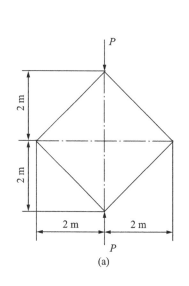

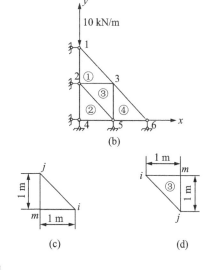

图 12-4

计算刚度矩阵所需的原始数据列于表 12-1。

表 12-1

单元①②④	单元③
$\Delta=0.5\ \text{m}^2$	$\Delta=0.5\ \text{m}^2$
$b_i = y_j - y_m = 1,\ c_i = x_m - x_j = 0$	$b_i = -1,\ c_i = 0$
$b_j = y_m - y_i = 0,\ c_j = x_i - x_m = 1$	$b_j = 0,\ c_j = -1$
$b_m = y_i - y_j = -1,\ c_m = x_j - x_i = -1$	$b_m = 1,\ c_m = 1$

将表 12-1 中的相关数据代入式(12-18)、式(12-19)和式(12-20)，则可依次求得单元的$[B]$矩阵、$[D]$矩阵和单元刚度矩阵。

对于单元①、②、④，有

$$[B]=\frac{1}{2\Delta}\begin{bmatrix} b_i & 0 & b_j & 0 & b_m & 0 \\ 0 & c_i & 0 & c_j & 0 & c_m \\ c_i & b_i & c_j & b_j & c_m & b_m \end{bmatrix}=\begin{bmatrix} 1 & 0 & 0 & 0 & -1 & 0 \\ 0 & 0 & 0 & 1 & 0 & -1 \\ 0 & 1 & 1 & 0 & -1 & -1 \end{bmatrix}$$

$$[D]=\frac{E}{1-\mu^2}\begin{bmatrix} 1 & \mu & 0 \\ \mu & 1 & 0 \\ 0 & 0 & \dfrac{1-\mu}{2} \end{bmatrix}=E\begin{bmatrix} 1 & 0 & 0 \\ 0 & 1 & 0 \\ 0 & 0 & 0.5 \end{bmatrix}$$

$$[k^{①}]=[k^{②}]=[k^{④}]=\frac{E}{200}\begin{bmatrix} 1 & & & & & \\ 0 & 0.5 & & & \text{sym} & \\ 0 & 0.5 & 0.5 & & & \\ 0 & 0 & 0 & 1 & & \\ -1 & -0.5 & -0.5 & 0 & 1.5 & \\ 0 & -0.5 & -0.5 & -1 & 0.5 & 1.5 \end{bmatrix}$$

对于单元③，有

$$[B]=\begin{bmatrix} -1 & 0 & 0 & 0 & 1 & 0 \\ 0 & 0 & 0 & -1 & 0 & 1 \\ 0 & -1 & -1 & 0 & 1 & 1 \end{bmatrix}$$

$$[D]=E\begin{bmatrix} 1 & 0 & 0 \\ 0 & 1 & 0 \\ 0 & 0 & 0.5 \end{bmatrix}$$

$$[k^{③}]=\frac{E}{200}\begin{bmatrix} 1 & & & & & \\ 0 & 0.5 & & & \text{sym} & \\ 0 & 0.5 & 0.5 & & & \\ 0 & 0 & 0 & 1 & & \\ -1 & -0.5 & -0.5 & 0 & 1.5 & \\ 0 & -0.5 & -0.5 & -1 & 0.5 & 1.5 \end{bmatrix}$$

(2) 由单元刚度矩阵组集构成结构总刚度矩阵，并引进外载荷和约束处理——结构节点位移列阵为

$$\{\Delta\} = \left\{u_1 \quad v_1 \quad u_2 \quad v_2 \quad u_3 \quad v_3 \quad u_4 \quad v_4 \quad u_5 \quad v_5 \quad u_6 \quad v_6\right\}^{\mathrm{T}}$$

于是得约束处理后的刚度方程为

$$
\begin{Bmatrix} R_{1x} \\ -0.1 \\ R_{2x} \\ 0 \\ 0 \\ 0 \\ R_{4x} \\ R_{4y} \\ 0 \\ R_{5y} \\ 0 \\ R_{6y} \end{Bmatrix}
= \frac{E}{200}
\begin{bmatrix}
0.5 & & & & & & & & & & & \\
0 & 1 & & & & & & & & & & \\
-0.5 & 0 & 3 & & & & \text{sym} & & & & & \\
-0.5 & -1 & 0.5 & 3 & & & & & & & & \\
0 & 0 & -2 & -0.5 & 3 & & & & & & & \\
0.5 & 0 & -0.5 & -1 & 0.5 & 3 & & & & & & \\
0 & 0 & -0.5 & 0 & 0 & 0 & 1.5 & & & & & \\
0 & 0 & -0.5 & -1 & 0 & 0 & 0.5 & 1.5 & & & & \\
0 & 0 & 0 & 0.5 & -1 & -0.5 & -1 & 0 & 3 & & & \\
0 & 0 & 0.5 & 0 & -0.5 & -2 & -0.5 & -0.5 & 0.5 & 3 & & \\
0 & 0 & 0 & 0 & 0 & 0 & 0 & 0 & -1 & 0 & 1 & \\
0 & 0 & 0 & 0 & 0.5 & 0 & 0 & 0 & -0.5 & -0.5 & 0 & 0.5
\end{bmatrix}
\begin{Bmatrix} 0 \\ v_1 \\ 0 \\ v_2 \\ u_3 \\ v_3 \\ 0 \\ 0 \\ u_5 \\ 0 \\ u_6 \\ 0 \end{Bmatrix}
$$

(3) 解方程组求节点位移——用降阶法划去位移为 0 的行及相应的列，得

$$
\begin{Bmatrix} -0.1 \\ 0 \\ 0 \\ 0 \\ 0 \\ 0 \end{Bmatrix}
= \frac{E}{200}
\begin{bmatrix}
1 & & & & & \\
-1 & 3 & & & \text{sym} & \\
0 & -0.5 & 3 & & & \\
0 & -1 & 0.5 & 3 & & \\
0 & 0.5 & -1 & -0.5 & 3 & \\
0 & 0 & 0 & 0 & -1 & 1
\end{bmatrix}
\begin{Bmatrix} v_1 \\ v_2 \\ u_3 \\ v_3 \\ u_5 \\ u_6 \end{Bmatrix}
$$

解方程得节点位移

$$
\begin{Bmatrix} v_1 \\ v_2 \\ u_3 \\ v_3 \\ u_5 \\ u_6 \end{Bmatrix}
= \frac{1}{E}
\begin{Bmatrix} -32.54 \\ -12.54 \\ -0.88 \\ -3.74 \\ 1.76 \\ 1.76 \end{Bmatrix}
$$

(4) 求应力——利用已求得的节点位移求各单元的应力，可按式(10-13)计算。

对于单元①有

$$\{\sigma^{①}\} = \begin{Bmatrix} \sigma_x \\ \sigma_y \\ \tau_{xy} \end{Bmatrix} = E \begin{bmatrix} 1 & 0 & 0 \\ 0 & 1 & 0 \\ 0 & 0 & 0.5 \end{bmatrix} \begin{bmatrix} 1 & 0 & 0 & 0 & -1 & 0 \\ 0 & 0 & 0 & 1 & 0 & -1 \\ 0 & 1 & 1 & 0 & -1 & -1 \end{bmatrix} \begin{Bmatrix} u_3 \\ v_3 \\ u_1 \\ v_1 \\ u_2 \\ v_2 \end{Bmatrix} = \begin{Bmatrix} -0.88 \\ -20 \\ 4.4 \end{Bmatrix} (kN/m^2)$$

对于单元②、③、④，可用同样方法求得

$$\{\sigma^{②}\} = \begin{Bmatrix} 1.76 \\ -12.52 \\ 0 \end{Bmatrix}, \quad \{\sigma^{③}\} = \begin{Bmatrix} -0.88 \\ -3.72 \\ 3.08 \end{Bmatrix}, \quad \{\sigma^{④}\} = \begin{Bmatrix} 0 \\ -3.72 \\ -1.32 \end{Bmatrix} (kN/m^2)$$

12.3.6 计算结果的整理

计算结果主要包括两个方面，即位移和应力，对于位移，根据算出节点位移就可以画出结构的位移分布图。

对于应力，应当指出，计算得到的单元常量应力，并非单元的平均应力，必须经过某种平均计算。通常可采用"绕节点平均法"或"两单元平均法"将应力结果进行整理。

(1) 绕节点平均法，就是将环绕某一节点的各单元中的常量应力加以平均，用来表征该点的应力，如图 12-5(a)所示，有

$$(\sigma_x)_i = \frac{1}{6}[(\sigma_x)_A + (\sigma_x)_B + \cdots + (\sigma_x)_F]$$

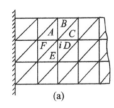

为了使所得应力能较好地表征节点处的实际应力，环绕该节点的各单元的面积不要相差很大，另外单元各边长度也不能相差很大。

用绕节点平均法计算出来的节点应力，在结构内部节点处有较好的表征性，但在边界上表征性较差，因此，其应力应由内节点的应力推算出来。

(2) 两单元平均法，就是把两个相邻单元中的常量应力加以平均，用来表征公共边中点的应力。如图 12-5(b)所示，有

$$(\sigma_x)_1 = \frac{1}{2}[(\sigma_x)_A + (\sigma_x)_B]$$

$$(\sigma_x)_2 = \frac{1}{2}[(\sigma_x)_C + (\sigma_x)_D]$$

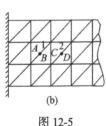

图 12-5

为了使这样得到的平均应力具有较好的表征性，相邻单元的面积亦不能相差太大。

　　在应力变化平缓的部位，两种方法得到的应力，表征性不相上下。但在应力变化比较急剧的部位，特别是应力集中之处，由绕节点平均法得到的应力，表征性就比较差了。

12.4　四节点矩形单元

　　三角形单元的优点之一是适应性好，它适用于任何形状的边界。缺点在于它是常应力单元，在单元内不能反映应力的变化。矩形单元的适应性比三角形单元差，但它在单元范围内具有连续变化的应力场，因而计算精度比三角形单元高。在解决具有复杂边界的平面问题时，可和三角形单元混合使用。

　　最简单的矩形单元是具有四节点的矩形单元，如图 12-6 所示。局部坐标取在单元的对称轴上，单元的节点力和节点位移列阵为

$$\{\bar{S}^e\} = \left\{ \bar{X}_1 \quad \bar{Y}_1 \quad \bar{X}_2 \quad \bar{Y}_2 \quad \bar{X}_3 \quad \bar{Y}_3 \quad \bar{X}_4 \quad \bar{Y}_4 \right\}^{\mathrm{T}}$$
$$\{\bar{\delta}^e\} = \left\{ \bar{u}_1 \quad \bar{v}_1 \quad \bar{u}_2 \quad \bar{v}_2 \quad \bar{u}_3 \quad \bar{v}_3 \quad \bar{u}_4 \quad \bar{v}_4 \right\}^{\mathrm{T}} \tag{12-22}$$

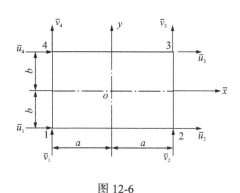

图 12-6

12.4.1　位移函数

　　三节点三角形单元有三个节点，可以选用一次完全多项式作为位移函数。矩形单元有四个节点、八个自由度，单元的位移函数可包括八个待定系数，为此，选取双线性函数作为位移函数，即

$$\bar{u} = \alpha_1 + \alpha_2 \bar{x} + \alpha_3 \bar{y} + \alpha_4 \overline{xy}$$
$$\bar{v} = \alpha_5 + \alpha_6 \bar{x} + \alpha_7 \bar{y} + \alpha_8 \overline{xy} \tag{12-23}$$

　　对比三节点三角形单元，容易验证在所选取的位移函数中，α_1、α_5 和 $(\alpha_6 - \alpha_3)/2$ 反映了单元的刚体位移；α_2、α_7 和 $(\alpha_3 + \alpha_6)$ 反映了单元的常量应变。而且，在单元的边界上有 $\bar{x} = \pm a$ 或 $\bar{y} = \pm b$，易知边界上位移是线性变化的。由于相邻单元有两个公共节点，两个节点位移能唯一确定边界上的线性位移场，因此相邻单元的位移在公共边上

是连续的。这表明所选择的位移函数场式(12-23)能满足有限元解答收敛的充分必要条件。

将四个节点的坐标和节点位移分别代入式(12-23)中，可求得 $\alpha_1 \sim \alpha_8$ 八个待定系数，再将这些常数代回式(12-23)，可得到用节点位移表示的位移插值函数

$$
\begin{aligned}
\bar{u} &= N_1\bar{u}_1 + N_2\bar{u}_2 + N_3\bar{u}_3 + N_4\bar{u}_4 \\
\bar{v} &= N_1\bar{v}_1 + N_2\bar{v}_2 + N_3\bar{v}_3 + N_4\bar{v}_4
\end{aligned}
\tag{12-24}
$$

式中的形状函数为

$$
\begin{aligned}
N_1 &= \frac{1}{4}\left(1-\frac{\bar{x}}{a}\right)\left(1-\frac{\bar{y}}{b}\right), \quad N_2 = \frac{1}{4}\left(1+\frac{\bar{x}}{a}\right)\left(1-\frac{\bar{y}}{b}\right) \\
N_3 &= \frac{1}{4}\left(1+\frac{\bar{x}}{a}\right)\left(1+\frac{\bar{y}}{b}\right), \quad N_4 = \frac{1}{4}\left(1-\frac{\bar{x}}{a}\right)\left(1+\frac{\bar{y}}{b}\right)
\end{aligned}
\tag{12-25}
$$

若改用无量纲坐标 $\xi = \bar{x}/a$，$\eta = \bar{y}/b$，则上述形状函数可写成

$$
\begin{aligned}
N_1 &= \frac{1}{4}(1-\xi)(1-\eta), \quad N_2 = \frac{1}{4}(1+\xi)(1-\eta) \\
N_3 &= \frac{1}{4}(1+\xi)(1+\eta), \quad N_4 = \frac{1}{4}(1-\xi)(1+\eta)
\end{aligned}
\tag{12-26}
$$

或者概括成

$$
N_i = \frac{1}{4}(1+\xi_i\xi)(1+\eta_i\eta) \qquad (i=1,2,3,4) \tag{12-27}
$$

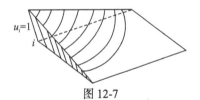

图 12-7

形函数的几何意义如图 12-7 所示。

把位移插值函数式(12-24)写成矩阵形式，有

$$
\{u\} = [N]\{\bar{\delta}^e\} \tag{12-28}
$$

式中形函数矩阵 $[N]$ 为

$$
[N] = \begin{bmatrix} N_1 & 0 & N_2 & 0 & N_3 & 0 & N_4 & 0 \\ 0 & N_1 & 0 & N_2 & 0 & N_3 & 0 & N_4 \end{bmatrix} \tag{12-29}
$$

12.4.2　几何矩阵

将式(12-28)代入平面应力问题的几何方程式(2-3)，即可得到如式(12-17)所示的应变和节点位移的关系式，其中的几何矩阵为

$$[B] = \begin{bmatrix} \dfrac{\partial N_1}{\partial \overline{x}} & 0 & \dfrac{\partial N_2}{\partial \overline{x}} & 0 & \dfrac{\partial N_3}{\partial \overline{x}} & 0 & \dfrac{\partial N_4}{\partial \overline{x}} & 0 \\ 0 & \dfrac{\partial N_1}{\partial \overline{y}} & 0 & \dfrac{\partial N_2}{\partial \overline{y}} & 0 & \dfrac{\partial N_3}{\partial \overline{y}} & 0 & \dfrac{\partial N_4}{\partial \overline{y}} \\ \dfrac{\partial N_1}{\partial \overline{y}} & \dfrac{\partial N_1}{\partial \overline{x}} & \dfrac{\partial N_2}{\partial \overline{y}} & \dfrac{\partial N_2}{\partial \overline{x}} & \dfrac{\partial N_3}{\partial \overline{y}} & \dfrac{\partial N_3}{\partial \overline{x}} & \dfrac{\partial N_4}{\partial \overline{y}} & \dfrac{\partial N_4}{\partial \overline{x}} \end{bmatrix}$$

$$= \frac{1}{4ab} \begin{bmatrix} -b(1-\eta) & 0 & b(1-\eta) & 0 & b(1+\eta) & 0 & -b(1+\eta) & 0 \\ 0 & -a(1-\xi) & 0 & -a(1+\xi) & 0 & a(1+\xi) & 0 & a(1-\xi) \\ -a(1-\xi) & -b(1-\eta) & -a(1+\xi) & b(1-\eta) & a(1+\xi) & b(1+\eta) & a(1-\xi) & -b(1+\eta) \end{bmatrix}$$

$$(12\text{-}30)$$

12.4.3　单元刚度矩阵

应用单元最小势能原理，由式(12-3)可推得单元刚度矩阵，其公式见式(10-17)，将单元的矩阵[B]和[D]代入，可得

$$[\overline{k}^e] = ab \int_{-1}^{1}\int_{-1}^{1} [B]^{\mathrm{T}}[D][B] t \mathrm{d}\xi \mathrm{d}\eta \tag{12-31}$$

它是一个 8×8 的矩阵，为便于应用，下面给出它的表达式为

$$[\overline{k}^e] = \frac{Et}{1-\mu^2} \left\{ \begin{array}{cccccccc} k_1 & & & & & & & \\ k_2 & k_3 & & & & & & \\ k_4 & k_5 & k_1 & & & \mathrm{sym} & & \\ -k_5 & k_6 & -k_2 & k_3 & & & & \\ k_7 & -k_2 & k_8 & k_5 & k_1 & & & \\ -k_2 & k_9 & -k_5 & k_{10} & k_2 & k_3 & & \\ k_8 & -k_5 & k_7 & k_2 & k_4 & k_5 & k_1 & \\ k_5 & k_{10} & k_2 & k_9 & -k_5 & k_6 & -k_2 & k_3 \end{array} \right\} \tag{12-32}$$

矩阵中各元素 k_i 为

$$
\begin{aligned}
k_1 &= \frac{1}{3}\frac{b}{a} + \frac{1-\mu}{6}\frac{a}{b}, & k_6 &= \frac{1}{6}\frac{a}{b} - \frac{1-\mu}{6}\frac{b}{a} \\
k_2 &= \frac{1+\mu}{8}, & k_7 &= -\frac{1}{6}\frac{b}{a} - \frac{1-\mu}{12}\frac{a}{b} \\
k_3 &= \frac{1}{3}\frac{a}{b} + \frac{1-\mu}{6}\frac{b}{a}, & k_8 &= \frac{1}{6}\frac{b}{a} - \frac{1-\mu}{6}\frac{a}{b} \\
k_4 &= -\frac{1}{3}\frac{b}{a} + \frac{1-\mu}{12}\frac{a}{b}, & k_9 &= -\frac{1}{6}\frac{a}{b} - \frac{1-\mu}{12}\frac{b}{a} \\
k_5 &= \frac{1-3\mu}{8}, & k_{10} &= -\frac{1}{3}\frac{a}{b} + \frac{1-\mu}{12}\frac{b}{a}
\end{aligned}
\tag{12-33}
$$

12.4.4 坐标变换

四节点矩形单元的刚度矩阵是在局部坐标系下建立的，因此，在组装结构总刚度矩阵前，必须经过坐标变换，求得总体坐标系下的单元刚度矩阵。单元节点位移在局部坐标系与总体坐标系中的关系如图 12-8 所示。在总体坐标系 xoy 下的节点位移列阵为

$$\{\delta^e\} = \{u_1 \quad v_1 \quad u_2 \quad v_2 \quad u_3 \quad v_3 \quad u_4 \quad v_4\}^{\mathrm{T}} \tag{12-34}$$

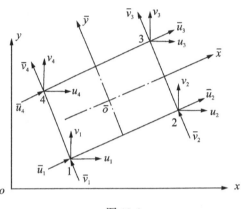

图 12-8

对于节点 1 来说，在局部坐标系与总体坐标系下的节点位移有如下关系：

$$\begin{aligned}
\bar{u}_1 &= \lambda_{\bar{x}x} u_1 + \lambda_{\bar{x}y} v_1 \\
\bar{v}_1 &= \lambda_{\bar{y}x} u_1 + \lambda_{\bar{y}y} v_1
\end{aligned} \tag{12-35}$$

式中 $\lambda_{\bar{x}x}$、$\lambda_{\bar{x}y}$ 分别是局部坐标 x' 轴与总体坐标 x 和 y 轴的夹角的方向余弦；$\lambda_{\bar{y}x}$、$\lambda_{\bar{y}y}$ 分别是局部坐标 y' 轴与总体坐标 x 和 y 轴的夹角的方向余弦。上式写成矩阵形式为

$$\{\bar{\delta}_1^e\} = [\lambda_0]\{\delta_1^e\} \tag{12-36}$$

式中

$$[\lambda_0] = \begin{bmatrix} \lambda_{\bar{x}x} & \lambda_{\bar{x}y} \\ \lambda_{\bar{y}x} & \lambda_{\bar{y}y} \end{bmatrix} \tag{12-37}$$

其他三个节点都有相同的转换关系。组合起来则可得到如下单元坐标变换式：

$$\{\bar{\delta}^e\} = \begin{bmatrix} [\lambda_0] & & & [0] \\ & [\lambda_0] & & \\ & & [\lambda_0] & \\ [0] & & & [\lambda_0] \end{bmatrix} \{\delta^e\} = [\lambda]\{\delta^e\} \tag{12-38}$$

式中[λ]称为单元的坐标变换矩阵。将上式代入式(10-26)即可求得总体坐标系下的单元刚度矩阵[k^e]。求得[k^e]后，按结构的统一节点编号组集形成结构总刚度矩阵，然后引进外载荷列阵和进行约束处理，解线性方程组，可求得节点位移。

12.4.5　应力

按下列公式求单元应力：

$$\{\sigma\} = [D][B]\{\bar{\delta}^e\} = [D][B][\lambda^e]\{\delta^e\} \tag{12-39}$$

由于矩阵[B]是坐标的线性函数，故求得的应力在单元内亦是呈线性变化的。在整理应力结果时，一般将每个单元节点的应力算出，将环绕某一节点的各单元在该节点应力的平均值，用来表征该节点处的应力。

12.5　等　参　单　元

前面已介绍过的三节点三角形单元和四节点矩形单元，形状简单且规整，单元的各种基本矩阵，如形状函数矩阵、几何矩阵以及单元刚度矩阵等比较容易导出，且有显式表示。三节点三角形单元适应性强，能适应曲线的几何边界，但它的精度较低，需要划分的单元数目较多；而四节点矩形单元精度较高，形状规整便于划分网络，但对于曲线边界或非正交直线边界难于适应，并且对于应力梯度变化急骤的区域难于布置大小不等的网络。于是，人们容易想到任意四边形单元可能会弥补以上两种单元的不足，而兼有两者的长处。

下面以四节点的任意四边形平面单元为例，如图 12-9(a)所示，介绍等参数单元的一些基本概念。

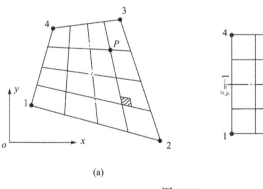

(a)　　　　　　　　　　　　　(b)

图 12-9

12.5.1　基本概念

任意四边形单元同矩形单元一样，具有四个节点八个自由度，但不能直接采用矩形单元的位移函数。这是因为：这时在相邻单元的公共边上，位移不是线性变化的，位移的连续性将得不到保证。取任一边 1-2 来分析，设该边的直线方程为 $y = Ax + B$，假如代入式(12-23)表示的位移函数中，则得

$$
\begin{aligned}
u_{1-2} &= \alpha_1 + \alpha_2 x + \alpha_3 (Ax + B) + \alpha_4 x (Ax + B) \\
&= (\alpha_1 + \alpha_3 B) + (\alpha_2 + \alpha_3 A + \alpha_4 B)x + \alpha_4 A x^2 \\
v_{1-2} &= (\alpha_5 + \alpha_7 B) + (\alpha_6 + \alpha_7 A + \alpha_8 B)x + \alpha_8 A x^2
\end{aligned}
\tag{12-40}
$$

由此可见，边 1-2 的位移呈坐标的二次曲线分布。边 1-2 是两个相邻单元的公共边，在该边只有两个节点相连，两个节点的节点位移是不能完全确定二次曲线的。因此，不可能保证两单元在该边上的位移处处连续。

对于总体坐标系 xoy 下的任意四边形单元，可用两组等分四边形对边的线族绘成一个非正交的网格，如图 12-9(a)所示。将该网格变换到局部坐标 $\xi\eta$ 中则是一个等距的正交正方形网格，四个边上 ξ 和 η 值分别为±1，如图 12-9(b)所示。在有限单元中，称这个正方形单元为基本单元，而将 xoy 坐标系中的任意四边形单元称为实际单元，可视为基本单元的映像。

实际单元和基本单元之间的点存在着一一对应关系，显然 x、y 和 ξ、η 之间存在着一定的变换关系，找到这种变换关系式，对实际单元的分析就可借助基本单元的分析进行。

12.5.2　坐标变换

如果将 ξ、η 理解为单元的局部坐标，x、y 是总体坐标，可以像构造位移插值函数那样，取节点的坐标为参数，引用形状函数为插值函数，构造两坐标系之间的变换关系式，其表达式为

$$
\begin{aligned}
x &= \sum_{i=1}^{4} N_i(\xi, \eta) x_i \\
y &= \sum_{i=1}^{4} N_i(\xi, \eta) y_i
\end{aligned}
\tag{12-41}
$$

上式为实际单元与基本单元中的点找到了一一对应的关系。

12.5.3　位移函数

基本单元是正方形单元，可以采用矩形单元的位移插值函数

$$u = \sum_{i=1}^{4} N_i(\xi,\eta)u_i$$

$$v = \sum_{i=1}^{4} N_i(\xi,\eta)v_i \tag{12-42}$$

而其中形函数 N_i 的表达式可见式(12-27)。显然，上述位移函数能保证基本单元在公共边界上的位移处处连续。那么，通过坐标变换也能保证实际单元在公共边界上位移是连续的。

12.5.4　等参数概念

如果单元几何形状的坐标变换采用的插值函数和插值节点与描述单元位移模式的插值函数和插值节点完全相同，则这种单元称为**等参单元**(isoparametric element)。

以上对四节点四边形建立的坐标变换式和位移函数，可以类似地推广到具有更多节点的任意形状四边形单元。例如，对于如图 12-10(a)所示的八节点曲边四边形单元，可以引用一个八节点正方形单元作为基本单元，如图 12-10(b)所示。

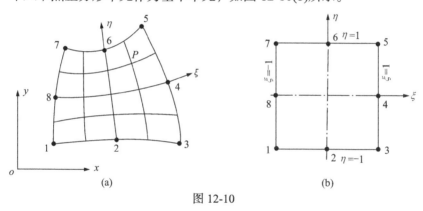

图 12-10

这种单元的坐标变换式和位移插值函数可分别表示为

$$x = \sum_{i=1}^{8} N_i(\xi,\eta)x_i, \quad y = \sum_{i=1}^{8} N_i(\xi,\eta)y_i \tag{12-43}$$

$$u = \sum_{i=1}^{8} N_i(\xi,\eta)\bar{u}_i, \quad v = \sum_{i=1}^{8} N_i(\xi,\eta)\bar{v}_i \tag{12-44}$$

其中的形函数为

$$N_1 = \frac{1}{4}(1-\xi)(1-\eta)(-\xi-\eta-1), \qquad N_2 = \frac{1}{2}(1-\xi^2)(1-\eta)$$

$$N_3 = \frac{1}{4}(1+\xi)(1-\eta)(\xi-\eta-1), \qquad N_4 = \frac{1}{2}(1-\eta^2)(1+\xi)$$

$$N_5 = \frac{1}{4}(1+\xi)(1+\eta)(\xi+\eta-1), \qquad N_6 = \frac{1}{2}(1-\xi^2)(1+\eta) \tag{12-45}$$

$$N_7 = \frac{1}{4}(1-\xi)(1+\eta)(-\xi+\eta-1), \qquad N_8 = \frac{1}{2}(1-\eta^2)(1-\xi)$$

　　显然，上述位移函数在正方形的每一边上，一个坐标等于+1 或–1，而位移 u 和 v 均为另一坐标的二次函数，而相邻两单元在公共边上的三个节点处有相同的节点位移，因此能保证在公共边上位移处处连续。

　　可以看出，等参数单元对任何形状的边界均可作出较好的近似，使得由几何近似而产生的误差达到最小，而无需在曲线边界上使用细划网格来提高精度。

12.5.5　单元刚度矩阵

　　首先，将式(12-42)代入平面问题的几何方程式(2-3)，可求得几何矩阵[B]

$$[B]=[[B_1]\quad[B_2]\quad[B_3]\quad[B_4]]\tag{12-46}$$

其中

$$[B_i]=\begin{bmatrix}\dfrac{\partial N_i}{\partial x} & 0 \\[2mm] 0 & \dfrac{\partial N_i}{\partial y} \\[2mm] \dfrac{\partial N_i}{\partial y} & \dfrac{\partial N_i}{\partial x}\end{bmatrix}\quad(i=1,2,3,4)\tag{12-47}$$

在等参数单元中形函数 N_i 是 ξ、η 函数，而 ξ、η 很难用总体坐标 x、y 的显式给出，因此，形函数不能直接对 x、y 求导，必须根据复合函数的求导规则，建立形函数对两种坐标偏导数之间的关系为

$$\begin{aligned}\frac{\partial N_i}{\partial \xi}&=\frac{\partial N_i}{\partial x}\frac{\partial x}{\partial \xi}+\frac{\partial N_i}{\partial y}\frac{\partial y}{\partial \xi}\\[2mm]\frac{\partial N_i}{\partial \eta}&=\frac{\partial N_i}{\partial x}\frac{\partial x}{\partial \eta}+\frac{\partial N_i}{\partial y}\frac{\partial y}{\partial \eta}\end{aligned}\tag{12-48}$$

由上式可求得

$$\begin{Bmatrix}\dfrac{\partial N_i}{\partial x}\\[2mm]\dfrac{\partial N_i}{\partial y}\end{Bmatrix}=[J]^{-1}\begin{Bmatrix}\dfrac{\partial N_i}{\partial \xi}\\[2mm]\dfrac{\partial N_i}{\partial \eta}\end{Bmatrix}\tag{12-49}$$

式中[J]为**雅可比**(Jacobi)矩阵，将坐标变换式(12-41)代入，得

$$[J]=\begin{Bmatrix}\dfrac{\partial x}{\partial \xi} & \dfrac{\partial y}{\partial \xi}\\[2mm]\dfrac{\partial x}{\partial \eta} & \dfrac{\partial y}{\partial \eta}\end{Bmatrix}=\begin{Bmatrix}\displaystyle\sum_{i=1}^{4}\dfrac{\partial N_i}{\partial \xi}x_i & \displaystyle\sum_{i=1}^{4}\dfrac{\partial N_i}{\partial \xi}y_i\\[4mm]\displaystyle\sum_{i=1}^{4}\dfrac{\partial N_i}{\partial \eta}x_i & \displaystyle\sum_{i=1}^{4}\dfrac{\partial N_i}{\partial \eta}y_i\end{Bmatrix}\tag{12-50}$$

通过式(12-49)求得形函数对总体坐标的偏导数后,再代入式(12-47)和式(12-46)就可求得几何矩阵[B]。

运用式(12-49)求 $\partial N/\partial x$ 和 $\partial N/\partial y$ 的必要条件是矩阵[J]可以求逆。这就要求在划分网格时,应注意单元的形状不要过分畸变。如图 12-11 所示的等参数单元,由于过分畸变,致使那些 ξ(或 η)为常数的分割线在单元内交会或贯穿单元边界,矩阵[J]的逆矩阵 [J]$^{-1}$不存在。当单元的一个内角为 180°时,四边形单元蜕化成三角形单元,于是雅可比矩阵[J]在此角节点处是奇异的,使得在该节点上求得的矩阵[J]不能求逆,影响到单元刚度矩阵的形成及应力的计算。所以,一个等参数单元中任意一角节点的内角绝不允许大于或等于 180°。即使角节点的内角接近 180°也是不允许的,因为这会招致很差的计算结果。

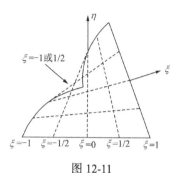

图 12-11

有了几何矩阵[B],应用式(10-17)求单元刚度矩阵,由于[B]是局部坐标 ξ、η 的函数,故微分面积 dA 亦要用 dξ、dη 来表示,相应的积分上、下限也就容易确定了。为此要进行两种坐标系的转换。在实际单元中微分面积 dA 是用两个向量 d$\boldsymbol{\xi}$ 和 d$\boldsymbol{\eta}$ 围成一微小四边形,如图 12-12 所示。d$\boldsymbol{\xi}$ 是与 η 为常数的曲线相切的向量,d$\boldsymbol{\eta}$ 是与 ξ 为常数的曲线相切的向量。这两个向量可表示为

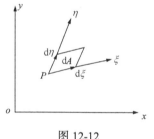

图 12-12

$$d\boldsymbol{\xi} = i\frac{\partial x}{\partial \xi}d\xi + j\frac{\partial y}{\partial \xi}d\xi$$
$$d\boldsymbol{\eta} = i\frac{\partial x}{\partial \eta}d\eta + j\frac{\partial y}{\partial \eta}d\eta \tag{12-51}$$

这两向量积的模就等于该微小四边形的面积。

$$dA = |d\boldsymbol{\xi} \times d\boldsymbol{\eta}| = \begin{vmatrix} \dfrac{\partial x}{\partial \xi} & \dfrac{\partial y}{\partial \xi} \\ \dfrac{\partial x}{\partial \eta} & \dfrac{\partial y}{\partial \eta} \end{vmatrix} d\xi d\eta = |J| d\xi d\eta \tag{12-52}$$

|J|中的各元素与雅可比矩阵[J]中的各元素相同,故|J|称为雅可比行列式。

完成了上述变换后,等参数单元刚度矩阵式可写成

$$[k^e] = t\int_{-1}^{1}\int_{-1}^{1}[B]^{\mathrm{T}}[D][B]|J|d\xi d\eta = \begin{bmatrix} [k_{11}] & [k_{12}] & [k_{13}] & [k_{14}] \\ [k_{21}] & [k_{22}] & [k_{23}] & [k_{24}] \\ [k_{31}] & [k_{32}] & [k_{33}] & [k_{34}] \\ [k_{41}] & [k_{42}] & [k_{43}] & [k_{44}] \end{bmatrix} \tag{12-53}$$

其中的子矩阵

$$[k_{ij}] = t\int_{-1}^{1}\int_{-1}^{1}[B_i]^{\mathrm{T}}[D][B_j]\,|\,J\,|\,\mathrm{d}\xi\mathrm{d}\eta \qquad (i, j = 1, 2, 3, 4) \tag{12-54}$$

此时，式(12-53)和式(12-54)中的被积函数都是 ξ、η 的函数。但是，由于$[B]$中含有$[J]^{-1}$，分母含有$|J|$也是 ξ、η 的多项式，要得到显式的积分是很困难的。因此，几乎在所有情况下都采用数值积分求其近似值。数值积分有几种方法，其中高斯积分法在选定较少积分点的情况下就可得到较高的精度而被采用。于是式(12-54)成为

$$[k_{ij}] = \sum_{r=1}^{m}\sum_{s=1}^{n}[B_i]^{\mathrm{T}}[D][B_j]t\,|\,J\,|\,W_rW_s \tag{12-55}$$

式中 m 和 n 分别为在 ξ 方向和 η 方向的积分点数；W_r、W_s 是高斯加权系数。积分点坐标 ξ_r、η_s 和相应的加权系数 W_r、W_s 可查数学手册。

12.5.6 算例

用四节点等参数单元求如图 12-13(a)所示结构的节点位移。已知弹性模量 E，泊松比 $\mu = 0$，取板厚度 $t = 1$。

由于该例只为说明等参数单元刚度矩阵的计算过程，将该结构只用一个单元计算。基本单元如图 12-13(b)所示。积分点数取 $m = 2$ 和 $n = 2$，由相关的数学手册可查得高斯积分点的局部坐标为 $\xi_r = \mp 0.577$ 和 $\eta_s = \mp 0.577$，相应的高斯积分加权系数为$W_r = 1$ 和 $W_s = 1$。高斯积分点用 $g_i(i=1,2,3,4)$ 表示在图上。

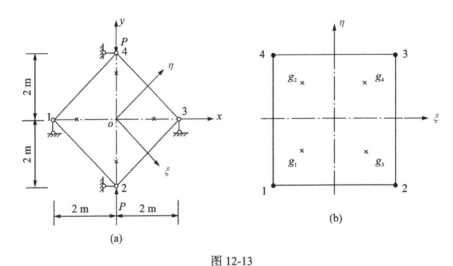

图 12-13

(1) 计算高斯点 g_i 处的 $(\partial N_i / \partial \xi)_g$ 和 $(\partial N_i / \partial \eta)_g$，见表 12-2。

表 12-2

g	g_1	g_2	g_3	g_4
ξ_i	−0.57735	−0.57735	0.57735	0.57735
η_i	−0.57735	0.57735	−0.57735	0.57735
$\dfrac{\partial N_1}{\partial \xi}=-\dfrac{1}{4}(1-\eta)$	−0.39434	−0.10566	−0.39434	−0.10566
$\dfrac{\partial N_2}{\partial \xi}=\dfrac{1}{4}(1-\eta)$	0.39434	0.10566	0.39434	0.10566
$\dfrac{\partial N_3}{\partial \xi}=\dfrac{1}{4}(1+\eta)$	0.10566	0.39434	0.10566	0.39434
$\dfrac{\partial N_4}{\partial \xi}=-\dfrac{1}{4}(1+\eta)$	−0.10566	−0.39434	−0.10566	−0.39434
$\dfrac{\partial N_1}{\partial \eta}=-\dfrac{1}{4}(1-\xi)$	−0.39434	−0.39434	−0.10566	−0.10566
$\dfrac{\partial N_2}{\partial \eta}=-\dfrac{1}{4}(1+\xi)$	−0.10566	−0.10566	−0.39434	−0.39434
$\dfrac{\partial N_3}{\partial \eta}=\dfrac{1}{4}(1+\xi)$	0.10566	0.10566	0.39434	0.39434
$\dfrac{\partial N_4}{\partial \eta}=\dfrac{1}{4}(1-\xi)$	0.39434	0.39434	0.10566	0.10566

(2) 计算高斯点 g_i 处的 $[J]_g$、$|J|_g$ 和 $[J]_g^{-1}$，见表 12-3。

表 12-3

i	1	2	3	4
$x_i \quad y_i$	−2 0	0 −2	2 0	0 2
g	g_1	g_2	g_3	g_4
$\dfrac{\partial x}{\partial \xi}=\sum\limits_{i=1}^{4}\dfrac{\partial N_i}{\partial \xi}x_i$	1	1	1	1
$\dfrac{\partial y}{\partial \xi}=\sum\limits_{i=1}^{4}\dfrac{\partial N_i}{\partial \xi}y_i$	−1	−1	−1	−1
$\dfrac{\partial x}{\partial \eta}=\sum\limits_{i=1}^{4}\dfrac{\partial N_i}{\partial \eta}x_i$	1	1	1	1
$\dfrac{\partial y}{\partial \eta}=\sum\limits_{i=1}^{4}\dfrac{\partial N_i}{\partial \eta}y_i$	1	1	1	1
$[J]$	$\begin{bmatrix} 1 & -1 \\ 1 & 1 \end{bmatrix}$	$\begin{bmatrix} 1 & -1 \\ 1 & 1 \end{bmatrix}$	$\begin{bmatrix} 1 & -1 \\ 1 & 1 \end{bmatrix}$	$\begin{bmatrix} 1 & -1 \\ 1 & 1 \end{bmatrix}$
$|J|$	2	2	2	2
$[J]^{-1}$	$\begin{bmatrix} 0.5 & 0.5 \\ -0.5 & 0.5 \end{bmatrix}$	$\begin{bmatrix} 0.5 & 0.5 \\ -0.5 & 0.5 \end{bmatrix}$	$\begin{bmatrix} 0.5 & 0.5 \\ -0.5 & 0.5 \end{bmatrix}$	$\begin{bmatrix} 0.5 & 0.5 \\ -0.5 & 0.5 \end{bmatrix}$

(3) 计算高斯点的 $(\partial N_i / \partial x)_g$ 和 $(\partial N_i / \partial y)_g$，进而求得几何矩阵 $[B_i]_g$，见表 12-4。

表 12-4

公式	$b_i = \dfrac{\partial N_i}{\partial x} = \dfrac{1}{2}\left(\dfrac{\partial N_i}{\partial \xi} + \dfrac{\partial N_i}{\partial \eta}\right)$				$c_i = \dfrac{\partial N_i}{\partial y} = -\dfrac{1}{2}\left(\dfrac{\partial N_i}{\partial \xi} - \dfrac{\partial N_i}{\partial \eta}\right)$			
i / g	1	2	3	4	1	2	3	4
g_1	−0.39434	0.14434	0.10566	0.14434	0	−0.25	0	0.25
g_2	−0.25	0	0.25	0	−0.14434	−0.10566	−0.14434	0.39434
g_3	−0.25	0	0.25	0	+0.14434	−0.39434	0.14434	0.10566
g_4	−0.10566	−0.14434	0.39434	−0.14434	0	−0.25	0	0.25

公式	$[B_i] = \begin{bmatrix} b_i & 0 \\ 0 & c_i \\ c_i & b_i \end{bmatrix}$			
i / g	1	2	3	4
g_1	$\begin{bmatrix} -0.39434 & 0 \\ 0 & 0 \\ 0 & -0.39434 \end{bmatrix}$	$\begin{bmatrix} 0.14434 & 0 \\ 0 & -0.25 \\ -0.25 & 0.14434 \end{bmatrix}$	$\begin{bmatrix} 0.10566 & 0 \\ 0 & 0 \\ 0 & 0.10566 \end{bmatrix}$	$\begin{bmatrix} 0.14434 & 0 \\ 0 & 0.25 \\ 0.25 & 0.14434 \end{bmatrix}$
g_2	$\begin{bmatrix} -0.25 & 0 \\ 0 & -0.14434 \\ -0.14434 & -0.25 \end{bmatrix}$	$\begin{bmatrix} 0 & 0 \\ 0 & -0.10566 \\ -0.10566 & 0 \end{bmatrix}$	$\begin{bmatrix} 0.25 & 0 \\ 0 & -0.14434 \\ -0.14434 & 0.25 \end{bmatrix}$	$\begin{bmatrix} 0 & 0 \\ 0 & 0.39434 \\ 0.39434 & 0 \end{bmatrix}$
g_3	$\begin{bmatrix} -0.25 & 0 \\ 0 & 0.14434 \\ +0.14434 & -0.25 \end{bmatrix}$	$\begin{bmatrix} 0 & 0 \\ 0 & -0.39434 \\ -0.39434 & 0 \end{bmatrix}$	$\begin{bmatrix} 0.25 & 0 \\ 0 & 0.14434 \\ 0.14434 & 0.25 \end{bmatrix}$	$\begin{bmatrix} 0 & 0 \\ 0 & 0.10566 \\ 0.10566 & 0 \end{bmatrix}$
g_4	$\begin{bmatrix} -0.10566 & 0 \\ 0 & 0 \\ 0 & -0.10566 \end{bmatrix}$	$\begin{bmatrix} -0.14434 & 0 \\ 0 & -0.25 \\ -0.25 & -0.14434 \end{bmatrix}$	$\begin{bmatrix} 0.39434 & 0 \\ 0 & 0 \\ 0 & 0.39434 \end{bmatrix}$	$\begin{bmatrix} -0.14434 & 0 \\ 0 & 0.25 \\ 0.25 & -0.14434 \end{bmatrix}$

(4) 计算单元刚度矩阵中的各子矩阵$[k_{ij}]$，由式(12-55)，得

$$[k_{ij}] = \sum_{r=1}^{2}\sum_{s=1}^{2}[B_i]^\mathrm{T}[D][B_j]t|J|W_rW_s = \sum_{g=1}^{4}[B_i]_g^\mathrm{T}[D][B_j]_g|J|_g H_g$$

式中 $H_1 = W_1W_1$，$H_2 = W_1W_2$，$H_3 = W_2W_1$，$H_4 = W_2W_2$，对于平面应力板，$[D]$由式(12-19)确定，$[k_{ij}]$计算见表 12-5。

表 12-5

	i	1	1	2	1	2	3	…
	j	1	2	2	3	3	3	…
$[k_{ij}]_g$	g_1	$E\begin{bmatrix} 0.31100 & 0 \\ 0 & 0.1555 \end{bmatrix}$	$E\begin{bmatrix} -0.11384 & 0 \\ 0.09858 & -0.05692 \end{bmatrix}$	$E\begin{bmatrix} 0.10417 & -0.03608 \\ -0.03608 & 0.14583 \end{bmatrix}$	…	…		
	g_2	$E\begin{bmatrix} 0.14583 & 0.03608 \\ 0.03608 & 0.10417 \end{bmatrix}$	$E\begin{bmatrix} 0.01525 & 0 \\ 0.02641 & 0.03050 \end{bmatrix}$	$E\begin{bmatrix} 0.01116 & 0 \\ 0 & 0.02233 \end{bmatrix}$	…	…		
	g_3	$E\begin{bmatrix} 0.14583 & -0.03608 \\ -0.03608 & 0.10417 \end{bmatrix}$	$E\begin{bmatrix} -0.05692 & 0 \\ 0.09858 & -0.11384 \end{bmatrix}$	$E\begin{bmatrix} 0.15550 & 0 \\ 0 & 0.31100 \end{bmatrix}$	…	…		
	g_4	$E\begin{bmatrix} 0.02233 & 0 \\ 0 & 0.01116 \end{bmatrix}$	$E\begin{bmatrix} 0.03050 & 0 \\ 0.02641 & 0.01525 \end{bmatrix}$	$E\begin{bmatrix} 0.10417 & 0.03608 \\ 0.03608 & 0.14583 \end{bmatrix}$	…	…		
$[k_{ij}]$	$\sum\limits_{g=1}^{4}$	$E\begin{bmatrix} 0.625 & 0 \\ 0 & 0.375 \end{bmatrix}$	$E\begin{bmatrix} -0.125 & 0 \\ 0.25 & -0.125 \end{bmatrix}$	$E\begin{bmatrix} 0.375 & 0 \\ 0 & 0.625 \end{bmatrix}$	…	…		

(5) 求得单元刚度矩阵$[k^e]$。将各子矩阵按式(12-53)次序排列，可得

$$[k^e] = E \begin{bmatrix} 0.625 & & & & & & & \\ 0 & 0.375 & & & \text{sym} & & & \\ -0.125 & 0.25 & 0.375 & & & & & \\ 0 & -0.125 & 0 & 0.625 & & & & \\ -0.375 & 0 & -0.125 & 0 & 0.625 & & & \\ 0 & -0.125 & -0.25 & -0.125 & 0 & 0.375 & & \\ -0.125 & -0.25 & -0.125 & 0 & -0.125 & 0.25 & 0.375 & \\ 0 & -0.125 & 0 & -0.375 & 0 & -0.125 & 0 & 0.625 \end{bmatrix}$$

(6) 将单元刚度矩阵按"对号入座"组集成结构总刚度矩阵。该例中只用一个单元，故结构的总刚度矩阵就是单元刚度矩阵。

(7) 引进约束条件和载荷列阵，有 $v_1 = u_1 = v_3 = u_4 = 0$，$R = [0\,0\,0\,2\,0\,0\,0\,-2]^T$。

(8) 用分块降阶法求解结构刚度方程，得到节点位移列阵 $\{\Delta\}$。

$$\begin{Bmatrix} 0 \\ 2 \\ 0 \\ -2 \end{Bmatrix} = E \begin{bmatrix} 0.625 & & & \text{sym} \\ 0 & 0.625 & & \\ -0.375 & 0 & 0.625 & \\ 0 & -0.375 & 0 & 0.625 \end{bmatrix} \begin{Bmatrix} u_1 \\ u_2 \\ u_3 \\ u_4 \end{Bmatrix}$$

解得

$$u_1 = 0, \quad v_2 = 2/E, \quad u_3 = 0, \quad v_4 = -2/E$$

一旦求出节点位移，可用式 $\{\sigma\} = [D][B][\delta^e]$ 求单元中任意点的应力分量。目前都是计算单元高斯点上的应力。由于计算单元刚度矩阵是取了高斯点位置，因此，有理由预计在高斯点上的应力比其他点的应力精度高。

习　题

12-1　编写三节点三角形单元的平面应力问题有限元分析程序，并对第 2 章中带孔平面应力板算例进行有限元计算，并与弹性力学解进行对比。

第 *13* 章

薄板弯曲问题有限元

13.1 引　　言

板是工程结构中广泛使用的典型结构形式，有关板的理论研究成果很多。第 3 章基于基尔霍夫直法线、中面中性和垂直于中面的法线无伸长三个假设建立了经典的薄板弯曲理论。对于板的几何形状和边界支持情况都比较简单的情况，可以应用该理论进行求解。但在工程问题中由于薄板的结构形式、承载形式以及边界支承的复杂性，要求得板结构的精确解是非常困难的。因而，有限元方法已成为薄板结构分析的主要工具。

本章将基于薄板经典理论建立有限元方法的最小势能原理，并推导薄板弯曲分析的四节点矩形单元。

13.2　薄板弯曲问题有限元理论

在第 3 章中，基于三个基本假设，分别得到了用薄板中面挠度表示的应变、应力表达式，见式(3-2)和式(3-4)，同时也得到了中面单位长度的弯矩和剪力表达式，见式(3-7)和式(3-12)。

定义广义应变 $\{\chi\}$ 如下：

$$\{\chi\} = \left\{ \chi_x \quad \chi_y \quad \chi_{xy} \right\}^{\mathrm{T}} = \left\{ -\frac{\partial^2 w}{\partial x^2} \quad -\frac{\partial^2 w}{\partial y^2} \quad -2\frac{\partial^2 w}{\partial x \partial y} \right\}^{\mathrm{T}} \tag{13-1}$$

式中 χ_x、χ_y 和 χ_{xy} 分别表示薄板弯曲后中面在 x 方向、y 方向的曲率以及在 xy 面上的扭率。

则薄板的应变、应力表达式分别如下：

$$\{\varepsilon\} = \begin{Bmatrix} \varepsilon_x \\ \varepsilon_y \\ \gamma_{xy} \end{Bmatrix} = \begin{Bmatrix} -z\dfrac{\partial^2 w}{\partial x^2} \\ -z\dfrac{\partial^2 w}{\partial y^2} \\ -2z\dfrac{\partial^2 w}{\partial x \partial y} \end{Bmatrix} = z\{\chi\} \tag{13-2}$$

$$\{\sigma\} = \begin{Bmatrix} \sigma_x \\ \sigma_y \\ \tau_{xy} \end{Bmatrix} = \frac{E}{1-\mu^2} \begin{bmatrix} 1 & \mu & 0 \\ \mu & 1 & 0 \\ 0 & 0 & (1-\mu)/2 \end{bmatrix} \begin{Bmatrix} \varepsilon_x \\ \varepsilon_y \\ \gamma_{xy} \end{Bmatrix} = z[D]\{\chi\} \tag{13-3}$$

式中矩阵[D]是弹性模量矩阵。

应力沿板厚度积分，则得到中面的弯矩和剪力表达式如下：

$$\{M\} = \begin{Bmatrix} M_x \\ M_y \\ M_{xy} \end{Bmatrix} = \begin{Bmatrix} \int \sigma_x z\mathrm{d}z \\ \int \sigma_y z\mathrm{d}z \\ \int \tau_{xy} z\mathrm{d}z \end{Bmatrix} = [D_b]\{\chi\} \tag{13-4}$$

$$\{Q\} = \begin{Bmatrix} Q_x \\ Q_y \end{Bmatrix} = \begin{bmatrix} \dfrac{\partial}{\partial x} & 0 & \dfrac{\partial}{\partial y} \\ 0 & \dfrac{\partial}{\partial y} & \dfrac{\partial}{\partial x} \end{bmatrix} [D_b]\{\chi\} \tag{13-5}$$

式中矩阵[D_b]称为薄板的弯曲刚度矩阵，其表达式为

$$[D_b] = \frac{Et^3}{12(1-\mu^2)} \begin{bmatrix} 1 & \mu & 0 \\ \mu & 1 & 0 \\ 0 & 0 & \dfrac{1-\mu}{2} \end{bmatrix} \tag{13-6}$$

薄板弯曲仅考虑板的弯曲应变能，故薄板的应变能表达式如下：

$$U = \iint_V A\mathrm{d}V = \iint_V \frac{1}{2}\{\varepsilon\}^{\mathrm{T}}\{\sigma\}\mathrm{d}V = \iint_{\Omega} \frac{1}{2}\{\chi\}^{\mathrm{T}}[D_b]\{\chi\}\mathrm{d}x\mathrm{d}y \tag{13-7}$$

薄板的外力势能与载荷有关，假如薄板承受 z 向的分布载荷 q，在简支边边界上 S_2 承受单位长度的弯矩 $\overline{M}_n$，在自由边 S_3 边界上承受单位长度的弯矩 $\overline{M}_n$ 和剪力 $\overline{Q}_n$，则外力势能为

$$V = -\iint_{\Omega} qw\mathrm{d}x\mathrm{d}y - \int_{S_3} \overline{Q}_n w\mathrm{d}s - \int_{S_2+S_3} \overline{M}_n \frac{\partial w}{\partial n}\mathrm{d}s \tag{13-8}$$

在有限单元法中，连续的薄板将由四边形或三角形的薄板单元离散，如图 13-1(a) 所示。单元与单元之间通过边界相互连接，以节点位移构造的单元位移场能保证相邻单元之间的挠度连续，以及横向剪力和力矩的传递。

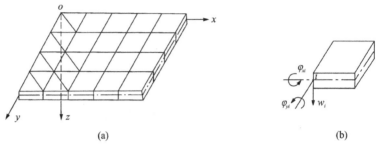

图 13-1

当薄板离散成有限元模型后，系统的总势能为

$$\Pi = \sum \Pi^e = \sum \left(U^e + V^e \right) \tag{13-9}$$

其中任一个单元 e 的单元应变能和外力势能为

$$U^e = \iint_{\Omega^e} \frac{1}{2} \{\chi\}^{\mathrm{T}} [D_b] \{\chi\} \mathrm{d}x\mathrm{d}y \tag{13-10}$$

$$V^e = -\iint_{\Omega^e} q w \mathrm{d}x\mathrm{d}y - \int_{S_3} \bar{Q}_n w \mathrm{d}s - \int_{S_2+S_3} \bar{M}_n \frac{\partial w}{\partial n} \mathrm{d}s \tag{13-11}$$

即单元的总势能泛函为

$$\Pi^e = \iint_{\Omega^e} \frac{1}{2} \{\chi\}^{\mathrm{T}} [D_b] \{\chi\} \mathrm{d}x\mathrm{d}y - \iint_{\Omega^e} q w \mathrm{d}x\mathrm{d}y - \int_{S_3} \bar{Q}_n w \mathrm{d}s - \int_{S_2+S_3} \bar{M}_n \frac{\partial w}{\partial n} \mathrm{d}s \tag{13-12}$$

由上式可以看出单元的总势能泛函是以单元内的挠度函数(包括挠度的导函数——转角)为基本变量的。假如能假设满足几何方程、位移边界条件以及单元与单元间挠度连续性条件的挠度场函数，则可基于上式建立薄板单元的刚度方程和单元刚度矩阵。

13.3　四节点矩形单元

在应用最小势能原理推导单元刚度矩阵时，要假设单元的挠度场。对于薄板问题，以单元每个节点的挠度 w 和两个角位移(绕 x 轴的转角 φ_x 及绕 y 轴的转角 φ_y)为基本未知量。线位移以沿 z 轴正向为正，角位移则以右手螺旋定则标出的矢量沿坐标轴正向为正，如图 13-1(b)所示。根据几何关系有 $\varphi_x = \partial w / \partial y$、$\varphi_y = -\partial w / \partial x$。

因此，在任一节点 i 的位移可以表示为

$$\{\delta_i\} = \left\{ w_i \quad \varphi_{xi} \quad \varphi_{yi} \right\}^{\mathrm{T}} = \left\{ w_i \quad (\partial w / \partial y)_i \quad -(\partial w / \partial x)_i \right\}^{\mathrm{T}} \tag{13-13}$$

对于节点位移的节点力表示为

$$\{s_i\} = \begin{Bmatrix} Q_i & M_{xi} & M_{yi} \end{Bmatrix}^{\mathrm{T}} \tag{13-14}$$

13.3.1　位移函数

本节只讨论四节点的矩形薄板单元，对于矩形薄板单元来说，单元有 4 个节点，每个节点 3 个自由度，共有 3×4=12 个自由度，单元的节点位移正向如图 13-2 所示。因此，挠度 w 的表达式可以含有 12 个参数，假设单元的挠度函数场函数如下：

$$\begin{aligned} w = {} & \alpha_1 + \alpha_2 x + \alpha_3 y + \alpha_4 x^2 + \alpha_5 xy + \alpha_6 y^2 + \alpha_7 x^3 \\ & + \alpha_8 x^2 y + \alpha_9 xy^2 + \alpha_{10} y^3 + \alpha_{11} x^3 y + \alpha_{12} xy^3 \end{aligned} \tag{13-15}$$

下面考察式(13-15)所假设的位移场是否满足收敛性条件。

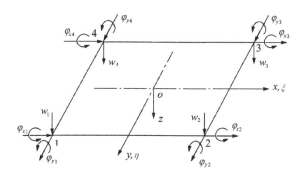

图 13-2

1. 考察所设位移函数是否包含有薄板单元的刚体位移和反映常量应变

根据假定，整个薄板的位移完全确定于中面的位移，而中面只有 z 方向的位移 w。因此，中面可能有的刚体位移就只有 z 方向的刚体移动以及绕 x 轴和 y 轴的刚体转动。在所设位移函数中，α_1 表示沿 z 方向的刚体位移，$\varphi_x = \partial w / \partial y = \alpha_3 / b +$（与坐标有关项），$\varphi_y = -\partial w / \partial x = -\alpha_2 / a +$（与坐标有关项），所以 α_3 / b 和 α_2 / a 分别为不随坐标而变的绕 x 轴和绕 y 轴的转角，它们表示薄板单元的刚体转动。这就是说，式(13-15)中的前三项反映薄板单元的刚体位移。

薄板内各点的应变由式(13-2)给出，从式(13-2)可以看到，薄板内各点的应变完全确定于薄板的曲率和扭率组成的列阵 $\{\chi\}$，所以将 $\{\chi\}$ 称为薄板的广义应变。将式(13-15)的 w 表达式代入式(13-2)，得

$$\{\varepsilon\} = \begin{Bmatrix} \varepsilon_x \\ \varepsilon_y \\ \gamma_{xy} \end{Bmatrix} = z \begin{Bmatrix} -\dfrac{\partial^2 w}{\partial x^2} \\ -\dfrac{\partial^2 w}{\partial y^2} \\ -2\dfrac{\partial^2 w}{\partial x \partial y} \end{Bmatrix} = z\{\chi\} = z \begin{Bmatrix} -2\alpha_4/a^2 + 与坐标有关项 \\ -2\alpha_6/b^2 + 与坐标有关项 \\ -2\alpha_5/ab + 与坐标有关项 \end{Bmatrix} \tag{13-16}$$

由上式可以看出，式(13-15)中三个二次式的项反映了单元的常量应变。

由以上可见，所假设的位移函数满足有限元收敛的完备性条件。

2. 考察相邻单元之间的位移连续性

以单元 1-2 边为例，y 为常量，由式(13-15)可知，挠度 w 是 x 的三次函数，记为 $w = A_1 + A_2 x + A_3 x^2 + A_4 x^3$，其中共有四个待定系数。可由该边两个端点的节点位移 w_1、φ_{y1}、w_2、φ_{y2} 唯一确定。因此，在相邻单元的公共边界上，沿边界切向是连续的。下面考察相邻单元在公共边界上的法向转角的连续性。仍以 1-2 为例。在该边上的法向转角 $\phi_x = \partial w/\partial y$ 也是 x 的三次函数，记为 $\partial w/\partial y = B_1 + B_2 x + B_3 x^2 + B_4 x^3$，其中也有四个待定系数。也需要四个条件才能完全确定它，所以，无法由两个端点的节点位移 $\varphi_{x1} = (\partial w/\partial y)_1$ 和 $\varphi_{x2} = (\partial w/\partial y)_2$ 唯一确定，因此，相邻单元公共边界上的法向转角是不连续的。

由此可见，式(13-15)假设的位移函数能满足完备性条件，但不能完全满足协调性条件，即单元间的挠度和切向转角满足协调条件，而法向转角不满足协调条件。这种只是部分满足协调条件的单元称为非协调元。在满足一定的条件下，非协调元也是能够收敛于正确解的。上述讨论的薄板四节点矩形单元，理论和实际计算都已证明能够收敛于正确解。

关于非协调元的收敛性此处不再多加叙述。这里只想再指出两点：

(1) 应用有限元分析结构，首先要为单元设定位移函数。对于协调元，由于假设的位移函数不可能表示出所有可能的位移状态，因此，有限元的计算模型只能容许结构按照其位移函数所能表示的变形状态变形。这就相当于给结构加了某种程度的约束，从而增加了结构的刚度。

(2) 对于非协调元，例如上面讨论的矩形薄板单元，允许单元边界处转角(或法向导数)不连续，相当于使单元边界成为某种形式的"铰链"，这将使得计算模型比协调元柔软。因此，对于非协调元构成的计算模型，就不能说一定比真实结构刚硬。

为了计算方便，取无量纲坐标 $\xi = x/a$、$\eta = y/b$ 为局部坐标，如图 13-2 所示。则式(13-15)假设的挠度函数场可改写成如下的无量纲形式：

$$\begin{aligned} w = &\beta_1 + \beta_2 \xi + \beta_3 \eta + \beta_4 \xi^2 + \beta_5 \xi\eta + \beta_6 \eta^2 + \beta_7 \xi^3 \\ &+ \beta_8 \xi^2 \eta + \beta_9 \xi\eta^2 + \beta_{10} \eta^3 + \beta_{11} \xi^3 \eta + \beta_{12} \xi\eta^3 \end{aligned} \tag{13-17}$$

利用 12 个节点位移值可求出这些待定系数，然后再代回式(13-15)，经整理后，得

$$w = \sum_{i=1}^{4} (N_{0i}w_i + N_{xi}\varphi_{xi} + N_{yi}\varphi_{yi}) = \sum_{i=1}^{4} [N_i]\{\delta_i^e\} = [N]\{\delta^e\} \tag{13-18}$$

式中 $\{\delta^e\}$ 为单元节点位移列阵；$[N]$ 为单元的形函数矩阵。

单元的节点位移列阵表达式为

$$\{\delta^e\} = \begin{Bmatrix} w_1 & \varphi_{x1} & \varphi_{y1} & w_2 & \varphi_{x2} & \varphi_{y2} & w_3 & \varphi_{x3} & \varphi_{y3} & w_4 & \varphi_{x4} & \varphi_{y4} \end{Bmatrix}^{\mathrm{T}} \tag{13-19}$$

第 $i(i=1,2,3,4)$ 个节点对应的形函数矩阵为 $[N_i] = [N_{0i} \quad N_{xi} \quad N_{yi}]$，而其中每一项的表达式如下：

$$\begin{cases} N_{0i} = (1+\xi_0)(1+\eta_0)(2+\xi_0+\eta_0-\xi^2-\eta^2)/8 \\ N_{xi} = -b\eta_i(1+\xi_0)(1+\eta_0)(1-\eta^2)/8 \\ N_{yi} = a\xi_i(1+\xi_0)(1+\eta_0)(1-\xi^2)/8 \\ \xi_0 = \xi_i\xi, \quad \eta_0 = \eta_i\eta \end{cases} \tag{13-20}$$

13.3.2　几何矩阵

将式(13-17)和式(13-19)代入式(13-1)，可以推得应变与节点位移的关系式

$$\{\chi\} = [B_1 \quad B_2 \quad B_3 \quad B_4]\{\delta^e\} = [B]\{\delta^e\} \tag{13-21}$$

式中 $[B]$ 称为几何矩阵或应变矩阵，其中的子矩阵 $[B_i]$ 的表达式为

$$[B_i] = -\begin{Bmatrix} \dfrac{\partial^2}{\partial x^2} \\ \dfrac{\partial^2}{\partial y^2} \\ 2\dfrac{\partial^2}{\partial x \partial y} \end{Bmatrix} [N_i] = -\begin{Bmatrix} \dfrac{1}{a^2}\dfrac{\partial^2}{\partial \xi^2} \\ \dfrac{1}{b^2}\dfrac{\partial^2}{\partial \eta^2} \\ \dfrac{2}{ab}\dfrac{\partial^2}{\partial \xi \partial \eta} \end{Bmatrix} [N_i] = -\begin{bmatrix} \dfrac{1}{a^2}\dfrac{\partial^2 N_{0i}}{\partial \xi^2} & \dfrac{1}{a^2}\dfrac{\partial^2 N_{xi}}{\partial \xi^2} & \dfrac{1}{a^2}\dfrac{\partial^2 N_{yi}}{\partial \xi^2} \\ \dfrac{1}{b^2}\dfrac{\partial^2 N_{0i}}{\partial \eta^2} & \dfrac{1}{b^2}\dfrac{\partial^2 N_{xi}}{\partial \eta^2} & \dfrac{1}{b^2}\dfrac{\partial^2 N_{yi}}{\partial \eta^2} \\ \dfrac{2}{ab}\dfrac{\partial^2 N_{0i}}{\partial \xi \partial \eta} & \dfrac{2}{ab}\dfrac{\partial^2 N_{xi}}{\partial \xi \partial \eta} & \dfrac{2}{ab}\dfrac{\partial^2 N_{yi}}{\partial \xi \partial \eta} \end{bmatrix}$$

$$= \begin{bmatrix} \dfrac{3}{4a^2}\xi_0(1+\eta_0) & 0 & \dfrac{1}{4a}\xi_i(1+3\xi_0)(1+\eta_0) \\ \dfrac{3}{4b^2}\eta_0(1+\xi_0) & -\dfrac{1}{4b}\eta_i(1+\xi_0)(1+3\eta_0) & 0 \\ \dfrac{1}{4ab}\xi_i\eta_i(3\xi^2+3\eta^2-4) & -\dfrac{1}{4a}\xi_i(3\eta^2+2\eta_0-1) & \dfrac{1}{4b}\eta_i(3\xi^2+2\xi_0-1) \end{bmatrix} \tag{13-22}$$

13.3.3　单元刚度矩阵

求得单元应变矩阵后，可以将式(13-22)代入式(13-12)，得

$$\Pi^e = \iint_{\Omega^e} \frac{1}{2}\{\delta^e\}^{\mathrm{T}}[B]^{\mathrm{T}}[D_b][B]\{\delta^e\}\mathrm{d}x\mathrm{d}y - \{\delta^e\}^{\mathrm{T}}\{S^e\} \tag{13-23}$$

式中$\{S^e\}$为单元的等效节点载荷列阵，其计算公式在下面阐述。

四节点矩形单元上与各个节点位移对应的节点载荷，可用列阵表示为

$$\{S^e\} = \left\{Q_1 \quad M_{x1} \quad M_{y1} \quad Q_2 \quad M_{x2} \quad M_{y2} \quad Q_3 \quad M_{x3} \quad M_{y3} \quad Q_4 \quad M_{x4} \quad M_{y4}\right\}^{\mathrm{T}} \tag{13-24}$$

单元节点力的正方向如图 13-3 所示。

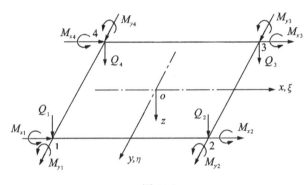

图 13-3

由单元总势能式(13-24)的一阶变分，可得单元的平衡方程

$$[S^e] = \left[k^e\right]\{\delta^e\} \tag{13-25}$$

式中$[k^e]$称为单元的刚度矩阵，其表达式为

$$[k^e] = ab\int_{-1}^{1}\int_{-1}^{1}[B]^{\mathrm{T}}[D_b][B]\mathrm{d}\xi\mathrm{d}\eta = \begin{bmatrix} [k_{11}] & [k_{12}] & [k_{13}] & [k_{14}] \\ [k_{21}] & [k_{22}] & [k_{23}] & [k_{24}] \\ [k_{31}] & [k_{32}] & [k_{33}] & [k_{34}] \\ [k_{41}] & [k_{42}] & [k_{43}] & [k_{44}] \end{bmatrix} \tag{13-26}$$

上式矩阵中任一个子矩阵$[k_{ij}]$为

$$[k_{ij}] = ab\int_{-1}^{1}\int_{-1}^{1}[B_i]^{\mathrm{T}}[D][B_j]\mathrm{d}\xi\mathrm{d}\eta = \begin{bmatrix} k_{11} & k_{12} & k_{13} \\ k_{21} & k_{22} & k_{23} \\ k_{31} & k_{32} & k_{33} \end{bmatrix} \tag{13-27}$$

其中

$$k_{11} = 3H[15(\beta^2\xi_0 + \beta^{-2}\eta_0) + (14 - 4\mu + 5\beta^2 + 5\beta^{-2})\xi_0\eta_0]$$

$$k_{12} = -3Hb[(2 + 3\mu + 5\beta^{-2})\xi_0\eta_i + 15\beta^{-2}\eta_i + 5\mu\xi_0\eta_i]$$

$$k_{13} = 3Ha[(2 + 3\mu + 5\beta^2)\xi_i\eta_0 + 15\beta^2\xi_i + 5\mu\xi_i\eta_0]$$

$$k_{21} = -3Hb[(2 + 3\mu + 5\beta^{-2})\xi_0\eta_j + 15\beta^{-2}\eta_j + 5\mu\xi_0\eta_i]$$

$$k_{22} = Hb^2[2(1 - \mu)\xi_0(3 + 5\eta_0) + 5\beta^{-2}(3 + \xi_0)(3 + \eta_0)]$$

$$k_{23} = -15H\mu ab(\xi_i + \xi_j)(\eta_i + \eta_j) \tag{13-28}$$

$$k_{31} = 3Ha[(2 + 3\mu + 5\beta^2)\xi_j\eta_0 + 15\beta^2\xi_j + 5\mu\xi_i\eta_0]$$

$$k_{32} = -15H\mu ab(\xi_i + \xi_j)(\eta_i + \eta_j)$$

$$k_{33} = Ha^2[2(1 - \mu)\eta_0(3 + 5\xi_0) + 5\beta^2(3 + \xi_0)(3 + \eta_0)]$$

$$H = \frac{D}{60ab}, \quad D = \frac{Et^3}{12(1 - \mu^2)}, \quad \xi_0 = \xi_i\xi_j, \quad \eta_0 = \eta_i\eta_j, \quad \beta = \frac{b}{a}$$

式(13-28)给出了刚度矩阵中各系数的显式。

为了便于应用，下面给出单元刚度矩阵的最后表达式

$$[k^e] = \frac{Et^3}{360(1 - \mu^2)ab}$$

$$\times \begin{bmatrix}
k_1 & & & & & & & & & & & \\
k_2 & k_3 & & & & & & & & & & \\
-\bar{k}_2 & k_4 & \bar{k}_3 & & & & & & & & & \\
k_5 & k_6 & k_7 & k_1 & & & \text{sym} & & & & & \\
k_6 & k_8 & 0 & k_2 & k_3 & & & & & & & \\
-k_7 & 0 & k_9 & \bar{k}_2 & -k_4 & \bar{k}_3 & & & & & & \\
\bar{k}_{10} & -k_{11} & \bar{k}_{11} & \bar{k}_5 & -\bar{k}_7 & \bar{k}_6 & k_1 & & & & & \\
k_{11} & k_{12} & 0 & \bar{k}_7 & \bar{k}_9 & 0 & -k_2 & k_3 & & & & \\
\bar{k}_{11} & 0 & \bar{k}_{12} & \bar{k}_6 & 0 & \bar{k}_8 & \bar{k}_2 & k_4 & \bar{k}_3 & & & \\
\bar{k}_5 & -\bar{k}_7 & -k_6 & k_{10} & -k_{11} & -\bar{k}_{11} & k_5 & -k_6 & -k_7 & k_1 & & \\
\bar{k}_7 & \bar{k}_9 & 0 & k_{11} & k_{12} & 0 & -k_6 & k_8 & 0 & -k_2 & k_3 & \\
-\bar{k}_6 & 0 & \bar{k}_8 & \bar{k}_{11} & 0 & \bar{k}_{12} & k_7 & 0 & k_9 & -\bar{k}_2 & -k_4 & \bar{k}_3
\end{bmatrix} \tag{13-29}$$

矩阵中系数 $\bar{k}_i$ 表示在 k_i 中将 a 和 b 对换所得的系数，这些系数 k_i 为

$$\begin{aligned}
&k_1 = 21 - 6\mu + 30(\beta^2 + \beta^{-2}), && k_7 = (3 - 3\mu + 30\beta^2)a \\
&k_2 = (2 + 12\mu + 30\beta^{-2})b, && k_8 = (-8 + 8\mu + 20\beta^{-2})b^2 \\
&k_3 = (8 - 8\mu + 40\beta^{-2})b^2, && k_9 = (-2 + 2\mu + 20\beta^2)a^2 \\
&k_4 = -30\mu ab, && k_{10} = 21 - 6\mu - 15(\beta^2 + \beta^{-2}) \\
&k_5 = -21 + 6\mu - 30\beta^2 + 15\beta^{-2}, && k_{11} = (-3 + 3\mu + 15\beta^{-2})b \\
&k_6 = (-3 - 12\mu + 15\beta^{-2})b, && k_{12} = (2 - 2\mu + 10\beta^{-2})b^2
\end{aligned} \tag{13-30}$$

如果单元刚度矩阵是建立在局部坐标系 $x'o'y'$ 上的，则局部坐标系与总体坐标系 xoy

的坐标变换矩阵可以表示为

$$[\lambda] = \begin{bmatrix} [\lambda_0] & [0] & [0] & [0] \\ [0] & [\lambda_0] & [0] & [0] \\ [0] & [0] & [\lambda_0] & [0] \\ [0] & [0] & [0] & [\lambda_0] \end{bmatrix} \tag{13-31}$$

其中

$$[\lambda_0] = \begin{bmatrix} 1 & 0 & 0 \\ 0 & l_{x'x} & m_{x'y} \\ 0 & l_{y'x} & m_{y'y} \end{bmatrix} \tag{13-32}$$

式中 $l_{x'x}$、$m_{x'y}$ 分别是局部坐标 x' 轴与总体坐标 x 和 y 轴的夹角的方向余弦；$l_{y'x}$、$m_{y'y}$ 分别是局部坐标 y' 轴与总体坐标 x 和 y 轴的夹角的方向余弦。

将坐标变换矩阵式(13-31)代入式(10-27)，即可得到总体坐标系下的单元刚度矩阵。

13.3.4 单元等效节点载荷

对照式(13-12)和式(13-23)可知，单元等效节点载荷的计算公式为

$$\{S^e\} = -\iint_{\Omega^e} qw \mathrm{d}x\mathrm{d}y - \int_{S_3} \bar{Q}_n w \mathrm{d}s - \int_{S_2+S_3} \bar{M}_n \frac{\partial w}{\partial n} \mathrm{d}s \tag{13-33}$$

(1) 分布载荷 q 的移置——设单元中任一点 (ξ, η) 处的分布载荷集度为 q，则可由下式求得等效节点载荷：

$$\{S^e\} = \iint [N]^{\mathrm{T}} q \mathrm{d}x\mathrm{d}y = ab \int_{-1}^{1} \int_{-1}^{1} [N]^{\mathrm{T}} q(\xi, \eta) \mathrm{d}\xi \mathrm{d}\eta \tag{13-34}$$

当 $q = q_0$ 为均布载荷时，则

$$\{S^e\} = abq_0 \int_{-1}^{1} \int_{-1}^{1} [N]^{\mathrm{T}} \mathrm{d}\xi \mathrm{d}\eta$$

$$= 4abq_0 \left\{ \frac{1}{4} \quad \frac{b}{12} \quad -\frac{a}{12} \quad \frac{1}{4} \quad \frac{b}{12} \quad \frac{a}{12} \quad \frac{1}{4} \quad -\frac{b}{12} \quad \frac{a}{12} \quad \frac{1}{4} \quad -\frac{b}{12} \quad -\frac{a}{12} \right\}^{\mathrm{T}}$$

可以看出，移置后各节点的载荷除横向载荷外还有力矩。但这些力矩随 a 和 b 的减小而减少，在较小的单元中，它们对位移及内力的影响将远小于横向载荷的影响。因此，在实际计算时可以将节点力矩载荷略去不计。

(2) 横向集中载荷 P 的移置——设 P 作用在单元上任一点 (ξ, η)，则集中载荷可按形函数分配到各节点上去，由式(13-34)可得

$$\{S^e\} = ab\int_{-1}^{1}\int_{-1}^{1}[N]^{\mathrm{T}}q(\xi,\eta)\mathrm{d}\xi\mathrm{d}\eta = ab[N(\xi,\eta)]^{\mathrm{T}}P \tag{13-35}$$

若 P 作用在单元中心，单元边长为 $2a$ 和 $2b$，则

$$\{S^e\} = P\left\{\frac{1}{4}\quad \frac{b}{8}\quad -\frac{a}{8}\quad \frac{1}{4}\quad \frac{b}{8}\quad \frac{a}{8}\quad \frac{1}{4}\quad -\frac{b}{8}\quad \frac{a}{8}\quad \frac{1}{4}\quad -\frac{b}{8}\quad -\frac{a}{8}\right\}^{\mathrm{T}}$$

同理，在实际计算时，也可将移植后的节点力矩略去，即

$$\{S^e\} = P\left\{\frac{1}{4}\quad 0\quad 0\quad \frac{1}{4}\quad 0\quad 0\quad \frac{1}{4}\quad 0\quad 0\quad \frac{1}{4}\quad 0\quad 0\right\}^{\mathrm{T}}$$

13.3.5　内力和应力

(1) 求内力——按下列公式：

$$\{M\} = [D]\{\chi\} = [D][B]\{\delta^e\} \tag{13-36}$$

式中$[B]$是坐标的函数。欲求某一点的内力，只要把该点坐标代入上式。

(2) 求应力——将式(13-36)代入式(3-9)，即可求得。在整理内力结果时，可以采用绕节点平均法或拟合方法。

13.4　算　　例

用矩形薄板单元计算薄板弯曲问题，由于采用了较高次的位移函数，收敛情况很好。即使采用较疏的网格，也能得到较精确的结果。

例 13-1　四边固支的正方形薄板，在中央受集中载荷 P，如图 13-4 所示。求板中点的挠度及固定边中点的内力。

[解]　用 2×2 的网格进行计算，由于对称，可以只算 1234 一个单元。其刚度方程为

$$\begin{Bmatrix} Z_1 \\ M_{x1} \\ M_{y1} \\ \vdots \\ M_{y4} \end{Bmatrix} = \begin{bmatrix} k_{11} & k_{12} & \cdots & k_{1,12} \\ k_{21} & k_{22} & \cdots & k_{2,12} \\ \vdots & \vdots & & \vdots \\ k_{12,1} & k_{12,2} & \cdots & k_{12,12} \end{bmatrix} \begin{Bmatrix} w_1 \\ \varphi_{x1} \\ \varphi_{y1} \\ \vdots \\ \varphi_{y4} \end{Bmatrix}$$

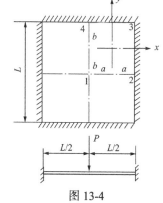

图 13-4

引入外载和几何边界条件，由于对称和边界固定支持，12 个位移分量中只有 w_1 不为零

$$\begin{Bmatrix} -P/4 \\ 0 \\ \vdots \\ M_{y4} \end{Bmatrix} = \begin{bmatrix} k_{11} & k_{12} & \cdots & k_{1,12} \\ k_{21} & k_{22} & \cdots & k_{2,12} \\ \vdots & \vdots & & \vdots \\ k_{12,1} & k_{12,2} & \cdots & k_{12,12} \end{bmatrix} \begin{Bmatrix} w_1 \\ 0 \\ \vdots \\ 0 \end{Bmatrix}$$

采用分块矩阵求解，可得

$$-\frac{P}{4} = k_{11} w_1$$

由刚度矩阵公式(13-28)，可得

$$k_{11} = \frac{Et^3}{360(1-\mu^2)ab}(21 - 6\mu + 30\beta^2 + 30\beta^{-2})$$

并用 $a = b = L/4$，$\mu = 0.3$，$D = \dfrac{Et^3}{12(1-\mu^2)}$，$\beta = b/a = 1$ 代入，得中点挠度 w_1 为

$$w_1 = -0.00592 \frac{PL^2}{D}$$

与级数解 $-0.00560PL^2/D$ 差 6%。

求内力按公式(13-36)，欲求节点 2 处的内力，就把节点 2 的坐标值 $\xi = 1$ 和 $\eta = -1$ 代入矩阵 $[B]$，由于 $\{\delta^e\}$ 中只有第一行的元素 w_1 不为零，故只需算出 $[B]$ 的第一列元素即可，对第一列元素 $\xi_1 = -1$ 和 $\eta_i = -1$。于是

$$\{M_2\} = \begin{Bmatrix} M_x \\ M_y \\ M_{xy} \end{Bmatrix} = \frac{Et^3}{12(1-\mu^2)} \begin{bmatrix} 1 & \mu & 0 \\ \mu & 1 & 0 \\ 0 & 0 & \frac{1-\mu}{2} \end{bmatrix} \begin{bmatrix} -\dfrac{24}{L^2} & \cdots & \cdots \\ 0 & \cdots & \cdots \\ \dfrac{2}{L^2} & \cdots & \cdots \end{bmatrix} \begin{Bmatrix} w_1 \\ 0 \\ 0 \\ \cdots \\ 0 \end{Bmatrix} = \frac{D}{L^2} \begin{Bmatrix} -24 \\ -24\mu \\ 1-\mu \end{Bmatrix} w_1$$

其中最大的力矩为 $(M_x)_2$

$$(M_x)_2 = -24 \frac{D}{L^2}(-0.00592)\frac{PL^2}{D} = 0.142P$$

与级数解 $0.126P$ 相差 13%。

为了说明网格划分粗细对计算精度的影响，表 13-1 列出对四边固支及四边简支的受均布载荷 q 或中央集中载荷 P 的正方形薄板，当 $\mu = 0.3$ 时的最大挠度的计算结果。

表 13-1

单元数	节点数	四边固定		四边简支	
		均布载荷	集中载荷	均布载荷	集中载荷
		$w_{max} / \dfrac{qL^4}{D}$	$w_{max} / \dfrac{qL^2}{D}$	$w_{max} / \dfrac{qL^4}{D}$	$w_{max} / \dfrac{qL^2}{D}$
2×2	9	0.00148	0.00592	0.00345	0.0138
4×4	25	0.00140	0.00613	0.00394	0.0123
8×8	81	0.00130	0.00580	0.00403	0.0118
12×12	169	0.00128	0.00571	0.00405	0.0117
16×16	289	0.00127	0.00567	0.00406	0.0116
级数解		0.00126	0.00560	0.00406	0.0116

习　　题

13-1　编制薄板弯曲四节点矩形单元的有限单元分析程序, 并求 13.4 节中算例的中心挠度。

参 考 文 献

龚尧南. 1993. 结构力学基础. 北京: 航空工业出版社.

姜炳光, 刘国春. 1980. 结构力学. 北京: 国防工业出版社.

劳尔 S S. 1991. 工程中的有限元法. 傅子智译. 北京: 科学出版社.

梁立孚, 宋海燕, 李海波. 2012. 飞行器结构力学. 北京: 中国宇航出版社.

钱德拉佩特拉 T R, 贝莱冈度 A D. 2005. 工程中的有限元方法(英文版·原书第 3 版). 北京: 机械工业
  出版社.

史治宇, 丁锡洪. 2013. 飞行器结构力学. 北京: 国防工业出版社.

王茂成, 邵敏. 1988. 有限单元法原理与数值方法. 北京: 清华大学出版社.

谢贻权, 何福保. 1981. 弹性和塑性力学中的有限单元法. 北京: 机械工业出版社.

徐芝纶. 1980. 弹性力学. 北京: 人民教育出版社.

薛明德, 向志海. 2009. 飞行器结构力学基础. 北京: 清华大学出版社.

朱伯芳. 1979. 有限单元法原理与应用. 北京: 水利电力出版社.

诸德超, 王寿梅. 1981. 结构分析中的有限单元法. 北京: 国防工业出版社.

卓家寿. 1987. 弹性力学中的有限元法. 北京: 高等教育出版社.

Allen D H, Haisler W E. 1985. Introduction to Aerospace Structural Analysis. New Jersey: John Wiley &
  Sons.

Megson T H G. 1985. Aircraft Structures for Engineering Students. London: Edward Arnold.

Peery D J. 1950. Aircraft Structures. New York: McGRAW-HILL Book Company.

Reddy J N. 1984. An Introducetion to the Finite Element Method. New York: McGRAW-HILL Book
  Company.

Sun C T. 1998. Mechanics of Aircraft Structures. New Jersey: John Wiley & Sons.

Williams D. 1960. An Introduction to the Theory of Aircraft Structures. London: Edward Arnord.

Zienkiewicz O C. 1977. The Finite Element Method. New York: McGRAW-HILL Book Company.

附　录

平面桁架结构静力分析程序

本附录给出一个用 MATLAB 编写的平面桁架结构的静力分析程序，目的是帮助学生通过阅读这个程序，并在计算机上实施，初步具备编写和使用有限元计算程序的能力。在此基础上，学生可自行编写形成梁单元、受剪板单元、平面应力三角板单元、矩形薄板弯曲单元等各种单元刚度矩阵的子程序，从而拓宽本程序的使用功能。

为方便学生阅读程序，将程序中所用到的标识符所代表的意义和程序段的功能一一说明。

1. 标识符说明

1) 控制信息

NP: 结构节点总数

NE: 结构离散杆单元总数

NL: 载荷组数

NR: 边界约束的节点自由度总数

ND: 每个单元的节点数

NF: 每个节点的自由度数

NDF: 每个单元的节点自由度数 NDF=ND＊NF

2) 输入的原始数据

(1) 节点坐标。

NP(:,1): 节点 X 方向坐标

NP(:,2): 节点 Y 方向坐标

(2) 单元特征数据。

ME(ND,NE): 单元节点的编号信息数组

A: 单元横截面面积

E: 单元材料弹性模量

(3) 边界约束数据。

    NRR(:,1)：被约束位移所对应的总体位移编号

    NRR(:,2)：被约束位移的数值

(4) 载荷数据。

    LL(:,1)：载荷作用处的总体位移编号

    LL(:,2)：相对应的载荷数值

3) 其他主要标识

    Ke(NDF,NDF)：总体坐标下的单元刚度矩阵

4) 输出结果

(1) 结构的节点位移；

(2) 单元内力。

2. 桁架结构静力分析的流程框图

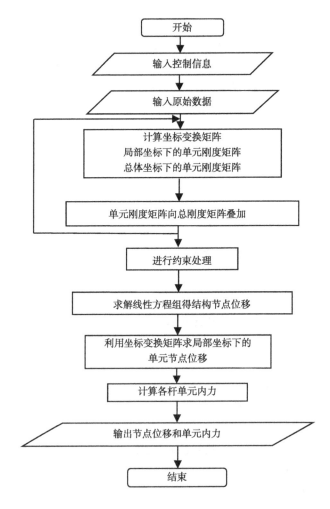

3. 具体步骤说明

(1) 准备输入数据文件；

(2) 编写程序，读入原始数据；

(3) 求坐标变换矩阵；

(4) 单元刚度矩阵坐标变换并向结构总刚度矩阵叠加；

(5) 约束处理；

(6) 求节点位移和单元内力。

4. 平面桁架静力分析源程序

```
%%%%%%%%%%%%%%%%%%%%%%%%平面桁架的静力分析源程序%%%%%%%%%%%%%%%%%
%%%%读取原始数据%%%%
global l;
E=1e6;
A=1;
p=fopen('INPUTDATA.txt','r');
NP=fscanf(p,'%d',1);
NF=fscanf(p,'%d',1);
MP=zeros(NP,2);
for i=1:NP
    MP(i,:)=fscanf(p,'%d',2);
end
NE=fscanf(p,'%d',1);
ME=zeros(NE,2);
for i=1:NE
    ME(i,:)=fscanf(p,'%d',2);
end
NR=fscanf(p,'%d',1);
NRR=zeros(NR,2);
for i=1:NR
    NRR(i,:)=fscanf(p,'%d',2);
end
NL=fscanf(p,'%d',1);
LL=zeros(NL,2);
for i=1:NL
    LL(i,:)=fscanf(p,'%d',2);
end
```

```
%%%%求总体刚度矩阵%%%%
NDF=NF*NP;
K=zeros(NDF,NDF);
for i=1:NE
%%求坐标变换矩阵%%
    l(i)=sqrt((MP(ME(i,2),1)-MP(ME(i,1),1))^2+(MP(ME(i,2),
    2)-MP(ME(i,1),2))^2); %每个杆的长度
    v=[MP(ME(i,2),1)-MP(ME(i,1),1),MP(ME(i,2),2)-MP(ME(i,1),
    2)]/l(i);%每个单元单位向量
    ax=v*[1;0];ay=v*[0;1];
    T(:,:,i)=[ax,ay,0,0;0,0,ax,ay];
    %%求局部坐标下的单元刚度矩阵%%
    ke=(E*A/l(i))*[1,-1;-1,1];
    %%总体坐标系下的单元刚度矩阵%%
    Ke=T(:,:,i)'*ke*T(:,:,i);
    %%单元刚度矩阵叠加成总体刚度矩阵%%
    K(2*ME(i,1)-1:2*ME(i,1),2*ME(i,1)-1:2*ME(i,1))=...
    K(2*ME(i,1)-1:2*ME(i,1),2*ME(i,1)-1:2*ME(i,1))+Ke(1:2,1:2);
    K(2*ME(i,1)-1:2*ME(i,1),2*ME(i,2)-1:2*ME(i,2))=...
    K(2*ME(i,1)-1:2*ME(i,1),2*ME(i,2)-1:2*ME(i,2))+Ke(1:2,3:4);
    K(2*ME(i,2)-1:2*ME(i,2),2*ME(i,1)-1:2*ME(i,1))=...
    K(2*ME(i,2)-1:2*ME(i,2),2*ME(i,1)-1:2*ME(i,1))+Ke(3:4,1:2);
    K(2*ME(i,2)-1:2*ME(i,2),2*ME(i,2)-1:2*ME(i,2))=...
    K(2*ME(i,2)-1:2*ME(i,2),2*ME(i,2)-1:2*ME(i,2))+Ke(3:4,3:4);
end
%%%%形成节点力阵列%%%%
P=zeros(2*NP,1);
for i=1:NL
    P(LL(i,1))=LL(i,2);
end
%%%%对总体刚度矩阵进行约束%%%%
for i=1:NR
    j=NRR(i,1);
    K(j,j)=10^30;
end
%%%%对力阵列进行约束%%%%
for i=1:NR
```

```
    j=NRR(i,1);
    P(j)=10^30*NRR(i,2);
end
%%%%求解线性方程，输出结构节点位移%%%%
u=K^(-1)*P;
%%%%输出结构节点位移%%%%
fprintf('各自由度位移为:\n');
fprintf('%1.4f\n', u);
%%%%计算杆单元内力，输出%%%%
fprintf('各杆单元内力为:\n');
for i=1:NE
    D=(E/(1-0.3^2))*[1,0.3,0;0.3,1,0;0,0,(1-0.3)/2];
    B=[-1/l(i),0,1/l(i),0;0,0,0,0;0,-1/l(i),0,1/l(i)];
    uii=[u(2*ME(i,1)-1);u(2*ME(i,1));u(2*ME(i,2)-1);u(2*ME(i,
    2))];
    ui=T(:,:,i)*uii;
    F=E*(ui(2)-ui(1))/l(i);
    fprintf('%3.4f\n', F);
end
```

5. 考题

节点编号与杆单元编号在图上标出。已知 a=10cm，杆子的横截面积为 $1cm^2$，材料弹性模量 E=$10^6N/cm^2$，载荷 P=1000N。求：各节点位移和各杆内力。

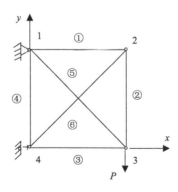

输入文件样式为

*************************节点总数 NP***********************

4

*********************每个节点自由度数 NF******************

2

****************节点坐标 X　　　　　　Y********************

X	Y
0	10
10	10
10	0
0	0

**********************杆单元总数 NE********************

6

**********************杆单元节点编号********************

1	2
2	3
3	4
4	1
1	3
2	4

**********************位移约束的个数 NR********************

3

******************被约束的位移编号　被约束的位移数值********

1	0
2	0
7	0

**********************载荷组数 NL********************

1

************载荷作用处自由度编号　载荷数值**************

6	−1000

(注：输入文件中只需输入数字即可)

运行结果：

各自由度位移为

  0.0000

−0.0000

  0.0040

−0.0191

−0.0060

−0.0231

−0.0000

−0.0040

各杆单元内力为

 396.4466

396.4466
−603.5534
396.4466
853.5534
−560.6602